KB157302

산골농부의 자연밥상

〈일러두기〉

• 재료 계량

1컵=200ml, 1큰술=15ml, 1작은술=5ml

• 자운 레시피의 기본양념

① **맛간장**

재료 : 집간장 300ml, 물100ml, 양파 1개

양파가 살짝 물러질 정도로 끓여서, 국물만 받아서 냉장 보관한다.

② **육수**

재료 : 물 6컵, 디포리 5개(또는 국물멸치 10개), 다시마 5cm 4장, 대파 1뿌리

프라이팬을 달군 뒤 디포리(또는 멸치)를 굽듯이 살짝 볶아서 물, 다시마, 대파와 함께 끓인다. 팔팔 끓기 시작하면 다시마는 건져내고, 중불에서 20분가량 더 끓여서 체에 걸러 국물만 받는다. 단맛을 내려면 호박고지나 양파를 더 넣고 끓인다.

③ **호박된장**

씨가 들지 않은, 살이 단단한 애호박을 장아찌로 박아 넣은 된장이다. 무침양념과 육수 재료로 사용한다.

④ **단촛물**

식초 : 소금 : 황설탕 = 3 : 1 : 1로 섞어서 끓인 후 식힌다.

⑤ **초고추장** 고추장 : 식초 : 올리고당 = 2 : 1 : 1

⑥ **초간장** 맛간장 : 육수 : 식초 = 2 : 1 : 1

⑦ **튀김 간장소스**

맛간장 : 육수 : 식초 : 올리고당 = 2 : 1 : 1 : 1/2

• 《산골농부의 자연밥상》에서 소개하는 레시피 중에 손으로 직접 밀어서 만든 손국수나 수제비의 경우, 반죽 재료는 3인분이고, 국물이나 양념 재료는 1인분으로 되어 있다. 넉넉하게 반죽해서 1인분씩 냉동 보관해두면 간편하게 만들어 먹을 수 있다.

• 자운 레시피에 있는 빵이나 떡을 만들기 전에, 부록2, 3을 먼저 읽어보면 발효나 숙성 과정을 잘 이해할 수 있다.

산골농부의 자연밥상

자운 지음

한문화

추천의 글

농사에서 요리까지, 태평농 실천편이자 자연음식도감

공주병! 얼마나 깔끔을 떨던지. 초코파이를 접시에 담아 포크와 나이프를 들고 한입 크기로 썰어 먹던 사람, 등산을 즐겼어도 바위에 털썩 주저앉지 못해 깔개를 지니고 다니고, 벤치에 앉을 때도 손수건을 깔던 밉상. 모르긴 몰라도 공주병에 걸린 이 여자와 사는 남자는 속 좀 끓이지 않았을까.

이런 자운이 나를 찾아온 건 농사를 배우기 위해서가 아니라 살기 위해서였다. 몸이 안 좋은 상태로 경남 사천에 있는 별학섬에서 오두막 생활을 시작했다. 직접 기른 농산물이 아니면 절대 먹지 말게 했고, 점심 한 끼는 꼭 손수 준비하도록 시켰다. 건강해지고 싶어 찾아온 이에게 건강을 찾아주는 것이 내 임무라, 나 역시도 꽤나 까다롭고 깐깐하게 대했다. 나중에 들은 이야기지만 반찬 만들다 머리에 쥐가 날 정도였단다. 나를 스승이라고 생각했으니 내 입에 들어가는 음식 때문에라도 한 가지 재료로 여러 가지 맛을 내려고 애썼을 것이다.

우리 자연에 맞는 농사를 짓는 것이 내 평생의 업인데 자연의 섭리를 벗어나거나 이치에 어긋나는 일엔 조금도 양보가 없다. 자운이 고구마를 직접 심어서 처음 수확했을 때였다. 내심 보란 듯 자랑하고 싶었겠지. 개중에 가장 큰 놈을 보여주는 것이다. 땅을 보니 고구마를 캐낸 흙더미가 온통 파헤쳐져 있었다. 칭찬을 기대했을 자운에게 그 자리에서 혼쭐을 냈다. "자운아, 흙은 어머니다! 흙은 생명이야. 이건 약탈이다." 꾸지람을 듣고는 고개를 푹 숙인 채 돌아서가는 뒷모습을 물끄러미 지켜보았다. 포장되지 않은 오솔길이 움푹 패일 만큼 눈물 꽤나 쏟아내는구나 싶어서 오두막 문이 닫힐 때까지 눈을 뗄 수 없었다.

자운은 실수를 반복하지 않는다. 옳다고 생각하면 조목조목 짚어 가며 밀어붙이지만 자신의 실수를 알면 곧바로 용서를 구할 줄 안다. 가슴으로부터 우러나오는 뉘우침이 있다. 제자 가운데도 더 이상 내줄 게 없어서 물리는 이가 있다면 자운을 먼저 꼽고 싶다.

섬이다 보니 풍랑이 일면 일이 생겨도 밖에 나가질 못하고, 반대로 육지에서 섬으로 들어오지 못하는 경우가 종종 있다. 언젠가는 자운에게 마을 어민들이 어떻게 그 성난 파도를 조각배에 의지해 건너는지 무모하다는 듯 물었다. 그러자 자운은 망설임도 없이 "선생님께서 계시는데 내가 왜 무섭냐"며 당차게 대답했다. 어느새 스승과 제자 사이에 굳은 믿음이 생겼고, 이제는 뜻을 함께하는 동지가 됐다.

그런 자운이 자립해서 산골에 둥지를 틀고 어엿한 농부가 됐다. 산골농사가 어디 쉽겠는가. 태평농을 배우고 익힌 남도는 여러 작물을 키울 환경이 뒷받침되지만 강원도 산골로 갔으니 시행착오를 수없이 겪을 것이다. 농작물을 재배하려면 기후며 토양도 생각해야 하는데, 농사를 짓겠다고 간 산골에는 흙속에 돌이 반 아니던가. 악조건 속에서도 태평농으로 심고, 거두고, 음식을 만들며 건강까지 지키고 세상과 소통하며 살아가는 모습을 보니 참으로 대견하다.

《산골농부의 자연밥상》은 태평농의 실천편이자 자연음식도감이라 자부할 수 있겠다. 농사와 요리와 건강, 어느 하나 어긋나는 것 없이 하나로 이어진 평화로운 밥상이다. 자운은 재료의 궁합까지 살피면서

음식을 만드니 두말할 것 없이 몸에 좋은 건강식이다. 화학첨가물로 망가진 자신의 몸을 자연의 힘으로 고쳤고, 손수 차린 밥상을 보약처럼 달게 먹으며 건강과 젊음을 지켜내고 있으니 자연농법과 건강한 밥상이 사람을 얼마나 바꿀 수 있는지를 제대로 보여준 셈이다.

이 책을 계기로 많은 사람들이 우리 생태에 맞고 자연의 이치를 거스르지 않는 우리식 농법인 태평농을 알아갔으면 좋겠다. 흙을 살리고, 자연을 살리고, 내 몸을 살리는 그리고 모든 생물이 더불어 살아가는 삶의 태도를 닮아갔으면 좋겠다.

태평농을 배우는 것으로 끝나지 않고 실천하면서 자신의 삶을 바꿔낸 제자 자운. 본인은 낯빛도 환해지고, 급한 성격도 느긋하게 변했다지만 본래 성격이 어디 갈까? 하지만 그 깐깐한 고집 때문에 흐트러지지 않고 단단하게 산골농부의 삶을 잘 살아갈 것이다. 이제 흙바닥에 털썩 주저앉기는 예사고, 잎채소는 밭에서 따자마자 그 자리에서 맛을 보는 털털한 공주가 됐다. 자운紫雲, 자주빛 구름. 이름처럼 고귀함과 상서로움이 가득한 날들이 펼쳐지길 기원한다.

이영문

글을 시작하며

자급자족의 삶을 꿈꾸는 도시인들에게

강원도 산골에서 농사짓고, 요리하고, 글을 쓰면서 여섯 번째 봄을 맞는다. 가끔은 남편이 도와줄 때도 있지만, 500여 평 되는 밭을 일구는 일은 온전히 내 몫이다. 이렇게 얘기하면 타고난 건강과 농사 솜씨가 남다를 거라고 생각할지도 모르겠다. 전혀 아니다!

귀촌하기 전까지 뭔가를 심어본 경험이라곤 화분에 과꽃 씨앗 몇 알을 밀어 넣다시피 심은 게 전부였다. 화분을 빛이 잘 들지도 않는 베란다에 두고 물을 너무 자주 줘서 꽃도 못 보고 끝이 났다. 단 한 번의 경험으로 생명을 키우는 일에 더럭 겁이 났다. 그 후로 더 이상 뭔가를 키워보려고 애쓰지 않았다. 그냥, 안 하면 그만이지 하는 식이었다. 요리도 마찬가지였다. 안 하고 안 먹으면 간단했다. 입맛 당기는 음식은 외식으로 충분했기 때문에 굳이 집에서 만들 이유가 없었다. 건강에도 무관심했다. 별명이 걸어 다니는 종합병원이었지만 도무지 심각하게 여기지 않았다.

그랬던 내가 자연농법으로 농사를 짓고, 지금은 매일 새로운 음식을 만들며, 그 과정을 블로그에 소개하고 있다. 또 매월 2개 매체에 요리 칼럼을 쓰고 있고, 그동안 틈틈이 써온 농사와 요리에 관한 글이 책으로 출간된다. 무미건조했던 내 삶에 찾아온 이 엄청난 변화가 새삼스럽고 또 가슴 벅차다. 삶도 농사도 요리도 그만그만한 시행착오는 있게 마련인데, 이제 그 시간들을 담담하게 받아들일 수 있게 되니 모든 게 감사하고 행복하다.

지금 생각해도 디지털과는 전혀 인연이 없던 내가 블로그를 시작한 게 참 신기하다. 귀촌할 무렵 컴맹은 면했지만 고작해야 일기를 쓰는 정도였다. 넷맹을 면한 건 2004년, 태평농에 입문해 더듬더듬 홈페이지를 보면서부터였다. 그러다 지인의 권유로 2008년 봄에 블로그라는 것을 개설해 일상의 소소한 이야기를 담기 시작했다. 글을 쓰면서 나 자신을 돌아보니, 손수 농사짓고 자연이 내준 음식들을 먹으면서 그 사이 몸도 마음도 무척 건강해져 있었다. 이때부터 어떻게 하면 안 하고 안 먹을까 궁리하기 급급했던 요리에 조금씩 호기심이 생겼던 것 같다. 나를 건강하게 만들어준 농사와 음식에 대한 이야기를 이웃과 나눠야겠다는 마음도 일었다. 서툰 솜씨지만 농사짓는 과정과 텃밭에서 거둔 먹을거리로 음식을 만드는 과정을 디지털 카메라에 담아 소개했다. 누가 얼마나 볼까 싶었는데 포스팅한 글의 조회수가 올라가고 댓글이 점점 늘어났다. 누구 봐도 알아보기 쉽게 정리해야겠구나 싶어 더욱 정성을 기울였다.

사실 산골에서 농사를 짓다보면 일상적인 대인관계는 협소해질 수밖에 없다. 뭐하나 내세울 것 없는 산골농부가 세상과 소통할 수 있게 된 데는 블로그 덕이 컸다. 지난 7년 동안 〈산골농부 자연밥상〉에 포스팅한 글이 무려 5천 개가 넘었다. 어지간히 쓰고, 사진도 엄청나게 찍었다. 이야깃거리가 많아서라기보다는 소소한 산골의 일상에서 얻는 감동이 컸고, 그렇게 나눌 수 있다는 것 자체가 정말 좋았기에 꾸준히 할 수 있었다. 자화자찬 같지만 그 시간들을 즐기다 보니 그동안 요리 실력이나 사진 찍는 솜씨가 많이 늘었다. 그리고 블로그 이웃들과 나누는 교감이 고즈넉한 산골을 훈훈한 정으로 채워줬다.

강원도 산골에 새로이 둥지를 틀면서 본격적으로 나 홀로 농사를 시작했다. 태평농 고방연구원에서 몇 년을 보냈는데도 산골에서 첫 농사는 심는 시기도 가늠하지 못해 여름에 심어야 할 콩을 봄에 심고, 식용은커녕 씨앗도 못 받아 대代가 끊긴 작물도 여럿 있었다. 이웃들 보기 민망할 정도로 풀만 수북하게 자란 밭에서 가위질하다 지쳐서 주저앉은 적도 수십 번이었다. 몇몇 작물을 제외하곤 거둘 게 없어서 가장 바빠야 할 추수기를 멍하니 보내기도 했다. 그때를 생각하면 지난 가을은 대풍년이었다.

토착종 씨앗을 심어서 가꾼 제철음식으로 차리는 산골밥상은 농사를 잘 지어 때에 맞게 거둬야 비로소 일용할 양식이 만들어진다. 오일장에 가도 내 텃밭에서 농사지은 채소를 찾아보기 어려워 작정한 요리가 있어도 때를 놓치면 일 년을 기다려야 한다. 이렇게 부족한 재료로 어설프게 만들어도 자연에서 거둔 먹을거리는 소화가 잘되고 몸

이 편안했다. 마음먹기에 따라 몸이 편안해질 수 있지만, 몸이 편안할 때 마음의 평안은 더 커진다. 어느 날 문득, 음식과 몸과 마음의 연결고리가 절절하게 와 닿았다. 그래, 바로 이거야!

그때부터 예사롭게 지나치던 자생초와 시답잖게 여기던 벌레들까지도 소중해졌고, 산골의 일상에 더욱 활기가 돌았다. 굵은 드라이버나 미니괭이 같은 소도구만으로도 큰 경험 없이 농사를 짓고, 요리에 문외한이었던 내가 손수 만든 음식으로 몸과 마음을 건강하게 바꿨다는 건 무엇보다 신나고 벅찬 일이 아닌가.

농사와 요리에 탄력이 더해진 것은 꼬리에 꼬리를 물고 이어지는 궁금증과 호기심 때문이었을 것이다. 누군가 좋아지면 궁금한 게 많아지고 보고 싶어지는 것처럼, 내겐 농사와 요리가 그랬다. 작물에 대해 알면 알수록 점점 더 궁금해지고 좀더 다가가고 싶었다. 그리고 궁금증이 한 가지씩 풀릴 때마다 더욱 각별해졌다.

주위에선 날마다 새로운 요리를 선보이는 산골밥상을 경이롭게 여기는데 그 속내를 들여다보면 진짜 별것 아니다. 밭에서 키우는 작물은 한정돼 있고 거두는 시기도 정해져 있다. 그러니 지루하지 않게 좀 더 맛있게 먹으려면 먹는 방법이 다양해야 한다. 나에게 '잘 먹는다는 것'은 내 몸을 위한 것이기도 하지만 나를 키워준 흙과 작물에 대한 도리이기도 하다. 그들에게 예를 다하면 몸은 자연히 건강해진다. 손에 닿는 식재료마다 사랑하는 사람 떠올리듯 간절한 마음을 기울이면 신통하게 숨어있는 맛이 톡톡 튀어나와 내가 만들어 놓고도 그 맛에 흠뻑 반한다. 다양한 요리와 풍성한 맛은 작물에 대한 관심과 애정이 만들어가는 것 같다.

산골 농사와 내 요리를 보고 고개를 갸웃하실 분들도 적잖이 있을 듯싶다. 거름을 하지 않아도 소출이 있는지, 두둑을 만들어도 캐기 힘든 고구마를 평지에 심어 어떻게 캐는지, 재료가 암만 신선해도 기본 양념조차 갖추지 않은 음식에서 감칠맛이라니…. 선뜻 와 닿지 않을 수도 있는데 여기에 담긴 글은 내 체험이며 내가 심어 거둔 작물과 나를 건강하게 만들어준 음식이다.

살아가면서 겪는 대부분의 일들이 열정만으로 술술 풀리지는 않는다. 그럼에도 한눈팔지 않고 지금껏 올곧게 걸어올 수 있었던 것은 나의 스승인 태평농 이영문 선생님이 계셨기에 가능했다. 시골 살림이란 게 일이 좀 많은가. 농사는 물론 일상에서 빚어지는 온갖 궁금증에 대해 근본 원리까지 콕콕 짚어주는 선생님 답변이 네이버 검색보다 빠르고 명확하다. 이 책을 쓰는 동안 더 많은 질문으로 두툼한 노트를 빼곡히 채웠다. 제자가 똑똑하면 하나만 일러줘도 열을 깨우치겠지만 그러질 못하니 하나를 여쭈면 열을 일러주셨다.

열심히 배우고 익혔다고는 하지만 누군들 나만큼 노력하지 않을까. 운도 따라준 것이다. 좋은 인연으로 이 책을 준비하면서 농사짓고 요리하는 동안 그 어느 때보다 행복했고, 쉽게 풀리지 않는 글을 붙들고 끙끙대기도 했지만 그래도 좋았다.

이 책을 준비하면서 가장 어려웠던 게 레시피를 정리하면서 계량을 표준화하는 것이었다. 내가 먹기 위해 요리하고 그걸 블로그에 올릴 때는 그저 내 식대로 하면 됐는데, 막상 책으로 출간하려고 보니 좀더 구체적인 계량이 필요했다. 재료의 수분 함량이나 보관 방법, 먹는 사람의 취향 등에 따라 조금씩은 달라질 수밖에 없는데 말이다. 처음 시도하는 분들에게 가이드를 해준다는 마음으로 여러 번 만들어 보면서 정리한 것이지만 미흡한 부분이 많다. 대부분 1인분을 기준으로 했으니, 각자의 필요에 맞게 가감하길 바란다.

모쪼록 이 책이 자연과 더불어 살아가는, 혹은 그렇게 살아가고자 하는 분들에게 응원이 되었으면 싶다. 그리고 마음속으로만 자급자족의 삶을 꿈꾸는 분들에게도 좋은 계기가 되었으면 하는 바람이다.

2015년 봄날,

산골농부 자운

차 례

2장

키우고 요리하기

봄

3장
키우고 요리하기

여름

4장
키우고 요리하기

늦여름 에서 초가을

1장

산골농부 자운의 농사 & 밥상 이야기

건강한 삶을 꿈꾸다

나는 원래가 건강과는 거리가 먼 사람이었다. 작은 상처도 쉬 아물지 않고, 고약하게 덧나는 몸을 어떻게든 상처 안 나게 하려고 옷으로 감추고 한겨울이 아닌데도 장갑을 꼈다. 오죽하면 별명이 '풀로 붙인 살'이었을까. 공장에서 나올 때부터 '하자가 있었다'며 엄마에게 철없이 항의하면서도 태생적인 내 문제를 애써 바꾸려 하지는 않았다.

학창시절엔 친구가 도시락 반찬 뚜껑을 열면 냄새가 나서 그날 점심을 먹지 못하고 집으로 돌아올 정도로 비위가 약했고, 예민했고, 까다로웠다. 지금 생각하면 어이가 없지만, 된장엔 기생충이 살고 채소엔 벌레가 기어 다니는 것 같아 아예 먹질 않았다. 먹는 방법이 번거롭다거나 담백하고 거친 음식은 입에 맞지 않아서, 간편하게 먹을 수 있는 달콤하고 부드러운 빵 같은 것만 달고 살았다.

성인이 되고, 결혼을 해서도 어릴 적 입맛을 바꾸는 게 쉽지 않았다. 그런데 남편은 전형적인 한국인 입맛이라 마늘이나 고춧가루가 팍팍 들어간 김치며 반찬을 좋아했지만, 내가 먹질 못하니 아예 차릴 생각을 안 했다. 정제된 밀가루에 온갖 첨가물이 범벅된 국적 불명의 중독성 강한 것들로 오랫동안 내 몸을 차곡차곡 채웠으니 늘 만성 소화불량에 변비, 피부트러블을 달고 살며 우울한 날들을 보내야 했다. 결국 내가 먹은 대로 몸이 고장 난 셈이다.

모든 걸 약으로 해결하니 부작용도 심했다. 혈액순환 장애는 기본이고, 위경련은 다반사. 피부과 치료가 간에 무리를 줘 고생했고, 신장에 문제가 있어 약으로 버티다 오히려 장기간 내과 치료를 받기도 했다. 면역력이 급격히 떨어지고 한 달에 절반가량은 고열, 식은땀, 무기력증으로 죽은 듯 지냈다. 그렇게 몇 년을 버티다 2001년 여름에 건강이 따라주지 않아 바깥일을 그만뒀다. 가벼운 걷기운동으로 몸을 추스르다가 우연히 읽게 된《게으른 농사꾼 이야기》와《모든 것은 흙 속에 있다》를 통해 이영문 선생님을 알게 됐다. 태평농법을 창안한 선생님은 내가 건강을 되찾을 수 있게 도와주셨고, 또 농사의 길을 열어주셨다.

결심했다고 해서 당장 떠나지는 못했다. 귀촌은 그로부터 3년이 지난 2004년에 이뤄졌다. 그때 내 나이 마흔셋. 당시엔 조금이라도 사람과 덜 부딪히고, 스트레스를 덜 받으며 건강하게 살 수 있을까 싶은 기대가 농사보다 먼저였다.

자급자족을 하려면 스스로 농사를 지어야 하는데 씨앗 하나 내 손으로 제대로 심어본 적이 없었다. 농사의 '농'자도 몰랐던 나는 장갑을 끼고 흙을 만져도 손이 트고, 모기에 한 번 물리면 여름이 꼬리를 보여야 아물었다. 모난 곳에 살짝 부딪혀도 멍이 들고, 앉았다 일어나면 눈앞이 노래졌다. 쪼그리고 오래 앉아있지도 못했다. 그러니 몸이 농사에 적응해나가는 게 여간 힘들지 않았다.

더 큰 스트레스는 빵에 길들여진 입맛을 바꾸는 것이었다. 현미식과 채소로만 담백하게 먹다보니, 헛헛함이 쉽게 달래지지 않았고 빵 생각이 간절했다. 몸이 조금 좋아지는 것 같다가도 다시 예전처럼 돌아갔고, 명현현상이 나타나면 느긋하게 기다리지 못하고 '결국 소용없는 짓'이라며 체념했다. 수십 년에 걸쳐 망가진 몸을 어떻게 단박에 고칠 수 있을까! 귀촌 하나로 모든 게 해결되겠거니 생각했던 내 기

대가 지나친 욕심이었던 것이다.

경남 하동 태평골에서 좌충우돌하며 1년을 보내고, 여름 무더위를 피해 경남 사천에 있는 별학섬으로 들어갔다. 그곳에서 5년을 보냈고, 그 시간이 나를 살렸다. 초기에는 밭을 제대로 일군 것도 아니고, 작물이 고루 갖춰진 것도 아니고, 누군가 살았던 곳도 아닌 무인도나 다름없었다. 1년에 네 번 정도 외출했을까. 외부와 단절되다시피 살았던 별학섬 오두막에서 야생초와 고방연구원에서 키운 작물로 차린 밥상에 익숙해지면서 잘못된 식습관에서 조금씩 벗어날 수 있었다. 태평농으로 키운 마늘을 넣어 감자볶음을 만들고, 고구마를 캐서 그 자리에서 날것으로 먹고, 재래종 고추를 따서 달게 먹었다. 자연 그대로 자란 채소와 과일을 먹고 햇빛을 받으니 몸에 생기가 돌았다. 오직 섬에서 나는 단순한 식재료만을 가지고 밥상을 차리다보니 다양하게 조리하는 법을 자연스레 궁리하게 됐다. 별학섬 오두막 살림이 익숙해지니 몸이 더 좋아졌다.

먹을거리를 키워준 흙과 친해지고, 조금씩 농사에 재미가 붙자 보이지 않던 것들이 눈에 들어왔다. 밭 가장자리나 주변에 자라나는 자생초를 정리하기 위해 가위 들고 한두 시간쯤 오리걸음으로 걷는 일은 예사인데, 일을 마친 뒤끝이 힘든 게 아니라 더없이 개운하다. 전에는 상상도 못했던 일이다. 맑은 공기와 바람에 몸을 맡긴 채 흙냄새 풀냄새 마셔가며 하는 일이 더없이 즐겁고, 눈높이를 낮추고 흙에서 꼬물대는 벌레와 제각각 자라난 풀을 들여다보면 잡생각이 모두 사라졌다. 예전 같으면 지렁이만 봐도 기겁을 하고, 속이 조금 아리다 싶으면 약에 손이 먼저 갔지만 이제는 음식을 선별해 먹거나 밭으로 나가 적절한 일을 해서 몸을 다독인다. 일부러 시간을 내서 운동하지 않아도, 가을걷이 이후 서너 달씩 두문불출했다가 갑작스레 밭일을 해도 후유증이 없다.

걸핏하면 놀림받던 피부도 자연치유력으로 고쳤다. 또 늘 더부룩했던 아랫배가 시원하니 날아갈 듯 가뿐했다. 그동안 얼마나 우울하게 살았던가. 얼마나 건강을 소홀히 했나. 다시 새롭게 태어난 것 같았다. 최소한 이대로 유지하고 싶은 마음이 간절했다. 별학섬에서 보낸 5년 동안 내 몸은 물론 심성까지 바뀌었다. 욕심도 줄었다. 손수 먹을거리를 심고 기다리고 거둬보니 이젠 조금 모자라도 그다지 마음 쓰이지 않는다. 한층 너그러워졌다. 주위에선 성형 수술한 것처럼 낯빛이 바뀌었다며 더 놀라워한다. 누구보다 곁에서 지켜봐온 남편과 엄마가 반색하니, 나 하나 바르게 사는 것이 혼자만의 일이 아니란 걸 새삼 깨닫는다.

그렇게 도시를 떠나 흙을 일구며 생활한 지 10년이 넘었다. 지난 10년이 내 몸을 살리는 시간이었다면, 지금의 건강을 유지하는 데에는 그 이상이 필요할 것이다. 건강을 되찾기까지 겪은 고난사를 일일이 꼽을 순 없겠지만, 내가 귀촌에서 취농을 선택하기까지의 과정 하나 하나가 건강한 삶을 꿈꾸는 밑거름이 되었다. 나이가 들면 없던 병도 생기고 아픈 데만 늘어난다고 하는데 나는 한 살씩 더해질수록 점점 더 좋아지고 있다. '점점'이 언제까지 이어질지는 알 수 없다. 적어도 지금의 나는 어딘가 불편하지도 않고, 특별히 아픈 데도 없으며, 크게 부족한 것 없으니 행복한지 건강한지 굳이 짚어보려 하지 않는다.

스스로 일구는 농사로 내가 이만큼 건강해졌다면 누구라도 가능한 일이다. 나 역시 예전에는 건강한 삶이라는 게 남의 일인 줄만 알았다. 그래서 일찌감치 포기했다. 그런데 꿈보다 더 꿈같은 삶이 지금 이 순간, 강원도 산골에서, 현재진행형으로 펼쳐지고 있다. 내 얘기가 자급자족하며 건강한 삶을 꿈꾸는 사람들에게 조금이라도 보탬이 되었으면 좋겠다.

자연을 읽고, 농사를 짓다

나는 태평농법으로 농사짓는 산골농부다. 별학섬에서 귀촌생활을 마치고, 본격적인 농사를 지으려고 2010년 봄에 강원도 횡성으로 거처를 옮겼다. 산골이면 어디라도 물 좋고 공기 맑겠지만 이곳은 아직도 반딧불이 날아들고, 개울엔 다슬기가 수북하다. 깊은 산골도 아닌데 뱀, 개구리, 사슴벌레 등 온갖 동물들이 종류별로 부지런히 찾아온다. 높지도 않은 뒷산에선 너구리나 고라니가 한 번씩 마당으로 마실 나오곤 한다. 뽕나무가 많아서 오디가 주렁주렁 열리고, 단풍이 고운 붉나무가 많아서 가을풍경도 멋스럽다.

먼동이 트기 전 문을 열고 한발 내딛으면 새소리와 풀냄새가 싱그럽고, 뒷산으로 떨어지는 자주빛 붉은 노을은 노곤한 하루를 잊게 해준다. 무엇보다 좋은 건 동네인심이다. 별난 농사짓고, 남편이 가끔 다녀가긴 하지만 줄곧 혼자고, 동네 모임엔 얼굴을 비치지도 않고, 인상이 서글서글한 것도 아닌데 마을 분들 모두가 살갑게 대해주신다.

이쯤이면 누구나 산골생활의 낭만을 꿈꾸겠지만 현실은 좀 다르다. 해뜨기 직전에 깨어나 물 한 잔 마시고, 날이 밝으면 몸 부리기 편한 차림에 땀 닦을 수건 하나 걸치고 밭으로 직행한다. 한여름엔 식전에 보통 2시간, 길면 3시간 동안 밭일을 하는데, 허리 한번 굽혔다 펼 때마다 숨이 가쁘게 들락거린다. 공복에 일하니 허기가 밀려들지만 불필요한 불순물이 몸 밖으로 빠져나간 것 같은 가벼움이 오히려 상쾌하다. 아침, 점심, 저녁식사 전후로 2시간 정도는 밭일이며 수확물을 갈무리하는 데 시간을 보낸다. 그리고 남은 시간을 쪼개서 음식을 만들고, 칼럼을 쓰고, 블로그에 산골 소식을 올린다. 오전 밭일이 과하면 오후엔 일을 좀 줄이고, 오후 밭일이 과하면 일찍 잠자리에 들려고 하는데, 이런저런 계획을 세우다 보면 11~12시가 되어서야 잠이 든다.

산골은 어느 밭이나 할 것 없이 돌이 참 많다. 농사짓기 좋은 땅을 만난다면 더 바랄 게 없겠지만 세상살이가 어디 그런가. 인연 맺은 땅을 내가 살려보겠다고 마음먹으면 한결 홀가분하다. 기계로 갈아엎어도 돌 때문에 어려움이 많다는데, 무경운이면 파종할 때도 돌에 걸리기 일쑤고, 뿌리식물을 수확할 때는 '아이고' 곡소리가 여러 번 나온다. 지속적으로 작물이 자라는 밭이면 그나마 나은 편이다. 산자락을 깎아 터를 다진 텃밭은 암반처럼 되어 있어 뭘 좀 심으려면 먼저 돌을 캐내고 나서 흙을 채워 넣어야 했다. 돌이 많더라도 흙이 부드럽기나 하면 나을 텐데 이전에 갈아엎고 농사를 지었던 밭은 흙인지 돌인지 분간이 안 될 정도로 딱딱했다.

게다가 산골엔 뱀도 많아서 날이 풀리면 서리 내릴 때까지 늘 긴장한 채 마당에 나간다. 그런데 정작 질려버린 건 불쑥 나타나는 뱀보다 끝없이 튀어나오는 돌이었다. 돌 많고, 뱀도 많은 산골인 줄 미리 알았다면, 싫은 생각도 들었지만 3년쯤 지나니 별것도 아니었다.

태평농은 땅을 갈아엎지 않고 있는 그대로의 모습을 지켜나가는 자연농법이다. 사람이 간섭하지 않는 땅속에는 익충과 해충이 같이 살고, 먹고 먹히는 질서 속에서 병충해도 스스로 해결한다. 한마디로 태

평농은 자연의 힘을 믿고, 흙의 힘을 믿는다. 땅을 갈아엎으면 금방 부드러워져 좋은 것 같아도 얼마 지나지 않아 쉽게 마르고 통기성도 떨어진다. 마을에서 여러 이웃과 어울려 살다보면 태평농으로 농사짓는 게 간단하지가 않다. 산골 어르신들이 무농약, 무비료에 대해선 그런대로 넘어가도 무경운에 대해선 막무가내로 고개를 내저으며 좋은 땅 다 망친다고 야단이셨다. 평생 땅을 갈아서 농사짓던 분들에게 갈지 않은 땅에 씨앗을 심는 광경은 맨땅에 헤딩하는 것처럼 무모해보였을 것이다. 차근차근 풀어서 설명해주면 어느 정도 수긍하고, 납득은 못 해도 더는 드러내어 참견하지 않았다. 뒤에서 쯧쯧쯧 해도 그러려니, 마음에 담아두지 않는다.

무경운으로 농사를 지으면 작물의 자생력이 강해져 장마나 가뭄, 태풍, 병충해 등 자연재해의 영향을 덜 받는다. 반면 갈아엎은 땅에서 자란 작물은 뿌리가 약해 태풍이나 장맛비가 지나가면 맥을 못 춘다. 땅을 갈면 지표면에서 숨 쉬던 흙이 밑으로 한꺼번에 가라앉고, 흙보다 가벼운 자생초 씨앗들이 위로 올라온다. 원치 않는 풀한테 발아하기 좋은 자리를 내주는 것이다. 걷잡을 수 없이 퍼져서 일일이 뽑아낼 수 없으니 제초제며 농약을 뿌린다. 땅을 갈아서 자생초가 많아지고, 그걸 농약이나 제초제로 죽이고, 다시 땅을 갈아서 자생초 발아를 돕는 악순환이 계속되는 것이다.

자연에 중심을 둔 태평농에서는 가을에 월동작물을 파종하는 것으로 농사를 시작한다. 물론 본격적인 작물은 이듬해 봄에 심지만, 가을에 월동작물을 심어 겨우내 땅심을 살리고 자생초를 막아주기 때문에 농사의 시작을 가을로 본다. 가을에 월동작물을 심어서 밭을 관리했는지 여부에 따라 이듬해 작물 성장과 땅의 상황이 크게 달라지기 때문에 태평농법에서는 월동작물을 매우 중요하게 생각한다.

봄이 되면 씨앗을 챙기고, 거둬야 할 월동작물을 살펴보며 여름작물을 심을 곳과 분량을 가늠한다. 궁합이 맞는 작물끼리 짝을 맞추고, 가을걷이 전에 심어야 할 김장채소를 들여보내기 좋게 수확이 빠른 작물을 한곳에 몰아서 심는다. 어떤 작물이든 심는 시기는 반드시 지온에 맞춰야 한다. 자연농법으로 짓는 농사는 밭이 기름지고, 종자가 실해도 심는 시기와 절기가 맞지 않으면 결실이 부실해져 싹 자체가 나지 않을 수 있다. 대개 일찍 심어 탈이 나는데 주위에서 하는 대로 따라가고, 때를 놓치면 시판용 모종을 구입할 수 없으니 이르거나 말거나 심고 보는 것이다. 자연을 중심에 두고 자유롭게 일구기 위해선 작물마다 생태를 헤아려 관리하고 스스로 씨앗을 갈무리하는 방법이 제일이다.

산골로 처음 들어왔을 때, 각오는 대단했지만 500평 땅에 무얼 심을지 막막했다. 다양한 작물을 실험해보고 싶었지만 흙이 어떤 상태인지, 어디가 습하고 어디가 메마른지, 어디가 미생물이 많은지 알 수 없으니 어떤 작물을 심을지 쉽게 가늠할 수가 없었다. 일단, 태평농에서 배운 대로 보리부터 뿌리내리게 했다. 첫해는 비닐을 걷어낸 맨땅에 얼마 지나지 않아 쇠비름이 새파랗게 깔렸다. 한 뼘 이상씩 자라는데 감당이 안 됐다. 쇠비름이 많이 자라는 척박한 환경이라도 계속 작물을 심어서 가꾸면 자생초가 변한다고 배웠다. 신기하게도 이듬해 쇠비름이 자취를 감췄다. 대신 뚝새풀이 자랐다. 밑동이 굵어 낫으로도 잘라지지가 않았다. 손에 물집이 생기고 굳은살이 박였다. 또 한 해가 지나자 뚝새풀은 한쪽 구석으로 밀려나 있었다.

해마다 보리나 밀을 심어 월동시키니 땅심이 좋아지면서 조금씩 흙이 부드러워지고 윤기가 돌았다. 원치 않는 자생초도 점점 줄어들었다. 식물이 흙을 살리고 흙이 식물을 살린 것이다. 여기까지 오는 데 3년이 걸렸고, 이런 변화를 실감하면서 더 잘할 수 있겠다는 확신이 생겼다. 자연의 힘을 믿고 맡긴 결과다.

흙속에는 미생물과 벌레 등 천적이 공존하고 서로 먹고 먹히며 살아간다. 흙의 생명력을 자연 그대로 유지하는 태평농이 지속가능한 생태농법인 이유다. 그러니 흙을 살리는 것은 심고 거두는 것 못지않게 중요하다. 사람이든 땅이든 오랜 세월에 걸쳐 만들어진 질병은 한

번에 치유하기 어려운 법이다. 회복하기 위해서는 그만큼 많은 시간과 꾸준한 노력이 필요하다. 내 손길에 힘입어 땅이 살아나는 것을 보는 기쁨은 작물을 수확할 때 이상으로 뿌듯하다. 또 혼자서 농사를 지어야 하는 나에겐 무엇보다 든든한 자산이다.

공산품이야 한 번에 수십만 개씩 찍어내지만 농사는 아무리 솜씨 좋게 관리해도 매년 같은 결과가 나오지 않는다. 몇 년째 풍년이었어도 올해는 소출이 적거나 흉작일 때가 있다. 그러니 부지런히 땅심을 살리면서 정성을 들이는 방법밖에 없다. 작물과 자생초가 엇비슷한 높이로 자라면 김매기를 언제 해야 효율적일지, 벌레가 나타나면 무엇을 예고하는 신호인지, 어떻게 대처할지는 교과서식 공부로는 알 수가 없다. 어떤 변수가 작용할지는 그때그때 달라지니까 말이다. 부지런히 농사지으면서 경험을 늘리는 수밖에 없다.

자연방식으로 농사를 지으면서 겪는 어려움 중에 하나가 튼튼한 종자를 확보하는 것이다. 종묘상에서 파는 종자는 인위적으로 육종되어 자생력이 낮고, 비료와 농약 없이 재배하기 어렵고, 작물에 따라서는 씨앗을 맺지 못한다. 설령 잘 키워 씨앗을 받는다 해도 이듬해 심을 때 올해 거둔 것과 똑같은 결실을 이룰지 장담할 수 없다. 말하자면 종자 구실을 못 하는 일회성 작물인 것이다.

흔히 씨앗을 토종과 개량종으로 구분하는데, 토종이라고 말은 하지만 본래 우리에게 있었던 작물이라면 재래종이라 해야 맞다. 순수 재래종 종자도 있긴 하지만 좀처럼 만나기 어렵고, 대개는 토착화된 종자다. 산골 텃밭에서 재배하는 작물은 시중에서 구입하는 몇 가지를 제외하면 대부분 고방연구원에서 얻은 재래종이나 토착화된 작물이다.

부족한 건 마늘 같은 뿌리식물이다. 구할 수 있는 씨마늘은 비료와 농약으로 키운 것들이라 자생력이 떨어지고, 월동을 시켜야 하는데 산골은 기온이 낮고 땅이 아직 덜 회복된 상태라 재배하기가 어렵다. 김장배추, 김장무 등 스스로 채종할 수 없는 작물들은 토착종 씨앗이 없기 때문에 사다 심는다.

어쩌면 우리는 재래종 종자를 잃어가면서 고유의 맛도 잊어가고 있는지 모른다. 종자가 우량종일수록 맛이 좋은 건 당연하고, 벌레도 덜 타고, 결실이 좋고, 저장성도 뛰어나다. 개량종이라도 시중에 유통되는 것보다는 직접 갈무리한 종자가 튼실하고, 상황에 따라 토착화할 수 있으니 씨앗 갈무리로 작물 수를 늘려가려고 노력중이다.

점차 기후가 온난화되면서 아열대지방의 자생식물이 우리 기후에서도 노지 재배가 가능해졌다. 작물 종도 다양하고 개량되지 않은 원종이 많아서 눈여겨볼 필요가 있다. 같은 작물이라도 우리 땅에서 자랄 때 맛과 약성이 더 뛰어난데, 책에도 소개한 열매마와 오크라가 좋은 예다.

강원도 산골에서 500평이나 되는 텃밭농사를 혼자서 어떻게 짓느냐며 놀라는 사람들이 많은데, 태평농이라 가능하다. 땅을 갈지 않으니 덩치 큰 농기구는 필요 없다. 씨앗을 심고, 자생초 관리를 하며 꾸준히 지켜봐주다 거두고 갈무리하면 끝이다. 가위, 미니괭이, 호미, 낫칼, 뾰족 막대, 비닐끈 정도의 아주 작은 도구만으로도 60여 종 되는 작물을 심고, 키우고, 거두고 있으니까. '나도 가능할까?'라며 머뭇거리고 있다면 좀더 용기를 내도 좋을 것 같다. 농사에 문외한이었던 나도 해내지 않았는가.

다시 봄이다. 지금 산골 텃밭에는 월동한 밀이 수북하게 자라 있다. 슬슬 봄 파종을 시작하고 있다. 씨앗을 심을 때면, 늘 처음처럼 설레고 가슴이 두근거린다. '언제쯤 싹이 날까, 나오기는 할까, 얼마나 나와 줄까?' 이런 마음을 씨앗이 알아준다면 '얘들아, 우리 얼른 나가서 자운이 놀래주자' 그럴 것 같고, 나 하는 짓이 밉상이면 '애 좀 먹이다 나가자'며 짐짓 늦장을 부릴지도 모르겠다.

자연이 짓고,
사람이 담다

"아, 진짜 맛있다! 옛날에 시골에서 먹던 그맛이네." 엄마는 내가 농사지으며 건강하고 행복하게 사는 모습을 누구보다 흐뭇하게 바라보신다. 강원도 산골로 들어온 첫해만 해도 농사는 아무나 할 게 아니라며 '조금 깊게 심어라, 땅을 파서 심어라, 풀을 왜 안 자르냐'며 꽤나 훈수를 두셨다. 하지만 지금은 동생에게 "언니가 하는 농사라면 지어볼 만하지 않으냐"며 격려해주신다.

내가 요리를 잘해서 맛있는 줄 알았는데, 실은 아니다. 맛있을 수밖에 없는 물과 밭에서 갓 딴 채소로 만든 밥상이 어떻게 맛이 없겠는가. 나는 거기에 정성을 보탰을 뿐이다. 이 좋은 재료를 가지고 맛없게 만드는 것이 재주라면 재주이지 않을까. 아무튼 씹을 때마다 느껴지는 자연의 맛! 자연을 먹는다는 말을 실감케 한다.

이 맛을 느끼기까지 참 오랜 시간이 걸렸다. 태평농에 입문하기 전, 내 주식은 밥이 아닌 빵이었다. 정제된 밀가루에 국적 불명의 첨가물이 범벅된 달달하고 부드러운 빵 말이다. 도시에서 시골로 생활환경을 바꿀 때 이런 좋지 않은 식습관까지 동시에 바뀌면 좋으련만, 입맛을 바꾸는 건 마음처럼 쉽지 않았다. 차라리 며칠 곡기를 끊는 게 더 쉬웠다. 세 번 정도 단식해서 효과를 봤지만 얼마 지나지 않아 예전 식성대로 돌아갔다. 시골살이를 시작해서도 쌀보다 밀가루를 찾는 날이 많았다. 별학섬에서 지낼 때도 빵 대신 채소전을 만들어 밥반찬으로 조금씩 먹으며 밀가루 음식에 대한 갈증을 풀곤 했다.

내 생에 가장 큰 전환점이 농사 입문이라면 그에 버금가는 사건이 요리 입문이다. 처음에는 텃밭을 제대로 일군 것도 아니고, 나물거리를 알아보는 눈도 어둡다 보니 식재료가 뻔했다. 선택의 여지가 없었다. 이거라도 먹어볼까 싶어서 무친 나물이 입에 착 들러붙고, 소화가 잘돼 몸이 가뿐해지면 풀 한 포기도 허투루 보이지 않는다. 나물 캐는 데 재미가 붙고, 먹는 시간보다 거두고 다듬는 시간이 몇 배나 들어도 번거롭기는커녕 어떻게 먹어야 입이 더 즐겁고 속이 편할지에 생각이 모아진다. 각별해진 나물거리가 잘 자라도록 보살피며 정성을 들이다 보면 먹기에 앞서 마음의 양식이 된다.

그렇게 시작해서 이젠 철에 맞게 묵나물을 갈무리하고, 김장하고, 청국장을 만들고, 내 손으로 거둔 콩을 삶아 메주도 만든다. 세상에 모든 일이 노력한다고 이루어지는 건 아니라지만, 농사와 요리만큼은 타고난 재주가 없어도 하면 된다. 내 몸을 살리고, 내 가족의 건강을 지킬 수 있는 정도는 능히 해낼 수 있다.

텃밭을 일궈도 부족한 식재료 몇 가지는 있게 마련이다. 그래도 산골밥상의 기본 방침은 자급자족이다. 없으면 없는 대로 차리기, 많으면 자주 먹고 적으면 조금씩 먹기, 없으면 안 먹기, 장기 저장 방법 늘려가기, 버리는 식재료 없이 자투리까지 활용하기…. 뭔가 색다른 요리가 만들어진다면 이런 배경이 한몫한 것이다.

꼬맹이 적부터 잔병치레가 심해서 먹을 수 있는 음식이란 부드러운 빵과 우유 정도였다. 특히 달콤하고 고소한 맛을 좋아했다. 어떤 음식이든 입에 당기면 맛있게 먹고, 적게 먹어도 헛헛하지가 않아야 만족감이 크다. 빵은 통밀가루로만 반죽하면 맛이 단순하고 소화력이

떨어지기 때문에 현미, 콩, 옥수수 같은 곡류나 제철 채소를 섞어서 만든다. 대신 첨가물은 최소화한다. 원래 식재료의 맛을 최대한 살려야 감칠맛도 좋고, 포만감도 크고, 소화도 잘 된다.

산골밥상은 거의가 채소로 이루어져 있다. 그래서인지 나를 채식주의자로 알고 있는 지인도 있고, 더러는 스님이냐고 묻는 이웃도 있다. 귀촌 첫해만 해도 지인들과 어울려 고기를 맛있게 먹었는데 자연식에 길들여진 후론 냄새만 맡아도 속이 불편해 자연스레 채식으로 기울었다. 고기를 멀리하고 채소를 가까이하면 자급자족이 수월하고 요리하기가 더 편하다. 단, 신선한 채소도 과식하면 몸에 부작용이 남으니 자신의 몸에 맞게 먹는 지혜는 필요하다.

자연에서 거둔 먹을거리가 맛과 영양이 뛰어난 건 사실이지만, 몇 번 먹는다고 당장 눈에 띄게 건강해지는 것은 아니다. 꾸준히 먹다보면 점차 좋아지는 것을 스스로 느끼게 된다. 내 경우는 속도 편안해졌지만, 늘 젊어지고 있어서 무거운 줄도 몰랐던 해묵은 짐을 내려놓은 것 같은 가벼움이 크게 다가왔다. 꾸준히 자연식을 하면 내 몸을 건강하게 바꾼 음식이 무엇인지 애써 기억하려 들지 않아도 몸이 먼저 알고 내 몸에 맞는 음식인지 아닌지를 판단해준다.

음식은 식재료를 제철에 거둬 단순한 양념으로 가능한 한 손을 적게 댄 조리법이 제맛을 살리고 몸을 편하게 한다. 즙을 내 마시기보다는 꼭꼭 씹어 먹고, 일부러 시간과 품을 들여 약으로 먹거나 설탕에 버무려 효소를 담그지 말고 식품 그대로 먹는 게 좋다. 이치만 헤아려도 건강밥상의 꿈은 얼마든지 실현할 수 있다. 손수 밭을 일구지 않아도 적게 먹고, 조미료를 넣지 않고, 외식을 줄이고, 현미밥을 먹는 것이다. 가장 강조하고 싶은 건 소식과 현미밥인데, 이것만 제대로 지켜도 몸을 추스르기가 한결 쉽다. 어디에 뭐가 좋다고 해서 좋다는 것만 좇다 보면 반드시 탈이 난다.

블로그에 날마다 산골의 소박한 밥상을 올리는데, 사진만 보고도 사람들이 맛있겠다, 그런다. 또 건강밥상이라고, 웰빙이라고 반기는 분들도 많다. 내 입에 맛이 없거나, 소화가 잘 안 되는 음식은 여간해선 올리지 않는다. 불편한 점이 있을 땐 반드시 언급하고, 맛이 없을 땐 계량이 잘못됐다든가 재료 다루는 방법이 적절치 않다고 적는다. 다른 사람은 어떤 평을 내릴지 몰라도 내 입에 맛있고, 소화가 잘되고, 내 몸이 편안해지는 음식은 자신 있게 내보일 수 있다. 세상에 좋은 음식이야 많겠지만, 내 손으로 직접 심고 거두어 만든 음식이니 나에겐 완벽한 음식이다. 그래서 내가 차린 밥상에 주는 내 점수는 아주 후하다.

밥상이 반듯하려면 농사가 제 길로 가야 한다. 무엇을 어떻게 먹을 것인지 생각하기에 앞서 자연 순리대로 밭을 일구는 것이 먼저다. 자연스럽게 자란 작물은 생명력이 강하고 저장성이 높아, 갈무리하는데 조금 게을러도 느긋하게 기다려준다. 얼었다 녹은 배추로 담근 김장이 삼삼하게 입맛을 돋워주고, 가을에 거둔 열무뿌리는 이듬해 5월에 김치를 담가도 아삭하다. 음식을 손수 만들어 먹어도 그렇고, 외식을 해도 '오늘은 또 뭘 먹어야 하나?' 고민스럽고 난감할 때가 있다. 그런데 흙과 더불어 살면 오늘의 상차림은 텃밭이 정해준다.

척박한 땅에서도 파릇하게 자라는 작물들을 볼 때면 가슴이 콩콩 뛰면서 콧날이 시큰해진다. 나물반찬 한 접시를 놓고도 누군가를 향해 수없이 절하고 싶은 마음이 절로 일어난다. 내가 혼자서 심고 거둔 것 같지만 나 아닌 다른 손길들이 더 많이 보살펴준 걸 알기 때문이다. 흙, 햇볕, 비, 바람, 오가는 길에 내 발에 밟혀 소리도 없이 사라졌을 아주 작은 벌레들까지. 그러니 산골의 밥상은 자연이 짓는다. 나는 그저 담아냈을 뿐이다.

2장

키우고 요리하기

봄

갓끈동부

심는 때	4월 하순~7월 하순
심는 법	직파 또는 모종, 평이랑 또는 지지대 설치
거두는 때	7월 하순~10월 초순
관리 포인트	진딧물, 노린재 피해 주의

산골로 들어와 이삿짐을 풀었던 4월 끝날, 연초록 나무들이 병풍처럼 둘러진 산에는 산벚나무 꽃이 한창이었다. 바람 끝은 부드러웠지만 얼굴에 스칠 때면 따가웠고 목덜미에 닿는 기운은 어깨가 움츠러들 정도로 썰렁했다. 고개를 들면 산허리에 수놓은 듯 활짝 피어 있는 꽃이, 조금만 시선을 낮추면 꼿꼿하게 서 있는 고춧대와 수북하게 쌓인 콩대, 검정 비닐 덮인 골 깊은 이랑이 한눈에 들어왔다.

이제 여기서 밭을 일궈 내 삶을 꾸려가야 한다. 농사를 배웠다 해도 낯선 곳에서 홀로 얼마나 해낼 수 있겠냐며 걱정하는 지인들, 무경운 농사를 이해하지 못하는 주변 시선이 부담스럽기는 했다. 하지만 마음 한구석에서는 낯선 긴장감, 설렘 등이 어우러지면서 알 수 없는 힘이 솟아올랐다.

그간 농사 경험을 바탕으로 첫 작물은 이미 맘속에 정해놨다. 척박한 땅에서도 잘 자라고 땅을 기름지게 하는 갓끈동부다. 갓끈동부만 잘 자라줘도 밭 꼴은 갖춰질 것이고 기본은 유지될 성 싶었다.

고춧대와 비닐만 걷어내고 두둑은 그대로 둔 채 드디어 갓끈동부를 심던 날, 뒷산에서 날아온 산벚나무 연분홍 꽃잎들이 씨앗 위로, 까칠해진 내 손등 위로 사뿐사뿐 내려앉았다. 영화의 한 장면 같은 낭만은 아주 잠깐이었다. 흙을 만져보니 손끝으로 전해지는 딱딱한 느낌, 이를 어째? 흙보다는 돌에 가까웠다. 이런 땅에서 무경운, 무농약으로 작물을 키울 수 있을까? 혼자 힘으로 잘 해낼 수 있을까? 불안한 마음은 동부 싹이 한 뼘 이상 자랄 때까지 커져만 갔다.

그러던 어느 날, 고만고만한 높이를 이루며 감아쥘 대상을 찾느라 끝이 살짝 구부러진 줄기가 눈에 들어왔다. 아, 살았구나! 결실까지 무난하겠구나. 너무 기뻐서 목이 메었던 그날, 앞으로 일궈야 할 농사의 희망을 예감했다. 평생 못 잊을 그 갓끈동부는 기대를 저버리지 않고 잘 자라줬다. 규모를 조금 크게 잡고 심었던 터라 남 보기에도 그럴 듯했고 실제 수확도 풍성했다.

갓끈동부는 콩꽃 특유의 요염한 자태를 유감없이 보여주며 연보라색 꽃이 줄기 끝에 두 송이씩 피어나면 꼬투리 두 개가 나란히 맺힌다. 갓끈에 비유해 갓끈동부라 부른다지만 내 눈에는 나풀나풀 대는 댕기머리로 보인다.

갓끈동부가 덜 여물었을 때는 껍질째 먹을 수 있고, 여물면 팥으로 만드는 음식은 다 따라할 수 있다. 하지만 아쉽게도 갓끈동부는 시중에 널리 유통되지 않는다. 알이 작아 점차 잊혀져가는 게 아닌가 싶다. 팥에 비해 알은 조금 작아도 거둬보면 결코 적은 양이 아니다. 더구나 손쉽게 재배할 수 있고, 맛도 있으면서 만들 수 있는 음식 범위가 넓다면 크기만 갖고 논할 일은 아니다.

동부 종류에는 벌레 피해가 적고 척박한 땅에서도 결실이 좋은 검정동부, 이름은 밤콩이지만 푹 익히면 생김새도 맛도 팥에 가까운 밤콩동부, 폭신한 식감에 밤 맛이 나며 꼬투리가 미어질 정도로 알이 꽉 들어찬 알콩동부가 있다. 모두 줄기가 길게 자라는 덩굴형이라 지지대가 있어야 하고 심는 시기와 재배 방법은 갓끈동부와 비슷하다. 검정동부는 콩도 먹고 덜 여물었을 때 껍질째로도 먹는다. 밤콩동부와 알콩동부는 콩과 잎을 먹는다. 메주콩, 쥐눈이콩, 서리태 등은 이름이 통일되어 있지만 동부 종류는 지역마다 달리 부르기도 하니 이름만 들어서는 헷갈릴 수 있다. 종자를 구할 때는 콩 생김새와 생태를 잘 알아보고 선택한다.

심고 가꾸기

파종 가능한 시기는 길지만 수확량은 봄에 심었을 때가 가장 많다. 지온이 낮으면 발아가 더디고 고온에서는 잘 자라지 않기 때문이다. 적절한 시기에 심었어도 갑자기 온도가 올라가면 성장이 지연돼 결실이 부실해진다. 산골에서는 연분홍색 산벚나무 꽃이 흐드러지게 필 때 갓끈동부를 심으며 본격적인 농사철을 맞이한다. 새 피해가 없어 맘 놓고 직파할 수 있는 갓끈동부는 닷새 정도면 싹이 난다. 아무리 자생력이 좋은 작물이라도 지온이 낮을 때 심으면 모종이든 직파든 버티기 위해 안간힘을 쓰느라 초기 성장이 더디고 외부 장애에 대한 방어능력이 떨어지므로 시기를 잘 가늠해서 심는다.

반덩굴형인 갓끈동부는 지지대를 세우면 관리하기는 좋지만 지지대를 설치해야 하는 번거로움이 있다. 평이랑에 심으면 위로 끄집어 올렸을 때보다 성장이 더 자연스러워 거두는 시기가 빠르고 수확량도 더 많다. 지지대를 세운다면 높이는 120cm 정도로 하고, 평지에 심으려면 줄 간격을 충분히 확보해주는 게 좋다. 일반 콩과 같은 간격으로 두 줄 심고, 통로를 네 발짝 이상 띄워주고 다시 두 줄씩 좁혀 심는다. 줄기가 자라면서 감아쥐기 시작하면 두 줄씩 서로 엉기게 꼬아준다. 왕성한 성장기에는 며칠만 방치해도 마구 뒤엉켜서 밭에 드나들기도 어렵다.

일자형 지지대

월동작물이 잘 자랐다면 초기 성장 시기에 자생초는 드물고, 여름 자생초 돋아날 시기가 되면 갓끈동부는 이미 무성하게 자란 다음이라 평지에 심어도 풀 단속에 품이 들지 않는다. 대신 동부 종류는 진딧물과 노린재가 곧잘 꼬인다. 진딧물은 물엿을 뿌려주면 깔끔하게 제거되고 초기에 대처하면 물엿 분사 한 번으로 끝낼 수 있다.

무경운 자연농법에서는 두둑을 만들지 않고 평이랑에 심는다

제일 큰 장애물은 꼬투리에 들러붙어 즙을 빨아먹는 톱다리개미허리노린재다. 결실을 방해하는 이 녀석은 건드리면 벌처럼 날아올라

손으로 집어내기도 어렵다. 톱다리개미허리노린재가 몰려드는 시기는 꼬투리가 볼록해질 무렵이고, 갓끈동부 결실기가 끝물에 이르면 눈에 띄게 줄어든다. 워낙에 결실이 좋은 작물이고, 노린재 수효는 기후나 토양환경에 따라 달라져 변화를 지켜보는 중이다. 장마철에도 비가 귀했던 5년차에는 노린재가 드물었고, 개화부터 수확기 절반에 이르도록 긴 장마였던 4년차에는 바글바글 꼬였지만 수확량은 전년도의 두 배가 넘었다.

심을 때 줄 간격을 여유 있게 하면 무성하게 자라도 잎이 겹치지 않지만, 좁게 심으면 줄기가 포개지면서 빛이 차단되기 쉽다. 심해지기 전에 잎을 따서 빛이 들어갈 통로를 만들어 주고, 식용 범위가 넓은 동부콩잎은 먹기 좋게 갈무리한다.

거두고 갈무리하기

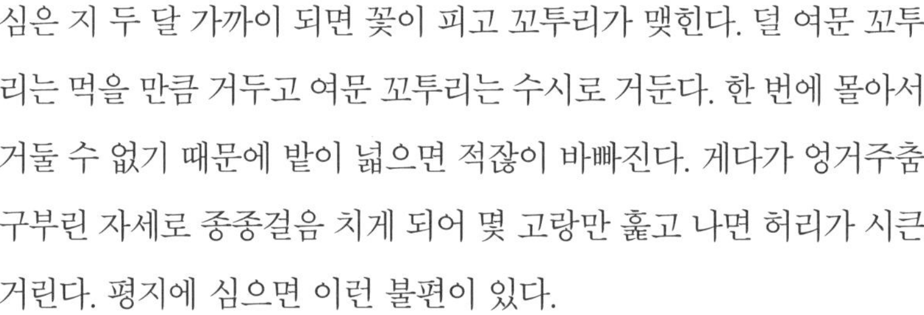

심은 지 두 달 가까이 되면 꽃이 피고 꼬투리가 맺힌다. 덜 여문 꼬투리는 먹을 만큼 거두고 여문 꼬투리는 수시로 거둔다. 한 번에 몰아서 거둘 수 없기 때문에 밭이 넓으면 적잖이 바빠진다. 게다가 엉거주춤 구부린 자세로 종종걸음 치게 되어 몇 고랑만 훑고 나면 허리가 시큰거린다. 평지에 심으면 이런 불편이 있다.

잘 여물고 잘 마른 꼬투리는 손으로 살살 비비기만 해도 알이 톡톡 튀어나온다. 대개 갓끈동부 거둘 시기는 장마철과 겹치고, 그렇지 않더라도 습도가 높을 때다. 미처 따기도 전에 꼬투리 안에서 싹이 나 밖으로 삐져나오기도 한다. 약간 덜 여물었더라도 어지간하면 거둬들이고, 꼬투리가 눅눅하면 곧바로 껍질을 까서 콩알만 말린다.

갈무리한 콩은 완전히 말려 식용과 종자용을 구분해서 보관한다. 먹다가 한 줌 덜어서 심어도 되지만 따로 갈무리해두는 것이 좋다. 다른 작물에 비해 일찍 거둘 수 있다는 것도 밭작물 관리에 좋은 점이다. 늦여름에 수확을 마치면 곧바로 김장채소 심는 시기로 이어져 갓끈동부가 자랐던 밭은 김장배추밭이 되고 콩과식물이 남겨준 부산물은 배추의 좋은 거름이 된다.

먹는 방법

콩도 먹고 잎도 먹고 덜 여물었을 땐 껍질(꼬투리)째 먹는다. 콩은 비린 맛이 나서 날것으로는 먹지 않는다. 《태평이가 전하는 태평농 이야기》(이영문, 2005, 연화)에 보면 '비린 맛엔 상당한 독성이 내포되어 있어 반드시 열을 가한 후에 먹어야 하지만 영글기 전에는 독성이 적고, 덜 영글었을 때 먹는 껍질콩은 육류 못지않은 영양성분을 지녔으며 신장과 위장을 보호하고 혈액순환을 좋게 해준다'고 한다. 먹는 시기는 중앙에 지퍼처럼 열리는 줄이 생기기 전의 부드러울 때이다. 적당한 시기에 거두어도 되고 수확기가 끝나갈 무렵 열리는 꼬투리를 이용해도 된다. 양이 많으면 삶아서 으깨 냉동 보관한다.

껍질콩 요리는 꼬투리가 여문 정도에 따라 파릇한 색감이 살아있게 살짝 데치거나 생으로 조리한다. 무침은 데치고, 볶음 · 조림 · 튀김은 날것으로, 떡을 만들려면 진한 녹두색이 될 정도로 무르게 찌거나 삶아서 으깬다. 쪄서 으깨면 찐 고구마와 비슷한 풍미가 느껴지는 껍질콩으로 만든 절편은 쫀득하면서 구수한 맛이 진하다. 밀가루에 멥쌀가루를 섞어 쌀 찐빵을 만들어도 찰진 맛이 나고 소화가 잘되는

갓끈동부

검정동부

밤콩동부

알콩동부

데 빵보다는 절편이 훨씬 맛있다.

콩잎이 연할 때 살짝 익혀서 쌈을 싸면 색도 곱고 모양도 깔끔하다. 조금 크게 자란 잎은 가루 내어 빵, 국수, 전, 튀김 반죽에 넣으면 향과 맛이 잘 살아난다. 쌀가루에 콩잎가루를 섞어 떡을 찔 때면 예전에 어렴풋이 맡아본 쇠죽 끓이는 냄새가 떠오르는데, 은근하게 풍기는 구수한 콩잎 향이 감칠맛을 더해준다. 설기나 시루떡도 맛있지만 특히 가래떡과 절편이 별미다. 현미가루에 콩잎가루를 섞으면 초록색, 삶은 갓끈동부 알을 갈아 넣으면 자주색 떡이 된다. 모양내기에 따라 한 가지 반죽으로 가래떡과 절편을 만들 수 있고, 찹쌀에 섞어 쫄깃한 인절미도 만든다. 다양하게 즐길 수 있는 갓끈동부 떡은 어떻게 먹어도 색, 맛, 향, 영양을 두루 갖춘 건강식이다.

팥과 똑같이 이용할 수 있는 동부콩알은 동부죽, 칼국수, 앙금, 고물 등을 만들 수 있다. 빙수용 팥도 동부로 대신할 수 있는데 이때는 갓끈동부를 푹 삶아 단맛을 조금 진하게 내고 국물이 흥건해지도록 조린다. 곱게 간 얼음 위에 빙수 동부를 넉넉히 얹고, 잘 익은 딸기 · 오디 · 방울토마토 · 초록참외 등 있는 대로 올려주면 달콤하고 시원한 과일빙수, 인절미를 곁들이면 든든한 빙수가 된다. 얼음 빙수기가 없으면 분쇄기에 갈아도 된다.

팥과 갓끈동부는 제각각 고유의 맛이 있어 비교하는 것은 무리지만 먹은 후에 속이 편안한지에서 큰 차이가 난다. 팥이 주된 재료가 되는 음식을 입맛 당기는 대로 먹었다간 더부룩해지기 십상인데 갓끈동부로 만들면 뒷맛이 개운하고 조금 과하게 먹어도 그다지 부담을 주지 않는다. 팥으로 만든 음식에 소화 장애를 겪는다면 갓끈동부로 대신해보길 권한다. 팥은 떫은맛을 내는 성분을 제거하기 위해 처음 삶은 물을 버리고 다시 삶아야 하지만 갓끈동부는 한 번에 삶아낸다. 전체적인 맛과 몸에 남는 편안함, 손쉽게 다양한 요리를 만드는 재미에 해를 거듭할수록 갓끈동부가 더욱 각별해진다.

자운 **레시피**

갓끈동부 껍질콩 삼색반찬

 재료

갓끈동부 덜 여문 꼬투리(껍질콩) 두 줌

조림 : 양파 약간, 집간장으로 만든 맛간장 1½큰술, 올리고당 1큰술, 육수 5큰술, 후추, 통깨

튀김 : 통밀가루 5큰술, 찐 옥수숫가루 2큰술, 물 7큰술, 소금, 튀김용 기름

무침 : 고추장 2큰술, 식초 1큰술, 올리고당 2/3큰술, 통깨

 만드는 방법

① 갓끈동부꼬투리를 씻어서 건진 뒤 한입 크기로 잘라 조림, 튀김, 무침용으로 나눈다.

② **조림 만들기** : 팬에 맛간장, 올리고당, 육수를 넣고 끓인다. 끓기 시작하면 약불로 줄이고, 껍질콩과 채 썬 양파를 넣고 물기가 없어질 때까지 조린다. 불을 끈 뒤, 후추와 통깨를 넣고 뒤적인다.

③ **튀김 만들기** : 껍질콩에 물기가 약간 남아있을 때 통밀가루를 고루 묻힌다. 통밀가루, 옥수숫가루, 물, 소금을 고루 섞은 튀김옷을 입혀 기름이 달궈지면 바삭하게 튀긴다.

④ **무침 만들기** : 끓는 물에 1분 정도 가볍게 데친 뒤 찬물에 헹군다. 물기를 빼서 고추장 양념으로 무친다.

갓끈동부 껍질콩 절편

 재료

불려서 빻은 현미가루 5컵, 껍질콩 삶아서 으깬 것 1컵(껍질콩 수분 함량에 따라 가감), 소금 1/2큰술, 참기름 · 연한 소금물 약간씩

만드는 방법

① 현미가루에 소금과 껍질콩을 넣고 손으로 비비며 고루 섞는다. 질어지지 않도록 반죽의 되기를 가늠해가며 껍질콩을 두세 번 나눠 넣는다.

② 찜솥에 김이 오르면 찜틀에 면포를 깔고 ①을 담아 30~40분 찐다. 이쑤시개로 찔러서 묻어나지 않으면 불을 끈다.

③ 익힌 떡 반죽을 볼에 쏟아서 연한 소금물을 적당히 묻혀가며 공이로 찧는다.

④ 떡 반죽이 약간 식으면 손으로 매끈하게 치댄 뒤, 가래떡을 빚듯 길쭉하게 모양을 잡는다.

⑤ 한입 크기로 잘라 살짝 기름칠한 떡틀로 꾹 눌러준다.

갓끈동부 떡빙수

재료

동부조림 4~5큰술, 각얼음 수북하게 1컵,
인절미 1~2개, 딸기 3알

동부조림 : 갓끈동부 2컵, 황설탕 · 올리고당 1컵씩,
소금 1/2큰술, 물 4~5컵

만드는 방법

① **동부조림 만들기** : 씻어 둔 갓끈동부를 압력솥에 넣고, 물을 4~5컵 부은 뒤에 푹 삶는다.

② 갓끈동부가 부드럽게 익으면 황설탕, 올리고당, 소금을 넣고 국물이 흥건하게 남도록 조려서 식힌 뒤 냉장 보관한다.(조릴 때 국물이 부족하면 물을 좀더 넣어 조린다.)

③ 인절미는 조금 작게 썰고, 딸기는 꼭지를 떼어 세로로 반 자른다.

④ 각얼음을 빙수기에 갈아 그릇에 담고 동부조림, 인절미, 딸기를 올려준다.

갓끈동부콩잎 설기

재료

현미가루 4컵, 동부콩잎 건조분말 7큰술, 뜨거운 물 7큰술, 소금 1/2큰술, 잘게 썬 늙은호박고지 ½컵, 황설탕 1큰술, 물 1컵, 종이컵 8개

만드는 방법

① 현미가루에 콩잎분말과 소금을 섞는다. 팔팔 끓인 물을 조금씩 넣으면서 양손으로 비벼 가루에 수분이 잘 스며들게 한다.

② 쥐었을 때 손자국이 날 정도로 촉촉해지면 체에 내린다. (가루가 거칠어 잘 내려가지 않으면 가루에 수분을 좀더 흡수시킨 뒤에 내린다.)

③ 호박고지를 물에 20분 정도 불린다. 부드러워지면 불린 물과 함께 설탕을 넣고 물기가 남지 않게 조려서 식힌다. 종이컵은 윗면을 약간 잘라낸다.

④ 종이컵에 ①을 채우고 호박고지조림을 올려 찜틀에 담는다. 찜솥에 김이 오르면 떡에 물기가 닿지 않게 면포로 잘 덮어 30~40분간 찐다.

⑤ 이쑤시개로 찔러서 묻어나지 않으면 불을 끄고, 한 김 나가면 꺼내서 종이컵을 벗겨낸다.

자운 농사 Tip

씨앗 심기

땅을 갈지 않고 거름도 하지 않으면 파종 시기를 서두르지 않아도 된다. 자생초는 전 작물의 성장에 따라 다르니 상황을 봐가면서 정리한다. 작물 성장에 장애가 되는 자생초는 작물을 심기 직전에 가능한 한 낮게 잘라낸다. 자생초가 왕성하게 자랄 시기인데 때 이르게 정리해놓으면 파종 무렵에 도로 풀밭이 돼버릴 수도 있다. 직파는 모종을 정식할 때보다 초기에 풀 관리를 잘 해줘야 하는데 이런 수고로움을 덜기 위해서라도 가을에 월동작물을 꼭 심어야 한다. 월동작물이 정상적으로 성장하면 자생초 발아를 제한하면서 흙속 미생물이 살아갈 터전을 만들어주기 때문에 이듬해 작물을 심기에 좋은 환경이 만들어진다.

직파와 모종 심기, 어떻게 구분할까?

같은 조건이라면 모종보다는 직파한 씨앗이 자생력이 강하고 노지 적응도 빠르다. 모종을 정식했을 때 가장 위험 요인은 땅속에서 기어 나와 싹을 건드리는 담배거세미나방애벌레다. 드물기는 하지만 달팽이가 싹을 건드릴 때도 있다. 뿌리가 활착活着되기 전이라 어린 줄기에 상처가 나면 성장이 더 이상 어려워진다. 직파한 씨앗은 싹이 나도 달팽이나 나방유충에게 습격당할 확률이 낮다. 인위적으로 물을 줘가며 길러낸 모종보다 자생력이 강해서인데, 스스로를 보호할 수 있는 어떤 물질을 발산하는 게 아닐까 싶다.

씨앗 수량이 적어서 하나라도 유실되지 않게 하려면 모종이 낫고, 온도에 민감하고 노지 발아가 까다로운 고추 같은 작물도 모종을 키워서 옮겨 심는 게 관리하기 수월하다. 반면 고온다습한 기후가 지속되는 여름철에 심는 콩은 직파를 해야 습도에 따른 피해가 적고 뿌리 발육도 순조롭다.

씨앗 심을 때 준비물

굵은 드라이버

보통 씨앗을 심는 간격은 호미 길이를 기준으로 한다. 산골에 있는 호미는 길이를 재보니 30cm, 농사 첫해부터 쭉 사용해온 직파용 도구인 굵은 드라이버는 27cm다. 내 경우 드라이버를 놓고 앞뒤 조금 여유를 두어 한 자 길이로 가늠한다. 딱딱하거나 돌이 많은 땅은 호미보다 드라이버가 간편하고, 또 땅을 덜 파헤치게 된다. 감자처럼 눈을 따서 심는 작물은 모종삽을 이용한다.

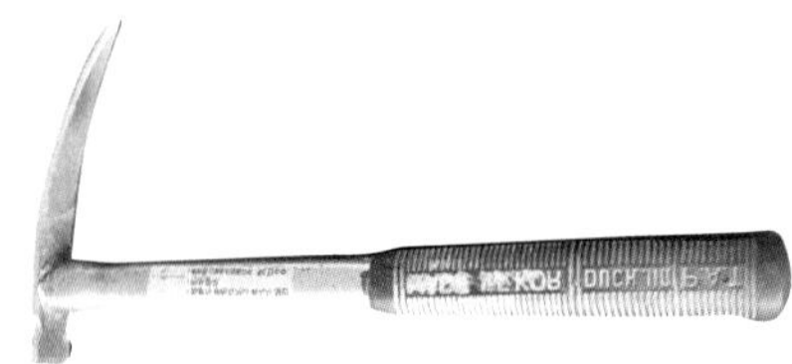

미니 괭이

자루가 짧은 미니 괭이는 흙을 가볍게 콕 찍은 후 씨앗을 심기에 좋은 도구다. 마늘이나 쪽파와 같은 구근을 심을 때, 또는 얕게 심어야 하는 씨앗일 때 적합한 도구다.

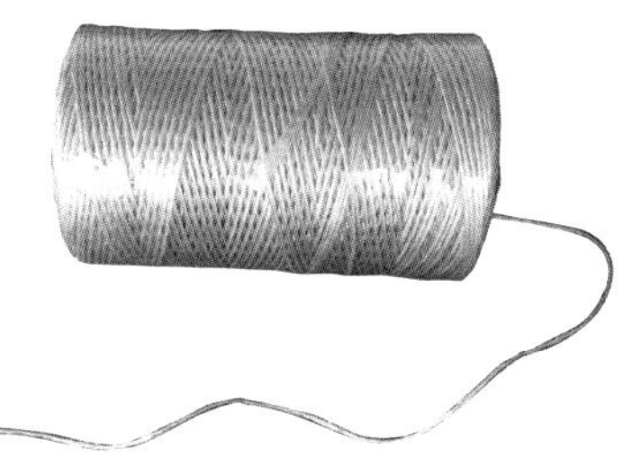

컬러 비닐끈

두둑을 만들지 않는 밭에 줄을 맞춰 심기란 어지간한 솜씨가 아니고선 어렵기에 눈에 잘 띄는 컬러 비닐끈을 드리워놓고 심는다. 모종인 경우는 심고 나서 곧바로 치워도 되고, 직파한 씨앗이면 싹이 난 후에 거둬들인다. 땅을 갈아엎지도, 이랑을 만들지도 않아서 어디가 밭이고 어디가 길인지, 작물이 성장하기 전에는 구분이 되질 않기 때문이다. 씨앗을 심어도 흙은 최소한으로만 건드리니 심어놓은 나도 못 알아볼 정도다. 색깔 있는 비닐끈을 드리워 놓으면 눈에도 잘 띄고, 심을 때 줄 간격을 맞추기도 쉽다.

심는 방법

포기 간격은 호미나 굵은 드라이버의 길이로 가늠하고, 줄 간격은 발로 한다. 한 발짝을 25cm로 잡았을 때 보통 작물은 두 발짝 남짓, 평이랑에 심는 갓끈동부처럼 줄 간격을 넓혀줘야 한다면 네 발짝 이상 거리를 둔다. 대개 줄 간격은 두 발짝 거리로 두 줄 심고 간격을 더 넓힌 다음, 같은 간격으로 두 줄씩 심으면 중간 통로로 드나들기도 여유롭고 밭을 관리하기에도 더 효율적이다.

씨앗 종류에 따라 묻는 깊이는 다르다. 작고 가벼운 씨앗은 흙을 얕게 긁어내 줄뿌림하고, 부피가 있는 콩은 씨앗의 3배 정도 깊이로 구멍을 내고 씨앗을 넣은 뒤 흙을 가볍게 덮어준다. 모종을 정식할 때는 물을 주지만 씨앗을 직파했을 때는 물을 따로 주지 않는다. 될 수 있으면 비 오는 날에 맞춰서 심고, 가물더라도 직파한 씨앗에는 물을 주지 않는다. 가물었을 때 발아를 촉진한다고 씨앗을 심고 물을 주면 역효과가 날 수 있다. 물론 특별한 경우 예외는 있지만 대개는 씨앗 스스로 주변 환경에 맞춰 적응하도록 그냥 두는 것이 자생력을 키우는 방법이다. 파종시기에서 날짜는 참고사항일 뿐, 지온을 기준으로 삼아야 한다. 심어야 할 밭에 자생하는 풀의 성장을 보면 가늠하기가 쉽다.

땅을 갈지 않는 것은 기본이고, 씨앗을 심을 때도 가능한 한 흙을 적게 건드려야 자생초가 덜 자라고 흙이 덜 마른다. 얕든 깊든 흙을 뒤엎으면 흙속에 있던 풀씨의 싹을 틔우기에 좋은 조건이 만들어진다. 발아에 도움이 될까 싶어 씨앗 들어갈 자리만 호미로 가볍게 뒤집었던 적이 있었다. 흙이 뒤집어진 자리만 밀도 높게 자생초 싹이 나서 급속도로 자라는데, 그런 자리에 돋아나는 풀은 잘라내기도 어렵고 잘 뽑히지도 않는다.

갈아엎으면 엎을수록 땅은 더 딱딱해지고 자생초 발아율은 높아진다. 흙을 뒤집으면 잠깐 동안은 부드럽고 씨앗 넣기도 좋고, 때로는 발아가 빠를 수도 있다. 그래봐야 얼마 차이 나지 않는다. 발아는 조금 빠를지 몰라도 땅이 쉽게 말라 보습성이 떨어지고, 자생초 때문에 작물은 성장하는 데에 애를 먹고, 사람은 김매기 하느라 고생한다.

박

심는 때	5월 초순~6월 초순
심는 법	모종 또는 직파, 평이랑 또는 지지대 필요
거두는 때	7월 하순~10월 초순
관리 포인트	일조량 침해 없게 간격을 여유 있게 심기

무더운 여름날, 땀에 흥건히 젖은 채 휘적휘적 밭을 나설 때면 발길은 어느새 박 덩굴 앞으로 향한다. 행여 지나쳤다면 왔던 길을 되돌아가 살포시 벌어지는 봉오리와 눈을 맞춘다. 한여름 초저녁 박꽃이 해맑은 느낌이라면, 초가을 새벽녘 박꽃은 그 기운이 자못 서늘하여 하루의 시작을 경건하게 한다. 해질녘에 피어나 티 없이 맑은 새하얀 꽃으로 밤을 지새운 그 느낌이 한결 청초하고 애틋하다.

박꽃과 박 열매의 속살은 모두 흰빛을 띤다. 씨앗을 보면 우리 치아와 흡사한데, 그래서인지 박 열매는 우리 몸에 칼슘을 공급해주는 아주 좋은 자연식품이다. 열매 모양이 길쭉하거나, 허리가 잘록하거나, 둥글거나 여러 가지지만 크게 식용과 비식용으로 나뉜다. 공예용 박 중에는 먹을 수 있는 것도 있는 반면 한입만 베어 물어도 식중독 같은 증상을 일으킬 만큼 독성이 강한 것도 있으니 종자를 구할 때나 열매를 접할 때는 반드시 잘 가려야 한다.

산골에서 심는 박은 둥근박과 대 토막을 닮은 나물박 두 종류다. 맛은 비슷한데 둥근박이 나물박보다 속살이 좀더 뽀얗고 돌려 깎기가 쉬워 박고지 말리기에 제격이다. 그런데 수확량은 나물박이 훨씬 많다.

사진이 아닌 실물로 박을 본 것은 별학섬에서 처음이었다. 키우기 쉽고, 조리법도 간단하고, 맛과 영양도 좋아서 반드시 심어야 할 밭작물로 찜해두고 있었지만 내 손으로 심어서 거두기까지는 몇 년이 걸렸다. 산골 농사 첫해에는 종자

좌) 둥근박, 우) 나물박 : 맛은 비슷한데 둥근박이 나물박보다 속살이 좀더 뽀얗고 돌려 깎기가 쉬워 박고지 말리기에 좋다. 그런데 수확량은 나물박이 훨씬 많다.

가 없어 못 심고, 2년차에는 장마철에 접어들면서 썩기 시작해 허망하게 끝났다. 3년차에 다시 씨앗을 구해 심은 박은 먹고, 나누고, 박고지도 원 없이 장만했으니 산골에서 대박이 난 셈이다. 그간의 노력으로 얻은 결실이라 함박만큼 벌어진 입이 다물어지지 않았다. 한편으로 전년도 부실 성장의 원인이 무엇인지를 곰곰이 살펴보니 포기 간격이 좁았고, 일조량이 부족했다. 이 두 가지를 개선하자 4년차에는 3년차보다 훨씬 더 풍성한 결실을 거뒀다.

심고 가꾸기

이 시기에 심는 작물은 대부분 지온이 낮으면 발아에 장애가 많다. 특히 박 씨앗은 흙에 묻힌 채 시간이 오래되면 싹을 틔우기가 더 어려운 것 같다. 지온이 적절하고 씨앗이 튼실하면 발아율도 좋고 초기 성장도 빠르니 모종은 5월 초순부터, 노지 직파는 5월 중순 이후가 적당하다.

박은 호박처럼 덩굴형으로 줄기가 길게 자란다. 예전 같으면 덩굴콩은 울타리에 심고 박은 초가지붕에 올리겠지만 지금은 그럴 만한 울타리도 지붕도 없으니 그림 같은 풍경은 마음속에 묻어둔다.

박은 일조량과 물 빠짐이 좋은 경사지와 터널형 지지대 두 곳으로 나눠 심는데 자리만 적당하면 평지에 심는 것이 관리하기에 수월하다. 지지대에 매는 끈은 열매 무게를 감당할 수 있게 탄탄한 것으로 준비한다. 한정된 공간에 심으려면 포기 간격을 여유 있게 확보한다. 박처럼 잎이 넓으면 일조량이 많아야 한다. 게다가 한적하고 밝은 곳을 향해 나가는 습성이 있어 일조량이 부족하면 거침없이 지지대를 이탈한다. 또 줄기가 무성하게 자라는 작물의 간격이 좁으면 서로 뒤엉켜 빛이 차단될 수밖에 없다. 자연히 세균이나 벌레 피해의 위험도 커진다.

내 경험상으론 간격을 좁게 해서 심었을 때와, 넓게 심었어도 그늘이 짙어 빛이 부족했을 때 장애가 많았다. 일조량이 충분해야 식물 스스로 방어물질을 만들어 자생력을 높일 수 있다. 두 곳 이상 나눠서 심어보면 빛이 좋은 곳과 그렇지 않은 곳의 차이가 여실히 드러난다. 한번은 산그늘 짙은 마당에 심었는데 온전한 잎이 드물고 벌레 배설물이 난무했다. 그때를 거울삼아 그늘 짙은 곳은 피하고, 포기 간격을 이전보다 넓혀서 심었더니 지지대를 이탈하지도 않거니와 긴 장마에도 거뜬했다.

자생력은 토양 환경에 따라서도 달라진다. 보리나 밀 같은 월동작물을 심었던 밭에서는 박이 풍성하게 잘 자랐지만, 척박한 땅에서는 열매도 드물고 열리더라도 완전히 성숙하기 전에 썩는 것이 많았다. 꽃이 수정될 때 날씨가 고르지 못하거나 곰팡이가 닿는 등 이상이 생기면 열매는 초기부터 검은 반점이 생기거나 꼭지 부분이 썩는다. 이런 열매는 달려 있어봐야 더 자라지도 못하면서 영양만 축내니, 수시로 살피면서 썩은 열매는 물론 벌레 먹거나 시든 잎도 보는 즉시 따준다.

거두고 갈무리하기

씨앗이 될 성 싶은 열매는 채종용으로 보존하고 나머지는 열리는 대로 거둔다. 단, 도중에 썩을 가능성을 감안해서 종자용은 적어도 두 개 이상 점찍어 놓는다. 7월 하순이면 맛을 볼 수 있는 박은 열매껍질에 손톱자국이 날 정도로 부드러울 때 딴다. 영글기 시작하면 그야말로 겁나게 열리므로 적당한 시기에 거둬서 먹고, 남으면 껍질을 벗기고 속을 긁어내 냉동 보관하거나 말린다. 박고지를 만들려면 일교차가 클 때가 좋지만 그 전이라도 남는 열매는 썰어서 햇볕에 말린다.

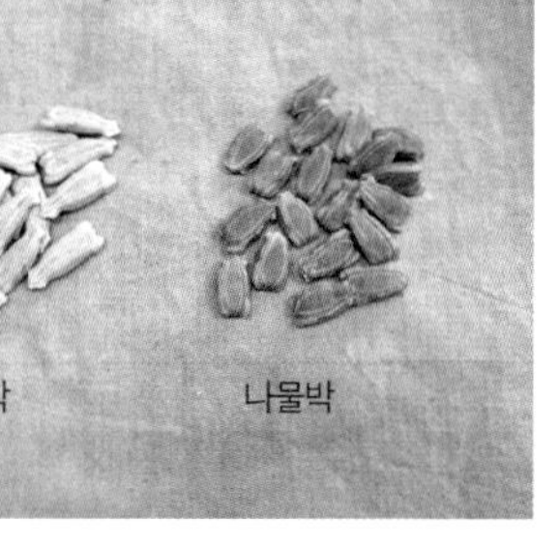

완전히 여문 열매는 서리를 맞아도 씨앗이 상하지는 않지만 웬만하면 서리 전에 거두어 갈무리한다. 박은 씨앗을 분리하는 게 조금 수고스럽다. 나물로 먹는 풋열매는 한없이 부드럽지만 단단하게 여물면 껍질에 칼도 들어가지 않으니 씨앗을 잘 분리해서 충분히 건조시켜 보관한다. 잘 여문 박은 타거나 구멍을 내 속을 뺀 뒤 삶아서 말리면 장식용이나 바가지 같은 저장용기 등으로 사용할 수 있다.

먹는 방법

흔히 골다공증 예방에 좋은 음식이라면 우유를 비롯한 유제품과 뼈째 먹는 생선을 떠올린다. 태평농에 입문하기 전까지는 나 역시 그렇게 생각했다. '그럼 채식만 하는 스님들은 어쩌라고?'

자연농법과 건강한 먹을거리를 추구하는 태평농에서는 '골다공증은 뼈의 문제라기보다는 뼈를 튼튼하게 받쳐줘야 할 근육에 이상이 생긴 탓'으로 본다. 이영문의 《사람이 주인이라고 누가 그래요?》(한문화, 2007)에 보면 전 세계적으로 우유와 멸치를 많이 먹는 민족일수록 골다공증 발병률이 더 높고, 예로부터 이런 음식을 먹지 않았어도 우리 선조들은 골다공증이란 병을 모르고 살았다는 것이다. 우리 몸속에는 입으로 먹은 칼슘을 뼈로 옮겨주는 장치가 없기 때문에 칼슘을 함유한 식품이 아니라 몸속에 들어갔을 때 칼슘원이 되는 식품을 먹어야 하고, 칼슘원이 되는 식품을 적게 섭취하면 칼슘을 만드는 기능이 떨어져 병이 된다고 한다.

권장할 만한 대표적인 먹을거리가 '박'이다. 주로 열매를 먹지만 잎도 먹을 수 있다. 열매는 껍질이 단단해지기 전에 부드러울 때 따서 반으로 갈라 속을 긁어내고 껍질을 벗겨 과육을 먹는다.

박요리 하면 흔히 '박속'을 이야기하는데 우리가 먹는 부위는 박속이 아니라 과육이다. 예전에 먹을 것이 귀했던 시절에 우리 어머니들은 과육은 나물반찬으로 밥상에 올리고, 박속은 씨앗만 걷어내고 간장이나 고추장에 식초를 넣어 버무려 드셨다고 한다. 허기를 채우기 위한 음식이었을 텐데, 박나물에 비해 맛은 없어도 몸에는 칼슘원이 되었을 것이다. 박 과육은 날로 먹으면 아린 맛이 나서 주로 익혀서 먹지만 식초를 넣으면 맛이 순해진다. 소금에 절여 김치를 담가 먹기도 하는데, 바로 먹으면 아릿해도 익으면 묵은지처럼 삼삼해져 찌개를 끓이면 시원한 맛이 아주 그만이다.

박 과육은 볶음, 국, 탕, 조림으로 먹는다. 같은 재료라도 어떤 두께로 써는지, 불의 세기가 어떤지, 어느 정도 익히는지에 따라서 맛이 달라진다. 박나물을 먹다보면 진짜 맛있는 음식은 신선한 재료와 단순한 양념이 기본이라는 것이 절로 실감난다. 조림이나 찜은 도톰하게, 나물은 일정한 두께로 얄팍하게 썰어 충분히 볶아야 제맛이 나고 조갯살을 넣으면 한층 맛깔스럽다. 식용유로 볶으면 싱겁고 들기름은 색깔이 탁해지니 참기름으로 볶고, 맑은 색깔을 내려면 소금으로 간을 한다.

찌개나 국에 박만 넣으면 별맛이 나지 않지만, 평범한 콩나물국이나 무국에 박 한 가지만 추가해도 국물이 몰라보게 진해진다. 국물이 자작한 생선조림에 박을 넣으면 생선 맛이 배인 박 과육도 맛있고 국물이 그렇게 시원할 수가 없다. 포만감은 크고, 양껏 먹어도 칼로리 부담이 적어 건강한 다이어트 음식으로 손에 꼽는 게 박 요리다.

직접 심어서 가꾸면 초여름부터 서리 내릴 때까지 아름다운 꽃과 주렁주렁 열리는 열매에 마음까지 풍성해진다. 박꽃의 향은 잘 모르겠는데 잎에서는 독특한 향이 난다. 생김은 호박잎과 비슷해도 융처럼 보들보들해 손에 닿는 촉감이 순하고, 밀가루와 기름을 더해도 느끼해지지 않는다. 잎을 통째로 통밀가루 반죽에 담갔다 들기름 두른 팬에 지지면 아삭하게 씹히는 맛이 진하고, 돌돌 말아서 한입 크기로 잘라 담으면 집어 먹기도 편하다.

먹기 좋은 박 요리 하면 박고지조림을 으뜸으로 여겼는데 냉동박을 낙지와 볶아본 후로 일순위에서 밀려났다. 얼었다 녹으면 싱겁거나 물컹해질 거란 짐작과 달리 과육이 꼬들꼬들한데, 슬쩍 볶으면 맛이 덜하고 매큼하게 양념을 해서 알맞게 볶아주면 입에 달라붙듯 감칠맛이 좋다. 실온에 두고 해동한 박을 썰어서 낙지와 함께 고춧가루, 참기름, 맛간장 양념에 버무렸다가 볶으면 낙지도 맛있고 박도 꿀맛이다. 낙지 대신 오징어, 굴, 조갯살을 넣거나 탕을 끓여도 된다. 언제 바뀔지 몰라도 지금까지 먹어본 박요리 중에 최고는 매콤한 냉동박 낙지볶음이다. 그래서 박 열매를 말리기에 좋은 날씨가 아니면 길게 고민할 것도 없이 냉동 보관하고는 낙지 철을 기다린다.

자운 **레시피**

냉동박 낙지볶음

재료

냉동박 과육 450g, 낙지 2마리, 양파 1/2개, 맛간장 2큰술, 고춧가루 4큰술, 고추장 3큰술, 올리고당 1큰술, 대파 1대, 다진 마늘 · 생강 · 참기름 약간씩

만드는 방법

① 냉동한 박 과육은 실온에서 해동해 약간 도톰하게 썰고, 손질한 낙지는 한입 크기로, 양파는 약간 굵직하게 채 썬다.

② ①에 맛간장, 고춧가루, 고추장, 올리고당, 마늘과 생강, 참기름을 넣어 조물조물 무친다.

③ 팬을 달궈 중불에서 볶고, 눌어붙을 것 같으면 육수를 약간 넣으며 볶는다.

④ 지나치게 오래 익히면 박 과육은 물러지고 낙지는 질겨지니 알맞게 볶아서 어슷하게 썬 대파와 통깨 · 후추를 넣고 뒤적인다.

박나물 바지락살 볶음

재료

나물박(또는 둥근박) 과육 350g, 바지락살 1/2컵, 홍고추 · 청고추 1개씩, 소금 1/2작은술, 참기름, 통깨

만드는 방법

① 박은 반으로 갈라 속을 긁어내고 껍질을 벗긴다.

② 손질한 박 과육을 5cm 길이로 토막 내 얄팍하게 썬다. 고추는 반으로 갈라 씨를 털어내고 채 썬다.

③ 팬에 참기름을 두르고 달궈지면 중불에서 박을 볶는다. 숨이 죽어 맑은 색깔을 띠면 바지락살을 넣고 볶는다.

④ 소금으로 간을 하고 부드러워지게 좀더 볶아서 고추를 넣어 살짝만 익힌 뒤, 불을 끈 채 통깨를 넣어 뒤적인다.

* 박은 일정한 두께로 얄팍하게 썰어야 고르게 익고, 적당히 부드럽게 익혀야 감칠맛이 난다.

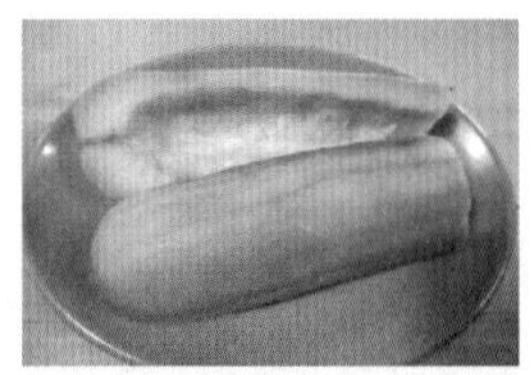

박미더덕탕

재료

박 과육 400g, 미더덕 간 것 1/3컵, 육수 1½컵, 소금 1/2작은술, 홍고추 1개, 대파 · 참기름 약간씩

만드는 방법

① 손질한 박 과육은 얄팍하게 썬다.

② 팬에 참기름을 두르고 박을 살짝 볶아서 소금으로 밑간을 한다.

③ ②에 갈아놓은 미더덕을 넣고 좀더 볶다가 육수를 붓고 박이 부드러워지도록 중불에서 15분가량 끓인다.

④ 간이 부족하면 소금으로 맞추고, 대파와 홍고추는 어슷하게 썰어 넣는다.

* 국물을 생략하면 박나물볶음이 된다.

박잎통밀전

재료

박 잎 5~6장, 통밀가루 1컵, 물 1컵, 소금 약간, 들기름, 초간장

만드는 방법

① 박 잎은 씻어서 물기를 털어낸다.

② 통밀가루에 물과 소금을 넣어 덩어리지지 않게 풀어 준다.

③ 박 잎을 통밀반죽에 담가 앞뒤 고루 묻힌다. 팬에 들기름을 두르고 달궈지면 노릇노릇하게 부친다.

④ 체에 밭쳐 한 김 나가면 돌돌 말아 먹기 좋은 크기로 잘라 초간장을 곁들여 낸다.

칡콩(제비콩)

심는 때	4월 하순~6월 초순
심는 법	직파 또는 모종
거두는 때	7월 중순~10월 중순
관리 포인트	진딧물, 노린재, 나방유충 피해 주의, 지지대 필요

칡콩은 잎의 생김이나 꽃차례, 길게 덩굴형으로 자라는 습성이 칡에서 자연 교배된 종이 아닌가 싶을 만큼 칡과 많이 닮았다. 그래서인지 첫해 여름엔 왜 밭에다 칡을 키우냐는 이야기를 이웃들로부터 심심찮게 들었다. 설마하니 텃밭에 칡을 키울까. 닮기는 했어도 칡꽃 같은 향기도 없고, 칡보다는 다소곳하게 자란다. 무엇보다 맛있게 먹을 수 있는 콩이 주렁주렁 열려 칡과는 분명하게 구분된다.

칡콩은 태평농 회원에게나 익숙한 이름이고, 보통은 제비콩이나 까치콩으로 불린다. 흑자색 콩알에 박힌 하얀 줄(콩눈)이 제비 부리를 연상시킨다고 제비콩, 까치와 닮았다고 해서 까치콩이라는 이름이 붙었다. 연세 지긋한 분들은 풋꼬투리를 껍질째 콩조림을 해먹었다며 반찬콩이라 부르기도 한다.

콩알 색깔은 흑자색이나 백색이다. 꼬투리에 자줏빛이 도는 자색칡콩, 꼬투리가 하얀 백색칡콩, 꼬투리 테두리만 자색인 자테칡콩, 꼬투리가 두껍고 반질거리며 진한 자줏빛인 자피칡콩을 다 심어봤는데 자색칡콩과 백색칡콩 두 종류가 수확량도 좋고, 심고 가꾸기에도 무난하다.

칡콩은 약간 더운 기후에서 잘 자란다. 모종은 조금 앞당겨 시작해도 되지만 노지 직파는 5월 중순 이후가 적당하다. 정식한 모종이 말라 죽거나 땅속에서 기어 나온 벌레 피해를 입어 빈자리가 생기면 직파를 한다. 먼저 심은 모종이나 나중 심은 씨앗이나 결실에 이르기까지 별 차이는 없다. 오히려 직파한 콩이 벌레 피해도 적고 이파리 색도 더 진하다. 그럴 것 같으면 애써 모종 키우며 고생할 게 아니라 때를 기다렸다가 직파하는 것이 효율적이다.

이름에 걸맞게 성장력이 탄탄한 칡콩은 줄기가 상당히 길게 자란다. 왕성하게 자랐을 때를 대비해 지지대를 튼튼하게 설치하고, 포기 간격은 지지대 높이가 충분하면 두 발짝 정도 거리를 두고, 협소하면 좀더 넓혀 심는다. 지지대 규모는 생각하지 않고 모종 수를 과하게 만들면 자신도 모르는 사이에 좁혀 심게 된다. 거리 가늠을 못 해서든 한 포기라도 더 들여놓고 싶은 욕심 때문이든, 이유가 어찌되었든 작물 입장은 고려하지 않은 처사다.

그늘이 짙으면 진딧물이 생길 위험이 있지만 일조량이 좋으면 크게 신경 쓰지 않아도 된다. 설령 새까맣게 꼬인다 해도 물에 희석한 물엿으로 간단하게 제거할 수 있다. 덩굴콩에 단골로 날아드는 톱다리개미허리노린재도 그리 심한 편은 아니다. 칡콩을 가장 위협하는 것은 콩알을 갉아먹는 나방애벌레다. 장마가 길게 이어지거나 일조량이 부족할 때 많이 생긴다. 이런 날씨가 꽃 피는 시기와 맞닿으면 정상적인 수정이 이루어지기 어렵고, 꼬투리가 맺혀도 알이 들어차지 않거나 미처 영글기도 전에 썩는다. 달려 있어봐야 결실은 어렵고 영양만 축내므로 빨리 따주는 게 좋다. 예방 차원에서 꽃이 필 때 전체적으로 물에 희석한 물엿을 뿌려주면 손실을 줄일 수 있다.

가뭄이 심하면 벌레 피해가 적은 편이다. 산골농사는 가물더라도 벌레가 적은 편이 더 낫다. 무농약으로 일관하면 벌레 몰아내는 데는 한계가 있지만 어지간한 가뭄은 작물이 견뎌낸다. 무경운은 작물의 자생력을 더 좋게 하고, 종자가 실하면 가뭄을 이겨내는 힘도 강하기 때문이다. 자연에서 일구는 농사는 늘 변수가 따르기 마련이다. 그럴 때마다 머리로 대응하기보다는 토양환경이 작물의 자생력을 받쳐줄 수 있도록 땅 살리기에 주력하는 것이 현명하다.

같은 시기에 심어도 자색줅콩의 개화가 빠르다. 백색줅콩은 꽃도 늦고 꼬투리가 여물기까지도 더 오래 걸린다. 본래 숙기가 늦는 데에다 산골은 첫서리가 빠른 편이라 풋콩인 채로 서리 맞기 십상이다. 토양환경과도 관계가 있는지 첫해에는 풋콩은 거뒀어도 씨앗 채종은 실패했다. 이듬해는 아슬아슬하게 씨앗 채종에 성공, 3년차부터는 많지는 않아도 먹을거리도 제법 챙기고 튼실한 종자도 어렵지 않게 확보하고 있다. 백색줅콩은 숙기가 늦는 단점이 있는 반면 결실기가 장마를 비켜가고, 정상적으로 성장한다면 수확량이 자색보다 많은 게 장점이다.

백색줅콩의 흰 꽃은 정갈하고 청초한 분위기를 자아내고, 자색줅콩의 연분홍과 진분홍을 넘나드는 자색은 농염하기 그지없다.

자색줾콩

백색줾콩

자테줾콩

자피줾콩

4년차에도 백색줾콩은 미성숙 꼬투리가 수두룩하고, 여문 꼬투리는 높다란 지지대 위로 올라가 있어 의자 밟고 힘껏 손을 내밀어도 닿질 않았다. 한창 바쁠 때라 당장에 손잡이가 긴 가위를 준비할 수도 없었다. 안 먹으면 그만이지 하고는 단념했다. 그러곤 까마득하게 잊고 있다가 이듬해 4월이 되어 터널지지대에 남아있는 마른 콩줄기를 걷어내는데 그때 거둔 튼실한 백색줾콩 알이 한 되가량이나 됐다. 늦게 여물어 별레 먹은 것도 거의 없고, 꼬투리째 된서리 맞고 한겨울을 보냈는데도 삶았더니 금세 폭신하게 익는다. 뜻밖의 경험을 계기로 5년차부터는 백색줾콩 포기 수를 늘렸다. 거두는 시기를 놓친다 해도 걱정할 게 없으니까.

줾콩은 조경용으로 심기도 한다. 성장기간이 길어 꽃을 볼 수 있는 시기도 초여름부터 서리 내릴 때까지 길게 이어진다. 꽃차례는 같아도 색깔에 따라 분위기는 참 다르다. 백색은 정갈하고 청초한 분위기를 자아내는 반면 연분홍에서 진분홍을 넘나드는 자색은 농염하기 그지없다. 외관상의 아름다움은 자색줾콩 중에서도 두툼하고 꼬투리 전체가 진한 자줏빛으로 반질거리는 자피줾콩이 단연 돋보인다. 자피줾콩은 녹색 잎에도 자줏빛이 어리고 잎맥도 자색이라 꽃과 잎이 모두 화려하다. 꼬투리 양쪽이 살짝 치켜 올라간 모양이 보면 볼수록 물 찬 제비를 닮았다. 줾콩 종류는 알이 통통하게 든 꼬투리를 모아놓으면 먹음직하게 빚은 송편 맵시가 난다. 혹시 송편의 유래가 줾콩에서 비롯한 것이 아닌가 싶을 정도로 닮았다.

자색칡콩 백색칡콩

칡콩 알이 통통하게 든 꼬투리를 모아놓으면 먹음직하게 빚은 송편 맵시가 난다.

거두고 갈무리하기

자색칡콩의 풋콩은 7월 중순이면 거두기 시작한다. 장마가 길게 이어지면 곰팡이 피기 쉬운데 아래쪽에 일찍 열린 열매는 서둘러 따고, 습도 높은 날씨가 이어지면 완전하게 영글지 않았어도 거둬들인다. 이 시기가 지나면 성장이 급속도로 빨라지고 새로 맺는 꼬투리는 깔끔하게 여문다. 그맘때가 콩도 맛있고 거두는 양도 푸짐하다. 풋콩은 틈틈이 거두어 먹고, 양이 많으면 냉동실에 저장하고, 여문 콩은 충분히 건조시켜 밀폐용기에 담아 실온에서 보관한다.

칡콩은 줄기가 길게 자라 부산물이 많다. 그대로 두면 환경에 맞는 미생물이 서식하면서 자연스럽게 소멸된다. 걷어내려면 잘게 잘라서 밭에 깔아주든지 퇴비 만들기에 보태면 좋다.

먹는 방법

칡콩은 속을 따뜻하게 해주고 소화기 계통의 질병과 생리불순, 허약체질로 생기는 빈혈, 고혈압과 비만 예방에 효능이 있다고 알려져 있다. 구토와 설사가 멎지 않거나 식욕이 떨어졌을 때, 더위를 먹어 열이 나고 오한과 갈증이 날 때, 밥을 잘 안 먹거나 자주 배탈이 나는 아이들에게도 약이 된다고 한다. 외식 후 탈이 나면 먹어 버릇해서 죽이 배탈이나 설사에 좋은 음식인 줄은 알고 있었지만 쌀죽보다는 콩죽, 콩죽 중에서도 쥐콩죽을 우선으로 꼽는다는 것은 뒤늦게 알았다. 효능이 좋아 '장염 잡는 명약'이라는 말이 전해질 정도다.

쥐콩을 가장 간단하게 맛볼 수 있는 음식은 쌀눈이 살아있는 현미에 금방 딴 풋콩을 넣어 지은 쥐콩밥이다. 죽을 끓일 때도 풋콩으로 하면 딱딱하게 여문 콩보다 빛깔도 곱고 끓이기도 더 쉽다.

쥐콩죽은 쥐콩과 현미를 같은 비율로 준비해 콩은 삶아서 곱게 갈고, 쌀은 불려서 성글게 빻아 푹 퍼지도록 끓인 뒤 콩을 넣어 더 끓인다. 부드러우면서 깊은 맛이 나는 쥐콩죽은 속을 편안하게 한다. 죽이 부드러운 것은 당연하지만 죽에 우러난 진한 맛은 쥐콩이 지닌 고유의 성분에서 나온 듯싶다.

콩을 많이, 쌀을 적게 넣어 팥죽처럼 끓이면 전혀 다른 맛이 난다. 푹 삶은 쥐콩을 곱게 갈아 앙금처럼 만들고, 불린 쌀이 퍼질 만큼 끓었을 때 쥐콩앙금을 넣고 더 끓인다. 겉보기에는 새알심 없는 팥죽과 비슷하지만 훨씬 부드럽고 소화도 잘 된다.

삶은 쥐콩으로 크림도 만들 수 있다. 메주콩물 같은 고소한 맛은 없지만 우유 대신 쥐콩물을 달걀에 섞어 끓인 후, 약간 달게 조린 쥐콩을 성글게 갈아 섞으면 그 맛의 깊이가 참 깊다. 크림만 먹어도 좋지만, 담백한 빵이나 밀전병에 곁들이면 속을 든든하게 채워준다.

쥐콩으로 떡을 만들 수 있다. 삶은 콩을 그대로 넣거나 성글게 으깨면 콩설기가, 삶은 콩을 곱게 갈아서 쌀가루와 섞으면 절편이 된다. 푹 무르게 삶은 쥐콩을 으깨면 빵이나 떡의 소, 좀더 고슬고슬하게 삶아서 으깨면 떡고물, 앙금처럼 만들어 한천과 같이 끓이면 양갱이 된다. 양갱은 동부로도 만드는데 쥐콩 양갱의 맛이 더 진하다. 푹 삶아 곱게 으깨기만 하면 팥양갱 못지않게 부드럽다. 백색쥐콩소는 수수떡, 옥수수떡, 쑥떡에 이용하면 색깔 대비가 두드러져 보기에도 먹음직하고, 잘게 썰어 조린 늙은호박고지를 섞으면 꼬들꼬들한 식감과 단맛이 좋아진다.

꼬투리 테두리만 자색인 자테칡콩은 덜 여물었을 때 꼬투리째 먹는다. 갓끈동부나 검정동부 꼬투리보다 약간 질긴 듯해도 육류 못지않은 풍미를 낸다. 콩꼬투리를 데쳐서 볶음이나 조림, 무침으로 먹거나 튀겨서 탕수소스를 곁들여도 좋다. 짜장이나 카레소스로 맛을 내도 된다.

칡콩은 설익으면 맛도 없거니와 콩에 독성이 남을 수도 있어 반드시 충분히 익혀야 한다. 물러지도록 익히는 것은 상관이 없지만 조금이라도 덜 익었을 때는 탈이 날 수 있으니 각별히 주의한다.

자운 **레시피**

칡콩 밤양갱

재료

자색칡콩앙금 : 칡콩 2컵, 황설탕 4큰술, 소금 1작은술, 물 4~5컵

조린 밤 500g, 실한천(또는 분말한천) 13g, 물 500ml, 올리고당 70ml, 황설탕 4큰술, 소금 약간

 만드는 방법

① **앙금 만들기** : 마른 칡콩을 씻어 압력솥에 담아 물을 붓고 삶아서 콩이 부드럽게 익고 물기가 거의 졸아들면 황설탕과 소금을 넣어 곱게 으깬다.

② 실한천은 물에 담가 20분 정도 불린다. 부드러워지면 건져서 체에 밭쳐둔다.

③ 깊이가 있는 조림팬이나 냄비에 물을 붓고 팔팔 끓으면 불린 한천을 넣는다. 한천이 풀어지면 설탕과 올리고당을 넣고 더 끓인다. (분말한천은 끓는 물에 곧바로 넣어 녹인다.)

④ 설탕이 녹으면 불을 끄고 칡콩앙금을 넣는다. 잘 풀어 준 뒤 소금을 약간 넣고, 바닥에 눌어붙지 않게 주걱으로 저으며 중약불에서 뻑뻑해지도록 졸인다.

⑤ 한 김 나가면 틀에 붓고 조린 밤을 넣어 굳힌다. 다 굳으면 엎어서 먹기 좋은 크기로 자른다.

* 틀에 부은 양갱이 약간 식은 후에 밤을 넣으면 밑으로 가라앉지 않는다.

쥐눈이콩죽

 재료

자색쥐눈이콩 · 현미 1컵씩, 물 7컵, 소금 2/3작은술

만드는 방법

① 현미는 씻어서 한나절 물에 불린다.

② 마른 쥐눈이콩은 압력솥에 담아 푹 잠기도록 물을 붓고 삶는다. 콩 삶은 물이 남으면 죽 끓일 때 넣는다.

③ 현미는 살짝 부셔주는 정도로 약간만 으깨고, 삶은 쥐눈이콩은 식혀서 현미보다 곱게 갈아준다.

④ 갈아놓은 현미에 물을 5컵 붓고 끓인다. 현미가 푹 퍼지면 물 2컵과 쥐눈이콩을 넣고 은근한 불에서 주걱으로 저어가며 좀더 끓인다. 소금으로 간을 한다.

쥐눈이콩꼬투리 탕수

재료

자테쥐눈이콩 꼬투리 20개, 밀가루 1컵, 귤피가루 1큰술, 물 3/4컵, 소금, 들기름, 식용유

탕수소스 : 양파 1/2개, 당근 약간, 홍고추 · 노란고추 1개씩, 오크라 깍지 3개, 감자전분 1큰술, 물 1컵, 맛간장 · 식초 3큰술씩, 케첩 2~3큰술, 황설탕 2큰술

만드는 방법

① 콩 꼬투리는 씻어서 물기를 뺀다. 오크라는 껍질을 잘 문질러서 씻는다. 고추는 반으로 갈라 씨를 털어낸다. 채소는 각각 한입 크기로 작게 썬다.

② 물, 맛간장, 케첩, 설탕, 식초를 섞어서 소스 국물을 만든다. 전분에 물을 약간만 넣고 풀어둔다.

③ 달궈진 팬에 들기름을 두르고 채소를 볶다가 소스 국물을 붓는다. 팔팔 끓으면 맛간장으로 간을 하고, 약불로 줄여서 물에 푼 전분을 넣고 걸쭉해질 때까지 끓인다.

④ 밀가루, 소금, 귤피가루, 물을 섞어 되직하게 반죽해 튀김옷을 만든다.

⑤ 물기를 제거한 꼬투리에 튀김옷을 고루 묻혀 170~180℃에서 튀긴다. 튀김망에 밭쳐 기름을 뺀 뒤, 접시에 담아 탕수소스를 부어준다.

동아

심는 때	5월 초순~6월 초순
심는 법	모종 또는 직파
거두는 때	8월 중순~10월 초순
관리 포인트	늦게 심기

'동아 썩는 줄은 밭 임자도 모른다'라는 속담이 있을 정도로 우리와 친근했던 동아는 멸종 위기에 놓인 적도 있었다. 처음 블로그를 시작할 때만 해도 동아라고 하면 튼튼하게 꼬아진 동아줄을 연상하거나 모 일간지를 떠올리는 이웃도 있었다. 다행히 종자가 확산되어 재배지는 점차 늘어나고 있지만 유통은 그렇질 못한 것 같다. 한의원에서 처방받아 동아가 꼭 필요한데 판매처를 찾을 수 없어 애태운다는 사연을 전해 듣고 아직도 그 정도인가 해서 놀랐다. 그런가 하면 심어놓고도 먹는 방법을 몰라 못 먹었다는 이야기도 심심찮게 듣는다.

동아의 생김과 습성이 낯설다면 비슷한 생태를 지닌 호박이나 박을 떠올리면 쉽게 이해할 수 있다. 모두 박과에 속하는 한해살이 식물로 덩굴형으로 자라며 둥글고 큼지막한 열매를 맺는다. 비슷해 보여도 동아 잎은 뒷면에만 털이 나 있어 전체적으로 까칠한 호박잎이나 앞뒷면이 융처럼 부드러운 박잎과 구분되고, 꽃은 연한 황색으로 호박꽃보다 작고 단아하다.

텃밭 작물 중에 무게와 부피가 제일 큰 것이 동아다. 긴 타원형 열매는 지름 30cm, 길이 60~80cm, 무게는 7.5~10kg에 이르는 것이 보통이고 재배환경에 따라 이보다 크게 자라기도 한다. 녹색을 띤 어린 열매는 가시 같은 잔털이 있어 맨살에 닿으면 따끔하게 찔러대는데, 자라면서 표면은 매끄러워지고 하얀 가루로 덮이며 연한 회색으로 변해간다. 이 정도가 되면 씨앗도 완전하게 영근 상태다. 풋열매도 먹을 수는 있지만 완전하게 영글어야 부피가 크고 맛이 좋을 뿐 아니라 약성藥性도 높다.

심고 가꾸기

직파는 5월 중순 이후가 적당하고 모종을 만든다면 그 전에 시작해도 된다. 동아는 수확량이 많고 다루기도 쉽지만 때 이르게 심으면 발아가 늦어지거나 아예 싹이 트지 않을 수도 있다. 직파든 모종이든 지온이 충분히 올라간 후에, 봄에 심는 작물 기준으로 보면 조금 늦다 싶게 시작하는 것이 안전하다. 무게가 상당해 지지대에 올리기는 무리다. 일조량이 좋고 배수가 잘 되는 곳에 심고 줄기가 뻗어나갈 여유 공간을 확보해준다. 병충해에 강하고 여러 자생초와 어우러져도 장애를 받지 않아 심하게 그늘이 지지 않고 뿌리 주변에 덮인 풀만 단속하면 크게 손 갈 일이 없다.

동아를 처음 재배하는 경우, 대개는 일찍 심어서 탈이 난다. 갈수록 작물 파종시기가 앞당겨지는 추세라 무심코 따라하게 되는데 아무리 기다려도 싹이 나질 않으니 발만 동동 구른다. 잘 알고 있는 나 역시 조바심으로 서둘렀다가 발아가 늦어져 마음 졸였던 적이 한두 번이 아니다. 모종을 몇 차례 나눠 만들어 비교해보면 결과는 매년 똑같다. 파종 가능한 시기 안에서 늦게 만든 모종일수록 튼실하게 자라고, 같은 조건이면 사람이 관리해서 키운 모종보다 스스로 싹을 틔우게 직파한 것이 잘 자란다.

씨앗은 자신이 살아갈 환경이 되는지를 정확하게 가늠해 싹을 틔운다. 노지에 작물 심는 시기는 밭에 돋아나는 자생초를 기준으로 삼으면 무난하다. 바랭이가 3~4엽 이상 자라 있으면 작물도 성장할 수 있는 시기다. 토착화된 우량종자라도 심고 관리하는 방법은 사람 중심이 아니라 작물 생태에 우선해야 한다.

잎이 넓은 동아는 자생초를 제압하는 능력이 뛰어나다. 자생초가 우거진 산비탈에 고들빼기 씨앗을 뿌려 밭을 만들어서 잘 거두어 먹다가 3년차부터 동아를 들여보냈다. 동아 모종을 정식할 시기면 고들빼기는 씨앗을 맺고 난 다음이다. 이른 봄 겉절이 해먹기 좋을 만큼 부드러운 고들빼기는 5월 중순이면 꽃을 피우고 6월 초순에서 중순이면 씨앗이 여문다. 이 시기에 씨앗 맺힌 고들빼기 줄기를 낮게 잘라 바닥에 뉘여 놓고 동아 모종을 들인다. 자연 발아한 고들빼기 싹이 자잘하게 깔려 있어도 동아나 호박처럼 잎이 넓으면서 덩굴형인 작물에게는 장애가 되지 않는다. 풀이 약간 자라 있으면 덩굴손이 감길 수 있어서 맨땅인 것보다 자리 굳히기에 더 좋다. 고들빼기 역시 동아 그늘에 치인다 해도 기 죽는 법 없이 당차게 살아간다. 이런 데서 자생초 특유의 생명력을 엿볼 수 있다.

장마가 질 무렵이면 자생초가 더 많아 보여도 입추에 다다르면 동아 성장이 왕성해져 잎을 심하게 가리는 개망초와 바랭이만 가끔씩 손봐주면 가을걷이까지 느긋하게 지나간다. 잎이 거의 말라 탐스러운 열매만 두드러져 보일 때면 그동안 넓은 동아 잎에 가려져 있던 고들빼기가 제 세상을 만난 듯 뽀얗게 여문 동아와 어우러지며 계절이 바뀌었음을 알린다. 자생초와 사이좋은 이웃이 되려면 동아가 원만하게 성장해야 한다. 작물이 골골대면 그 틈을 타 자생초가 극성일 것은 불 보듯 훤한 일이다. 이래저래 제일 중요하고 시급한 과제는 작물이 자생력을 최대한 발휘할 수 있도록 땅을 살리는 것이다.

거두고 갈무리하기

듬직한 동아가 썩을 때도 있다. 속은 썩어 들어가는데 겉에서 보면 너무 멀쩡하다. 주로 흙바닥에 닿은 부분이라 일부러 들춰보기 전에는 눈치도 못 챈다. 가까운 사이라도 남의 집 속사정은 겉만 봐서는 모른다는 사람살이를 왜 동아에 비유했는지 동아를 심어보면 알게 된다. 완전하게 여물지 않았어도 이상 징후가 보이면 더 크게 탈이 나기 전에 거둔다. 완숙한 열매보다 당도도 낮고 수분도 적지만 생채나 볶음으로 먹을 수 있고, 말려도 된다.

일찍 열린 열매는 8월 중순에 이르면 껍질에 뽀얗게 분이 난다. 이쯤 되면 속살은 완숙한 열매와 다름이 없지만 씨앗은 아직 덜 여물었을 수도 있다. 맛있는 먹을거리와 튼실한 씨앗을 위해 완전히 여물 때까지 기다리고, 덜 여물었어도 서리 내리기 전에는 모두 거둔다.

수분이 많은 동아는 호박보다 쉽게 얼기 때문에 거두는 시기와 보관 장소에 각별히 주의를 기울여야 한다. 겉만 살짝 얼었다 녹으면 먹을 수 있지만 심하게 얼면 푸석거려 요리해봐야 맛도 나질 않고 말릴 수도 없다. 동아의 이런 특성이 먹었을 때 체내 흡수를 빠르게 한다.

동아는 크기가 워낙 커서 하나만 잘라도 양이 상당하다. 껍질을 벗겨서 비닐팩에 담아 냉장실에 넣어둬도 여러 날 신선하게 유지되니 느긋하게 조리할 수 있다. 개봉하지 않은 채로 얼지 않게 잘 보관하면 겨우내 생채소를 먹을 수도 있다.

텃밭 작물 중에 무게와 부피가 제일 큰 것이 동아다. 긴 타원형 열매는 지름 30cm, 길이 60~80cm, 무게는 7.5~10kg에 이르는 것이 보통이다.

채소 말리기에 좋은 시기는 서리가 내린 이후지만 그 전에라도 거두는 양이 많으면 햇빛에 말려 동아고지를 만든다.(424~425쪽 참조) 완숙한 열매를 자르면 씨앗부터 갈무리한다. 끈적이지는 않아도 속살에 밀착해 있는 씨앗은 훌훌 털어지지 않는다. 말끔해지게 물에 씻어서 충분히 말린 후 보관한다.

먹는 방법

건강한 삶을 위해 잘 먹는 것 못지않게 중요한 것이 노폐물을 잘 배출하는 것이다. 소화기능을 개선하면서 이뇨작용을 도와주고 특히 신장이 약한 사람에게 약이 되는 게 동아다. 특별한 질병이 없더라도 평소 적절하게 먹어두면 건강과 미용을 두루 챙길 수 있다. 아무리 약성이 뛰어나도 요리하기 번거롭거나 식감이 만족스럽지 않으면 가까이하기 어려운 법인데 동아만큼 다루기 간편하고 맛내기에 좋은 먹을거리도 드문 것 같다.

동아는 날것으로 먹으면 아삭하고, 열을 가하면 은은한 단맛과 부드러움이 있다. 생채, 볶음, 조림, 찜, 국이나 탕으로 먹는다. 수분이 많고 담백해서 양념 없이 생으로 먹으면 갈증 해소에 좋고, 생선조림에 도톰하게 썰어 넣으면 무나 감자를 넣었을 때보다 달고 시원하며 양치질한 듯 뒷맛이 개운하다.

볶음을 할 때는 얄팍하고 네모지게 썰거나 채 썰어 동아만 볶아도 맛있고, 굴이나 조갯살을 넣어 볶으면 감칠맛이 더 좋다. 소금에 절이면 색깔이 맑아지면서 살이 단단해져 생채소를 볶았을 때보다 아삭하고, 채 썰어 살짝 절인 동아와 콩나물을 같이 볶으면 한결 시원하다.

음료수를 대신하기도 하는 동아물김치는 찐 고구마와 찰떡궁합이다. 솎은 김장 무 어린잎을 동아와 같이 담그는데, 물김치 맛이 삼삼해지면 고구마 캘 때가 머지않았다. 맛보기로 고구마 한 뿌리를 캐서 찌고, 여기에 동아물김치를 곁들이면 일거리 많은 가을걷이 새참으로 이만한 것이 없다.

깍두기처럼 소금에 절였다 홍고추를 갈아 넣고 액젓으로 버무리면 자연단맛과 칼칼함이 살아나는 동아김치가 된다. 잘 익은 동아김치는 배추김치나 깍두기가 발효되었을 때와 전혀 다른 맛이다. 푹 익으면 약간 거북할 정도의 군내가 나기도 하는데 열을 가하면 그 맛이 가히 예술이다. 생긴 모양은 무와 비슷하지만 무에서는 이런 맛이 날 수가 없다.

동아는 본래 소화를 좋게 한다. 숙성한 음식에 열을 가하면 그 과정에서 어떤 성분이 어떻게 변하는지 알 수 없지만 먹었을 때 기막히게 맛있고, 몸이 날아갈 듯 가뿐해지는 것을 보면 좋은 변화인 것 같다. 어쩌다 한두 번이면 그냥 그런가보다 하겠는데 먹을 때마다 반한다. 이 맛을 알고 난 후로 동아김치가 맛이 들기를 기다렸다가 볶음밥, 탕, 만두전골 등을 만든다.

굴이 제철이면 가을걷이한 동아도 한참 맛있게 먹을 때다. 궁합이 잘 맞는 동아와 굴에 들깻가루를 더하면 맛과 영양은 배가 된다. 동아에 굴과 들깻가루를 넣어 푹 조리면 입에서 사르르 녹는 동아찜이 되고, 찜 요리에 국물을 약간 부어 끓이면 속풀이에 그만인 동아들깨탕이 된다. 깊은 맛과 탁월한 소화력을 지닌 동아굴들깨찜은 빈속에 먹거나 조금 과하게 먹어도 몸에 부담을 주지 않고, 곁들여 먹는 음식까지 소화가 잘 되게 한다.

사과나 배를 갈아 넣어 새콤달콤하게 만든 고추장양념을 얄팍하게 썬 동아에 곁들이면 동아초회, 채 썬 동아를 버무리면 시원한 동아생채, 저장 배추 속잎을 더 추가하면 달콤하고 고소한 동아배춧잎생채를 즐길 수 있다. 아무튼 동아는 기대를 저버리는 법이 없다. 어중간하게 남으면 채 썰어 초고추장에 버무려둬도 된다. 시간이 지나면 아삭했던 동아는 꼬들꼬들해지고 국물은 달콤해져 국수를 비비면 감칠맛과 포만감이 더욱 커진다.

자운 **레시피**

동아 물김치

재료

손질한 동아 과육 400g, 솎은 김장 무(어린 열무 크기) 200g, 쪽파 한 줌, 홍고추 2개, 물 10컵, 풋참외 껍질째 간 것 1컵, 풀국(물 2컵, 보릿가루 4큰술), 고춧가루 · 홍고추 간 것 3큰술씩, 다진 마늘 · 생강 2큰술씩, 소금 2~3큰술

 만드는 방법

① 동아는 반으로 잘라 속을 긁어낸 뒤, 껍질 벗겨 얄팍하고 네모지게 썬다. 3~4시간 소금에 절여 투명하면서 말랑말랑해지면 한 번 헹궈 물기를 뺀다.

② 솎은 김장 무는 씻어서 건졌다 4cm 길이로 썬다. 굵은 소금을 약간만 뿌려 숨만 죽으면 절임물은 따라낸다.

③ 보릿가루를 물에 끓인 뒤 식혀서 풀국을 만든다.

④ 쪽파는 무 잎과 비슷한 길이로 썰고, 홍고추는 반으로 갈라 씨를 털어내고 어슷하게 썬다.

⑤ 분량의 물에 고춧가루, 홍고추, 참외, 마늘, 생강, 풀국을 체나 면포에 걸러 소금으로 간을 한다.

⑥ 물김치 담을 용기에 ①, ②, ④를 담고 ⑤를 붓는다.

자운 레시피

동아 깍두기

재료

동아 과육 1500g, 고춧가루 · 홍고추 간 것 4큰술씩, 멸치액젓 5큰술, 어린 대파(또는 쪽파) 120g, 굵은 소금 ½컵, 다진 마늘 3큰술, 다진 생강 2큰술

만드는 방법

① 동아 과육은 깍둑썰기 해서 굵은소금을 뿌려 4~5시간 절인다.

② 절인 동아를 한 번만 씻어서 소쿠리에 밭친다. 물기는 적당히 남게 한다.

③ 멸치액젓에 고춧가루를 섞어둔다.

④ 대파는 2~3cm 길이로 썬다.

⑤ ②에 ③과 ④, 홍고추, 마늘, 생강을 넣고 버무린다.

* 양념은 무 깍두기보다 조금 강하게 한다.

동아굴들깨찜

재료

동아 과육 1kg, 손질한 굴 1/2컵, 맛간장 1½큰술, 고춧가루 1큰술, 들깻가루 4큰술, 육수 2~3컵, 대파

만드는 방법

① 동아는 3cm 길이로 토막을 내 약간 도톰하게 썰고, 대파는 송송 썬다.

② 조림냄비에 동아를 담아 절반쯤 잠기게 육수를 붓고, 뚜껑을 닫고 끓인다.

③ 동아의 색이 맑아지면서 반쯤 익으면 고춧가루와 맛간장을 넣어 심심하게 간을 한 뒤, 굴을 넣고 끓인다.

④ 국물이 흥건하게 남아 있을 때(부족하면 보충해주고), 들깻가루를 넣고 뒤적여가며 좀더 끓이다 대파를 넣는다.

* 동아를 익히는 정도와 국물은 입맛에 맞게 가감하고, 칼칼한 맛을 살리려면 고춧가루를 좀더 넣는다.

동아갈치조림

재료

동아 과육 450g, 손질한 갈치 5토막(350g), 고춧가루 4큰술, 맛간장 3큰술, 육수(또는 물) 2½컵, 다진 마늘 2큰술, 대파 1대, 후추 약간

만드는 방법

① 동아는 도톰하게 썰어 조림냄비 바닥에 깔고 갈치를 올린다.

② 어슷하게 썬 대파, 고춧가루, 맛간장, 마늘, 후추에 육수를 약간 섞어 양념장을 만든다.

③ 갈치 위에 양념을 얹는다. 양념장 그릇을 육수로 헹궈 조림냄비 가장자리에 돌아가며 붓고, 나머지 육수는 재료가 절반쯤 잠기도록 붓는다. 육수가 부족하면 물로 보충한다.

④ 보글보글 끓으면 양념 국물을 갈치 위로 몇 차례 끼얹어주고 동아가 푹 무르도록 익힌다.

호박

심는 때	4월 하순~6월 초순
심는 법	직파 또는 모종
거두는 때	7월 하순~10월 초순
관리 포인트	종류에 따라 교잡 가능성이 다분하니 가능한 한 거리를 두고 심기

먹을거리 밑천이 되는 텃밭작물이 다양해야 상차림도 화려하고 폼이 날 것 같지만 꼭 그렇지는 않다. 제한된 공간에서 재배할 수 있는 작물은 한정될 수밖에 없으니 무작정 가짓수를 늘리기보다는 하나를 심더라도 우량종자를 심고, 참맛을 찾는 것이 건강한 밥상 차리기의 비결이다. 숨어 있는 맛을 찾아낼 때의 기분이란 조금 과장하면 짜릿한 전율이랄까. 밥상에서 누리는 즐거움은 곧 일상의 즐거움, 밥상이 지루하면 일상도 지루해진다.

3년차 초가을로 접어들면서 이런 즐거움을 가장 많이 안겨준 작물이 호박이다. 자체적으로 지닌 맛과 영양이 뛰어나기도 하지만 개량종이라도 무경운, 무농약으로 재배하면 그 맛이 남다르다.

여러 종류의 호박 중에 제일 애착이 가는 호박은 허리가 약간 잘록한 볼링핀처럼 생긴 '나물용 호박' 원종으로 대를 이어가며 거둬 먹을 수 있다. 늙은호박은 물론 애호박일 때도 살이 단단하면서 달다. 어린 열매는 진노랑 과육에 윤기가 자르르 흐르는 청록색을 띠고, 완전하게 늙으면 재래종 멧돌호박과 거의 비슷한 색과 맛을 낸다. 호박의 색깔은 눈요기용이 아닌 맛과 영양을 드러내는 것이라 생긴 것만 봐도 맛이 느껴진다.

시중에서 재래종 호박을 구하기는 어려우니 맛이 있으면서 씨앗을 받아 대를 이어갈 수 있는 종자면 된다. 둥근형의 개량종은 채종은 되지만 열매 모양이 일정하지 않고, 애호

박일 때는 싱겁고 살이 무르며 잘 썩는다. 그래도 운이 좋으면 크고 당도 높은 늙은호박을 얻을 수 있다는 기대로 심는다. 개량종은 종류도 다양하고 맛과 생김도 제각각이니 모종이나 씨앗을 구할 때 어떤 호박인지 잘 알아보고 선택한다.

심고 가꾸기

호박은 밭 한가운데 심기에는 적당치 않은 작물이다. 밭 가장자리나 한적한 곳에 심고 덩굴을 유인할 수 있는 환경을 만들어준다. 직파는 5월 초순 이후가 무난하고, 모종은 4월 하순에 시작해도 되지만 시기를 조금 늦추면 발아도 순조롭고 옮겨 심었을 때 노지 적응도 빠르다.

호박은 거름으로 큰다고들 하는데 여태 거름을 준 적이 없다. 대신 땅을 기름지게 하기 위해 월동작물을 심어 겨울에도 흙속 미생물을 활성화시키고, 왕겨나 밭에서 나오는 부산물로 멀칭(농작물이 자라고 있는 땅을 짚이나 풀 따위로 덮는 일. 농작물의 뿌리를 보호하고 땅의 온도를 유지하며, 흙의 건조 · 병충해 · 자생초 따위를 막을 수 있다)해주는 것이 전부다. 살아 있는 토양에 우량종자를 심으면 씨앗에 담긴 자생력만으로도 잘 자란다.

덩굴형으로 줄기가 길게 자라며 잎이 큼지막한 호박은 자생초와 뒤섞여도 크게 장애를 받지 않아 키우기 쉽고 열매도 주렁주렁 열려 거두는 재미가 쏠쏠하다. 벌레만 아니면 늙은호박도 수확이 적지 않을 텐데 애호박일 때는 별 일이 없다가 늙어가면서 꼭지에서 이탈하거나 썩는 일이 종종 생긴다.

호박에 가장 큰 충해는 단단한 열매 속에 숨어 있는 통통한 애벌레다. 겉에서는 아무런 표시가 나지 않아도 잘라보면 애벌레가 꼬물댈 때가 있다. 잘 늙어 상처 하나 없이 매끈하고 껍질도 두꺼운 호박에 대체 어떻게 들어간 것일까? 게다가 이 애벌레는 용수철처럼 탄력 있게 튀어 올라 또 한 번 놀라게 만든다. 무심코 들여다보다 요놈한테 한 방 먹으면 기겁을 하게 된다. 몇 차례 겪고 나면 그렇게 놀라지는 않는데 먹을거리 손실이 이만저만이 아니다.

점프 실력이 상당한 하얀 애벌레는 과실파리 유충이다. 꽃이 피어 수정할 시기에 날씨가 화창하면 정상 수정하여 꽃을 다무는데, 습도가 높거나 비가 오거나 날씨가 흐리면 정상 수정이 어려워진다. 이런 틈새를 이용해 과실파리가 산란관을 박고 알을 낳으면 이 파리알이 호박 속에서 자란다. 그래서 건조한 날이 적고 비가 많을 때는 마음이 좀 심란해지지만 항상 그런 것은 아니니까 겁낼 일은 아니다. 호박 몇 개 벌레 좀 먹는 것쯤이야! 유난히 장마가 길었던 4년차에 산골농사 몇 년 동안 늙은호박을 가장 풍성하게 거두기도 했다.

개량종은 씨앗이 잘 여물지도 않지만 받아서 심는다 해도 2, 3대 지나는 동안 변종이 나올 가능성이 많다. 지인에게 럭비공 모양의 단호박을 하나 얻어서 씨앗을 받아 심어봤는데 4대째에 이르러서야 열매가 일정하게 열렸고 이름값을 할 만큼 달고 씨앗도 충실하게 여물었다. 그렇다면 종자는 고정된 것으로 봐도 될 것 같다. 생육기간이 짧아 일찍 거둘 수 있고, 크기가 아담해 다루기 쉬우며, 단맛이 진해 먹기도 좋아 대를 이어가며 심고 싶었던 호박인데 공을 들인 보람이 있었다. 호

박뿐만 아니라 다른 작물도 개량종을 심더라도 열매가 실하면 씨앗을 받아 자연농법으로 키워 대를 이어갈 수 있게 관리해봄직하다.

거두고 갈무리하기

애호박은 필요한 만큼 거두고, 잘 여물 것 같은 열매는 충분히 늙은 다음에 거둔다. 아침저녁으로 선선한 바람이 불기 시작하면 한여름보다 수량은 많아도 미처 자라기 전에 씨앗을 맺는다. 늙은호박이 되기에 늦었다 싶으면 씨앗이 생기기 전에 부지런히 썰어서 말리고, 서리 내릴 때가 임박해지면 남은 열매를 모두 거둬들인다. 보통 첫서리는 온 듯 만 듯 살짝 내려 잎만 약간 처지는 정도이지만 그 전에 거둬야 열매가 실하다. 잘 늙은 호박은 씨앗을 받은 후 말려서 호박고지를 만들고, 겨울에 먹을 호박은 얼지 않게 보관한다.

먹는 방법

잎과 열매를 모두 먹을 수 있고, 풋열매일 때와 늙었을 때 제각각 다른 맛을 내는 호박은 저장성이 좋고 요리에 활용할 수 있는 범위도 넓다. 호박잎은 보기엔 까칠해도 된장국을 끓이면 보들보들해지고, 여기에 조갯살을 넣으면 좀더 구수하고, 약간 매운 풋고추를 송송 썰어 넣으면 국물이 시원하다. 이때 호박잎을 칼로 썰기보다는 손으로 잘게 찢어 넣어야 제맛이 난다. 호박잎은 된장찌개 외에 얼큰한 국물음식에 넣어도 좋고, 살짝 데쳐서 전을 부치거나 된장양념으로 조려서 나물로 먹으면 적당히 부드러우면서 씹히는 맛이 좋다.

'호박잎' 하면 국이나 나물보다는 쌈으로 주로 먹는다. 꽁보리밥이 어울리는 호박잎쌈은 쌈장이 맛깔스러워야 쌈도 맛있고 밥도 맛있다.

호박된장장아찌를 쌈장으로 이용하면 좋다. 아무것도 보태지 말고 호박된장장아찌만 으깨면 쌈장이 된다. 호박된장장아찌는 살이 단단한 나물용 호박을 씨가 들지 않은 탱탱한 풋호박일 때 소금물에 절였다 말려 된장에 박아두면 된다. 쌈장이나 무침양념으로 활용할 수 있고, 된장으로 간을 하는 국물음식에 넣으면 육수 못지않은 깊은 맛을 낸다. 개량종은 애호박일 때는 좀 싱거운 맛이라 주로 말리거나 늙은호박을 만들고, 풋열매로 나물이나 장아찌 등을 만들 때는 나물용 호박을 이용한다.

애호박을 거두기 시작하면 그때부터 밥상은 온통 호박 반찬이다. 약간 도톰하게 썰어 들기름에 구워 집간장으로 만든 양념장을 곁들이거나, 호박을 구워 집간장 · 고춧가루 · 파 · 마늘 등을 넣어 무치면 볶았을 때보다 맛이 진하다. 들깨찜이나 새우젓찜으로도 먹는다. 새우젓으로 간을 해서 들깻가루를 넣으면 더 맛있고, 국물을 부어 들깨새우젓찌개를 끓여도 시원하고 구수하다.

동글납작하게 썰어 통밀가루 반죽옷을 입힌 애호박전은 집간장 양념과 어울리고, 호박채전은 맑은 초간장을 곁들이는 게 맛있다. 먹다 남는 자투리 애호박으로는 잘게 썰어 채소빵을 만들거나, 갈아서 밀가루 반죽에 섞어서 은은한 향과 고운 연녹색을 띤 국수나 수제비를 만들 수 있다.

만두는 겨울에 많이 먹지만 여름철 별미로 호박편수를 만들어 보는 것도 좋다. 볶은 애호박으로 소를 넣고 사각형으로 빚어 시원한 장국에 띄워서 먹는 맛이 일품이다. 맛있긴 한데 한여름에 만두요리는 조금은 부담스럽기도 해서 말복, 입추가 지나면 더위도 한풀 꺾이고 호박도 더 맛있을 때라 이맘 때 자주 만들어 먹는다. 한여름 호박이 가벼운 맛이라면 가을호박은 푸근하고 깊은 맛이 난다. 잘 말려놓은 애호박고지와 풋풋한 애호박을 볶아서 소를 만들고, 애호박을 갈아서 만두피를 만든다. 넉넉하게 빚어서 군만두, 찐만두, 물만두, 만둣국 등 다양한 방법으로 먹는다. 약간 달콤하게 만드는 맛탕, 구워서 채소볶음을 곁들인 볶음만두, 떡볶이처럼 만두 고추장볶음으로 먹어도 별미다. 구이용은 납작한 사각형으로, 국물만두는 반달형으로 구분해 빚으면 조리하기도 간편하고 먹기도 좋다.

늙은호박을 실하게 거두면 겨우내 입이 즐겁다. 국, 전, 죽, 떡, 빵, 과자, 젤리, 양갱 등 늙은호박으로 만든 음식은 하나같이 달콤하고 향긋하다. 음식이란 입안에서 씹히는 맛도 좀 있어야 하는데 마냥 부드럽고 소화가 빠른 맨호박죽보다는 폭신한 맛이 나는 검정동부나 밤콩동부 풋콩을 넣어 끓이면 맛도 영양도 진해진다.

몇 해 전 가을에 부모님을 모시고 강화에 갔을 때 단호박 꽃게탕을 먹었는데, 진한 국물과 달콤한 단호박이 단박에 입맛을 사로잡았다. 따라서 만들어보고 싶은데 산골엔 꽃게도 없고, 단호박은 여름에 한 차례 거두면 그만이라 남은 게 없었다. 궁리를 하다가 쪘을 때 단호박 맛이 나는 나물용 호박을 고등어와 짝을 지어봤다. 놀랍게도 늙은호박고등어조림에 넣었던 나물용 호박맛이 단호박을 능가했다. 다른 호박도 번갈아가며 넣어봤지만 다들 밋밋하고 심심했다. 나물용 호박으로 조렸을 때만 기막힌 맛이 났다. 묵은김치를 적당히 넣으면 감칠맛이 더 좋아진다.

늙은호박의 살이 단단하고 당도가 높으면 색깔도 곱기 마련이라 맛도 좋고 요리를 해도 모양새가 좋다. 채 썰거나 납작하게 썰어 통밀가루 반죽에 묻혀 전을 부치면 갈아서 만든 호박전보다 담백하고, 식감이 좋아 포만감도 크다. 찌거나 갈아서 쌀가루에 섞어 호박떡을 만들어도 되고, 찹쌀호박경단을 빚어 칼칼한 김칫국에 넣거나 끓는 물에 익혀 콩고물 · 팥고물을 묻혀서 먹기도 한다. 또 늙은호박을 갈아 넣은 반죽으로 빵, 국수, 만두피를 만들면 색감과 향이 아주 곱게 살아난다.

늙은호박을 갈아서 끓이면 잼이 되고, 식이섬유가 풍부한 한천과 섞으면 젤리나 양갱이 된다. 호박 색깔과 당도에 따라 잼, 젤리, 양갱의 색과 맛도 달라지므로 이왕이면 잘 늙은 호박으로 만든다. 당장 먹을 수 없고 말릴 수도 없으면 찌거나 갈아서 냉동 보관한다.

자운 레시피

감자보리밥 호박잎 쌈밥

 재료

호박잎 10~12장, 감자꽁보리밥 1공기(보리쌀 1컵, 감자 3~4개), 애호박된장장아찌(또는 쌈장)

 만드는 방법

① 호박잎은 아침에 싱싱할 때 거둔다. 잎자루 끝을 뒤로 살짝 꺾어 잎맥까지 이어지는 껍질을 벗겨내고 씻어서 찜기에 담아 5분 정도 물러지지 않게 찐다.

② 보리쌀이 푹 잠기게 물을 붓고 삶아서 부르르 끓어오르면 조금만 더 익혀 건진다. 감자는 껍질을 벗기고, 큰 것은 반으로 자른다.

③ 솥에 보리쌀을 안치고 감자를 올린다. 보리밥을 지어 뜸이 들면 감자를 적당히 으깨어 훌훌 섞는다.

④ 호박된장장아찌는 잘게 썰거나 숟가락으로 으깬다. (일반 쌈장으로 대신해도 된다.)

⑤ 찐 호박잎이 식으면 판판하게 펼쳐서 밥 한 숟갈에 호박장아찌를 약간 올려 잘 말아준다. 먹기 좋게 썰어서 낸다.

자운 **레시피**

호박 편수

재료

만두소 : 애호박 500g, 애호박고지 50g, 양파 1/2개, 풋고추 5개, 소금 · 맛간장 · 들기름 · 통깨 · 후추 · 참기름 약간씩

만두피 : 밀가루 300g, 애호박 곱게 간 것 150~200g, 소금 1작은술

국물 : 디포리육수, 된장 , 고명(달걀지단, 채 썬 홍고추) 약간

* 만두소와 만두피는 만두 30개 분량, 국물은 만두 양에 따라 가감

만드는 방법

① 애호박은 곱게 채 썰어 가로로 두세 번 잘라 소금을 약간 뿌려 버무리듯 뒤적인다. 살짝 숨이 죽으면 물기를 짠 뒤 들기름에 볶아서 식힌다.

② 호박고지는 물에 담가 부드러워지면 건져서 잘게 썰고, 양파도 비슷한 크기로 썰어 들기름에 볶아 맛간장으로 짜지 않게 간을 한다.

③ ①과 ②에 다지듯 잘게 썬 풋고추, 소금, 통깨, 후추, 참기름을 넣어 간을 맞추고 잘 엉겨 붙게 주걱으로 치대서 소를 만든다.

④ 밀가루에 애호박 간 것, 소금, 물을 넣어 되직하게 반죽해 30분 이상 뒀다 한 번 더 치댄다. 만두소가 식으면 반죽을 얇게 밀어 7~8cm 정사각형으로 자른다. 소를 넣고, 대각선으로 끌어 모아 꼭꼭 눌러 붙인다.

⑤ 김 오른 찜솥에 면포를 깔고 만두를 올려 센 불에서 10~15분 정도 찐 뒤 채반에 밭쳐 식힌다. 디포리 육수에 된장을 넣고 끓여서 식힌다. 그릇에 만두를 담아 장국을 붓고 고명을 올린다.

* 찐 만두에 따뜻한 국물을 붓거나 초간장을 곁들여도 된다.

늙은호박 고등어조림

재료

당도 높고 색이 진한 늙은호박 650g, 손질한 간고등어 350g, 맛간장 3큰술, 고춧가루 4큰술, 물 2~3컵, 다진 마늘, 생강, 대파

만드는 방법

① 호박은 1.5cm 두께로 썰어 냄비 바닥에 깔고, 고등어를 토막 내서 올린다.

② 맛간장, 고춧가루, 마늘, 어슷하게 썬 대파를 섞어 물을 약간 붓고 걸쭉하게 양념장을 만든다.

③ 고등어 위에 양념장을 끼얹고, 남은 물로 양념장 그릇을 헹궈서 조림냄비 가장자리에 붓는다. 다 조려졌을 때 국물이 자박하게 남도록 2/3가량 잠기게 물을 부은 후 뚜껑을 닫고 끓인다.

④ 보글보글 끓으면 양념이 고루 배어들게 국물을 끼얹어주며 호박이 푹 물러지도록 익힌다.

* 늙은호박이 없으면 단호박으로 대신해도 된다. 신 김치를 약간 넣어도 삼삼하다. 김치를 넣으면 양념을 약간 싱겁게 하고, 생고등어로 조릴 때는 간을 더 간간하게 한다.

늙은호박양갱

재료

늙은호박 과육 400g, 실한천 12g, 물 550ml, 황설탕·올리고당 3큰술씩, 소금 2/3작은술

만드는 방법

① 실한천은 물에 불려 부드러워지면 건져 물기를 뺀다.

② 늙은호박은 잘게 썰어 물 150ml와 분쇄기에 넣고 최대한 곱게 갈아준다.

③ 조림팬이나 냄비에 물 400ml를 붓고 팔팔 끓으면 실한천을 넣고 말갛게 풀어지도록 끓인 뒤, 설탕과 올리고당을 넣는다. 설탕이 녹으면 갈아둔 호박과 소금을 넣고 끓인다.

④ 중불에서 주걱으로 저어가며 끓인다. 걸쭉해지면 불을 끄고 한 김 나가면 사각틀이나 양갱 전용틀에 부어 굳힌다.

⑤ 굳으면 뒤집어서 꺼내고, 먹기 좋은 크기로 자른다.

* 진주황색 양갱은 나물호박 원종, 노란색 양갱은 개량종 둥근 호박이다.

자운 농사 Tip

포트 모종 관리와 정식하기

포트 모종은 가온加溫시설이 없는 비닐하우스에서 키운다. 발아에서 성장까지 민감하게 영향을 주는 요인은 최고 온도가 아닌 최저 온도다. 낮 온도가 아무리 후끈해도 밤 온도가 뚝 떨어지면 성장에 장애가 된다. 비닐하우스 최저 온도는 외부와 큰 차이가 없지만 서리를 피할 수 있고, 날씨가 고르지 못해도 비나 세찬 바람이 직접 닿지 않아 관리하는 데에 여러 모로 도움이 된다.

반면에 비닐을 투과하는 빛이 노지보다 약하다는 문제점이 있다. 습도가 높거나 흐린 날씨가 지속될 경우, 작물에 따라 웃자람이 생길 수 있는데 오이가 심한 편이다. 이럴 땐 노지에서 관리하는 게 더 낫고, 지온이 적절하다면 직파하는 것이 효율적이다.

모종을 키울 포트는 씨앗 크기나 뿌리 발육 상태 등을 감안해 약간 넉넉한 크기로 고른다. 뿌리가 깊게 내려갈 수 있도록 옆으로 퍼진 것보다는 깊이가 있는 것이 좋다. 노지 흙은 자생초 씨앗이 묻어와 발아할 가능성도 높고, 물 빠짐이 원활하지 못해 딱딱하게 굳어서 뿌리 발육이 부진해질 수 있으니 시판용 상토를 이용하는 편이 안전하다. 한눈에 알아보기 어려운 모종은 이름표를 꽂아두고, 시차를 둬서 만든다면 만든 날짜도 메모해 놓는다.

직근直根이 발달하는 작물은 뿌리가 자라면서 포트 밑면에 뚫린 구멍을 빠져나와 흙바닥으로 파고 들어가기도 한다. 포트를 들어 올리면 흙에 밀착해 있던 뿌리가 끊어지거나 심한 경우엔 잎이 말라버릴 수도 있다. 바닥에 스치로폼을 깔아두면 보온 효과는 있지만 포트 밑으로 빠져나온 뿌리가 스치로폼에 박힐 수도 있다. 그렇다고 비닐을 깔아주면 뿌리는 덜 마르지만 바닥에 물이 고여 습해를 입을 수도 있다. 비닐하우스 내부의 자생초도 차단할 겸 부직포를 깔면 약간의 보온 효과까지 누린다.

모종 한 판에서 비슷한 속도로 싹을 틔워도 자라는 과정이 고르지 않을 때가 있다. 흙바닥의 지온이 고르지 않은 봄철이면 종종 있는 일이다. 하우스 가장자리는 더 심하게 성장이 부진하니 그 전에 자리바꿈을 해준다.

모종을 잘 키우려면 물 관리를 잘해야 한다. 물 주는 시간은 저녁보다 아침이 작물에게 이롭다. 해질녘이면 지온은 올라가 있고 수돗물은 차갑다. 지온과 물 온도가 비슷한 이른 아침이 물주기에 가장 좋은 시간이다. 낮에 조금 지쳤더라도 하룻밤을 보내고 나면 잎은 생기를 되찾으므로 심하게 마르지 않았다면 다음날 아침 일찍 물을 준다. 물을 줄 때는 자주 '찔끔'이 아니라 한 번에 '듬뿍' 준다.

수분이 과하면 웃자랄 위험이 있다. 그래서 습도가 높은 장마철에 모종 관리가 특히 어렵다. 심하게 마르지만 않으면 흐리거나 습도 높은 날에는 물을 주지 않는다. 물을 줘도 금세 마르거나 이파리 색에 활기가 없을 때는 무리하게 물을 주지 말고 뿌리에 물이 닿게 해서 스스로 필요한 만큼만 흡수하게 한다. 포트 높이의 1/3 정도까지 물에 잠기게 하면 되는데, 플라스틱 모판을 이용하면 간편하다. 모판 크기보다 조금 넉넉하게 비닐을 잘라 바닥에 깔고 약간 턱이 생기게 해 물을 채운 후, 포트를 담갔다가 충분히 흡수하면 들어낸다. 갈증이 심했다면 바닥에 고여 있던 물은 쪽 소리가 날 것처럼 순식간에 뿌리에 스며든다. 인위적인 물주기지만 위에서 뿌려주는 것보다 뿌리에서 흡수하는 게 작물에게는 더 안정적이다.

포트 안에서 어느 정도 자라다 정지 상태가 지속되면서 이파리 색이 시들해지면 지체하지 말고 밭에 정식한다. 포트 안에 더 이상 영양분이 없으면 성장을 멈춘다. 노지에서라면 다시 성장하지만 포트에선 시들어버릴 수도 있으니 때를 놓치지 말고 정식한다.

모종 정식 준비물과 방법

준비물

쇠망치, 뾰족 막대, 컬러 비닐 끈, 물뿌리개(또는 주전자)

직파할 때와 마찬가지로 색깔 있는 비닐끈으로 줄 간격부터 잡는다. 땅을 갈지 않는 무경운 농사에서는 작물을 심을 때도 모종이 들어갈 만큼만 홈을 내 흙을 가능한 한 적게 건드린다. 포트 모종과 비슷한 굵기의 나무를 한 뼘 정도 길이로 잘라 한 쪽을 뾰족하게 다듬는다. 모종 크기에 맞춰 뾰족 막대를 여러 개 만든다.

모종을 정식할 자리에 끝이 뾰족한 막대를 대고 위에서 쇠망치로 내리쳐 구멍을 낸다. 땅이 딱딱하면 모종 하나 심을 때 여러 번 손이 가지만 촉촉하고 생기 넘치는 흙이라면 두어 번만 두드려도 거뜬하다. 망치질하는 횟수만으로도 땅이 얼마나 살아났는지 가늠할 수 있는 것이다. 구멍 깊이는 심었을 때 모종 표면이 지표면과 같으면 된다. 모종을 앉히고 주변 흙이 들뜨지 않게 가볍게 토닥여준다.

모종 정식은 비 오기 직전에 하는 게 가장 좋다고 알고는 있지만 모든 모종을 비 예보에 맞춰 심지는 못한다. 대개 심고 나서 물을 주는데 딱딱한 땅에 물을 줘봐야 뿌리에 닿기 어렵다. 설령 뿌리에서 흡수한다고 해도 일부분이다. 흡수하기 좋게 하려면 모종을 앉힐 만큼 구멍을 낸 다음 물을 붓고 모종을 심는다. 번거롭긴 해도 시들 염려가 없고 가뭄이 심해도 뿌리가 잘 마르지 않는다. 처음엔 민감한 작물만 이렇게 심었는데, 심는 방법에 따라 차이가 분명해지자 비 올 때가 아니면 구멍을 내서 물을 먼저 붓고 모종을 심는다.

모종을 정식할 때는 날씨도 살펴야 하지만 시간도 가늠해야 한다. 비 오기 직전이면 시간에 관계없이 심을 수 있고, 맑은 날이라면 직사광선은 피한다. 낮에 시들었다가도 새벽이면 꼿꼿하게 일어나 있어서 모종을 옮겨심기는 해 뜨기 직전이 가장 좋다. 하지만 작업할 수 있는 시간이 짧으니 상황에 맞게 해질녘과 해 뜨기 직전으로 나눠 심는다.

포트 흙이 말라 있으면 옮겨 심을 때 뿌리가 다치거나 흐트러질 수 있다. 옮기기 전에 살펴서 미리 물을 주거나 포트가 조금 물에 잠기게 담가서 뿌리가 물을 흡수한 후에 심는 게 더 안전하다.

오이

심는 때	4월 하순~7월 중순(장마 끝날 무렵)
심는 법	직파 또는 모종, 지지대 필요, 평지도 가능
거두는 때	7월 중순~10월 초순
관리 포인트	심는 시기를 두세 차례 나눠서 심기

땅속에 고이 묻어준 것도 아니고, 겉흙만 슬쩍 긁어내 씨앗 몇 개 올려놓고 주위에 자라는 자생초를 잘라다 덮어주고는 그걸로 그만이었다. 그렇게 대여섯 군데 심은 씨앗에서 싹이 트고, 잎이 나고, 줄기가 쑥쑥 자라더니 노랗고 앙증맞은 꽃이 피었다진 후 장난감 같은 오이가 열렸다. 형체는 작아도 가시가 톡톡 불거져 나온 재래종 오이는 2004년 귀촌을 결심하고 처음으로 심어서 결실을 거둔 첫 작물로, 그해 여름 내내 밥상을 채워준 일등 공신이었다.

농사에 문외한이었지만 오이만큼은 번듯하게 키웠다. 이듬해 별학섬으로 들어가 본격적으로 농사를 시작한 뒤로는 남아도는 오이를 처분하느라 항아리 가득 오이지를 담그기도 했다. 그래서 오이는 씨앗만 흙에 닿으면 저절로 싹이 트고, 기다리지 않아도 주렁주렁 열매 맺는 작물이라 여겼다. 종자가 튼실한 데다 고방연구원 관리를 받으며 재배과정이 질서정연했기 때문이라는 것을 나 홀로 농사를 시작하고서야 알았다. 재배하기 쉬운 것 같아도 생태를 헤아리기까지는 적잖은 공부가 필요했다.

재래종 오이는 다대기오이, 청오이, 가시오이 등으로 구분하지 않는다. 싱그러운 녹색을 띠는 통통한 생김새에 맨손으로 만지면 따끔할 정도로 가시가 돋아 있는데 달고 시원한 맛은 어디 비할 데가 없다. 산골서 심는 오이는 재래종 외에 긴오이, 흰오이, 과일오이 등 몇 가지가 더 있지만 맛이나 수확량, 저장성은 재래종이 단연 으뜸이다.

모종은 4월 하순, 노지 직파는 5월 중순에 한다. 오이는 따뜻한 기후를 좋아하는데 지온이 충분하지 않을 때 심으면 발아도 느리고 첫 열매를 맺기까지 오래 걸린다. 모종도 5월 중순 이후에 만들면 서둘러 시작했을 때보다 성장 속도도 빠르고 단단하게 자란다. 습도가 높거나 일조량이 부족한 환경에서 모종을 키우면 자칫 웃자랄 수 있고, 지나치게 고온일 때 모종을 만들면 떡잎이 잘 나왔다가도 녹아버리는 일이 있다. 주의 깊게 살피며 환경을 바꿔주는 게 좋고, 지온이 적절하면 모종보다는 직파가 유리하다.

직파나 모종 정식은 비오는 날에 맞춰 하고, 모종은 정식한 후 가뭄이 아주 심하지만 않으면 따로 물을 주지 않는다. 무턱대고 물을 주면 맛이 맹해지고 습해를 입을 수도 있으니 인위적인 물주기는 가급적 삼가는 것이 오이 성장을 좋게 한다. 장맛비에 오이 크듯 한다는 말이 있지만 자생력 있는 씨앗이라야 장맛비에도 쑥쑥 자란다.

오이는 생육기간이 짧은 편이다. 일찍 심으면 장마철 접어들 무렵 끝물인 경우도 많은데 늙어갈 시기에 장마나 태풍과 겹치면 자연스럽게 늙지 못해 씨앗을 받기가 어렵다. 오이를 심는 좋은 방법은 심는 시기를 너무 빠르지 않게 하고, 몰아서 한 번에 심지 말고 두세 차례 나눠 심는다. 시작은 모종을 만들어 정식하고, 그 다음부터는 1차 오이 상태를 봐가면서 씨앗을 직파하면 일손도 덜고 느긋하게 오래도록 거둬 먹을 수 있다.

산골농사 첫해는 배우고 익힌 대로 심는 시기에 차이를 두어 늦게까지 거두고 수확량도 제법 되었다. 하지만 이듬해는 첫 모종이 잘 자랐는데도 하지 무렵 직파한 씨앗은 떡잎만 나오고는 그만이었다. 심는 시기에 문제가 있었나 싶어 3년차에는 한 번에 몰아서 심었더니 일찌감치 끝이 났다. 잘생긴 노각과 튼실한 씨앗은 거뒀지만 번듯하게 설치해놓은 지지대를 절반도 채우지 못하고 끝나버렸다. 그렇게 서운할 수가 없었다.

4년차 이른 봄엔 태평농 교육에서 오이 재배법을 다시 익히고 7월 중순에 그해 마지막으로 오이를 심었다. 직파와 모종 두 가지 방식으로 심었는데 역시 모종보다는 직파가 잘 자랐고 수확량도 더 많았다. 긴긴 장마에도 야무진 열매를 쑥쑥 내보이며 10월 초순에도 거두는 재미를 실하게 안겨줬다. 5년차에는 초기 성장은 더뎠지만 서리 직전까지 풋오이를 거뒀다.

줄기에서 나온 덩굴손으로 주변의 물체를 감으면서 자라는 오이를 깔끔하게 키우려면 지지대가 있어야 한다. 풀과 뒤섞여도 잘 자라는 재래종은 평지에 심기도 하는데 바닥에 닿은 열매가 미끈하지 못할 수 있지만 지지대로 유인했을 때보다 생명력과 결실기가 길게 이어진다.

개량종 오이는 삼각형(합장형)이나 일자형 지지대도 무난하지만 줄기가 무성하게 자라는 재래종은 그보다 규모 있게 설치해야 오이 성장에도 이롭고 관리하기도 쉽다. 비닐하우스 파이프로 기둥을 세워 사각형 구조를 만들고, 오이가 달렸을 때 머리에 닿지 않으면서 손을 들어 딸 수 있는 높이로 만든다. 이렇게 만들면 사면을 돌아가며 오이를 심을 수 있어 자리도 넓게 활용할 수 있고, 드나들기도 좋거니와

주렁주렁 열리는 오이가 시원하게 한눈에 들어온다. 심기 전에 미리 설치하고 오래 사용할 수 있게 지주나 연결끈을 튼튼한 것으로 준비한다.

종자가 실해도 잎이 누렇게 변하면서 부서질 것처럼 마르거나 흰 반점이 생기기도 한다. 눈에 잘 보이진 않아도 충해를 입은 것인데 그대로 두면 점점 더 번져간다. 햇빛이 잘 통하게 해주고, 누렇게 변색된 잎은 따 주고, 가능한 한 발생 초기에 물에 희석한 물엿을 잎 뒷면까지 고루 닿게 분사해준다.

거두고 갈무리하기

오이나 고추는 종자가 실하면 따는 만큼 열린다. 한창 성장기에 있을 때 열매를 따주면 남아도는 에너지를 다시 열매 맺는 데 쏟지만 그대로 두면 부지런히 씨를 맺고 생을 마감해버린다. 열매를 재빠르게 따주는 것은 오이에게 '지금은 성장기니 꽃을 피워야 한다, 열매를 맺어야 한다'와 같은 주문서를 전달하는 것이다. 식물은 먹고살기가 편하면 씨 맺을 준비를 천천히 하지만, 열악한 조건이면 제대로 자라기도 전에 서둘러 꽃을 피워 씨앗을 맺고 생을 마감한다.

싱싱하게 먹으려면 씨가 생기기 전에 거두는 것이 좋다. 저장하려면 오이지나 피클을 담근다. 씨앗이 들어차기 시작하면 점점 풍만해지면서 껍질은 질겨지고 색깔도 변한다. 재래종은 껍질이 탁탁 갈라지듯 균열이 일어나며 갈색으로 변하고, 긴오이와 흰오이는 황색으로 변한다. 이 늙은 오이를 노각이라 부른다. 씨앗은 가장 멋지게 여문 노각에서 받는다. 씨앗은 하얀 점액질막에 둘러싸여 있어서 물로만 씻어서는 잘 벗겨지지 않으니 체에 밭쳐 문질러서 씻는다. 씨앗은 완전하게 말려서 보관한다.

먹는 방법

첫 열매를 거둘 때가 되면 몸이 먼저 알아챈다. 시원하고 아삭한 뭔가가 기다려지는데 오이 수확이 늦어지면 목이 타는 것처럼 심하게 갈증이 난다. 다른 음식으로는 풀어낼 방법이 없다. 오로지 오이라야 한다. 이럴 때 오이 한입만 베어 물어도 무겁고 눅눅했던 기운이 말끔히 사라진다.

무농약으로 텃밭을 일궈보면 자연단맛에 매료되는데 뿌리나 열매채소면 맛의 깊이가 한층 더하다. 제일 즐겨먹는 오이 요리는 얄팍하게 썰어 멸치액젓과 홍고추 양념으로 버무린 생채다. 첫맛을 볼 때는 홍고추를 거둘 시기가 아니므로 전년도에 갈무리해둔 냉동 홍고추를 갈아서 넣는다. 버무려서 여러 날 냉장 보관해도 아삭하고, 국물이 흥건하게 생겨도 오이의 진한 맛이 약해지지 않으면서 국물 또한 진국이다.

불린 미역을 섞어 시원한 냉국이나 초무침을 하거나 풋고추와 양파를 넣은 매콤달콤한 고추장무침, 채 썬 오이를 넉넉히 넣은 비빔국수, 부추를 넣은 오이소박이도 담근다. 초가을 선선한 기운이 감돌면 들깻가루나 조갯살을 넣고 볶아서 먹으면 맛있는데 생오이에선 느낄 수 없는 색다른 아삭함과 향이 있다. 토마토, 오크라, 황궁채, 참외 등의 채소와 함께 과일 샐러드나 샌드위치를 만들거나 콩국수, 짜장 요리의 고명으로도 얹기도 한다.

상큼하게 먹을 수 있는 피클은 오이 두세 개만 있어도 담근다. 열탕 소독한 유리병에 얄팍하게 썬 오이와 양파, 고추 등을 담고 소금 · 식초 · 설탕을 혼합한 물을 끓여서 붓기만 하면 된다. 만들기도 쉽고 짜지 않아서 먹기도 좋고, 느끼한 음식이나 떡, 빵에 곁들이면 양치질한 듯 뒷맛이 개운하다.

한 번에 거두는 양이 많으면 소금물에 절여 오이지를 담근다. 쓴맛이 나도 장아찌를 담그면 쓴맛은 감쪽같이 사라지므로 오이지는 마음 놓고 담가도 된다. 장 담글 때와 같은 농도의 소금물을 팔팔 끓여 뜨거울 때 오이에 붓는다. 3일쯤 지나 절임물을 따라내 끓이고, 다시 식혀서 붓기를 3회 정도 반복한다. 이때 소주와 식초를 약간씩 넣어주면 수분이 많은 절임 음식 표면에 허옇게 덮이는 곰팡이가 생기지 않고, 항아리에 담그면 더 오래 신선함을 유지한다. 꼬들꼬들한 맛을 잘 살려야 하는 오이지무침은 물에 담가 짠기를 적당히 우려내 물기를 최대한 제거한 후 무친다. 시원한 육수를 부어 먹는 냉국은 생오이나 오이지 모두 잘 어울리고, 손국수를 말아 먹어도 여름 더위를 날리기에 아주 그만이다.

풋풋한 풋오이와 씨앗 맺은 갈색오이는 한 핏줄 같지 않게 생긴 것도 다르고 씹히는 맛이나 향도 다르다. 씨앗이 알차게 여문 노각의 속살은 향이 진하고 소금에 절이면 야들야들해지면서 숨어 있던 단맛이 살아나 생채나 볶음을 해도 맛있지만, 김치를 담갔을 때 더 맛있다. 절인 노각에 홍고추를 갈아 넣고 버무리면 자연단맛에 칼칼함이 어우러져 시원한 맛이 일품이다.

오이를 얼굴에 문질러 본 적도 있다. 산골 첫해에 대가족 손님을 치르면서 습도 높은 날씨에 꼬박 이틀을 주방에 붙어 있었더니, 열이 오르면서 양 볼이 터질 것처럼 부풀어 올랐다. 손을 대면 피부가 나무껍질처럼 까칠했다. 냉장고에 넣어둔 오이를 꺼내 차분하게 저며서 얼굴에 붙일 여유도 없었다. 마음이 급하니 강판에 갈아 세수하듯 문질러 씻었는데 거짓말처럼 더운 기운이 가라앉는다. 하도 신기해 두 번째는 좀더 정성을 기울여봤다. 모르긴 해도 미백효과까지 누리지 않았을까 싶다. 결혼식 앞두고 받아본 마사지가 전부인 나로선 신기한 체험이었다.

자운 **레시피**

오이 생채

 재료

재래종 오이 2~3개(500g), 멸치액젓 · 홍고추 간 것 2큰술씩, 고춧가루 1큰술, 대파 1뿌리, 다진 마늘 1큰술, 통깨 약간

만드는 방법

① 오이는 흐르는 물에 손으로 문질러 씻어서 동글납작하게 썰고, 대파는 송송 썬다.

② 썰어둔 오이에 양념을 넣고 버무린다.

* 자연 재배한 재래종 오이는 몸에 해가 될 이물질이 없기 때문에 소금으로 씻어내지 않아도 된다. 절이지 않고 무쳐야 아삭하고, 오이 맛이 진하면 국물이 생겨도 맛이 희석되지 않는다.

자운 **레시피**

오이 피클

 재료

오이 1kg, 양파 2개, 아삭한 홍고추 2개, 청고추 5개

절임물 : 물 5컵, 식초 2½컵, 황설탕 1컵, 소금 3큰술

만드는 방법

① 채소는 각각 씻어서 채반에 담아 물기를 뺀다. 오이는 동글납작하게 양파는 정사각형으로 썰고, 고추는 링 모양으로 썰어 씨앗을 털어낸 후 한데 섞는다.

② 피클 담을 병은 끓는 물에 열탕 소독한다. 병이 절반 이상 잠기게 물을 붓고 처음부터 병을 넣어 같이 끓인다. 팔팔 끓으면 건져내 물기를 완전히 말린다.

③ 절임물 재료를 냄비에 넣고 팔팔 끓인다.

④ 열탕 처리한 병에 물기가 마르면 ①을 담고, 뜨거운 절임물을 부어 뚜껑을 닫는다.

⑤ 하룻밤 지나면 한나절가량 거꾸로 세워둔다. 절임물이 고루 배어들면 냉장 보관한다.

오이지무침

 재료

오이지 2개, 홍고추 1개, 대파 · 들기름 · 참기름 · 통깨 약간씩

오이지 만들기 : 재래종 오이 20개, 물 25컵, 굵은소금 7컵, 식초 · 소주 2/3컵씩

만드는 방법

① 오이지는 얄팍하게 썰어 물에 담가 짠맛을 우려낸다. 꼬들꼬들해지게 면포에 싸서 물기를 뺀다.

② 꼬들꼬들해진 오이지에 송송 썬 대파, 채 썬 홍고추, 들기름, 참기름, 통깨를 넣어 조물조물 무친다.

*** 오이지 만들기**

① 오이는 손으로 껍질을 문질러 씻는다. 물기가 빠지면 마른행주로 닦아서 항아리에 담는다. 누름돌은 뜨거운 소금물을 붓기 전에 고정해둔다.

② 소금물을 팔팔 끓여서 항아리에 붓고 오이가 뜨지 않도록 누름돌을 확인한 후 뚜껑을 닫는다.

③ 2~3일 간격으로 소금물을 따라내 끓여서 식혀 붓기를 3번 반복한다. 마지막에 소주와 식초를 섞는다.

오이김초밥

재료

오이 1개, 무장아찌 90g, 달걀지단(달걀 1개, 소금, 식용유), 김 2장, 현미밥 1공기, 단촛물 2작은술, 굵은 소금 약간

만드는 방법

① 오이는 씻어서 세로로 길쭉하게 썬 뒤, 굵은 소금을 약간 뿌려서 절인다. 숨이 죽으면 한 번 씻어서 면포에 싸서 물기를 뺀다.

② 달걀을 풀어 소금을 약간 넣고 김 1장 크기로 지단을 부친 뒤 반으로 자른다.

③ 무장아찌는 약간 굵게 채 썰어 20~30분가량 물에 담가 짠기를 우려낸 후 면포에 싸서 물기를 뺀다.

④ 고슬고슬하게 지은 밥에 단촛물을 넣어 비빈다.

⑤ 김 1장에 2/3가량 밥을 얇게 깔고 ①, ②, ③을 가지런히 놓고 말아서 한입 크기로 썬다.

가지

심는 때	4월 하순~5월 하순
심는 법	직파도 가능하지만 모종이 안전
거두는 때	7월 중순~10월 초순
관리 포인트	잎 따주기, 곁가지 제거하기, 지주 세워주기

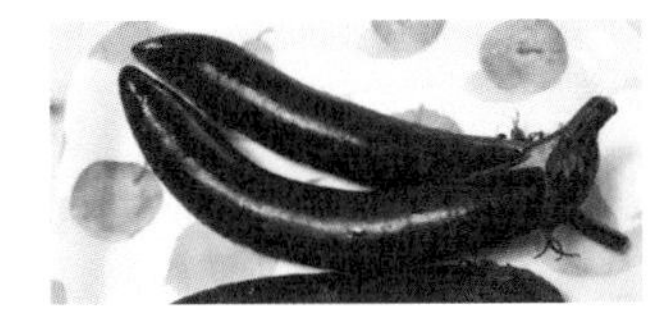

컬러푸드가 몸에 좋다는 것은 누구나 아는 이야기다. 녹황색, 빨간색, 검은색까지는 헤아리고 있었지만 흰색과 보라색 식품도 해당되는 줄은 산골 살림 몇 년이 지나서야 알았다. 보라색 천연색소는 발암물질을 억제하는 성분을 다량 함유하고 있는데 독소를 제거해 심장질환과 뇌졸중 위험을 감소시키며 혈액순환을 개선해준다고 한다.

손쉽게 구할 수 있으면서 요리하기 좋은 보라색 채소를 꼽으라면 주저 없이 가지를 들겠다. 가까이 할수록 좋은 식품임에도 가지를 안 먹는 사람들이 의외로 많다. 내 경우는 맛있게 먹기는 했지만 가지에 이렇게 특별한 효능이 있으리라곤 짐작하지 못했다. 그저 호박, 오이와 더불어 여름철 밥상을 채워주는 열매채소 정도로만 여겼다.

반질반질 윤기 나는 먹보라색 가지를 달리 보게 된 것은 요리에 재미를 붙이면서다. 먹는 방법도 다양하고, 말렸을 때의 식감은 채소 이상의 깊은 맛을 내 먹을수록 반한다. 음식은 자체의 맛으로도 즐기지만 효능을 알고 나면 맛이 더 진하게 느껴지고, 식재료 대하는 마음도 한층 각별해진다. 비타민 함량이 높아 피로 해소에 좋은 가지는 칼로리는 낮으면서 식이섬유와 수분이 많아 이뇨작용, 변비 예방 · 치료, 건강 · 다이어트 식품으로도 효과가 좋다. 또 여름이 제철인 채소답게 찬 성질을 지니고 있어 열을 내리는 데 도움이 된다. 가지는 밭을 일구지 않더라도 제철이면 구하기 쉽고 값도 저렴해 부담 없이 먹을 수 있고, 호박고지나 박고지보다 말려서 저장하기에도 간편하다.

가지는 심고 가꾸기가 쉽다고들 해서 종자만 실하면 키우기에 별 것 아니려니 생각했는데 만만히 볼 작물이 아니었다. 여름내 맛있게 먹고, 묵나물(생으로 말리거나 약간 삶아서 말려 두었다가 이듬해에 조리하여 먹는 나물)도 장만하지만 심은 것에 비하면 수확량은 기대에 미치지 못했다. 토양이 덜 회복되었음을 감안하더라도 수확이 신통치 않다면 대개는 공부를 게을리 한 탓인데, 아무래도 가지에 대해선 너무 느긋했던 게 아닌가 싶다.

심고 가꾸기

따뜻한 기후에서 잘 자라는 가지는 지온이 어느 정도 올라갔을 때 심는다. 깨알보다 작은 떡잎이 자생초에 가려지면 알아보기 어려우니 모종을 키워 정식하는 것이 관리하기에 쉽다. 빛이 잘 들면서 보습성이 좋은 곳에 포기 간격을 두 발짝 정도로 해서 심는다. 가지, 고추, 토마토 등의 가지과 작물은 같은 밭에 연이어 심으면 연작 피해가 있을 수 있다. 하지만 가을에 월동작물을 심었던 밭에서는 어떤 작물이라도 연작 피해가 없다.

첫해는 오일장에서 모종을 사다 심었고, 이듬해는 이웃 어르신에게 모종 두 개를 얻어서 심었다. 가지는 모종을 두 개만 키워도 남아돈다 하는데, 거름을 듬뿍 넣은 밭이라면 가능할지 몰라도 우리 밭에서 그렇게 커줄 것 같지 않았다. 열매가 좀 부실하면 어떤가, 씨앗만 맺어준다면 그걸로 감지덕지해야지. 가지는 매년 씨앗을 받는다고 들었던 터라 어떻게 하든 잘 키워서 씨앗만 받으면 된다는 생각이었다.

2년차에 얻어서 심은 가지 두 포기의 수확량은 다섯 개, 다행히 그 중 하나가 씨앗을 맺어 채종까지 무사히 마칠 수 있었다. 애당초 씨앗만 받으면 된다고 선을 그은 게 잘못이었는지도 모르겠다. 내 몫은 정

확하게 씨앗을 받는 것까지였으니 자고로 꿈은 크게 꿔야 한다.

수확은 시원찮아도 씨앗은 풍성했다. 3년차부터는 씨앗을 받아 직접 채종한 씨앗을 심었다. 욕심껏 모종을 만들어 정식했는데 연이어 두 해 모두 8월 중순이 되어서야 첫 수확을 했다. 찬바람이 불면서 급성장했지만 감질나는 거둠이었다. 지온이 낮은 데다 가지가 자랄 만큼의 환경이 아니었던 것 같다. 드나들기 좋게 한다고 위치만 보고 정한 자리는 과하게 습하면서 표면은 쉽게 마르는 곳이었다. 콩 외에 다른 작물은 견뎌내질 못한다는 것을 4년차 가을이 되어서야 눈치챘다. 이런 땅은 여름에 콩을 심고 가을걷이 끝나면 맥류를 심어 월동시키면 점차 나아진다. 5년차는 콩을 심어 지력이 어느 정도 살아난 밭에 가지를 심고, 가지 심었던 밭에는 자생력이 강한 쥐눈이콩으로 채웠다.

싹이 돋을 때부터 보라색 잎맥이 선명한 가지는 단아한 연보라색 꽃

과 반질반질한 진보라색 열매가 조화롭게 어우러져 심고 가꾸는 재미를 더해준다. 줄기 아래쪽에 돋아나는 순은 제거하고, 잎이 무성해지지 않도록 따주며, 잎이 심하게 겹치는 부분은 잔가지를 잘라낸다. 빛이 잘 들게 해줘야 키도 쑥쑥 자라고 열매도 실하게 열린다.

열매 무게가 묵직해 비바람에 넘어가기 쉬우니 크는 걸 봐가면서 지주를 세우고 묶어준다. 한여름에 풀 자라는 속도는 참 빠르다. 잘라서 표면을 멀칭하면 빛을 차단해 풀은 덜 자라고 흙은 덜 말라 보습성이 좋아진다. 4년차부터는 전체적으로 자생초 성장이 뜸해 가지밭도 예년에 비해선 한산한 편이었다. 주위에서 걷어내는 풀이 생길 때마다 끌어 모아 덮어줬더니 효과가 아주 좋았다.

가지색이라 콕 찍어 부를 정도로 가지는 보라색으로 각인되어 있지만 그 외에도 흰색가지와 녹색가지가 있다. 태평농에서 씨앗을 받아 심기 시작했는데 맛은 보라색과 흰색이 좋고, 열매 크기나 자생력은 흰색가지가 좀더 나은 편이다.

가지과 작물에는 이십팔점무당벌레가 잘 꼬이는데 특히 가지가 심한 편이다. 샛노란 색깔의 알을 수북하게 슬어놓으며 잎을 모기장처럼 만들기도 한다. 수시로 살피면서 심하게 상한 잎은 떼어내고 이십팔점무당벌레와 알은 눈에 뜨이는 족족 집어낸다.

밭작물에 가장 많은 피해를 주는 곤충은 노린재 종류지만 고맙게도 이십팔점무당벌레 잡는 노린재도 있다. 구멍이 숭숭 나 있는 가지잎에서 이십팔점무당벌레를 질질 끌고 가는 노린재를 두 해 전부터 가끔씩 만나는데 바로 '다리무늬침노린재'다. 숲이나 풀밭에 살면서 다른 곤충의 체액을 빨아먹거나 주로 나비류의 유충을 잡아먹는다. 나비가 훨훨 날아다닐 때는 어여뻐도 유충은 밭작물에 해가 된다. 해충과 익충, 이런 식으로 분류하고 싶지는 않지만 밭작물에 피해를 주는 곤충들은 분명 존재한다. 살충제를 동원하면 해충은 물론 익충도 살아남지 못하기에 천적이 살아갈 환경을 조성해서 자연의 먹이사슬이 지속될 수 있도록 살피는 지혜가 필요하다.

거두고 갈무리하기

열매가 열리기 시작하면 씨앗 받을 튼실한 열매만 보존하고 나머지는 부드러울 때 따서 먹는다. 시기를 놓치면 껍질이 질겨지고 씨앗이 들어차기 시작한다. 묵나물을 만들더라도 부드러울 때 따서 말려야 맛있다. 가지는 다른 열매채소에 비해 말리기가 쉽다. 먹고 남으면 얇게 썰어서 말리면 된다. 채종용은 충분히 성숙했을 때 잘라서 씨앗을 분리해 건조시켜 보관하고, 가늠이 잘 안 되면 첫서리 맞은 뒤에 거둬도 된다.

먹는 방법

어렸을 때 어깨너머로 본 가지요리는 밥을 안쳐 뜸이 들 무렵 반으로 자른 가지를 얹어 쪄내고, 죽죽 찢어서 꾹 눌러 물기를 짜서는 송송 썬 대파와 참기름, 집간장, 통깨를 넣어 조물조물 무치는 가지나물이 제일 많았다. 이따금 색이 선명하고 껍질이 부드러운 가지로 만든 가지냉국도 상에 오르곤 했다. 너무 물컹대면 모양이 흐트러지고 맛도 덜하니 알맞게 익혀주는 게 중요하다.

가지나물에 참기름을 빼고, 식초를 더해 시원한 육수를 부어서 얼음 동동 띄우면 상큼하고 개운한 맛이 일품인 가지냉국이 된다. 디포리와 다시마 우려낸 육수에 풋고추와 대파를 넉넉히 넣으면 국물 맛이 한층 깊어진다. 오이냉국의 매력이 아삭한 맛이라면 가지냉국은 말랑말랑한 가지를 건져먹을 때 입안 가득 번지는 부드럽고 시원한 느낌이다. 냉국에 쫄깃한 손국수를 말면 포만감도 크고 담백한 여운이 오래 이어지는데, 시절 인연이 맞는 동부콩잎국수가 제격이다.

쪄서 무치면 잘 쉬는 가지나물을 소금에 살짝 절였다 볶으면 좀더 느긋하게 먹을 수 있다. 찜보다 씹히는 식감이 좋고, 맛도 진하다. 약간 매운 고추와 가지를 볶아 소를 넣지 않은 담백한 찐빵에 곁들이거나 가지볶음덮밥이나 볶음면으로 먹어도 깔끔하다.

찜이나 볶음보다 간단하면서 가지 고유의 맛이 잘 살아나는 게 가지구이다. 약간 도톰하게 썰어 들기름에 구워낸 후 풋고추를 넉넉하게 넣어 걸쭉하게 만든 맛간장 양념장을 끼얹어 먹으면 가지의 맛이 한결 풍성하다. 생채소를 곁들여 양념장에 무쳐도 맛깔스러운 가지구이는 곁들이는 채소를 달리해가며 색다른 맛과 분위기를 낼 수 있다.

가지는 기름에 볶거나 튀겨도 소화가 잘된다. 밀가루 반죽 옷을 입혀 동글납작하게 부치는 가지전, 채 썬 감자 · 양파 · 당근을 섞어 달걀옷을 입혀서 지진 가지채전, 좀더 품을 들여 가지튀김에 탕수 소스를 얹은 가지탕수로 맛과 멋을 살려도 좋다.

가지를 한 번에 가장 많이 먹을 수 있는 가지밥도 꼽아줄 만한 가지요리다. 한입 크기로 자른 가지를 수북하게 올려 밥을 짓는다. 숨이 죽으면 부피가 줄어드니 가지는 넉넉하게 넣고, 뜸이 드는 동안 집간장에 풋고추를 송송 썰어넣어 양념을 준비한다. 곱게 채 썬 황궁채를 밥에 얹어 같이 비비면 물컹한 가지밥의 식감이 좋아진다.

내 입맛엔 구이, 볶음, 무침 순으로 잘 맞는다. 참기름 무침보다 들기름에 볶는 것이 덜 느끼하고 입에 닿는 식감도 더 좋다. 나물로 무칠 때 참기름은 적당히, 마늘은 생략하든가 조금만 넣는 게 뒷맛을 개운하게 한다.

가지는 혈액순환을 도와줘 소화기능이 약한 사람들에게 좋다. 어떻게 먹어도 소화가 잘되고, 기름에 구워도 느끼하지 않은 이유가 있었다.

자운 **레시피**

가지냉국 콩잎국수

재료

보라색가지 · 풋고추 1개씩, 당근 · 대파 약간씩, 육수 300ml, 맛간장 3~4큰술, 식초 1큰술, 콩잎국수 1인분

국수 반죽 (3인분) : 통밀가루 300g, 동부콩잎 90g, 소금 1작은술, 물 80ml(콩잎 수분에 따라 가감)

만드는 방법

① **국수 반죽하기** : 씻어서 물기를 뺀 콩잎을 분쇄기에 곱게 갈아 밀가루, 소금, 분쇄기를 헹군 물을 넣어 되직하게 반죽한다. 매끄럽게 치댄 후 랩을 씌워 30분 이상 뒀다 한 번 더 치댄다.

② 국수반죽을 얇게 밀어 2~3번 접고 가늘게 썰어서 팔팔 끓는 물에 삶는다. 끓어오르면 찬물 붓기를 2~3번 한 뒤, 찬물에 헹구면 더 쫄깃해진다.

③ 가지는 5cm 길이로 토막을 내 세로로 반 잘라서 서너 군데 칼집을 낸다. 김 오른 찜기에 안쳐 물컹해지지 않게 5~6분 정도 찐다.

④ 가지가 식으면 칼집 방향대로 찢는다. 고추와 당근은 채 썰고, 대파는 송송 썬다. 심심하게 밑간을 한 육수를 붓고 식초와 맛간장으로 간을 맞춘다.

⑤ 그릇에 콩잎국수를 담아 가지냉국을 넉넉히 붓고 얼음을 서너 개 띄워서 낸다.

자운 레시피

가지볶음과 단호박빵

 재료

흰색가지 · 보라색가지 1개씩, 양파 1/2개, 약간 매운 홍고추 · 청고추 1개씩, 굵은소금 약간, 맛간장 1큰술, 들기름, 후추, 통깨

단호박빵 : 통밀가루 200g, 단호박 간 것 100g, 잘게 다진 애호박 50g, 이스트 · 소금 1작은술씩, 황설탕 1/2큰술

만드는 방법

① 가지는 4~5cm 길이로 토막을 낸다. 세로로 반 잘라 얄팍하게 썰고, 굵은 소금을 뿌려 10분 정도 절인 뒤 물에 씻어서 건진다.

② 양파는 채 썰고, 고추는 씨를 털어내고 가지와 비슷한 길이로 채 썬다.

③ 팬에 들기름을 두르고 달궈지면 가지와 양파를 볶다가 가지가 절반쯤 익으면 고추를 넣어 볶고, 후추와 통깨를 넣어 섞어준다.

④ 기름 없이 팬에 구운 단호박빵과 같이 담아낸다.

＊단호박빵 만들기

① 통밀가루에 단호박, 애호박, 소금, 황설탕, 이스트를 넣어 매끄럽게 치댄다. 호박 수분 함량이 적당하면 물은 넣지 않는다.

② 랩으로 씌워 2배 이상 부풀어 오르게 발효시켜 약간 길쭉하고 통통하게 모양을 만든다.

③ 김 오른 찜솥에 30분가량 찐다. 식으면 식빵 두께로 썬다.

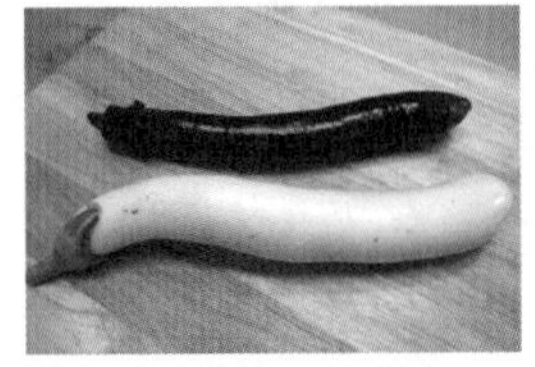

가지밥

재료

보라색가지 3개, 당근 · 황궁채 약간씩, 현미 1⅓컵

양념장 : 맛간장 3큰술, 고춧가루 2작은술, 청고추 1개, 대파 · 통깨 · 참기름 약간씩

만드는 방법

① 가지는 꼭지를 잘라내고 씻어서 짤막하게 토막 내 세로로 3~4등분 한다. 당근은 가늘게 채 썰어 5cm 정도로 잘라준다. (가지를 밥이 뜸들 때 넣으려면 얄팍하게 썰고, 처음부터 쌀과 함께 안치려면 도톰하게 썬다.)

② 쌀은 씻어서 불리지 않고 곧바로 안친다. 가지와 당근을 올리고 밥물은 채소를 넣지 않을 때보다 조금 적게 부어 밥을 짓는다.

③ 대파와 풋고추를 송송 썰어 맛간장, 고춧가루, 통깨, 참기름과 섞어 양념장을 만든다.

④ 뜸이 잘든 가지밥을 뒤적여서 훌훌 섞는다. 그릇에 담아 곱게 채 썬 황궁채를 올리고, 양념장을 곁들인다.

가지구이

재료

흰색가지 2개, 들기름

양념장 : 맛간장 2큰술, 고춧가루 · 통깨 2작은술씩, 홍고추 · 청고추 · 노란고추 1개씩, 대파 1/2대

만드는 방법

① 가지는 꼭지를 잘라내고 씻는다. 물기를 닦고 5cm 길이로 토막을 내 세로로 반을 자른다.

② 팬에 들기름을 두르고 달궈지면 가지를 뒤집어가며 굽는다. 채반에 밭쳐 기름을 뺀다.

③ 고추는 씨앗을 털어내 잘게 썰고, 대파는 송송 썰어서 맛간장 · 고춧가루 · 통깨와 섞는다.

④ 구운 가지를 접시에 담아 양념장 건더기를 가지 위에 소복하게 올린다.

* 양념장은 고추를 많이 넣어 되직하게 만든다. 고추 향이 진하고 맛간장이 맛있으면 참기름은 넣지 않는 것이 깔끔하다. 곱게 채 썬 황궁채를 생으로 곁들이거나 양념장에 살짝 묻혀 곁들여도 감칠맛이 난다.

토마토

심는 때	4월 하순~5월 하순
심는 법	모종, 평이랑 또는 지지대
거두는 때	7월 중순~10월 초순
관리 포인트	평이랑은 포기 간격을 여유 있게

토마토는 해마다 열 포기 남짓 심었으니 거두려고 들면 제법 되었을 텐데 밭에 오가며 갈증 날 때 입맛 다시고, 토마토만 보면 한걸음에 달려오는 닭 세 마리의 간식으로 챙겨주고, 가을에 씨앗 받으면 그걸로 끝이었다. 마트에 진열된 것보다야 달았지만 앙증맞은 꽃과 잎줄기를 건드릴 때 풍기는 풋풋한 향이 좋아서 심는 재미가 우선이었다. 보약을 몰라본다는 핀잔을 여러 차례 들으면서도 먹을거리로서 관심이 생기지는 않았다. 아무리 몸에 이로운 음식이라도 맛이 있어야 먹을 것 아닌가.

토마토 맛을 알게 된 것은 다른 채소와 같이 조리를 해보고 나서였다. 물러터지도록 방치했던 토마토를 지금은 익기가 무섭게 거둬들인다. 어떻게 먹으면 더 맛있을까, 생각만 해도 입안 가득 침이 고일 정도로 토마토는 순식간에 감칠맛 나는 먹을거리로 변했다.

먹어본 지는 오래전이지만 시중 토마토는 탐스럽고 먹음직해보여도 얼마 먹지 않아 혓바늘이 돋거나 속이 불편해지곤 했다. 그래서 더 멀리했던 것도 같다. 직접 심어서 거두면 농익은 색깔이 아니어도 향과 단맛이 은은하게 배어나고, 크기가 작아도 맛이 진하고, 서리 직전에 시린 손 호호 불어가며 따 먹으면 더 달다.

가장 달콤하게 먹었던 토마토는 서리 직전에 거둬 한두 달쯤 후숙해서 무르익은 홍시 맛이 났을 때다. 늦가을 토마토를 즐기려면 작물의 생명력이 길게 이어져야 한다. 지지대

평이랑 심기

를 세우지 않고 바닥에 뉘여 놓으면 줄기가 자라다 휘어져 땅에 닿는 부분에서 뿌리를 내리고, 다시 줄기가 성장해서 첫서리가 내릴 때까지 거둘 수 있다. 열매가 굵직한 토마토나 방울토마토나 재배방법은 같다.

심고 가꾸기

방울토마토는 5년째 씨앗을 받아 심고, 알이 굵은 토마토는 5년차에 처음으로 재배했다. 두 종류 모두 발아도 빠르고, 옮겨 심었을 때 노지 적응도 빠르다. 직파해도 되지만 잎이 가늘고 작아서 자생초에 가려지면 알아보기도 어려우니 모종을 심는 게 좋다. 직접 모종을 만들어 옮겨 심거나, 준비된 씨앗이 없으면 시판하는 모종을 사다 심는다.

좁은 면적에 심으려면 지지대를 세워주고, 밭이 여유롭다면 지지대 없이 재배하는 것이 관리하기도 좋고 거두는 재미도 더 낫다. 지지대를 세우려면 150센티미터 이상은 되어야 한다. 평지 재배는 어느 방향으로 넘어가게 할지 미리 정해놓고, 포기 간격을 지지대 세울 때보다 약간 넓혀서 다섯 발짝 정도 거리를 둬서 줄기가 뻗어나갈 수 있게 한다. 서서 자라면 키는 크지만 몸집이 왜소하고, 바닥으로 기면서 자라면 전체 길이는 수직형보다 짧은 대신 옆으로 퍼지면서 서리 내릴 때까지 자라 거두는 시기도 그만큼 길다.

평지에서 키울 경우, 원하는 방향으로 넘어가지 않는다고 무리하게 휘려들지 말고 때를 기다린다. 건조한 날씨에서는 꼿꼿해도 비가 내리거나 대기 중에 습도가 높아지면 줄기는 자연스럽게 휘어지는데 그럴 때 다독이면서 간단히 방향을 잡아줄 수 있다. 세워서 키울 경우는 원줄기를 크게 키우기 위해 곁가지를 제거하는데, 뉘여서 자라는 토마토는 가지치기를 할 필요가 없다. 오히려 가지를 치지 않아야 풍성하게 자란다.

토마토는 열매껍질이 터지기도 한다. 조건이 열악해서 못 크고 있다가 환경이 좋게 바뀌면 갑작스럽게 자라면서 터질 수 있는데 정도가 심하지 않으면 먹을 수 있다. 일조량이 좋아지면 열매는 정상적으로 열리니 크게 마음 쓰지 않아도 된다. 바닥에 뉘여 놓으면 장마철에 쉽게 물러질 것 같지만 꼭 그렇지도 않고, 지지대에 묶어 세워서 키워도 상하는 열매는 있기 마련이다.

매년 바닥에 뉘여 키우다가 4년차는 서너 포기만 지주를 박아주고, 이듬해는 심을 자리가 마땅치 않아 절반 넘게 일으켜세워 키워보니 자연스럽게 비교가 되었다. 잎을 모기장처럼 만드는 이십팔점무당벌레 피해는 유난히 심한 해가 따로 있다. 바글바글 꼬여들었던 4년차에 수직형은 말복이 지날 때까지도 피해가 많았지만 누워서 자란 토마토는 시작부터 줄곧 벌레 먹은 잎이 드물었다. 줄기가 땅에 닿아 뿌리를 내리면 자생력이 좋아져 외부 장애가 있을 경우에도 식물 스스로 방어물질을 만들어낸다고 하는데, 확실히 벌레에 대한 방어능력이 뛰어난 것 같다. 그 대신 기본 골격을 유지하느라 열매는 더디게 맺는다. 벌레가 드물었던 5년차는 열매 맺는 시기가 비슷했고, 수명은 누워서 자란 토마토가 조금 더 길었다. 세울지 뉘여서 키울지는 밭 여건에 따라 적절하게 활용하면 좋을 것 같다.

가물어야 당도가 높다고 하지만 지나친 고온도 작물 성장에 좋은 환경은 아니다. 가뭄이 너무 심해도 성장에 장애를 받아 결실이 어렵다. 장마철이면 아무래도 맛이 좀 덜한 편이고, 일교차가 커지기 시작하면 한여름보다 결실이 더 좋아지고, 서리가 임박할 때 당도는 가장 높다. 이 좋은 맛을 즐기려면 무엇보다도 토마토의 생명력이 길게 이어져야 한다.

거두고 갈무리하기

거두는 시기는 눈으로 가늠이 되므로 때에 맞게 거둬서 먹는다. 서리 내릴 시기에 이르면 서리 맞기 전에 남아 있는 열매를 모두 거둔다. 풋열매는 장아찌를 담그고, 약간 덜 익은 열매는 서늘한 곳에서 실온 보관해 후숙해서 먹는다. 토마토도 그렇고 딸기 · 참외 · 고구마 · 야콘 등도 거둔 직후보다 시간이 좀 지났을 때 당도가 높고, 덜 익었던 열매도 성숙해진다. 자연농법으로 잘 성장한 토마토는 10월 중순에 거둬도 두 달 가까이 실온에서 탱탱한 상태를 유지하는데 먹어보면 잘 익은 홍시 맛이 난다. 얼마나 길게 실온 보관이 되는지 궁금해 3개월가량 둔 적이 있는데, 무르거나 썩지 않고 수분만 서서히 빠져나갔다. 줄기에서 이탈했어도 아직 살아서 동화작용을 하는 것으로 덜 영글었던 씨앗은 이런 과정을 통해 완숙해간다.

방울토마토

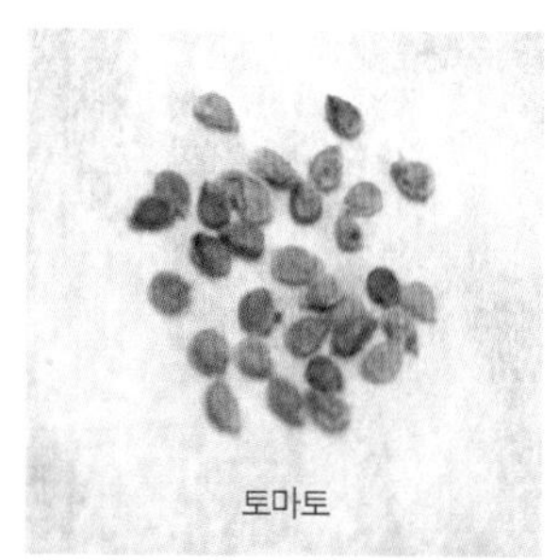

토마토

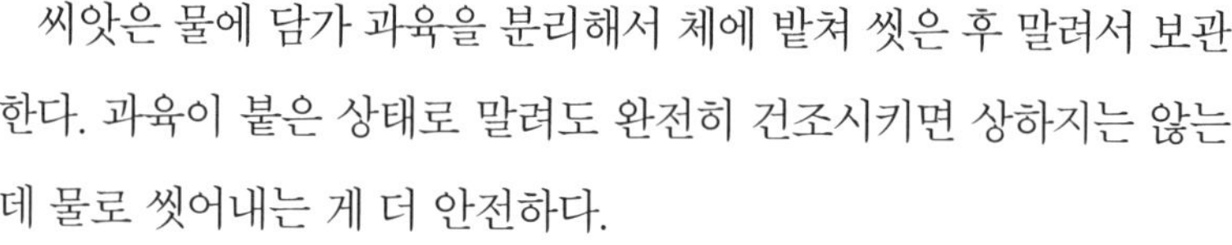

씨앗은 물에 담가 과육을 분리해서 체에 밭쳐 씻은 후 말려서 보관한다. 과육이 붙은 상태로 말려도 완전히 건조시키면 상하지는 않는데 물로 씻어내는 게 더 안전하다.

먹는 방법

왜 진작 몰랐을까? 토마토는 맛이 없는 게 아니라 내가 제맛을 몰랐던 것이다. 감칠맛도 없고 얼마 먹지 않아 지루하고 뒷맛도 썩 개운치 않았던 것은 채소를 과일로 대접해서 그랬던 것 같다. 과일이라 생각하면 밋밋하고 덤덤해도 채소로 먹으면 풍성한 맛과 다양한 요리를 즐길 수 있다.

지금이야 절대로 이렇게 먹을 리 없지만 어렸을 때 나랑 동생은 토마토에 설탕을 뿌려 먹었다. 시간이 좀 지나면 설탕이 녹으면서 토마토 즙은 달콤한 주스로 변해 건더기보다 국물이 훨씬 맛있었다. 한 숟갈이라도 더 먹으려고 집중하다 보면 재잘대던 수다는 사라지고 숟가락 부딪히는 소리만 요란했던 기억은 동생과 만날 때마다 웃음보 터뜨려가며 들춰내는 추억이다.

설탕은 체내에서 분해될 때 토마토 속의 비타민 B를 소모시키기 때문에 그냥 먹기 심심하면 설탕보다는 소금을 약간 곁들이는 것이 좋다. 단맛도 살아나고 소금에 들어 있는 나트륨 성분이 토마토 속의 칼륨과 균형을 이뤄 영양소의 흡수를 좋게 한다는데, 먹어보면 단맛은 바로 알 수 있다.

비만 · 변비 예방과 치료, 노화와 치매 예방, 건강한 피부 유지, 식욕 증진, 소화 기능 강화, 지방 분해 등 몸을 이롭게 하는 여러 효능이 토마토에 들어 있다고 하니 이 정도면 보약이 따로 없을 것 같다. 물론 노지에서 자라 제철에 거두어 먹을 때 맛도 효능도 높다. 노화의 원인이 되는 활성산소를 억제하고, 강력한 항암 효과를 지닌 라이코펜 성분의 흡수율을 높이려면 다지거나 으깨어 먹고, 날 것으로 먹기보다는 익혀서 먹는다.

손쉽게 만들 수 있는 토마토 달걀볶음에 너무 맵지 않은 풋고추를 같이 볶으면 향과 아삭한 식감으로 감칠맛이 더해진다. 달걀을 풀어 뒤적여가며 반쯤 익인 후 데쳐서 껍질 벗긴 토마토와 따로 볶아둔 채소를 넣어 한데 볶는다. 밥을 넣어 볶음밥을 만들거나 토마토와 달걀로 전을 부쳐도 별미다. 방울토마토는 껍질째 볶아도 그다지 거북하지 않지만 벗겨내고 조리하면 더 맛있다.

끓는 물에 데친 후 곱게 갈면 아무것도 첨가하지 않아도 달콤하고 향긋한 토마토주스가 된다. 좀 오래 두고 먹으려면 이런 방법으로 갈아서 냉동 보관한다. 토마토의 영양분은 우유나 두유와 함께 먹어도 흡수를 좋게 한다. 토마토주스에 콩물을 섞으면 토마토 콩물주스, 토마토콩물에 방울토마토와 얄팍하게 썬 오이나 과일 · 채소로 만든 젤리를 동동 띄우면 영양 간식으로 좋은 토마토 콩물화채가 된다. 즙을 내기 위한 것이라면 껍질째 갈아도 된다.

토마토 향이 은은하게 풍기는 토마토현미 컵케이크는 조금만 먹어도 속이 든든하다. 따뜻하게 먹는 토마토국물 샐러드는 국물이 진국이다. 들기름에 양파를 달달 볶다가 육수, 다지거나 간 토마토, 감자전분 등을 넣어 약간만 걸쭉하게 끓인다. 아삭하게 씹히게 고추와 오이는 살짝만 익히고, 방울토마토를 한데 섞으면 보기에도 먹음직한 샐러드가 된다. 국물에 삶아서 건진 수제비를 적당히 넣으면 한 끼 식사로도 손색없고, 소스는 생 채소샐러드에 활용할 수 있다. 여러 채소와 어울려 샐러드나 볶음 등으로 다양하게 먹기 좋은 식재료가 토마토다. 이 맛을 알면 여물기가 무섭게 손이 간다.

자운 **레시피**

토마토 달걀 볶음

재료

토마토 160g, 달걀 3개, 노란고추 1개, 양파 1/4개, 소금 · 후추 · 식용유 약간씩

만드는 방법

① 토마토를 끓는 물에 데쳐 껍질을 벗기고 한입 크기로 썬다. 양파와 고추는 작게 썬다.

② 팬에 식용유를 두르고 달궈지면 양파, 고추, 소금을 약간 넣고 볶는다.

③ 볶은 채소는 덜어내고, 다시 팬에 기름을 두른다. 약불에서 소금을 약간 넣은 달걀물을 얇게 펼쳐 뒤적여가며 반쯤 익힌 뒤, ①과 ②를 넣어 토마토가 부스러지지 않게 더 볶다가 후추를 조금 넣는다.

*양파나 고추는 생으로도 먹지만 토마토볶음을 할 때는 충분히 볶아야 맛있다.

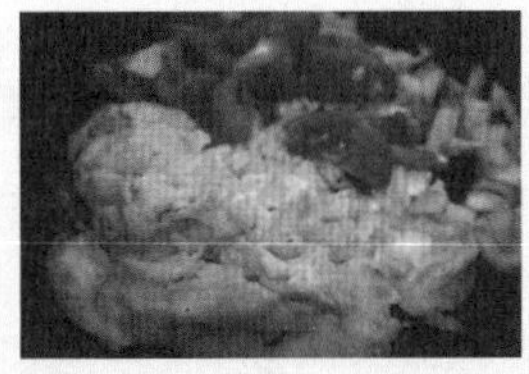

자운 레시피

토마토 검은콩 화채

재료

방울토마토 300g, 검은콩 콩물 300ml, 소금 약간, 늙은호박양갱 다섯 조각(과일로 대체 가능)

콩물 만들기 : 삶은 검은콩 1컵, 물 250ml, 소금 1/2작은술

만드는 방법

① 방울토마토는 끓는 물에 데쳐 찬물에 한 번 헹군다.

② 삶은 검은콩에 물과 소금을 넣어 분쇄기에 간다.

③ 토마토는 예닐곱 개만 남기고 나머지는 소금을 약간 넣고 껍질째 갈다가 콩물을 붓고 살짝만 더 갈아서 토마토콩물을 만든다.

④ 나머지 토마토는 껍질을 벗기고, 호박양갱은 토마토와 비슷한 크기로 썬다.

⑤ 그릇에 토마토콩물을 붓고 호박양갱, 방울토마토, 얼음을 띄운다.

* 미리 만들어서 냉동했던 호박양갱은 얼어 있는 그대로 넣고, 토마토는 동동 뜨게 반으로 잘라서 넣는다.

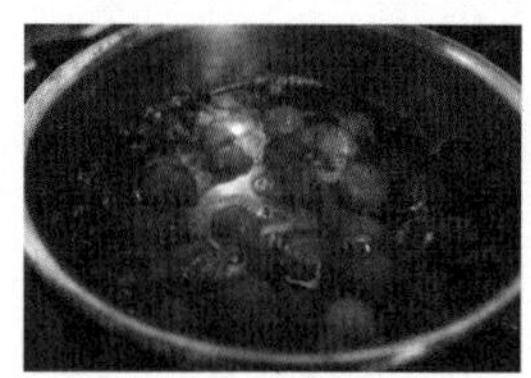

토마토 국물샐러드

 재료

토마토 150g, 방울토마토 100g, 양파 1/4개, 오이는 양파 분량만큼, 청고추 · 노란고추 약간씩, 황궁채 작은잎 6~8장

소스 : 맛간장 1½큰술, 올리고당 · 감자전분 1큰술씩, 디포리육수 1컵, 후추 약간, 식용유

만드는 방법

① 토마토를 끓는 물에 데친다. 방울토마토는 껍질을 벗기고, 굵은 토마토는 껍질째 분쇄기에 간다.

② 황궁채는 잎자루를 잘라내고 씻어서 물기를 뺀다. 양파와 고추는 작고 네모지게 썬다. 오이가 작으면 동그랗게, 크면 반달모양으로 썬다.

③ 팬에 기름을 두르고 양파를 달달 볶다가 육수를 붓는다. 팔팔 끓으면 갈아둔 토마토를 넣고 끓이다 맛간장과 올리고당을 넣는다.

④ 약불로 줄여 물에 푼 전분을 넣고 좀더 끓이다가 불 끄기 직전에 오이와 고추를 넣는다.

⑤ 오목한 접시 가장자리로 둥글게 황궁채 잎을 깔고, 소스를 부은 뒤 방울토마토를 올린다.

토마토현미 컵케이크

재료

토마토 3개(250g), 방울토마토 10개, 달걀 2개, 황설탕 2큰술, 메주콩물 100ml, 통밀가루 200g, 현미가루 50g, 베이킹파우더 · 소금 2/3작은술씩, 종이컵 10개

만드는 방법

① 토마토는 끓는 물에 데쳐서 껍질을 벗겨 굵은 것만 잘게 썬다.

② 볼에 설탕과 달걀을 넣고 거품기로 저어준다. 거품을 만들면서 설탕을 녹이고, 콩물도 부어가며 저어준다.

③ 쌀가루, 통밀가루, 베이킹파우더는 체에 내려 소금을 넣고 살짝만 섞는다. 여기에 토마토를 넣고 반죽에 끈기가 생기지 않게 주걱을 세워 살살 섞어준다.

④ 종이컵을 5cm 높이로 잘라 반죽을 2/3가량 채우고, 방울토마토를 올려 찜틀에 안친다.

⑤ 김 오른 찜솥에 30분간 쪄서 다 익으면 종이컵을 벗긴다.

오크라

심는 때	4월 하순~6월 중순(장마 시작할 무렵)
심는 법	직파 또는 모종
거두는 때	7월 중순~10월 초순
관리 포인트	이르게 심지 않기

꽃이 피는 줄도 몰랐던 채소류의 꽃이 의외로 아름다운 자태를 선보여 많이 놀랄 때가 있다. 심어 놓으면 텃밭도 되고 꽃밭도 되는, 높은 영양과 다양한 요리로 심신에 즐거움을 더해주는 작물들을 어렵지 않게 손에 꼽아볼 수 있다. 우아한 꽃차례와 풍성한 열매를 지닌 오크라가 그런 채소 중에 하나다.

아욱과 식물답게 접시꽃, 무궁화, 아욱, 닥풀과 흡사한 오크라 꽃은 닥풀 꽃과 가장 닮았다. 어린잎은 영락없는 아욱이고, 커다란 잎과 2미터 가까이 되는 높이는 아주까리를 떠올리게 한다. 산골농사 첫해에 오크라를 심었더니 이웃들이 '아욱을 저렇게 키우면 잎이 질기지 않느냐, 이것도 먹느냐, 화단에 심어야 할 꽃을 왜 밭에다 심느냐' 등 호기심 어린 질문을 많이 했다. 초면인 데에다 이름도 생소해 가르쳐줘도 금세 잊어버리고 저게 뭐였지 하며 고개를 갸웃한다. 반복해서 일러줄 때는 기억하기 좋게 '오, 크라!'라고 말해준다.

오크라 깍지는 언뜻 보면 고추와 비슷하고 덜 여문 알갱이는 옥수수알과 닮았지만 맛과 성분, 효능이 전혀 다르다. 품종은 깍지 색깔로 구분해 녹색오크라와 자색오크라로 나뉘고 자색 중에는 다수확 품종이 따로 있다. 씨앗이 완전하게 영글면 깍지 색깔은 모두 진한 갈색으로 변하며 오각형 모서리가 벌어진다. 수확은 다수확 품종이 뛰어나고, 신선한 채소로 먹기에는 보통 품종 중에서도 녹색오크라가 입맛에 잘 맞는다.

이름에서 짐작해볼 수 있듯이 오크라는 재래종이 아니다. 원산지는 아열대지방이지만 우리 기후에 토착화돼 노지에서 손쉽게 재배할 수 있다. 기후에 적응이 되었다는 것은 우리 입맛에도 잘 맞는 것으로 해석할 수도 있겠다. 식물의 자생력과 우리 토양이 갖고 있는 천혜의 조건이 만나면 약성도 높아지고 맛도 더 좋아진다. 같은 종의 식물이라도 우리 땅에서 자랐을 때 우리 몸에 잘 맞는 법이다.

심고 가꾸기

더운 기후에서 잘 자라는 오크라는 때 이르게 심으면 싹이 트기까지 오래 걸리고 초기 성장이 더디다. 모종은 4월 하순, 직파는 5월 중순 이후가 무난하다. 4년차는 긴 장마로 벌레 피해가 많았지만 대체로 병충해에 강한 편이고, 키가 크게 자라 자생초와 적당히 섞여 있어도 잘 자란다. 서둘러 심지만 않으면 결실에 이르기까지 별다른 문제없이 시원하게 진행된다. 발아율이 좋아서 모종이든 직파든 한 구에 씨앗 하나씩만 넣어도 되는데, 두 뿌리 이상 키웠다면 어느 정도 자랐을 때 하나만 남기고 잘라낸다. 콩은 두 포기가 자라도 성장에 장애가 안 되지만 몸집이 큰 오크라는 한 구에 한 포기씩만 키워야 제 습성대로 자랄 수 있다. 포기 간격은 두 발짝, 줄 간격은 네 발짝 정도의 거리를 두고 심는다.

지온이 충분히 올라가야 성장하고, 빛이 부족하면 웃자라고, 일조량이 좋아도 땅이 척박하면 크게 자라기 어렵다. 몇 군데로 나눠 심어 보면 토양에 따라 자라는 모양새가 제각각이다. 땅이 척박하면 키는 크지 않고 서둘러 열매부터 맺고, 열매는 곧바로 씨앗 영그는 단계로 들어가 연한 깍지를 수확할 기회가 줄어든다. 토양과 일조량 등 생육 환경이 좋다면 스스로 알아서 잘 자라지만 어느 하나라도 충족이 안 되면 이상이 생긴다. 그렇다고 별도로 거름을 주지는 않는다. 땅이 살

좌) 녹색오크라. 우) 자색오크라 : 오크라 깍지는 언뜻 보면 고추와 비슷하지만 맛과 성분, 효능이 전혀 다르다. 오크라는 당뇨와 변비를 개선하고, 지방이 쌓이는 것을 억제하며, 노폐물 배출을 원활하게 한다.

아나는 만큼 오크라 성장도 자연스럽게 나아진다.

키를 키우려면 줄기 아래쪽 순을 치고, 가지를 번식시키려면 위쪽 순을 친다. 3년차에 초기 성장이 더뎌 아래쪽에 돋아난 순을 지속적으로 잘라냈더니 키만 너무 커버려 첫장마가 지나고 태풍이 올 무렵엔 바람이 조금만 불어도 제 몸 하나를 가누지 못하고 휘청거렸다. 부랴부랴 위쪽 순을 잘라냈다. 순을 치기는 이미 늦은 시기였는데도 옆으로 가지를 키워가며 서리 내릴 때까지 열매가 이어졌다.

좁게 심으면 크게 자랐을 때 잎이 겹치면서 빛을 가릴 수도 있고, 습도 높은 날씨가 지속되면 나방애벌레가 잎이나 깍지에 구멍을 내기도 한다. 일조량을 침해하는 잎과 벌레 먹은 잎은 즉시 따주고, 이상한 낌새가 감지되면 물에 희석한 물엿을 잎 뒷면까지 닿게 뿌려준다.

거두고 갈무리하기

아름다운 꽃은 풍성한 먹을거리의 예고편이다. 씨앗도 식용이 되지만 채소로 먹는 부위는 덜 여문 깍지다. 꽃이 피고 일주일 정도 지나면 깍지를 딸 수 있는데 날짜는 단지 참고사항이다. 오각형 깍지 끝을 건드려봐서 가볍게 톡 부러질 때가 적기다. 이 시기를 놓치면 껍질이 질겨져 먹을 수 없다. 몇 번 거둬보면 눈으로만 봐도 가늠할 수 있다.

껍질이 질겨져 먹을 수 없을 때, 잘라봐서 알갱이가 풋옥수수 알처럼 노란색이면 쌀에 섞어 밥을 짓거나 죽이나 스프를 끓인다. 노르스름한 알은 시간이 지날수록 색깔이 짙어지며 딱딱해지기 때문에 식용은 연노란색일 때가 가장 부드럽고 먹기도 좋다. 풋알갱이는 공기와 접촉하면 거뭇하게 변하므로 냉동실에 보관한다.

완전히 영글어 갈색이 된 씨앗은 커피 원두를 대신할 수 있어 필요한 용도에 맞게 갈무리하면 버릴 게 하나도 없다. 풋풋한 깍지요리를 하려면 연할 때 따고, 콩처럼 먹으려면 약간만 질겨지게 뒀다가 노란 알만 거두고, 커피를 만들고 싶으면 완전하게 여문 후에 거두고, 남은 열매는 첫서리 전후로 모두 거둔다.

씨앗은 깍지 모서리가 터지듯 갈라지기 시작하면 거둔다. 알만 골라내 충분히 건조시켜 보관하면 된다. 깍지를 거두고 난 줄기는 가을에 심는 완두 지지대로 활용할 수 있다. 걷어내려면 흙을 건드리지 않게 밑동을 최대한 낮게 자른다. 덩치는 커도 줄기가 무른 편이라 쉽게 잘린다.

먹는 방법

은근하면서도 독특한 향이 있고, 섬유질이 강해 포만감을 주며 씹는 맛이 있는 오크라 깍지는 껍질을 조금만 벗겨내도 상당히 끈적거린다. 오크라의 특징이기도 한 점질은 무틴mutin이라는 자양강장성분으로 당뇨와 변비를 개선하는 효과가 뛰어나고, 위 점막을 보호하며 위장 기능을 좋게 한다. 또한 지방이 쌓이는 것을 억제하며 노폐물 배출을 원활하게 한다. 산골을 방문하는 가족과 지인들을 통해 변비와 숙취 해소 효능을 확인해보면, 역시 오크라다.

볶음, 조림, 찜, 튀김, 부침, 샐러드 등 다양한 방법으로 먹는다. 미리 씻어 놓으면 색깔이 변하고 시간이 지나면 끈적끈적한 점질이 배어나기도 한다. 까칠한 솜털이 덮인 깍지는 조리 직전에 손으로 뽀드득 문질러 씻는다. 섬유질 성분이 강해 적당한 시기에 거둔 풋열매라 해도 생으로 먹기는 어렵지만 약간만 열을 가해주면 아삭하면서 부드러워진다. 샐러드는 끓는 물에 살짝 데치고, 볶음이나 조림은 날것 그대로 조리한다.

제일 쉽게 먹는 방법으로는 데친 오크라에 집간장으로 만든 소스를 얹은 샐러드나 초고추장을 곁들인 오크라초회를 꼽는다. 고추장과 잘 어울려서 떡, 만두, 수제비와 섞어 떡볶이처럼 만들면 오크라 한 가지만으로도 국물까지 시원해진다. 집간장샐러드의 깊은 맛을 더해 주려면 볶은 들깻가루를 적당히 넣는다.

자칫 거북할 수 있는 오크라의 점액 성분은 걸쭉하게 끓이는 짜장, 카레, 탕수소스와 잘 어울린다. 감자와 같이 볶으면 담백하고, 풋고추처럼 밀가루에 묻혀 쪄서 무치면 토속적인 맛이 난다. 튀겨도 그다지 느끼하지 않아서 약간만 달게 만든 탕수소스를 얹으면 한 끼 밥을 대신해도 좋을 만큼 깔끔하고 든든하다. 깍지가 나긋나긋하면 미색의 작은 알갱이는 부드럽게 톡톡 터지며 먹는 재미를 더한다. 잘랐을 때 단면이 오각형의 별모양이라 모양새를 살리기에도 그만이다.

깍지가 약간 질겨지면 껍질을 벗겨내고 노란색 알갱이만 먹는다. 열을 가하면 팥죽색으로 변하는 알을 쌀에 섞어 밥을 지으면 오크라의 점액 성분 덕분에 찰기가 좋아지고, 여느 잡곡밥 못지 않은 식감과 구수한 맛을 낸다. 오크라밥에 양파, 당근, 감자 등을 섞어 전을 부쳐도 맛있다. 색도 곱고, 기름과 더해지면 육류의 풍미가 감돌고, 바삭하게 구우면 누룽지 맛도 난다. 밥보다 부드럽게 먹을 수 있는 오크라죽은 배탈 설사에 약이 된다. 가끔 외식 후 심하게 탈이 나면 오크라현미죽으로 몸을 다독여주는데 신기할 정도로 씻은 듯이 가라앉는다.

신선한 깍지를 거둔 그대로 지퍼백에 담아 냉장실에 두면 1주일 정도, 데쳐서 얼리면 아삭한 맛은 덜하지만 더 오래 보관할 수 있다. 장기 저장하려면 장아찌나 피클을 담근다. 팔팔 끓인 절임물을 생오크라에 붓고, 이삼일 간격으로 절임물을 따라내 끓여서 식혀 붓기를 3회 반복한다. 산골에선 피클과 장아찌의 중간쯤 되도록 짜지 않게 담가 냉장 보관하는데, 밥반찬은 물론 빵이나 떡에 곁들여 샐러드처럼 먹기도 한다.

오크라의 숨은 매력은 커피다. 완전히 영글어 흑갈색 씨앗이 되면 원두처럼 볶아서 차로 마실 수 있는데, 그 향과 맛이 이루 말할 수 없는 황홀지경이다. 커피에 카페인 함량을 줄이면 감칠맛이 떨어지고 잘 뽑아낸 커피라도 식으면 입맛을 당기지 않지만 오크라커피는 차게 마셔도 개운하고, 연하게 마시면 숭늉처럼 구수하고, 중독성이나 부작용도 없다.

오크라커피를 만들려면 씻어서 물기 뺀 씨앗을 달궈진 팬에 담아 중불에서 약불로 줄여가며 볶는다. 덜 볶이면 싱겁고 지나치게 볶으면 텁텁하거나 쓴맛이 날 수 있다. 식으면 핸드밀을 이용해 갈아서 물과 오크라 분량을 가늠해 기호에 맞게 뽑아낸다. 될 수 있으면 조금씩 필요한 만큼만 갈고, 볶은 알갱이나 분쇄한 오크라가루는 밀봉용기에 담아 보관한다. 추출해낸 커피가 남으면 조금 더 연하게 만들어 숭늉처럼 마시고, 갈무리하는 양이 적으면 원두에 조금씩 섞어 마셔도 오크라커피의 맛과 향을 즐길 수 있다.

자운 **레시피**

오크라 초회

재료

오크라 녹색 깍지 5개, 고추장 2큰술, 식초 · 올리고당 1큰술씩, 육수 2/3큰술, 볶아서 으깬 땅콩 약간

만드는 방법

① 껍질에 까칠한 솜털이 박혀 있는 오크라 깍지는 손으로 뽀드득 문질러 씻어서 팔팔 끓는 물에 40~50초 데쳐서 건진다.

② 고추장, 식초, 올리고당, 육수를 섞어 소스를 약간 묽게 만든다.

③ 데친 오크라는 꼭지를 잘라 세로로 2등분해 접시에 가지런히 담고, 고추장 소스를 얹은 뒤 으깬 땅콩을 솔솔 뿌린다.

자운 레시피

오크라 장아찌

재료

오크라 1kg, 양파 2개, 맛간장 2컵, 소금 5큰술, 황설탕 1컵, 식초 1½컵, 매실즙 · 소주 1/2컵씩, 물 6컵

만드는 방법

① 오크라 깍지는 손으로 문질러 씻어 물기를 말끔히 빼고, 양파는 손가락 한 마디 크기로 썬다.

② 항아리나 밀폐형 병에 오크라와 양파를 차곡차곡 담는다. 뒤집어 놓을 수 없는 항아리에 담을 땐 양파를 아래쪽에 넣어 위로 뜨지 않게 하고, 오크라 위에 누름돌을 올린다.

③ 절임물은 양념을 분량대로 섞어 팔팔 끓여 뜨거울 때 ②에 붓고 뚜껑을 닫는다. 밀폐형 병은 하룻밤 지나면 한나절 엎어둬 간이 고루 배게 한다.

④ 이틀 지나 절임물을 따라내 끓여서 식혀 붓고, 이후에 3일에 한 번씩 끓여서 식혀 붓기를 3회 반복해 냉장 보관한다.

* 절임물 분량은 장아찌 담는 용기에 따라 다르므로 미리 가늠해 보고 준비한다. 소금을 줄이고 맛간장을 늘리면 더 깊은 맛이 난다.

* 피클처럼 담가 짜지 않기 때문에 냉장보관 하고, 꼭지를 자르면 점질이 나와 국물이 걸쭉해지므로 접시에 담을 때 한입 크기로 썬다.

오크라밥전

재료

오크라밥 1공기, 감자 1/2개, 양파 1/4개, 대파 약간, 통밀가루 2큰술, 달걀 1개, 소금 · 들기름 약간씩

오크라밥 : 현미 1½컵, 오크라 덜 여문 알갱이 1컵, 물 2컵

만드는 방법

① 감자, 양파, 대파는 다지듯 잘게 썬다.

② 오크라밥에 ①과 달걀, 소금을 고루 섞은 뒤 통밀가루를 넣어 약간 되직하게 반죽한다.

③ 팬에 기름을 두르고 달궈지면 반죽을 한 숟갈씩 떠 넣는다. 밑면이 충분이 익었을 때 뒤집고, 앞뒤 고르게 노릇노릇하도록 부친다.

④ 채반에 밭쳐 한 김 나가면 초간장이나 오크라장아찌를 곁들여 낸다.

＊오크라밥 만들기

쌀은 씻어서 불리지 말고 오크라 알을 섞어 밥물 부은 뒤 고슬고슬하게 밥을 짓는다. 찬밥도 OK!

오크라현미죽

재료

오크라 풋알갱이 2½컵, 현미 2컵, 물 8~9컵, 소금 약간

만드는 방법

① 풋깍지 먹는 시기가 약간 지난 오크라는 껍질을 벗겨 알만 거두고, 현미는 씻어서 하룻밤 물에 불린다.

② 현미는 성글게 으깨고, 오크라 풋알갱이 2컵은 쌀보다 조금 곱게 갈고, 반 컵은 톡톡 씹히는 맛을 위해 남겨둔다.

③ 쌀에 물을 붓고 끓여서 쌀이 푹 퍼지면 오크라 간 것과 갈지 않은 것을 같이 넣고 끓인다.

④ 은근한 불에서 주걱으로 저어가며 끓이고, 소금을 약간 넣어 심심하게 간을 한다. 장아찌나 겉절이, 생채 등을 곁들인다.

열매마

심는 때	5월 초순 ~ 하순
심는 법	감자처럼 눈을 따서 심기
거두는 때	9월 초순 ~ 10월 초순
관리 포인트	지지대 필요, 늦게 심기, 첫서리 전에 거두기

뿌리를 먹는 마와 구분하기 위해 이름 앞에 '열매'를 붙였다. 지상부 줄기에 맺는 열매를 먹는 마는 뿌리를 먹는 마와 효능도 같고, 맛도 거의 비슷한 것 같다. 흙속에 박힌 뿌리를 캐는 것보다 거두고 갈무리하기가 간편하고, 주렁주렁 열리는 열매는 보는 즐거움까지 넉넉하게 안겨준다. 독특하게 생긴 흑갈색의 다각형 열매는 감자처럼 눈이 박혀 있어 심을 때는 눈을 중심으로 잘라서 심는다. 우아하게 표현하면 '독특'하고 만만하게 보자면 참 못생겼다. 과일 망신은 모과가 한다지만 열매마에 비하면 모과는 훤칠한 외모다.

책을 처음 구상할 때만 해도 열매마는 들어있지 않았다. 잘 자라주긴 하는데 도무지 맛을 모르겠고, 시중에서 종자 구하기도 어렵기 때문이다. 아무리 몸에 좋아도 맛이 있어야 심어서 거둘 것 아닌가. 그때까지 맛보기는 생으로 반쪽, 통밀가루 전을 부쳐서 한 개, 그게 전부였다. 껍질을 벗겨 날 것으로 한입 베어 물었을 때의 맛이란 아무 맛도 없는 맛. 세상에 이런 맛이 또 있을까? 통밀전은 생으로 먹는 것보단 나았지만 어딘지 모르게 이질감이 느껴졌다.

거뒀으니 화단에 심어 눈요기나 해야겠다고 뒷전으로 밀어놨다가 한순간에 생각이 바뀌었다. 그건 바로 소화력, 마전 뒷맛이 씻은 듯 개운하고 시간이 지나자 몸에 남는 느낌이 아주 가벼웠던 것이다. 질이 좋은 통밀이라고는 하지만 밀가루를 씌워 기름에 부쳐서 남기기 싫어 준비했던 마전 한 접시를 한 끼에 다 먹었는데도 거뜬했다. 반찬으로 먹었으니 밥도 한 그릇 비웠는데 오히려 밥을 먹기 전보다 몸이 더 가벼워진 것 같고, 밥과 소화제를 동시에 먹은 것 같았다. 그렇다면 여기에 뭔가가 있다는 얘기다. 그게 뭘까?

시중에 대량 유통되는 마 중에는 개량종도 적지 않을 것이다. 몸에 좋아서 찾는 먹을거리라면 개량되지 않은 원종이 당연 우위다. 열매마는 개량되지 않은 원종으로 본래 자생지 아열대 지방에서는 여러 해를 살지만 우리 기후에서는 봄에 심어 가을에 거두는 한해살이 식물로 전국 어디에서나 노지에서 재배할 수 있다. 키우기 쉽고 식용이나 관상용으로도 좋은 작물을 발굴해 우리 기후에 맞게 토착화시켜 종자를 보존해가는 태평농에서 구한 열매마는 해를 거듭해가며 산골 밥상을 풍성하게 만들고 있다. 시중에 흔하게 유통되지 않아 아쉽긴 하지만 입소문이 퍼져나가면 확산되지 않을까 기대해본다.

심고 가꾸기

더운 기후에서 잘 자라는 열매마는 지온이 충분할 때 심어야 쉽게 싹을 틔운다. 심기 전에 지지대를 설치하고, 작은 열매는 통째로 심고 크기가 달걀 정도면 2~3개로 분할해 적당량 과육이 남게 잘라 노지에 직접 심는다. 감자 심을 때처럼 잘려진 단면이 위로 가게 하고, 줄기는 길어도 가지가 많이 번지지 않아 포기 간격은 한 발짝만 해도 된다. 눈을 딸 때 너무 작게 자르면 영양분이 될 살이 부족해 초기 성장이 더디고 결실이 부실해질 수도 있다. 처음 열매 하나를 받았을 땐 어떻게 하든 포기 수를 늘려보겠다고, 달걀보다 조금 더 큰 것을 무려 17개로 나눠 아주 야박하게 살을 붙여놓았다. 빠짐없이 발아는 했지만 첫 열매 몇 개만 정상적으로 자랐고, 대부분 크기도 작고 알차게 영글지 못했다. 이듬해 조금 크게 잘라 심었을 땐 전년도보다 수량도 많고 열매도 실하게 열렸다.

4년차는 좀더 크게 나누고, 심는 시기도 더 늦췄다. 지온이 충분한 것 같은데도 날짜만 늦었을 뿐 실제 지온은 그리 높지 않았던지 싹이 나기까지 40일 가까이 걸렸다. 그렇게 오랜 시간 흙에 묻혀 있어도 썩지 않고 모두 싹을 틔워 결실이 풍성했다.

열매마는 자리가 넉넉한 오이 지지대에 심는다. 이웃해 있는 오이는 잎에 균이 번질 때도 있지만 열매마는 시작부터 마지막까지 푸름으로 일관한다. 성장에 장애를 주는 벌레가 꼬이지 않고 지지대를 기어오르는 덩굴형이라 풀에 덮일 염려도 없다. 어린 줄기는 가늘고 기다랗게 올라와 손가락 두 마디 정도만 되어도 끝이 약간 휘어지면서 감아쥘 만한 것을 찾는다. 지지대로 유인해주지 않아도 밝은 연녹색 줄기는 가야 할 방향을 정확하게 감지해 야무지게 감아쥐고 시원스럽게 올라간다.

성장 기간이 길면 줄기도 길게 자라고 결실기도 그만큼 길어질 것 같은데, 봄이 늦고 서리가 빠른 산골에서는 4미터 정도 자란다. 잎은 넓적한 심장 모양이고 잎겨드랑이에서 맺는 열매는 처음엔 동그스름하다가 점차 각이 지며 다각형이 된다. 정상적으로 성장을 하면 어른

주먹만 한 크기로 자란다. 8월 중순에 열매가 열리기 시작하면 금세 쑥쑥 자라 9월 초순이면 달걀의 두 배가 넘을 만큼 커진다. 수량이 많으면 이때부터 따 먹어도 된다. 아쉽게도 아직까지 꽃을 보지는 못했다. 꽃은 열매가 열리는 잎겨드랑이에서 핀다고 하는데 눈으로 확인하기 어려울 정도로 아주 작다고 한다.

뿌리를 먹는 참마는 원주형의 육질 뿌리에서 줄기가 나와 다른 물체를 감아 올라가며 잎겨드랑이에서 주아珠芽(줄기가 되어 꽃을 피우거나 열매를 맺는 싹)가 자란다. 열매처럼 보이는 대추알보다도 작은 동글이가 주아인데 열매마 사진을 보여주면 대부분 뿌리를 먹는 마의 주아와 혼동한다. 그 주아도 껍질을 벗겨 생으로 먹거나 마밥을 지어먹기도 하지만 크기가 작아 손이 많이 간다.

거두고 갈무리하기

여무는 것 봐가면서 적절한 시기에 거두고, 서리 내릴 때가 가까워지면 남아있는 열매는 서리 맞기 전에 모두 거둔다. 3년차 가을에 충분히 여물도록 최대한 시간을 벌어보겠다고 미련을 떨다가 손해가 막심했다. 된서리 내린 날, 살짝 얼어버린 것이다. 얼었다 녹은 열매는 껍질 안쪽이 약간 물러지는데 먹을 수는 있지만 오래 보관하기 어렵고 종자로도 쓸 수 없다. 즉시 먹을 수 없으면 얼려두면 된다.

거둔 열매는 실온에 보관하며 큰 열매는 식용하고 작은 건 종자로 사용한다. 크기가 작아도 색깔이 진하면 성숙한 열매이기 때문에 종자 구실을 할 수 있다. 미성숙한 열매는 표면이 밋밋하고 약간 노르스름해 쉽게 구분된다. 감자는 실온에 두면 싹이 나지만 마는 싹이 나지 않는다. 얼지 않게만 주의하면 이듬해 봄까지 그대로 보존할 수 있다.

먹는 방법

마에 어떤 성분이 있기에 소화가 그리도 거뜬했을까? 대충 몇 가지만 헤아려 봐도 만병통치약 수준이다. 변비, 설사, 동상, 화상, 피부미용, 혈당저하, 소화 촉진, 숙취 해소, 피로 해소, 기억력 증진에 도움이 되고, 당뇨 · 대장암 예방과 치료에도 효과가 높다고 한다. 그래서 마를 찾는 사람이 그렇게 많았던가 보다. 이러한 약성을 지녔다면 좋은 식재료의 우선순위에 올려놓을 만하지 않을까? 그래서 어떻게든 맛있게 먹을 궁리를 하기에 이르렀다. 그 결과 첫 번째보다 두 번째 마 요리가 좋았고, 세 번째는 탄성이 나올 만큼 더 좋았다. 먹을수록 맛을 알아서인지 레시피 선택이 적절했던 때문인지 분명 더 맛있었다.

마 한 가지만 놓고 보면 무덤덤하지만 적절한 양념과 제철에 맞는 채소가 곁들여지면 감칠맛으로 변한다. 날 것은 아삭하고, 열을 가하면 부드럽고, 적게 먹어도 포만감이 크다. 기름을 더해도 마가 주된 재료면 뒷맛이 담백하고, 양치질한 듯 입안이 개운하다. 즙을 내 마셔도 되지만 될 수 있으면 침샘이 자극되도록 씹어서 먹는 것이 좋다. 그래야 몸속에서 소화, 흡수도 빠르고 위장운동도 활발해진다.

생으로 먹든 익혀서 먹든 껍질은 벗겨야 한다. 빛을 보지 못하는 마는 흰색이지만 햇볕에 노출된 채 성장하는 열매마는 껍질 안쪽이 연녹색, 속살이 노란색이다. 공기에 닿으면 누리끼리하게 변하므로 먹기 직전에 껍질을 벗기고, 조리할 때는 다른 재료 먼저 준비하고 열매마는 마지막에 손을 댄다.

샐러드, 생채무침, 볶음, 조림, 구이, 찜 등으로 먹을 수 있다. 겨울철 샐러드에 자주 등장하는 저장배추 속잎과 열매마가 어우러지면 색감이 온화하다. 맛간장과 들깻가루소스로 버무리면 첫맛은 아삭하고 시간이 좀 지나면 국물은 걸쭉, 마는 약간 쫄깃해진다.

열매마 쪽파무침은 멸치액젓과 고춧가루를 넣어 무치면 칼칼하면

서 자연 단맛이 배어나 입맛을 사로잡는다. 쪽파 대신 실파로 무쳐도 맛깔스럽다. 부드럽게 먹는 열매마 콩물달걀찜은 뚝배기를 이용해도 되고, 팬케이크 모양이 나게 프라이팬에 담아 약불로 익혀내도 모양새가 깔끔하다. 구수한 콩물이 들어가 맨입에 먹어도 좋다. 아침밥으로 대신하면 몸이 가뿐하고 포만감이 은근하게 이어져 한낮이 되도록 든든하다. 달걀볶음이나 오믈렛도 열매마로 만들어 밥반찬이나 간식으로 먹거나 커피나 차에 곁들이기도 한다.

얄팍하게 썰어 들기름에 구워 양념장을 곁들이거나 잘게 썬 열매마에 으깬 두부와 채소 등을 섞어 전을 부치면, 아삭하면서 폭신하고 기름에 부쳤어도 담백한 맛이 난다. 점액 성분을 활용하는 재미는 찰기를 살릴 수 있는 빵에서 찾는다. 마를 갈아서 만든 도넛은 찹쌀도넛 이상의 찰기가 있어 쫀득하게 씹히는 맛이 일품이다.

뿌리를 먹는 마는 다뤄본 적이 없어서 모르겠지만 열매마는 끈적거림이 끝내준다. 껍질을 벗기려고 집으면 손에 잡히질 않고 자꾸만 미끄러져 겨우겨우 칼질을 한다. 마, 오크라, 황궁채처럼 점액 성분을 함유한 식품은 대부분 위장 기능을 좋게 한다. 이 세 가지를 먹고서 몸에 남는 편안함을 직접 체험한 후엔 장이 좋지 않은 어머니께 부지런히 챙겨다 드리며 더 맛있게 먹는 방법을 골똘히 찾아보는 중이다. 사람이 끈적대면 그것처럼 볼썽사나운 것도 없는 노릇인데 식용하는 식물에 담긴 끈적거림은 차원을 달리한다.

자운 레시피

열매마 배추 샐러드

재료

열매마 100g, 배추속잎 100g

비빔소스 : 맛간장 2큰술, 다시마 육수 2~3큰술, 황설탕 2큰술, 들깻가루 1작은술, 연겨자 약간

만드는 방법

① 배춧잎이 작으면 그대로 하고 큰 것은 반으로 잘라 손가락 굵기로 길쭉하게 썬다.

② 비빔소스 재료는 한 번에 섞어 들깻가루를 잘 풀어준다.

③ 열매마는 껍질을 벗겨 얄팍하게 썬다.

④ 썰어놓은 열매마와 배춧잎에 비빔소스를 넣어 훌훌 섞는다.

열매마 쪽파무침

 재료

열매마 220g, 쪽파 120g, 고춧가루 2큰술,
멸치액젓 2½큰술, 다진 마늘 2작은술,
다진 생강 1작은술, 통깨 1큰술

만드는 방법

① 쪽파는 다듬어 씻은 뒤 건진다.

② 고춧가루는 멸치액젓에 풀어놓고, 쪽파는 3~4cm 길이로 썬다.

③ 열매마는 버무리기 직전에 껍질을 벗겨 약간 굵직하게 채 썬다.

④ 썰어놓은 마와 쪽파에 2와 마늘, 생강을 넣고 버무린 뒤 통깨를 섞는다.

열매마 콩물달걀찜

재료

열매마 1개(150g), 걸쭉한 메주콩물 1/2컵, 달걀 2개,
양파 1/4개, 풋고추 · 홍고추 1개씩, 소금 약간, 식용유

만드는 방법

① 달걀을 풀어 메주콩물과 소금을 넣고 고루 섞는다.

② 양파와 고추를 잘게 썰어 달걀물에 넣고, 열매마는 껍질을 벗겨 작고 네모지게 썰어 2/3만 달걀물에 섞는다.

③ 지름이 한 뼘 남짓한 프라이팬에 기름을 고르게 두르고 달궈지면 약불로 줄인다. 버무려놓은 찜 재료를 붓고, 남겨둔 열매마를 뿌린다. 뚜껑을 닫고 약불에서 5~7분간 익힌다.

④ 젓가락으로 가운데를 찔러서 묻어나지 않으면 접시에 옮겨 담는다.

터널형 지지대 설치와 활용법

텃밭에 설치하는 지지대 형태로 가장 간단하면서 안정감 있는 구조는 삼각형(합장형)일 것 같다. 개량종 오이나 호박은 삼각형 지지대로 가능해도 줬콩이나 재래종 오이처럼 줄기가 길게 자라는 작물은 수용하기 어렵다. 줬콩을 비롯한 덩굴콩 지지대는 돔형의 터널방식이 적합하다.

외양은 골조만 세워져 있는 비닐하우스와 같다. 기둥 파이프 간격은 비닐하우스보다 조금 넓게 하고, 중심부 높이는 의자를 밟고 올라섰을 때 손이 닿을 수 있게 한다. 비닐하우스 자재로 만들면 골조는 거의 반영구적으로 사용할 수 있다. 그물처럼 엮어주는 끈은 재질에 따라 2~3년에 한 번씩 교체해줘야 한다. 그보다 오래 유지되기도 하지만 일단 지지대의 규모가 크면 교체할 때마다 여간 품이 드는 게 아니다. 따라서 가격과 사용기한을 잘 가늠해서 끈의 재질을 선택해야 한다. 주변 작물에 일조량 침해가 없는지도 미리 살펴서 초기에 설계를 잘해야 일손도 덜고 비용도 절감할 수 있다.

콩과식물처럼 줄기가 지지대를 감고 올라가는 작물에게 실그물은 절대 금물이다. 별학섬에 머물 때 바닷가에서 주워온 그물을 지지대에 연결해 콩 덩굴을 올렸던 적이 있었는데 줄기가 감아 오르자 그물과 콩 줄기가 한데 뒤엉키며 꼬여버렸다.

터널형은 덩굴식물 관리하기도 좋고 보기도 좋은 반면 면적을 넓게 차지하는 것이 흠이다. 지지대 통로를 빈 땅으로 남겨놓기는 너무 아까우니 반그늘에서 잘 자라는 작물이나 덩굴콩과 성장 시기가 겹치지 않는 작물을 재배하면 알뜰하게 활용할 수 있다. 터널이 작으면 들깨를 자생시켜 노지 들깨보다 이르게 잎을 거두어 먹고, 터널이 크면 여러해살이 식물인 참취와 곰취를 심어 넓게 밭을 만들고 일부는 자생하는 비름나물에게 자리를 내준다. 별도로 관리하지 않아도 수확은 풍성하다.

황궁채

심는 때	5월 초순~6월 초순
심는 법	직파 또는 모종
거두는 때	6월 중순~10월 중순
관리 포인트	지지대 필요

여름날 하루해가 길다 해도 시작이 늦으면 노루꼬리보다 짧은 겨울만큼이나 빠르게 지나간다. 흙과 더불어 살아가는 농부에게 식전 두세 시간은 금쪽같다. 날 밝기를 기다려 밭으로 나섰다 마당으로 들어서면 해는 이미 중천에 올라 있고 알맞게 비워진 몸엔 기분 좋은 허기가 찾아든다. 닭장에 들러 달걀을 챙기고, 화단에 자리한 황궁채 잎을 한 줌 따면 아침 찬거리는 갖춰진다. 처음 심었을 때는 서너 장만 따도 아침밥상에 올리기 충분했지만 황궁채 고유의 맛에 길들여지면서 먹는 양은 점점 늘어났다. 시절인연이 잘 맞아서 밭일이 넘쳐날 때는 황궁채도 왕성하게 자라고, 황궁채가 떠날 즈음이면 가을걷이도 막바지에 접어든다.

황궁채는 중국 황실에서 먹던 채소라 해서 붙여진 이름으로 인디언시금치, 말라바시금치로도 불린다. 덩굴형으로 자라며 잎자루와 줄기는 진한 자줏빛이고, 잎맥에 자색이 깃든 진녹색 잎은 도톰하고 반질거린다. 자줏빛 줄기 잎겨드랑이마다 다닥다닥 맺힌 진분홍색 작은 꽃은 녹색 잎과 선명한 대비를 이뤄 한층 아름답다. 꽃이 곧바로 열매가 되는데, 검정색에 가까운 진한 자색으로 변하면 말랑말랑한 껍질 속에서 씨앗이 여문다. 동글동글한 하트 모양의 잎이 햇빛에 반짝일 때면 잎 하나하나가 꽃처럼 화려하고, 안개 자욱한 아침이면 우아한 실루엣으로 산골 정취를 더해준다. 황궁채는 초여름에서 늦가을까지 잎을 먹는다.

속내를 알고 심는 작물도 있지만 황궁채는 이름만 겨우 귀에 익었을 뿐 재배법이나 먹는 방법에 대해서는 아는 게 없었다. 척박한 돌밭에서도 잘 자라고 보기에도 좋아 조경용으로 가꾸면 되겠다 싶었는데 먹어보니 맛이 있고 소화도 잘된다. 게다가 생으로 먹을 수 있어 조리가 간단하고 색깔이 고와 모양내기에 좋고 다른 식재료와의 어울림 또한 근사하다. 서너 포기만 키워도 거둘 수 있는 양이 많고, 자생초가 방해하지 않으며, 작물에 해를 주는 벌레도 모여들지 않는다. 심어놓기만 하면 자연스럽게 지지대를 감고 기어오른다. 잎을 따느라 손 내미는 것 말고는 따로 손 갈 일이 없다. 따자마자 곧바로 입에 넣을 수 있으니 작물을 대하는 마음도 자연히 극진해진다.

심고 가꾸기

지온이 낮을 때 심으면 싹을 틔우기까지 오래 걸리고, 상황이 여의치 않으면 아예 싹이 나지 않을 수도 있다. 모종은 좀 이르게 시작해도 되지만 5월 초순 이후에 만들면 발아가 빠르고 온도만 맞으면 직파해도 이삼일이면 싹을 틔운다.

주위에 흩어진 씨앗이 많은데도 아직까지 자연발아는 실적이 없다. 지난봄에 싹이 날까 싶어 기다리는 동안 끝이 뾰족한 초록색 싹이 바글바글 돋아나고 있었다. 싹이 틀 때 진한 자색으로 시작되는 줄도 모르고 '옳거니, 황궁채도 한 번만 심어놓으면 매년 저 알아서 싹을 틔우겠구나'라고 생각했다. 일손 한 가지 덜었다고 반가워했는데 그건 황궁채가 아니라 달개비였다. 화단을 넓히기 위해 바닥에 박힌 돌을 캐내고 난 빈자리에 닭장 터를 넓히면서 깎아내린 산비탈 흙을 퍼다 채웠다. 출신지는 못 속인다고, 일 년이 훌쩍 지났는데도 흙속에 남아 있던 자생초 씨앗이 싹을 틔운 것이다. 산방 입구에서 퍼온 흙이었으면 바랭이 천지였을 것이다. 달개비는 실컷 자라게 그냥 뒀다가 모종을 옮겨심기 직전에 잘라 표면을 덮어놓고, 모종 심고 남는 자리는 직

파를 해서 빈자리를 메웠다.

멀찍이 밭에 심어도 상관은 없지만 이왕이면 손닿기 좋은 화단에 심고, 심기 전에 3~4미터 길이로 자라는 줄기가 기어오를 만한 지지대를 설치해둔다. 닭장의 골조를 세우고 남은 파이프를 박아서 높이 2미터의 평면 아치형 지지대를 세웠더니 보기에도 깔끔하다. 황궁채 앞으로 그늘이 진하게 드리워져 평상이나 야외 테이블 주변에 심으면 차광막 효과도 얻을 수 있다. 노지에 심기가 여의치 않으면 화분에 심어도 된다. 1미터 남짓 지지대를 3개 정도 세워 줄기가 감아 올라가게 해주면 한 포기 정도는 여유 있게 키울 수 있다.

일조량만 좋으면 척박한 땅에서도 잘 자란다. 될성부른 나무는 떡잎부터 알아본다고, 보기에도 탄탄한 잎은 시작부터 크는 모양새가 여간 당찬 게 아니다. 줄기는 스스로 지지대를 감아 돌지만 때로는 뻣뻣하게 고개를 든 채 허공으로 뻗어 나간다. 웬만큼 건드려도 순순히 따라주는 여주나 수세미와 달리 황궁채는 슬쩍만 건드려도 맥없이 부러지고 잘못 건드리면 크게 자란 후에도 곧잘 부러진다. 이런 부주의로 줄기를 끊어먹은 적이 여러 번 있었다. 생태를 알고 난 다음에야 그러려니 하지만 손가락 한 마디 길이밖에 안 되는 모종에서 잎이 싹둑 잘려나갔을 때는 '어이쿠, 이젠 죽었구나!' 고개를 절레절레 저었는데 놀랍게도 그 어린 줄기에서 곧장 새순이 나오는 것이다. 자생력을 그때 알아봤다.

습도가 높거나 장마가 길어도 잎이 무르지 않고 벌레가 모여들지 않는다. 잎에 어떤 물질이 있어 그런지는 몰라도 이웃해 있는 밤콩동부나 쥐콩에 몰려드는 노린재가 황궁채는 거들떠보지도 않는다.

거두고 갈무리하기

황궁채는 잎이 촘촘하게 나서 거두는 양이 많다. 모종을 정식하고 잎을 거두기까지 1개월이 채 걸리지 않는다. 조금 늦게, 지온이 충분히 오른 후에 심으면 초기 성장이 빠르고 거두는 시기도 당겨져 모종을 정식한 지 20일 만에 거두기 시작한 적도 있었다.

오래된 잎은 색이 탁하고 먹어보면 쓴맛이 난다. 식용으로는 싱싱하고 연한 잎을 쓴다. 먹을 만한 잎은 서리 맞기 전에 거둬들인다. 더운 지방에서 잘 자라는 작물이라 추위에 약할 것 같은데, 첫서리 정도는 거뜬히 맞이하여 10월 중하순경 된서리가 내려야 끝이 난다. 생생한 잎을 모두 거두면 소쿠리 몇 개를 채우고도 남지만, 시절이 시절인 만큼 손 갈 일이 많아 그렇게 할 수는 없다. 시간 되는 대로 거둬서 부피도 줄일 겸 사용하기 간편하게 분쇄기에 갈아 얼려서 보관한다.

꽃이 풍성해서 씨앗도 풍성하니 채종은 느긋하게 해도 된다. 까만 씨앗을 품고 있는 열매는 잘 익은 오디와 색깔이 비슷하다. 겉보기엔 탱탱하지만 만지면 말랑말랑하고 터뜨리면 진자줏빛 물이 배어난다. 껍질을 분리하지 않고 열매 그대로 말리면 수분은 날아가고 단단한 씨앗만 남는다.

먹는 방법

생채소만 놓고 보면 우리에게 친숙한 시금치나 근대와 비슷한 맛이 난다. 시금치나 근대는 익혀서 먹지만 황궁채는 날것으로 먹는 것이 더 맛있고, 곁들이는 채소와 양념에 따라 다양한 맛과 분위기를 내 시금치나 근대보다 조리하기 쉽고 활용 범위도 더 넓다.

잎에 점액 성분이 많아 칼로 썰면 진득하게 묻어나고, 열을 가하면 농도가 더 진해지면서 아삭한 식감이 떨어지고 색도 탁해진다. 주로 쌈, 생채, 겉절이, 샐러드 등 생으로 먹고 여름철 무침요리, 비빔밥, 비빔면에 단골로 넣는다. 볶으려면 아주 살짝만 볶는다. 다른 채소와 같이 볶을 때는 다 볶고 나서 맨 마지막에 남아 있는 열로 볶아도 숨이 죽는다. 곱게 채 썰어 국물음식에 웃고명으로 올리거나 따뜻한 소스를 부어 먹기는 좋으나 국거리로는 적당하지 않은 것 같다.

잎 모양을 그대로 살려 샌드위치에 양상추처럼 끼워서 먹어도 맛있고, 김밥을 쌀 때 밥 위에 황궁채 둥근 잎을 펼쳐놓고 부재료를 넣어서 말면 썰었을 때 색이 화려하고 소화도 잘된다. 생채는 멸치액젓, 고춧가루로 버무리면 담담하고 쌈장양념으로 무치면 더 진한 맛이 난다. 맛이나 향이 두드러지지 않고 은근한 황궁채는 양파와 같이 먹으면 양파가 밋밋한 맛을 보완해 감칠맛이 배가 된다. 샐러드, 무침, 샌드위치 등 황궁채 요리에는 거의 빠짐없이 양파를 넣는다. 맛있는 황궁채무침은 쌈장처럼 애용하는 호박된장장아찌로 무쳤을 때와 들기름에 구운 나물호박과 집간장, 고춧가루를 양념으로 무쳤을 때다. 곱게 채 썬 황궁채가 호박구이를 만나면 색깔도 생김새도 부추와 흡사해 먹는 재미를 더해준다.

황궁채 잎은 써는 크기에 따라서도 맛이 달라진다. 샐러드를 만들 때는 곁들이는 부재료에 따라 채썰기나 한입 크기로 네모지게 썰고, 비빔면 · 비빔밥 · 비빔수제비에 넣을 때는 곱게 채 썰고, 된장무침 겉절이는 약간 굵직하게 채 썰어 넣으면 맛도 좋거니와 양념과도 잘 어울린다.

잎을 분쇄기에 갈면 걸쭉한 녹즙이 된다. 황궁채 잎을 갈아서 밀가루에 섞어 빵을 만들면 보기에 먹음직하고 생채소로 먹을 때보다 풍미도 더 좋은 것 같다. 빵을 만들 수 있으면 과자, 국수, 부침, 떡도 가능하다. 추석에 삼색송편을 만들 때, 녹색은 찰진 식감과 은근한 향이 감미로운 황궁채를 사용한다. 잎자루도 부드러워 잎과 같이 먹을 수 있고, 가루를 낼 때도 잎자루를 같이 간다. 열매로 즙을 내면 진한 자줏빛이 될 것 같다. 천연색소로 녹색은 흔해도 자색은 드물어 아쉬웠는데 황궁채에서 자색을 얻을 수 있으면 산골밥상이 한층 더 고와지겠다.

빵 반죽에 넣는 채소는 건조분말보다 수분이 있는 잎을 갈아 넣었을 때 더 촉촉하고, 채소에 점액 성분이 많으면 쫀득한 식감이 더 좋아진다. 쌀가루나 밀가루에 수분이 많은 채소를 섞을 때, 질지 않게 조금씩 넣으며 농도를 맞춘다.

점액 성분이 많으니 장 건강에 좋을 것이라 짐작했다. 예상대로 장을 부드럽게 하고, 피를 맑게 하며, 비타민A의 전구체가 되는 카로틴과 비타민C · 칼슘 등이 풍부하다. 해열, 해독작용을 하며 골다공증에도 좋다고 한다.

자운 **레시피**

황궁채 박고지 김밥

재료

황궁채 잎 15장, 열무뿌리장아찌 90g, 당근, 달걀 2개, 소금, 식용유, 현미밥 1공기, 단촛물 2작은술, 김 2장

박고지조림 : 박고지 반 줌, 물 5큰술, 맛간장 · 조청 2큰술씩

만드는 방법

① 황궁채는 잎자루를 잘라내고 씻어서, 마른 면포로 물기를 닦아낸다.

② 열무뿌리장아찌는 약간 굵직하게 채 썰어 찬물에 담가 짠기를 우려내 물기를 짠다. 당근은 채 썰어 소금을 약간 넣고 기름에 볶는다. 달걀은 소금을 약간 넣고 지단을 부쳐 반으로 자른다.

③ 밥을 고슬고슬하게 지어 단촛물에 비빈다.

④ 김을 펼쳐놓고 밥을 2/3가량 얇게 깐다. 그 위에 황궁채를 겹쳐지게 놓은 뒤 달걀지단, 당근볶음, 장아찌, 박고지조림을 넉넉하게 올려 흐트러지지 않게 말아 한입 크기로 썬다.

* 박고지조림 만드는 방법은 436쪽 참조

황궁채 호박구이무침

재료

황궁채 20장, 나물호박 1/3개, 맛간장, 고춧가루, 풋고추, 대파, 참기름, 들기름, 통깨

만드는 방법

① 황궁채는 씻어서 잎자루를 잘라내고, 물기를 빼서 가늘게 채 썬다.

② 나물호박은 세로로 반을 잘라 속을 긁어내고 도톰하게 반달 모양으로 썬다. 팬에 들기름을 넉넉히 두르고 주걱이나 나무젓가락으로 뒤적여가며 굽듯이 볶는다. (살이 무른 개량종 애호박은 뒤적이지 말고 구워서 익혀야 깔끔하다.)

③ 맛간장에 고춧가루를 적당히, 잘게 썬 풋고추와 대파는 넉넉하게, 빈빈 섞은 들기름 · 참기름 약간 넣어 걸쭉하게 양념장을 만든다.

④ 굽듯이 볶은 나물호박은 한 김 나가면 양념장으로 무쳐 황궁채와 통깨를 넣어 가볍게 섞는다.

황궁채 샌드위치

재료

황궁채 10~12장, 양파 약간, 달걀 1개, 소금, 식용유, 케첩, 식빵 2장

만드는 방법

① 황궁채는 잎자루를 잘라내고 씻어서 물기를 제거한다. 양파는 가늘게 채 썬다.

② 달걀을 풀어서 소금을 약간 넣는다. 기름을 두르고 달궈지면 식빵 크기로 부친다.

③ 식빵 2장을 앞뒤로 노릇노릇하게 굽는다.

④ 중간에 케첩을 적당히 넣어가며 식빵 → 황궁채 → 양파 → 황궁채 → 달걀부침 → 황궁채 → 식빵 순서로 포개어 약간 눌러준 다음, 반으로 잘라 접시에 담는다.

* 황궁채 잎이 작으면 한 번에 서너 장씩 넣어 식빵 한 면을 충분히 덮어준다.

자운 농사 Tip

자생초 관리하기

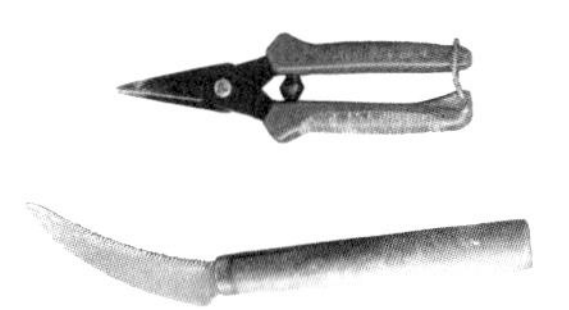

자생초는 스스로 살아가는 풀을 말한다. 흔히 잡초라 부르는데 이는 사람의 필요와 욕심에 기준을 둔 호칭일 뿐 식물을 구분하는 데 적합한 것은 아니다. 자생초는 때가 되면 어김없이 돋아나게 되어 있다. 잘라내고 뽑아내도 끝없이 솟아오르는 싹, 번져가는 뿌리는 살아있기에 벌어지는 지극히 자연스러운 일이다. 살아있는 흙은 무수한 씨앗의 저장고로, 종자은행이라 할 만하다.

이토록 생명력 강한 자생초를 간혹 뽑을 때도 있지만 대부분은 뽑지 않고 가위로 자른다. 가위 끝을 흙에 밀어 넣다시피 표면에 바짝 붙여 밑동을 최대한 낮게 잘라 생장점을 차단한다. 호미로 김을 매면 일하기는 쉬울지 몰라도 흙이 뒤집혀 풀씨가 발아하기에 더 좋은 환경이 만들어진다.

잘라서 치워야 할 풀이 있는가 하면, 그 자리에 덮어둬도 되는 풀이 있고, 같은 풀이라도 시기에 따라 다르게 처리해야 할 것들이 있다. 장마철에 바랭이나 쇠비름은 잘라놓든 뽑아놓든 금세 허리를 꼿꼿하게 펴고 일어선다. 가위로 자른 자생초는 따로 모아뒀다가 마른 후에 작물 주변을 덮어주든가 아예 별도의 공간을 만들어서 밭에서 나오는 대로 따로 모아 퇴비를 만든다.

풀이 자란다고 곧바로 제거해야 하는 것은 아니다. 작물은 자생초와 적당히 어우러져 있을 때 자생력도, 보습 효과도 좋아진다. 한 번 작업을 할 때 최대한의 효과를 보려면 작물에 영향을 주지 않는 범위에서 한껏 자라도록 기다렸다가 이때다 싶을 때 손을 써야 한다. 농사 경력이 더해질수록 가늠할 수 있는 안목이 커져서 자신만의 비법이 다져진다.

농사 초기에는 온힘을 다해 땀을 쏟아가며 가위질하고서 며칠 지나지 않아 도로 풀밭이 되었다. 오히려 더 새파랗게 뒤덮여지곤 했다. 지금은 가위와 낫칼 다루는 솜씨가 능숙해져 속도도 빨라지고, 한 번 다듬은 자리에 다시 풀이 자라기까지 시간도 더 걸린다. 이 시간은 바로 내가 벌어들인 여유다.

땅이 살아나면 작물 성장에 장애가 되는 자생초는 줄어든다. 월동작물을 재배하여 땅을 살리면 자생초 관리가 한층 쉬워진다. 여름작물의 성장에 따라 가을 자생초 분포가 달라지고, 월동작물을 심었느냐의 여부에 따라 이듬해 봄의 자생초가 확연하게 달라진다. 여름내 작물의 성장이 순조로울수록, 작물의 부산물이 많이 남을수록 자생초는 점차 감소한다. 해를 거듭할수록 자생초 제거에 들이는 시간은 줄어든다.

자생초 관리 도구 : 가위, 낫칼

김매기는 대부분 가위로 하고, 가위 다음으로 많이 사용하는 도구가 낫칼이다. 작물이 어릴 때는 가위로 자르고 작물이 웬만큼 성장하고 자생초도 크게 자라있을 때는 낫칼로 낮게 자른다. 풀베기에 좋은 가위는 값이 저렴한 대신 날이 금세 무뎌지므로 잘 갈아서 써야 한다. 날이 무디면 얇고 가는 풀이 깔끔하게 잘리지 않아 작업속도가 나지 않는다. 낫칼을 다룰 때, 오른손잡이라면 왼손을 조심해야 한다. 장갑은 연장을 잡은 오른쪽보다 풀을 휘어잡는 왼쪽이 더 먼저 닳고, 가위나 칼에 다치는 횟수도 왼손이 더 많다. 크기가 작아 다루기 쉬운 낫칼은 콩잎 순치기 할 때도 아주 요긴하게 쓰인다.

아욱

심는 때	4월 중순~5월 하순 / 8월 하순~9월 초순
심는 법	직파 또는 모종
거두는 때	6월 초순~7월 하순 / 10월 초순~중순
관리 포인트	개량종도 채종 가능

오래도록 우리 밥상에 오르내리는 소박한 음식들은 대부분 조리하기 간편하고 맛이 순하고 몸을 편안하게 한다. 자주 접하다보면 심드렁해지고 차림이 수수하면 그 가치를 간과하기 쉬운데 음식에 담긴 약성만큼은 무심코 보아 넘길 게 아니다. 그러니 먼 곳에서 공수해온 식재료에 유혹되지 말고 우리 입맛과 정서에 익숙한 음식을 더 맛있게 먹는 방법을 찾아보는 건 어떨까?

심고 가꾸기 좋은 여름 채소들 중에 국, 나물, 찜으로 먹는 근대나 쌈, 생채, 나물, 탕으로 먹는 쑥갓에 비하면 아욱 먹는 방법은 조금 단조로운 것 같다. 된장국 몇 번 끓이고 나면 입맛이 시들해져 잎이 싱싱하게 자라 있어도 손이 덜 가는데, 조리법을 달리하면 색다른 맛을 즐길 수 있다. 자연히 가꾸는 재미도 더 좋아진다.

아욱 잎을 거둘 무렵 머리가 아찔할 정도로 진한 밤꽃향이 진동을 하고, 그림을 그려놓은 듯 색이 선명한 진분홍 당아욱이 단연 돋보인다. 시절인연이 잘 맞아서 요염한 당아욱꽃을 눈요기하며 아욱 요리를 밥상에 올리면 초여름의 풋풋한 기운도 함께 담긴다.

심고 가꾸기

처음에 심을 때는 종묘상에서 씨앗을 구입해서 심고, 이후는 자가 채종한 씨앗을 심었다. 온도만 적당하면 발아는 순조로운데 파종 가능한 시기 내에서 조금 늦게 심으면 더 빠르다. 직파를 하면 일손이 가볍고, 모종을 만들면 발아율이 높고 관리하기가 쉬워 모종과 직파를 병행한다. 직파는 좀 촘촘히 심었다 솎아내도 되고, 모종이나 직파 모두 처음부터 한 뼘 남짓한 간격으로 심어도 된다.

아욱은 생육 기간이 짧아 몇 번 거두지 않아 꽃대가 올라오는데, 생육환경이 열악하면 미처 크기도 전에 꽃망울이 맺힌다. 한 뼘 이상 자랄 때 윗부분 줄기를 자르면 아래쪽에 곁가지가 자라 몇 번 더 거둘 수 있다. 늦게 심으면 장마 지나고도 한참 더 거둘 수 있고, 씨앗 받기도 더 좋은 것 같다. 4년차는 장마가 길었는데도 나중에 심은 아욱이 튼실하게 자라 8월 초순 장마 끝 무렵 꽃망울이 맺히기 시작해 느긋하게 씨앗을 받을 수 있었다. 맛 좋기로 소문난 가을아욱은 봄에 심은 아욱이 따라올 수 없다. 그 맛은 가을 재배라야 가능하다.

생육 기간이 짧은 만큼 거둘 수 있는 시기도 짧다. 한여름이면 작물들 성장이 휴면상태에 이르고 맛도 덜하다. 가을로 접어들 때 한 번 더 심을 수 있는데 봄 파종보다 성장 속도는 조금 빨라도 봄에 심었을 때가 실하게 자란다. 산골은 서리가 내리고 나면 기온이 급속도로 떨어져 노지 재배는 어렵고, 가온하지 않는 비닐하우스에 심어야 가을아욱을 먹을 수 있다.

농사를 잘 지으려면 일기예보 확인은 필수다. 기상청 홈페이지에 안내되는 '우리 동네 날씨'와 실제 내가 있는 곳의 기온이 얼마나 차이가 나는지 알아두면 많은 도움이 된다. 산골은 '우리 동네 예보'와 3~4도 가량 차이가 나는데 여름에는 더 덥고 겨울에는 더 춥다.

거두고 갈무리하기

잎이 자라는 걸 봐가면서 잎만 따거나 연한 줄기째 꺾는다. 거둔 양이 많으면 풋내를 우려내고 데쳐서 냉동 보관한다. 아욱은 씨앗 받기가 좋은 편이다. 생이 다하면 대를 낮게 잘라내고 다음 작물을 심는다. 꽃대가 올라오면 채종할 것은 남겨뒀다 씨앗이 맺히거든 대를 잘라 말려서 씨앗만 골라내 보관한다.

먹는 방법

아욱 맛있는 줄은 산골 개울에서 잡은 올뱅이(민물 다슬기, 올갱이라고도 부름)로 국을 끓여보고 나서야 알았다. 산골에서 첫 여름, 집들이를 겸해 가족이 모두 모였다. 그때 올뱅이를 잡아본 경험이 없는 나와는 달리 남편과 어머니는 옛날이야기를 해가며 집 앞 개울에서 굵직한 올뱅이를 잡아왔다. 어머니가 가르쳐준 대로 올뱅이를 넣고 아욱국을 끓여 다음날 아침상에 올렸는데 부족한 손맛을 실한 재료가 보완해줬는지 식구들은 물론 나도 혀를 내둘렀다. 속풀이 해장국으로도 더할 나위 없이 좋은 올뱅이국에 부추나 호박잎을 넣기도 하는데 아욱과 짝을 지었을 때 아욱도 올뱅이도 본연의 맛이 가장 잘 살아난다. 산골 별미로 손에 꼽는 음식이지만 올뱅이 잡기가 만만치 않아 먹을 기회는 좀처럼 생기질 않는다. 사립문 닫아걸고 먹는다는 가을아욱은 여름아욱과 얼마나 다른지 모르겠고, 먹어본 중에 아욱으로 맛낼 수 있는 별식은 나물밥과 나물전이다.

아욱은 조리하기 전에 풋내를 우려내야 한다. 손으로 만져봐서 억센 줄기는 다듬어서 버리고, 부드러운 줄기는 껍질을 살짝 벗긴 뒤 풀물이 배어나오도록 주물러 헹군다. 밥을 지을 땐 풋내만 우려내 쌀과 함께 안치고, 전을 부칠 때는 숨이 죽을 정도로만 데치고, 나물로 무칠 때는 조금 더 익힌다.

부드러운 나물밥은 밀쌀이나 보리쌀, 풋옥수수, 풋동부가 더해지면 감칠맛도 좋고, 집간장으로 만든 양념간장에 비벼 열무김치나 얼갈이배추 겉절이를 곁들이면 다른 반찬은 없어도 그만이다. 나물은 된장 약간 섞은 고추장에 참기름과 통깨를 넣어 조물조물 무치면 맛있고, 주먹밥이나 오믈렛으로 변화를 주면 나물반찬을 밀어내는 아이들도 잘 먹을 수 있을 것 같다.

아욱이 시들거나 어중간하게 남을 때는 통밀가루에 섞어 전을 부친다. 데쳐서 전을 부치면 두 번 익히게 되어 물러질 것 같지만 살짝만 데치면 색감도 곱고 아삭아삭 씹히는 맛이 진하다. 고추장을 풀어 장떡을 부쳐도 별미인데 개운한 맛을 내려면 소금으로 간을 하는 것이 낫다. 풋고추를 송송 썰어 넣어도 풍미가 좋아진다. 통밀가루에 현미가루를 섞으면 담백하면서 바삭해지는 아욱전은 얄팍하게 지지면 더 맛있다.

아욱 잎을 분쇄기에 갈면 걸쭉한 즙이 나오는데 밀가루에 섞어 발효빵을 만들면 찰진 맛이 난다. 과자나 국수, 밀전병을 만들어도 깔끔하다. 기름 없이 바삭하게 구운 아욱 통밀반죽 만두피에 상추, 양상추, 부추, 양파 등 채소샐러드 쌈을 싸거나 팥소, 콩물슈크림, 카레소스를 곁들이면 간식은 물론 한 끼 식사를 대신한다. 아욱반죽을 얇게 밀어 한입 크기로 잘라 굽거나 튀긴 아욱과자, 햇감자와 애호박 넣은 아욱수제비도 여름철에 먹기 좋은 아욱요리다.

어떤 음식에 반할 때는 맛도 맛이지만 소화가 잘 될 때다. 아욱요리를 먹으면 속이 그렇게 편할 수가 없다. 자연식에 길들여지면 영양성분을 모르고 먹어도 몸이 기억해서 입맛을 당기는데 아욱요리가 그렇다. 단백질, 비타민 A와 C, 무기질, 칼슘 등이 풍부해 성장기 어린이들에게도 좋은 아욱은 넉넉하게 먹어도 살 찔 염려 없고, 장운동을 부드럽게 해준다.

한방에서는 아욱을 동규, 말린 아욱씨를 동규자라 하여 약으로 쓰는데 성질이 차고 미끄러워 대소변을 원활하게 하고, 신장 기능을 튼튼하게 해준다고 한다. 산모에게 미역국만큼이나 효능이 높아 산후에 몸이 붓거나 젖이 잘 나오지 않을 때도 아욱 씨를 달여 먹으면 약이 된다고 한다. 여름 더위 이겨내기에도 좋은 아욱은 혈중독소를 없애고, 열독에 의한 피부발진이나 주독을 풀어주기도 한다. 이렇듯 좋은 효능이 있더라도 소화력이 약해 자주 설사하거나 몸이 냉한 체질은 적게 먹는 게 좋다.

자운 레시피

아욱 밀밥

재료

아욱 수북하게 두 줌, 밀쌀 1½컵, 현미 1/2컵, 찐 풋옥수수 알 2/3컵, 물 1½컵

양념장 : 맛간장 3큰술, 고춧가루 1큰술, 풋고추 1개, 대파 · 참기름 · 통깨 약간씩

만드는 방법

① 아욱의 억센 줄기는 잘라내고 누렇게 뜬 잎도 떼어낸다. 바락바락 주물러 두세 번 물을 갈아주며 풋내를 우려내서 건진다. 잎이 크면 손으로 찢어 놓는다.

② 밀쌀과 현미는 씻어서 불리지 않고 곧바로 안치고, 옥수수알과 손질한 아욱을 올려서 밥을 짓는다. 채소를 넣어 밥을 지을 때는 밥물을 약간 적게 한다.

③ 풋고추와 대파를 잘게 썰어 맛간장, 고추가루, 참기름, 통깨와 섞어 양념장을 만든다.

④ 밥이 뜸이 들면 훌훌 섞어 그릇에 담아 양념장을 곁들여 낸다.

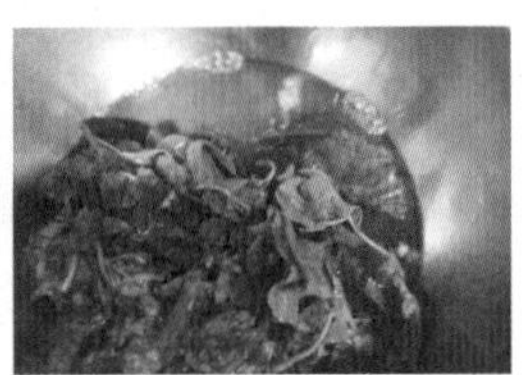

아욱나물전

재료

아욱 200g, 양파 1/4개, 풋고추 2개, 홍고추 1개,
통밀가루 1컵, 물 1컵, 소금 약간, 들기름, 초간장

만드는 방법

① 풋내 우려낸 아욱은 팔팔 끓는 물에 숨만 죽을 정도로 살짝 데쳐 찬물에 헹군다.

② 물기를 짠 아욱은 잘게 썰고, 고추는 어슷하게 썰고, 양파는 채 썬 다음 반으로 잘라준다.

③ 통밀가루에 소금과 물을 넣고 덩어리지지 않게 풀어서 아욱, 고추, 양파를 섞는다.

④ 팬에 들기름을 두르고 달궈지면 반죽을 한 숟갈씩 떠서 노릇노릇하게 부친다.

⑤ 채반에 밭쳐 한 김 나가면 초간장을 곁들여 낸다.

아욱수제비

재료

아욱 반 줌, 수제비 반죽 130g, 햇감자 2개,
디포리육수 3컵, 호박된장 1½큰술, 대파 약간

수제비 반죽(3인분) : 통밀가루 250g, 풋내 우려내 분쇄기에 간 아욱 90g, 소금 1작은술, 물 130ml

만드는 방법

① 풋내를 우려낸 아욱을 씻어서 물기를 빼고 분쇄기에 곱게 갈아 밀가루, 소금, 물을 섞어 약간 질게 반죽한다. 랩을 씌워 30분 이상 뒀다 한 번 치댄다.

② 국물에 넣을 아욱도 풋내가 우러나게 바락바락 주물러서 헹군다. 감자는 껍질을 벗겨 얄팍하게 썬다.

③ 육수에 호박된장을 풀어 국물이 팔팔 끓으면 감자를 넣고, 수제비 반죽을 얇게 뜯어 넣는다.

④ 수제비가 익으면 아욱을 넣어 좀더 끓인 뒤, 송송 썬 대파를 넣는다.

쑥갓

심는 때	4월 중순~5월 하순 / 8월하순~9월 초순
심는 법	직파 또는 모종
거두는 때	6월 초순~7월 하순 / 10월 초순~12월 초순
관리 포인트	꽃망울 따주기

반찬으로 애용하는 채소에 꽃이 피면 덤인 듯싶지만 쑥갓은 그와 반대로 채소보다 꽃에 익숙해 지금도 잎을 거둬 먹으면 덤인 것 같다. 산골에 정착하기 전에 심었던 쑥갓은 연한 잎을 뜯을 기회도 없이 채 크기도 전에 꽃망울이 맺혀 꽃이나 감상하면 그만이었다. 어떻게 심고 가꿨는지 기억이 가물가물한데, 텃밭에서 키우기 힘든 채소라고만 생각했다.

되든 안 되든 구색은 맞춰야 할 것 같아서 심기 시작한 쑥갓은 더러 발아되지 않는 씨앗이 있긴 해도 원하는 만큼 싹이 돋고, 일단 싹이 나면 시원시원하게 잘 자란다. 벌레가 꼬이지 않아 마음 쓸 일이 없고, 잎만 푸르게 있어도 보기 좋은 데다 국화과 식물답게 꽃차례가 우아해 화단에 심는다.

음식에 색과 향을 돋우기에 제격인 쑥갓은 무덤덤한 수제비에 잎을 두어 장만 띄워도 그럴듯하게 변한다. 없어도 전혀 아쉽지 않은 쑥갓이 무작정 좋아진 건 이런 분위기도 한몫했을 것 같다. 어떻게 하면 더 모양새 있게 담아 맛있게 먹을까 궁리가 많아지면 결과는 좋게 마련이다.

심고 가꾸기

쑥갓은 꽃을 피워도 씨앗을 맺은 적이 없어 종묘상에서 사다 심는다. 아욱처럼 직파와 모종을 병행하고, 대개는 솎아내지 않도록 처음 심을 때 한 뼘 남짓 간격을 유지해 궁합이 잘 맞는 상추와 같이 심기도 하고 쑥갓만 따로 심기도 한다.

남부지방이면 좀 이르게 시작해도 되지만 산골에서는 5월 초순 이후에 심었을 때가 발아가 빠르다. 아욱보다는 성장 기간이 길어 거두는 시기도 조금 길고, 파종 가능한 시기 내에서 두어 차례 나눠 심으면 더 늦게까지 거두기도 한다. 봄에 심은 쑥갓은 장마철에 접어들면 시들해진다.

가을 재배는 근대보다 일찍 끝나지만, 아욱보다는 추위를 견디는 힘이 강하다. 3년차 가을에 심은 쑥갓은 영하 8도까지 내려가는 11월 초순에도 끝만 살짝 얼었다가 다시금 기온이 올라가자 잎이 자라 마지막 거둔 게 11월 중순이었다. 봄보다는 성장이 둔하고 거둘 수 있는 기간도 짧아 주로 봄에 심고, 꽃이 피었다 시들면 줄기는 낮게 잘라 바닥에 깔고 가을작물을 심는다.

거두고 갈무리하기

한 뼘 남짓만 돼도 잎을 딸 수 있는 쑥갓은 제때 거두지 않으면 잎이 질거지고 금세 꽃망울을 맺는다. 크게 돌볼 일은 없지만 일찍 맺힌 꽃망울 따주는 것을 게을리하지 말아야 아삭한 줄기와 풋풋한 잎을 오래 먹을 수 있다. 거둘 때는 손으로 줄기를 만져봐서 부드럽게 똑 끊어지는 부분을 꺾는다. 한 뼘 정도 자라면 원줄기 끝에 있는 순을 자르고 더 크게 자라면 곁가지를 거둔다. 꽃망울을 맺는 즉시 곧바로 따주고, 6월 중순에 줄기를 중간쯤 잘라내는 등 꼼꼼하게 관리했던 5년차는 수확량도 많았고 7월 하순까지 느긋하게 거둘 수 있었다.

가능한 한 요리 직전에 거두고, 감당 못할 정도로 넘치면 냉동 보관한다. 나물거리는 데쳐서 얼리고, 가루를 내 사용하려면 갈아서 얼리든가 씻어서 물기만 빼고 생채소 그대로 냉동한다.

먹는 방법

날것으로 먹기 좋은 쑥갓의 감칠맛은 생채로 먹을 때가, 색감과 향은 따뜻한 국물음식에 살짝 담가 먹을 때가 제일인 듯싶다. 국물음식은 잎만 따서 넣기도 하지만 생채는 부드러운 줄기도 같이 무쳐야 아삭하게 씹히는 맛이 좋고 양념과 잘 어우러진다. 해마다 쑥갓의 첫맛은 생채로 즐기는데 멸치액젓에 고춧가루를 풀어 간을 하고 참기름은 생략, 통깨는 넉넉히 넣어 숨이 죽지 않도록 털어내듯 훌훌 버무리면 생채 하나만으로도 밥 한 그릇은 뚝딱 비워낸다.

쑥갓만 쌈으로 먹으면 별 맛이 없어도 상추쌈에 곁들이면 상추도 더 맛있다. 생채는 쑥갓으로만 하거나 상추와 같이 버무리거나 아무래도 좋다. 잘게 썰어서 볶은 당근, 양파와 단촛물에 비빈 밥과 잘게 썬 쑥갓을 듬뿍 넣어 비벼먹는 쑥갓비빔초밥은 좀 가벼운 맛이 나지만 달걀말이쌈밥으로 먹으면 풍미가 좋고 속도 든든하게 채워준다.

보글보글 끓인 탕에 소담스럽게 올린 쑥갓은 맛도 풍성하게 하는데 먹기에 앞서 코끝을 자극하는 향이 매력이다. 더운 계절에는 따뜻한 국물음식을 멀리하다가도 쑥갓을 먹기 위해 일부러 수제비나 칼국수를 끓인다. 겨울에도 쑥갓을 거둘 수 있다면 얼큰한 찌개나 담백한 국에 듬뿍 넣으면 좋을 것 같다.

데쳐서 집간장 · 참기름으로 무친 쑥갓나물은 김밥, 주먹밥, 비빔밥 또는 달걀말이로 변화를 줘도 좋다. 데친 두부를 칼등으로 으깨 참기름과 깨소금으로 양념한 쑥갓두부무침은 심심하게 간을 하면 샐러드처럼 먹을 수 있다. 잎만 따서 부꾸미나 전을 부칠 때 고명으로 올리거나 잎줄기를 잘게 썰어 쑥갓전을 부쳐도 향긋하다. 통밀가루에 현미가루를 섞으면 식감도 바삭해지고 향도 더 진해진다. 기름기 있는 부침이나 튀김요리에 초간장 대신 쑥갓생채를 곁들이면 감칠맛도 좋고 뒷맛도 개운하다.

어중간하게 남는 쑥갓은 물러지기 전에 냉동실에 보관하면 버릴 게 없다. 물기 있는 잎은 가루내기 어려워도 얼린 쑥갓은 단번에 곱게 갈아지고 말린 잎을 가루로 낸 것보다 색이 곱다. 달걀과 콩물(또는 우유)로 끓인 크림에 넣어 색과 향을 살리기도 하고, 밀가루에 섞어 빵 · 과자 · 국수도 만든다. 꼬들꼬들하게 삶은 쑥갓국수에 따뜻한 육수를 부어 쑥갓 잎을 몇 장 띄우면 국물에 직접 끓인 칼국수보다 깔끔하고, 시원한 쑥갓국수는 열무김치비빔이나 상추물김치말이와도 잘 어울린다.

쑥갓으로 양갱도 만든다. 곱게 간 쑥갓을 한천에 섞어서 끓인 양갱은 향과 색이 곱다. 폭신한 식감의 빵을 틀에 담아 그 위에 쑥갓양갱을 부어서 굳힌 빵양갱을 만들어보면 빵과 양갱의 맛이 조화롭다. 한 입 크기로 썰어 담거나 케이크로 마무리해도 좋고, 쑥갓 대신 황궁채 · 동부콩잎 · 당근 등으로 다양한 맛과 색을 담아낼 수도 있다.

독특한 풍미로 식욕을 돋우는 쑥갓은 위를 따뜻하게 하고 혈액을 정화하며 풍부한 식이섬유는 변비나 비만과 멀어지게 한다. 칼슘과 비타민 C는 심신에 안정을 가져다주며 피부에 윤기를 더해주고, 칼륨 함유량 또한 높아 몸속 나트륨을 배출시켜 고혈압이나 뇌졸중 등 성인병 예방에도 도움이 된다. 체질이 산성으로 변해가면 면역력이 떨어져 각종 질병을 초래하기 쉬운데 이럴 때도 꾸준히 먹으면 산성체질을 개선하는 효과도 기대할 수 있다. 단, 노지에서 자란 제철 채소여야 효능이 제빛을 발할 것이다.

자운 **레시피**

쑥갓 가락국수

 재료

쑥갓국수 반죽 1인분, 감자 작은 것 1개, 당근 약간, 디포리육수 2컵, 된장 1큰술, 맛간장 · 고명(쑥갓 잎, 달걀지단, 대파) 약간씩

쑥갓국수 반죽(3인분) : 밀가루 300g, 쑥갓 90g, 소금 1작은술, 물 70ml (채소 수분에 따라 가감)

만드는 방법

① 쑥갓은 분쇄기에 곱게 갈아 밀가루, 소금, 물을 넣고 되직하게 반죽한 뒤 랩을 씌워 30분 이상 뒀다 한 번 더 치댄다.

② 반죽 1인분을 덧가루 뿌려가며 얇게 밀어서 두어 번 접어 가늘게 썬다. 팔팔 끓는 물에 쫄깃하게 삶아 찬물에 헹군다.

③ 육수에 된장 1큰술을 체에 걸러서 넣고, 얄팍하게 썬 감자를 넣어 끓인다. 감자가 익으면 맛간장으로 간을 하고 채 썬 당근을 넣어 좀더 끓인다.

④ 달걀을 풀어 소금을 약간 넣고 지단을 부쳐서 마름모꼴로 작게 썰고, 대파는 송송 썬다.

⑤ 삶아 건진 국수에 ③을 넉넉히 붓고 고명을 올린다.

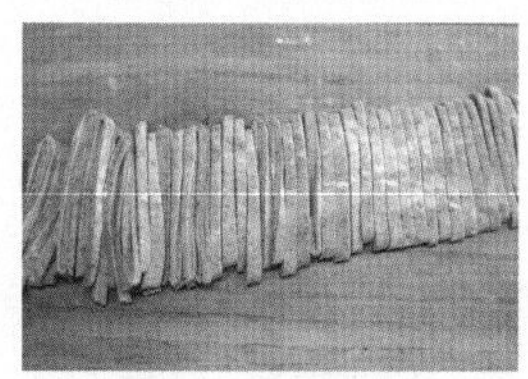

자운 레시피

쑥갓양갱 당근빵

 재료

쑥갓양갱 : 분쇄기에 간 쑥갓 3큰술, 한천 30g, 물 550ml, 황설탕 · 올리고당 100ml씩, 소금 약간

당근빵 : 당근 150g, 달걀 2개, 황설탕 3큰술, 우유 200ml, 물 100ml, 올리브유 1큰술, 통밀가루 350g, 베이킹파우더 2작은술, 소금 1작은술

만드는 방법

① 당근은 고운 채칼로 치거나 도마에 놓고 잘게 다져서 반죽한다. (반죽 방법은 119쪽 '토마토현미 컵케이크' 레시피를 참조)

② 사각틀에 반죽을 담아 김 오른 찜솥에 30분 정도 찐다. 식으면 당근빵의 높이가 틀의 절반 정도가 되도록 윗면을 판판하게 다듬는다.

③ 실한천은 물에 불려 부드러워지면 건져서 물기를 뺀다. 냄비나 조림팬에 물을 끓여 한천을 푼 뒤, 올리고당과 설탕을 넣는다. 설탕이 녹으면 쑥갓을 넣고, 부글부글 끓으면 약한 불에서 주걱으로 저어가며 걸쭉해지도록 졸인다. (덜 졸이면 굳은 후 찰기가 부족하고 지나치게 열을 가하면 양이 적고 단단해진다.)

④ 틀에 당근빵을 담고 남는 여백에 약간 식힌 쑥갓양갱을 부어 굳힌다. 단단하게 굳으면 틀을 들어내고 먹기 좋은 크기로 자른다.

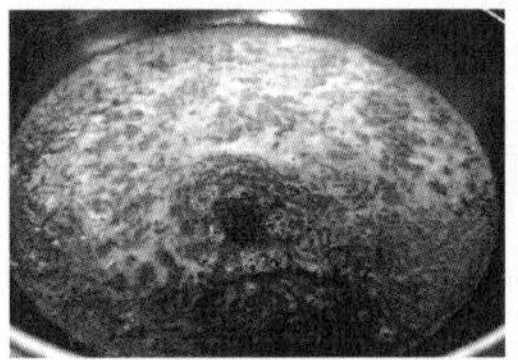

쑥갓현미전

재료

쑥갓 40g, 양파 1/4개, 홍고추 1개, 현미가루 2/3컵, 통밀가루 1/3컵, 소금 약간, 물 1/3컵, 들기름, 초간장

만드는 방법

① 쑥갓과 양파는 잘게 썰고, 고명으로 얹을 홍고추는 링 모양으로 가늘게 썰어 씨를 털어낸다.

② 쌀가루, 밀가루, 소금, 쑥갓, 양파를 고루 섞고, 쌀가루의 수분을 감안해서 물은 밀가루만 했을 때보다 적게 넣어 약간 되직하게 반죽한다.

③ 팬에 들기름을 두르고 달궈지면 약한 불로 줄인다. 반죽을 한 숟갈씩 떠서 홍고추 한 조각씩 올리고, 밑면이 익으면 뒤집어 노릇노릇하게 지진다. (쌀가루반죽은 더 오래 익힌다.)

④ 채반에 받쳐 한 김 나가면 초간장과 함께 낸다.

쑥갓두부무침

재료

쑥갓 넉넉하게 한 줌, 두부 1/2모, 맛간장 · 참기름 · 통깨 약간씩

만드는 방법

① 쑥갓은 끓는 물에 데쳐 찬물에 헹궈서 건지고, 쑥갓 데친 물에 두부를 익힌다.

② 데친 쑥갓은 물기를 짜고 두세 번 잘라 펼쳐 놓는다.

③ 두부가 식으면 도마에 놓고 칼등으로 눌러 으깬 뒤 쑥갓에 섞는다.

④ 맛간장, 참기름, 통깨를 넣고 조물조물 무친다.

근대

심는 때	4월 중순~5월 하순 / 8월 하순~9월 초순
심는 법	직파 또는 모종
거두는 때	6월 초순~7월 하순 / 10월 초순~12월 초순
관리 포인트	월동이 되면 채종 가능, 결실 유도하기

어릴 적에 자주 먹었던 때문인지 여름 채소 삼총사 중에 제일 친숙한 근대는 밭을 일구기 전에도 심심찮게 밥상에 올리곤 했다. 된장을 풀어 국을 끓이면 푸근한 맛도 좋거니와 아욱이나 쑥갓보다 거두는 시기도 길고 수확량도 더 많아 장바구니에 담길 확률이 그만큼 높았던 것 같다.

봄에 심으면 초여름부터 거두기 시작해 장마철이면 시들해졌다 찬바람이 불면 다시 잎이 자라 초겨울까지 먹는다. 본래 여러해살이풀이지만 보통 한해살이 혹은 두해살이로 자라고, 기후가 적절하면 겨울을 날 수 있다. 봄철 노지에 파종할 무렵이면 월동근대는 잎을 거둬 먹을 수 있는데 여름 근대보다 두툼하고 크기도 더 커서 몇 장만 잘라도 국 한 냄비는 넉넉히 끓인다. 양도 많고 씹히는 맛도 진한 데다 월동 시금치와 비슷한 단맛이 나서 왜일까 했더니 둘 다 명아주과 식물이다. 초여름엔 풋풋한 맛을, 무사히 월동한다면 진한 맛도 즐기고 씨앗도 풍성하게 받을 수 있다.

심고 가꾸기

씨앗은 시중 종묘상에서 구입한다. 촘촘하게 심었다 솎아내도 되지만 산골에선 20센티미터 간격으로, 직파와 모종 두 가지 방법으로 심는다. 잘 자라다 장마가 가까워지면 성장은 주춤하고 본격적인 장마철에 접어들면 잎이 삶은 것처럼 녹아내리기도 한다. 이럴 때는 뿌리는 남겨둔 채 잎줄기만 낮게 잘라낸다. 입추 지나고 일교차가 커지면서 가을채소 파종시기가 되면 다시 새잎이 돋아 산골 추위에도 12월 초순까지 거둘 수 있으니 가을파종은 별도로 하지 않아도 된다.

근대의 진한 맛도 즐기고 씨앗도 받으려면 월동을 해야 하는데 월동 여부는 기후에 따라 판가름이 난다. 산골처럼 추위가 심한 곳에서 결실을 유도하려면 가을재배가 안전하지만, 가을 파종도 노지 월동은 번번이 실패였다. 어렵사리 추위를 견뎌도 봄에 새잎을 밀어내진 못

순한 맛과 높은 영양을 고루 갖춘 근대는 혈액순환, 피부 건강, 다이어트에 좋은 식품이다. 무기질과 비타민이 풍부하고, 소화 기능을 원활하게 하며, 열을 내린다.

했다. 곰곰 생각 끝에 4년차 가을에 가온되는 비닐하우스에 심은 다섯 구는 이듬해 6월 중순에 꽃이 만발하더니 엄청난 씨앗을 남겼다.

월동한 뿌리 모두 꽃이 피지는 않았는데 오히려 더 좋은 결과가 되었다. 잎을 잘라주면 곧바로 새잎이 돋아나고, 비닐하우스 안이라 비가림이 되어 장마철에도 싱싱한 잎을 거둘 수 있었다. 12월 초순에 마지막으로 거두면서 뿌리는 남겨두고 밑동을 낮게 잘랐다. 결실을 맺은 뿌리는 소멸될 수도 있고 다시 싹을 틔울 수도 있지만, 월동해서 꽃이 피지 않은 뿌리는 이듬해 새잎이 돋을 가능성이 높다. 산골처럼 기온이 낮을 경우, 비닐하우스가 있다면 가온시설 없어도 가을에 심어 월동시킬 수 있다.

거두고 갈무리하기

잎을 자르면 다시금 새잎이 돋아나는 근대는 뿌리는 그대로 두고 잎만 거둔다. 그렇다고 잎을 모조리 잘라내면 이후 성장이 부진해질 수도 있으니 속잎 4~5장을 남기고 겉잎만 뜯는다. 6월 초순부터 7월 초순, 길면 중순까지 거두고 한여름이 지나 초가을에 다시 잎이 돋으면 초겨울까지 거둔다.

거두는 시기에 따라 잎의 질감이 다르고 맛도 조금씩 다르다. 보들보들한 맛은 여름근대가 낫고, 톡톡하게 씹히는 맛은 월동근대가 단연 우위다. 월동한 뿌리에서 새잎이 돋으면 4월 중하순부터 꽃이 피기 전까지 아래쪽 잎을 따고, 많이 거뒀으면 데쳐서 냉동 보관한다.

월동근대는 꽃이 필 무렵이면 허리 높이 정도로 크게 자라 줄기가 심하게 기울어진다. 지주대를 세워 잡아주고, 결실이 되면 7월 중하순에 줄기를 자르고 말려서 씨앗만 받는다.

먹는 방법

잎줄기를 식용하는 근대는 여간해서는 생으로 먹지 않는다. 익혀 먹어야 식감도 좋고 체내흡수율도 높아진다. 속을 풀기 좋을 만큼 시원한 된장국은 굴이나 바지락을 넣어도 좋고, 멸치나 디포리 육수만으로도 맛내기는 충분하다. 건더기를 넉넉하게 한 냄비 끓여서 근대를 먼저 건져먹고, 몇 번 데워 진해진 국물은 수제비 · 만둣국 · 누룽지 · 죽으로 분위기를 바꿀 수도 있다. 색다른 맛과 간편한 상차림이 좋아 때로는 나중의 것을 먹기 위해 일부러 국을 끓이기도 한다. 또는 맑은 장국에 부드러운 근대를 가볍게 익혀 여름 만두인 호박편수를 띄워도 담백한 맛이 일품이다.

도톰한 잎줄기는 끓는 물에 데치면 아삭아삭 씹히는 맛이 좋아 나물로 무치고, 넓은 잎은 쌈으로 먹는다. 간장보다는 된장이 잘 어울리는 근대는 나물로 무칠 때는 호박된장에 참기름을 넣거나 호박된장이 없으면 된장과 고추장을 섞어 대신한다. 쌈밥으로 먹을 때는 데쳐서 물기 뺀 근대잎을 판판하게 펼친 뒤, 고슬고슬하게 지은 밥 한 숟갈에 호박된장을 약간 얹어 돌돌 말아준다. 밥은 맨밥이어도 되고, 참기름 · 맛간장으로 심심하게 간을 하거나 초밥처럼 단촛물로 비벼도 감칠맛이 난다.

들깻가루나 카레도 근대와 궁합이 잘 맞는다. 한입 크기로 썬 근대를 들기름에 볶아 된장으로 간을 하고 국물을 자작하게 부어 익힌 후, 근대가 살짝 부드러워지면 육수에 풀어놓은 들깻가루를 넣어 근대 들깨찜을 하거나 국물을 더 넣어 탕을 만들어도 된다.

양파, 당근, 감자를 기본재료로 하는 카레소스에 감자 대신 근대를 듬뿍 넣어도 맛있다. 소스는 충분히 끓이고 채소는 적당히 익히면 아삭한 식감이 감칠맛을 더해주고 카레의 풍미도 잘 살아난다. 조갯살이나 굴을 넣으면 더 맛있고, 월동한 뿌리에서 자란 진녹색의 두툼한 잎으로 하면 식감도 좋고 맛이 한층 진해진다. 산골밥상에 자주 오르는 근대요리는 월동근대로 만든 카레로, 밥에 얹기도 하고 손국수를 비비거나 빵에 곁들여도 삼삼하게 잘 어울린다.

순한 맛과 높은 영양을 고루 갖춘 근대는 혈액순환, 피부 건강, 다이어트에 좋은 식품이다. 무기질과 비타민이 풍부해 밤눈이 어두운 사람에게 약이 되고, 소화 기능을 원활하게 하는 성분이 있어 위와 장이 약할 때 식이요법으로도 이용한다. 근대죽은 열을 내리고 이질의 열독을 다스리는 효과도 있다고 하는데 현미와 근대만으로 죽을 끓여도 구수하고, 된장과 잘 어울리는 미더덕 또는 비슷하게 생긴 오만둥이를 갈아 넣으면 맛과 영양이 더 좋아진다.

* 여름철에 먹기 좋은 채소로 양상추도 키워볼 만하다. 몇 포기만 있어도 거둠이 실해 모종을 사다 심는 것이 간편하다. 기껏 심어놓고도 벌레에게 뜯겨 거둘 게 없는 양배추와 비교하면 양상추 재배는 거저나 다름없다. 봄에 심는 채소들 중에 성장이 빨라 일찌감치 생채소를 먹을 수 있다. 벌레 피해가 없는 대신 고라니에게 눈도장 찍히면 남아나질 않으니 미리 대비를 해두는 게 좋다.

자운 레시피

근대탕 삼색만두

재료

작은 근대 잎 10장, 찐만두 3개, 당근 · 우럭조개 약간씩, 달걀 1개, 육수 3컵, 된장 · 맛간장 1큰술, 소금, 식용유

* 만두 만들기는 86쪽 '호박편수' 참조(만두소는 호박편수와 같고, 만두피는 밀가루 · 깻잎분말 · 삶아서 간 갓끈동부 반죽 세 가지)

만드는 방법

① 근대는 씻어서 건져 손가락 두 마디 길이로 썬다.

② 달걀을 풀어 소금을 약간 넣고 기름 두른 팬에 지단을 부쳐서 채 썬다. 당근은 채 썰어 소금을 약간 넣고 볶는다.

③ 육수에 된장을 체에 걸러서 넣고 끓이다 맛간장으로 간을 한다. 근대와 우럭조갯살을 넣어 끓이다가 만두를 넣어 좀 더 끓인다. (찐만두라 오래 끓이지 않아도 된다.)

④ 그릇에 담아 ②를 고명으로 올린다.

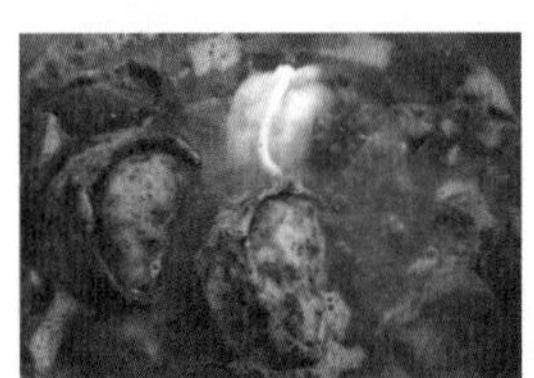

근대 미더덕죽

 재료

근대 넉넉하게 두 줌, 당근 약간, 현미 2컵,
미더덕 간 것 1⅔컵, 된장 3큰술, 물 8~9컵

만드는 방법

① 현미는 한나절 정도 물에 불려 씻어서 건지고, 근대와 당근은 잘게 썬다.

② 냄비에 물을 4컵 정도 붓고 된장을 체에 걸러 심심하게 간을 해서 끓이다가 미더덕을 넣고 끓인다.

③ 된장국이 팔팔 끓으면 나머지 물을 붓고 현미를 넣어 끓인다.

④ 현미가 푹 퍼지면 약불로 줄여 근대와 당근을 넣고 주걱으로 저어가며 좀더 끓인다.

근대들깨찜

 재료

근대 두 줌, 된장 1큰술, 들깻가루 3큰술,
찹쌀가루 2/3큰술, 물 1~1½컵, 들기름

만드는 방법

① 근대는 씻어서 물기를 뺀 뒤, 손가락 두 마디 길이로 썬다.

② 팬에 기름을 두르고 달궈지면 근대를 넣어 볶는다.

③ 들깻가루와 찹쌀가루에 물을 약간 부어 풀어놓고, 나머지 물에 된장을 풀어 ②에 넣고 끓인다.

④ 근대가 부드럽게 익으면 약불로 줄여 ③의 들깻가루 물을 붓고 가볍게 뒤적여가며 조금 더 익힌다.

참외

심는 때	4월 하순~7월 중순(장마 끝날 무렵)
심는 법	모종 또는 직파
거두는 때	7월 하순~10월 초순
관리 포인트	원순 잘라주기

텃밭 경력이 한 해 한 해 더해지면서 먹을거리의 자급자족 비율이 점차 높아지고 있다. 작물의 종에는 큰 변화가 없어도 식재료를 활용하는 솜씨가 늘어 필요와 욕구가 잘 맞아떨어진 데다, 예전엔 즐겨 먹었던 것도 손수 일구지 않으니 마음에서도 멀어지는지 궁금하지가 않은 것이다. 그렇게 멀어진 것 중에 하나가 과일인데 나처럼 과일 안 먹는 사람도 있을까 싶을 정도로 거의 잊고 산다. 별학섬에서 먹었던 무농약 감귤, 복숭아, 자두, 까치가 넘보던 홍시, 미처 다 먹지 못해 해마다 추석 무렵이면 한 솥 그득 끓여서 잼을 만들던 무화과가 눈앞에 아른거릴 때도 있지만 신선한 채소에 빠져들다 보면 아쉬움은 이내 사라진다.

훼이조아, 단호두, 씨살구, 개암나무 등의 과수 묘목을 3년차 봄에 심었으니 열매를 거두는 것은 먼 훗날의 일이다. 산골에서 거둬서 먹을 수 있는 과일은 딸기와 참외 달랑 두 종류다. 늦은 봄부터 하지 무렵까지 따먹던 딸기가 끝물에 이를 때쯤 작고 노란 참외꽃이 피기 시작한다.

노란참외, 흰참외, 호박참외, 사과참외, 개구리참외 등 종류가 여럿이어도 몇 년째 꾸준하게 많이 심는 참외는 개구리참외와 초록참외 원종이다. 다 익어도 풋열매와 색깔의 변화가 없는 개구리참외와 달고 부드러운 과육과 아삭한 껍질을 같이 먹어야 제맛이 나는 초록참외는 익는 시기를 가늠하지 못해 일찌감치 따도 채소반찬으로 먹을 수 있어 아무 때라도 맘 놓고 거둔다. 매년 씨앗을 받아 심어서 풋열매는 채소로, 완숙한 열매는 과일로 먹는다.

심고 가꾸기

모종은 4월 하순에, 직파를 하려면 5월 중순에 시작한다. 지온이 낮은 봄철에 모종을 만들면 한 달 정도 시차를 둬도 성장에 별 차이가 없다. 그래서 모종도 5월 중순에 시작하면 좀더 튼튼하게 키울 수 있고, 모종이 실하면 노지 적응도 그만큼 빠르다.

포트 모종은 본잎이 서너 장 나왔을 때 옮겨 심는다. 일조량과 물 빠짐이 좋은 곳에, 포기 간격은 두 발짝 이상 유지해 줄기가 뻗어나갈 공간을 확보해준다. 짚을 깔아주면 덩굴손이 감기도 좋고, 열매가 땅에 닿지 않아 깔끔하다. 게다가 수분도 적절하게 유지해주고, 자생초 차단 효과까지 있어 일손이 한결 가벼워진다.

참외는 원순을 잘라주지 않으면 생육기간이 짧고 수확량도 적다. 원순을 자르는 방법은 원줄기가 7마디 이상 자라면 7마디만 남기고 줄기 끝을 잘라준다. 잘라낸 원줄기에서 나온 아들순이 4마디 이상 자라면 3~4마디 남기고 잘라준다. 아들순에서 가지가 나오면 손자순이 되는데 이때 열리는 열매를 키운다.

무슨 얘긴지는 금방 알아들을 수 있지만 실제로 해보면 간단치가 않다. 성장 초기에 벌레나 그 외에 다른 이유로 장애가 생기면 원줄기에서 재빠르게 새 가지가 나와 원줄기와 비슷한 속도로 자라다 보니

어디가 진짜 원줄기인지 구분이 잘 안 된다. 4년차부터는 제대로 해보려고 단단히 벼르고 때를 기다렸지만 아들순까지만 손을 대고 그 다음은 참외에게 맡겼다. '참외, 너 알아서 하세요.'

일찍 심은 참외는 왕성하게 자랄 때 장마와 겹치면 썩기도 하고 잘 익었다가도 물러지거나 터지기도 한다. 장마 끝날 무렵에 심으면 습해도 적게 입고 봄에 심었을 때보다 빨리 열매를 맺어 수확이 빠르다. 습도가 높을 때, 열매가 물러질까봐 플라스틱으로 된 사각형 받침대를 받쳐놓기도 하고 마른 풀을 잘라 똬리를 틀어 깔아준 적도 있었는데 그다지 덕을 본 것 같지는 않다. 잘못하면 둘 다 역효과가 날 수도 있다. 참외뿐 아니라 호박이나 동아 등 열매채소를 보호하려면 짚으로 방석을 만들어서 받쳐주는 게 좋다.

모종을 키우는 용도로 사용하는 비닐하우스는 쓰임이 다하면 여름내 비워둔다. 만들어 놓은 모종이 남아돌아 심을 곳이 마땅치 않으면 비닐하우스에 심기도 하는데 장마철이 되면 노지 재배와 확연히 구분된다. 노지에선 장맛비에 열매가 상할 수는 있어도 여간해서 벌레가 꼬이지는 않는다. 그러나 비닐하우스에서 재배한 열매는 매끄럽게 열려도 잎에 하얀 가루 같은 벌레가 생겨 미처 익기도 전에 잎줄기가 말라버린다. 확산되기 전에 물에 희석한 물엿을 잎의 앞뒷면에 골고루 분사해주면 반찬으로 먹는 풋열매는 무난하게 거두고, 운이 좋으면 완숙한 열매도 얻을 수 있다. 하우스 재배가 남는 공간을 활용하기에는 좋으나 역시 노지 재배가 관리하기도 쉽고 당도도 더 높다.

거두고 갈무리하기

해마다 제일 이르게 맛보는 참외는 자연 발아한 싹이 맺은 열매다. 살아갈 만한 환경이 되었는지를 스스로 감지해 싹을 틔우기 때문에 기온이 좀 낮아도 성장에 장애를 받지 않는다. 싹이 돋는 그 시기에 직

파한다면 지온이 낮아 발아하기 어렵고 모종을 심는다 해도 정지 상태로 머물러 있기 십상이다. 심지 않고도 거두는 불로소득에 재미를 들여 잘 익고도 심하게 물러진 참외는 닭한테도 나눠주면서 조금 남겼다 이듬해 참외가 자라도 좋을 만한 곳에 씨앗을 던져놓는다. 박이나 동아도 해마다 불로소득이 생기는데 가장 많이 자연 발아하는 작물은 참외다.

장마는 한 번으로 끝이 날 때도 있지만 늦여름이면 태풍을 동반한 늦장마가 찾아오기도 한다. 여문 것 같은 열매는 날씨를 살펴가면서 미리 거둬들인다. 참외는 다 익으면 배꼽 부분이 쏙 들어간다고 했던가. 노란참외 같으면 색깔로 구분한다지만 초록참외는 색깔만 봐서는 알 수가 없다. 냄새를 맡아보고 딱 알맞은 시기를 가늠하려면 감각이 좀 따라줘야 할 것 같다.

농익었다면 근처만 지나가도 단내가 진동을 한다. 3년차 여름에 코를 비틀어 쥐게 하는 단내에 이끌려 들여다본 참외는 몸통 일부가 떨어져 나간 채 노르스름한 단물을 그득 담고 속 깊은 우물처럼 변해 있었다. 두 손으로 감싸도 모자랄 만큼 크게 자라 잔뜩 기대를 모았건만 조금만 더 익기를 기다리는 동안 억수로 퍼붓는 비를 못 견디고 뻥 터져버린 모양이었다. 씨앗이라도 챙길 욕심에 손을 내밀었더니 먼저 찜한 이웃이 잠깐만 기다리란다. 벌 한 마리가 젖은 날개를 퍼덕이며 노란 우물 밖으로 헤엄쳐 나오는 중이었다. 달콤한 유혹에 빠져든 값을 톡톡히 치르고 있었다. 벌이 날아가길 기다렸다 씨앗을 긁어내면서 한입 떼어 맛본 참외는 숨이 넘어갈 정도로 달았다. 아쉽고 아까운 참외! 온전히 내 몫으로 만들려면 기회를 잘 포착해야 한다.

씨앗은 잘 익은 참외를 먹을 때마다 받아서 그 중에 제일 실한 것으로 준비하는데 4년차에 심은 초록참외는 벌이 입맛을 다셨던 그 참외다. 씨앗은 물로 씻어서 과육과 완전하게 분리한 후 바짝 말려서 보관한다.

먹는 방법

참외는 달고 수분이 많아 갈증 해소에 좋고, 공복에 먹어도 속 쓰리지 않아 허기질 때면 밥을 대신해도 좋다. 비닐하우스 재배가 보편화되면서 계절이 무색해지고 있지만 자고로 참외는 여름과일이다. 제철에 먹어야 과일의 참맛이 있고 몸에도 이로운 법이다. 껍질이 달콤하고 아삭한 초록참외는 물론 노란참외, 흰참외도 껍질째 먹는다.

초록참외는 노란참외에 비해 과육은 약간 무르지만 당도는 훨씬 높다. 첫 수확한 참외 맛은 대개 수돗가에서 보기 일쑤다. 물에 한 번 씻어서 그 자리에서 깨물어 먹으면 언제나 한결같은 맛! 한입 베어 물면 입꼬리는 올라가고 눈은 사르르 감긴다.

과일 그 자체로도 충분히 맛있지만 껍질째 썰어서 빙수나 크림케이크 장식으로 활용하면 모양도 나고 적은 양으로도 풍성하고 화려하게 즐길 수 있다. 국수를 말거나 음료로 마시는 콩물에 초록참외 몇 조각만 띄우면 콩물화채가 되고, 참외를 갈아서 걸쭉한 콩물과 섞어 살짝 얼리면 떠먹기 좋은 참외셔벗(샤베트)이 된다. 팥을 삶고 얼음을 갈아야 하는 빙수보다 준비도 간편하다.

덜 익은 초록참외는 그냥 먹으면 덤덤해도 양념을 하면 사각사각해지면서 숨어 있는 단맛이 살아나 향도 진해진다. 얄팍하게 썬 풋참외를 소금에 절여서 홍고추를 갈아 넣고 멸치액젓으로 간을 하는 참외김치의 감칠맛은 과일과 채소의 두 가지 맛을 동시에 안겨준다. 오이와 비교하면 생채는 재래종 오이가 더 맛있지만 절여서 담근 김치는 향이 진한 초록참외가 한 수 위다. 단, 아삭하고 살이 단단한 풋참외로 담가야 맛깔스럽다.

채 썬 풋참외를 절이지 않고 고추장, 고춧가루, 맛간장, 참외즙으로 매콤달콤하게 버무려 국물이 자박해지면 소면이나 손으로 뽑은 쫄깃한 손국수를 비벼도 맛있다. 은은

한 참외 향에 시원함이 더해지는 냉국은 오이냉국처럼 아삭한 초록 참외 풋열매를 채 썰어 소금 또는 맛간장으로 간을 한 후 차가운 육수를 부어준다.

참외로도 장아찌를 담근다. 단단한 풋참외를 반으로 갈라 속을 긁어내고 굵은 소금을 뿌려서 절인 후, 참외에서 수분이 빠져나와 소금물이 생기면 따라내 끓였다가 식혀서 붓기를 반복해준다. 무치는 방법은 오이지무침과 같다. 대파나 쪽파, 참기름, 통깨를 넣고 조물조물 무쳐서 만둣국, 떡국, 김밥, 비빔밥, 칼국수에 곁들여도 좋고, 단촛물에 비빈 검정동부 주먹밥에 장아찌를 얹어 한입에 쏙 넣으면 달고 폭신한 밥과 꼬들꼬들 씹히는 참외장아찌가 절묘하게 어우러진다. 풋참외를 식재료로 사용할 때, 노란참외로 해도 되지만 당도나 아삭한 맛은 초록참외만 못하다.

초록참외는 껍질째 갈아서 음료로 마시거나 샐러드소스로 활용하면 색, 맛, 향의 구색이 척척 맞는다. 참외소스는 잘 익은 초록참외가 제격이지만 당도가 아주 낮은 참외로 만들어도 된다.

노르스름하게 익는 큼지막한 호박참외는 향이 은은하게 풍겨도 달지 않아 맛이 싱겁고, 과육은 아삭하기는커녕 삶은 듯 푸석거린다. 약간만 덜 익었을 때 채소처럼 먹어야 맛있다고 하는데 푹 익은 열매를 거둬 놓고 어떻게 다뤄야 할지 몰라 난감했다. 잘 모를 때는 그냥 한번 해보는 거다! 양파, 당근, 단맛이 진한 나물호박 애호박을 들기름과 참기름을 반반 섞어서 볶다가 육수를 약간 붓고, 곱게 간 호박참외를 넉넉하게 넣고 끓여서 맛간장으로 간을 한다. 밋밋한 소스에 맛간장이 약간 더해지니 입이 딱 벌어질 정도로 향긋하고 달콤하면서 국물이 그렇게 시원할 수가 없다. 여름날 따뜻하게 먹는 참외소스 샐러드는 색다른 맛이다. 다른 종류의 참외도 덜 익었거나, 다 익었어도 달지 않거나, 과육이 너무 물러지면 이와 같은 방법으로 맛을 낼 수 있을 것 같다.

자운 **레시피**

참외 김치

 재료

초록참외 풋참외 3개(1.4kg), 굵은소금 · 고춧가루 1½큰술씩, 멸치액젓 1½~2큰술, 홍고추 간 것 2큰술, 다진 마늘 1큰술, 대파 1뿌리, 통깨

만드는 방법

① 참외는 껍질째 씻어 반으로 자른다. 속을 긁어내고 반달 모양으로 조금 도톰하게 썬다.

② 굵은 소금을 뿌려 30분가량 절인 후, 씻어 소쿠리에 밭쳐 물기를 뺀다.

③ 홍고추 간 것, 고춧가루, 멸치액젓, 마늘을 고루 섞고 대파는 잘게 썬다.

④ 물기 뺀 참외에 ③과 통깨를 넣어 버무린다.

자운 **레시피**

참외소스 황궁채 샐러드

 재료

황궁채 어린 잎 20~25장, 애호박(나물호박) · 양파 · 당근 약간씩, 청고추 2개, 호박참외 간 것 150ml, 물 · 맛간장 1½큰술씩, 올리고당 2/3큰술, 반반 섞은 들기름 · 참기름

 만드는 방법

① 익어도 당도가 낮은 호박참외는 깍둑썰기해서 분쇄기에 갈아준다.

② 황궁채는 씻어 건진다. 고추, 당근, 양파, 나물호박은 비슷한 크기로 잘게 썬다.

③ 팬에 기름을 두르고 감자와 양파를 먼저 볶다가 양파가 조금 투명해지면 애호박을 넣고 더 볶아서 물을 붓고 끓인다.

④ 채소가 익으면 호박참외 간 것을 넣고 끓인다. 맛간장으로 간을 하고, 올리고당과 고추를 넣어 좀더 끓인다.

⑤ 접시 가장자리에 황궁채를 깔고 보글보글 끓인 ④를 붓는다. 황궁채 대여섯 장을 올려 따뜻한 소스에 버무려 먹는다.

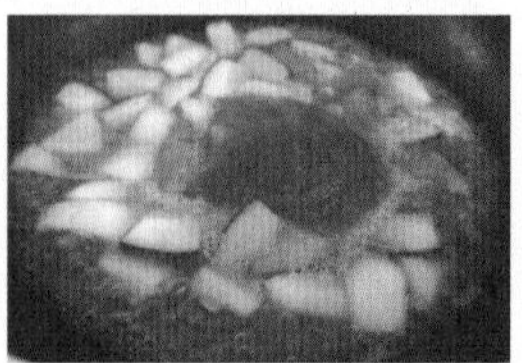

참외생채 비빔국수

 재료

초록참외 풋참외 1개(450g), 애호박국수 반죽 150g, 양파 · 당근 · 통깨 약간씩

애호박국수 반죽(3인분) : 통밀가루 300g, 애호박 간 것 180ml, 소금 1작은술

비빔양념 : 육수 조금 넣어 풋참외 간 것 1컵, 고춧가루 1½~2큰술, 맛간장 · 고추장 · 식초 1큰술씩, 조청 2/3큰술

만드는 방법

① 참외는 반으로 갈라 속을 긁어낸다. 단단한 부분은 껍질째 채 썰고, 부드러운 과육은 육수를 조금 넣고 분쇄기에 곱게 갈아 비빔양념과 섞는다.

② 양파와 당근은 채 썬다.

③ 애호박을 잘게 썰어 분쇄기에 곱게 간다. 통밀가루에 소금을 섞은 후 간 호박을 두세 번에 나눠 넣으며 되직하게 반죽해서 매끈해지도록 치댄다. 반죽은 덧가루를 뿌려가며 얇게 민다. 두세 번 접어서 가늘게 썰어 팔팔 끓는 물에 삶아 찬물에 헹궈서 건진다.

④ 채 썬 참외, 당근, 양파, 비빔양념, 통깨를 섞어서 무침을 만든다. 생채무침의 1/4가량을 덜어놓고 국수를 비빈 뒤, 남은 생채를 고명으로 올린다.

* 초고추장 비빔국수는 물기가 적어도 되지만 생채비빔일 때는 국물이 자작한 것이 더 맛있다.

땅콩

심는 때	4월 하순~6월 중순
심는 법	모종 또는 직파
거두는 때	9월 중순~10월 초순
관리 포인트	꼼꼼한 자생초 관리, 적기에 거두기

"어이구야, 갈지 않는데도 잘 자라네!" 동네 어르신들의 감탄을 한 몸에 받는 주인공은 아담한 체구로 다부지게 자라는 땅콩이다. 동글동글한 잎을 촘촘히 매달고 부챗살처럼 반듯하게 펼친 줄기는 줄을 맞춰 심어서 가지런한 데다 순을 치지 않아도 다듬어놓은 것처럼 일정한 높이를 이루니 여러 작물 중에서도 단연 돋보인다. 우리 밭이라고 해서 더 빛이 나는 것도 아니고, 캐보기 전에는 얼마나 열렸는지 알 수 없는데도 갈지 않는 무경운 밭이다보니 두드러져 보이는 모양이다.

직접 키워서 요리해보기 전에는 땅콩이 맛있는 줄 몰랐다. 지금처럼 좋아하게 될 거라곤 짐작도 못했다. 어쩌다 먹었던 땅콩은 볶은 지 오래돼 쩐내가 나거나, 그렇지 않더라도 텁텁하고 뒷맛이 개운치 않아서 본래 맛이 없는 줄로만 알았다. 산골로 이사 오던 해에 지인이 농사지었다며 맛이나 보라고 준 땅콩을 받아들고도 심드렁했다. 맛도 없는 땅콩으로 대체 뭘 한다? 먹든 안 먹든 한 번 심어나 볼까?

종자용으로 한 줌 남겨놓고, 심심풀이로 생땅콩 한두 알을 집어 먹다 땅콩조림을 만들어봤다. 처음 만든 땅콩요리는 거짓말 조금 보태면 숨넘어갈 정도로 맛있었다. 별것 아닌 일에도 감동을 잘하는 데다 나누어 먹을 사람이 없어 검증되지 않은 솜씨임을 감안하더라도 산골서 만든 땅콩조림은 환상이었다. 그때부터 땅콩 심을 날을 두근두근 기다렸다. 땅콩 농사는 토양살충제 없이는 어렵다는 지인의 말이 떠올라 걱정은 됐지만 이렇게 맛있는 땅콩을 놓칠 수는 없었다. 일단 심어보자!

그렇게 시작한 땅콩농사 5년차에는 태평농에서 받은 흰땅콩, 세알땅콩, 적색땅콩 세 가지를 더해 땅콩밭 규모가 제법 커졌다.

심고 가꾸기

따뜻한 기후에서 잘 자라므로 심는 시기는 서두르지 않는다. 지온이 낮을 때 시작하면 한 달가량 차이를 둬도 정식해서 수확하기까지 별 차이가 없다. 4년차는 6월 중순에 모종을 만들어 7월 초순에 정식했는데 거두는 시기는 5월 초순에 만든 것보다 며칠만 늦었을 뿐이다. 종자가 실하면 직파해도 발아가 잘 되지만 산골에서는 모종을 만들어 정식한다. 간혹 비닐하우스 모종도 쥐가 파먹을 때가 있어 싹이 날 때까지는 망으로 덮어둔다. 싹이 난 상태에서 뽑힌 것은 곧바로 흙에 심으면 살릴 수 있다. 모종만 잘 키우면 노지에서는 벌레 피해 없이 결실까지 무난하게 이어진다.

심을 때는 줄을 잘 맞춰서 심되 포기 간격은 호미 길이를 기준으로 한다. 두 줄씩 약간 좁게 심고, 드나들기 좋게 충분한 공간을 두고 다시 두 줄을 붙여 심는다. 너무 좁게 심으면 서로 경합을 벌여 결실이 부실하고, 줄기가 웃자라면 겉보긴 그럴 듯해도 알이 실하지 않다.

땅콩은 자라는 모습이 특이하다. 이름 그대로 땅속에서 자라는 콩이다. 어느 정도 성장하다 꽃이 피는 작물과 달리 땅콩은 미처 크기도 전에 꽃이 피고, 꽃이 수정되면 씨방의 밑부분이 길게 자라 땅속으로 들어가 열매를 맺는다. 이런 습성 때문에 낙화생落花生이라고도 부른다. 종류별로 키나 잎 색깔, 가지가 번지는 정도가 조금씩 다르다. 대개 아담하게 자라지만 세알땅콩, 적색땅콩은 장마철에 접어들 무렵에 이미 무릎높이 이상 자라 가지가 옆으로 풍만하게 퍼졌고 숙기도 좀 빨랐다.

'땅콩밭 풀 잡기 어렵다'고들 하지만 풀 단속하기가 땅콩밭만 같으면 무슨 걱정일까 싶다. 줄기 틈새로 자란 풀을 제거할 때 열매 맺은 줄기를 건드리지 않으려면 주의를 기울여야 한다. 자생초 밑동을 잡고 살살 흔들면서 잡아당기면 쉽게 뽑힌다. 땅콩처럼 땅을 기름지게 하는 작물이 뿌린 내린 밭은 그렇지 않은 곳보다 자생초가 순하게 자라 다루기 쉽다. 월동작물이 잘 자랐거나 풀이나 왕겨 등으로 멀칭했다면 자생초는 여간해 싹을 틔우지 못한다. 3년차만 해도 장마를 전후로 1주일에 한 번 꼴로 가위를 잡았는데, 4년차는 입추가 지나도록 덮어둔 왕겨가 걷혔거나 땅콩을 심으면서 돌을 캐냈던 곳만 바랭이와 반동사니가 조금 돋아났을 뿐이었다.

말복도 지나고 입추가 지나 아침저녁으로 선선한 바람이 살랑대기 시작하면 작물들 성장에 큰 변화가 보인다. 여름내 자생초가 많았어도 이 시기에 이르면 눈에 띄게 줄어들고, 땅콩이 왕성하게 자라면서 뿌리 주변이 볼록하게 솟아오른다. 콩에 잘 모여드는 진딧물이나 노린재, 나방애벌레 등 성장을 방해하는 벌레가 꼬이지 않아 크게 마음 쓰지 않아도 되는 땅콩은 토양 조건만 맞으면 많은 수확을 보장하는 작물이다.

아쉽게도 산골 밭은 땅콩 생육에 적합하다는 물 빠짐이 좋은 모래흙과는 거리가 멀다. 그 때문인지 주렁주렁 열려도 빈 껍질이거나 껍질 안에서 썩은 것이 꽤 많은 편이다. 그럼에도 해마다 점점 좋아지고, 적지 않은 양을 거둘 수 있는 것은 가을에 심는 녹비식물인 보리의 영향인 듯하다. 땅콩은 같은 밭에 연이어 심으면 연작 피해가 있고, 콩과식물이 자랐던 밭도 피하는 것이 좋다고 하지만 가을에 월동작물을 심으면 연작 피해를 걱정하지 않아도 된다. 아무튼 월동작물을 재배하면 여러모로 밭을 관리하기가 수월하다. 수확을 코앞에 둔 땅콩밭이 파헤쳐진 적이 있었다. 너구리가 넘볼 줄은 생각지도 못했으니 미리 대비하지도 못했다. 웬만큼 여문 상태라 줄기째 거둬서 말리고, 나중을 대비해 땅콩밭만 망으로 울타리를 쳤다.

땅콩은 수확량과 상관없이 놓치고 싶지 않은 작물이다. 다양하게 맛내기에 좋을 뿐만 아니라, 출출하지만 뭘 먹기 어중간할 때 간식으로도 이만한 게 없고, 또 땅을 거름지게 해서 다음 작물 자라기에 좋은 환경을 만들어주니 말이다.

거두고 갈무리하기

수확 시기는 이파리 색이 변하는 것으로 가늠한다. 시기를 놓치면 껍질 속에서 싹이 나 농사를 잘 짓고도 낭패를 본다. 한두 포기 뽑아서 확인해보고 날씨가 맑을 때 거둬 줄기째 말린다. 덜 성숙했더라도 마르는 동안 자연스럽게 영양 이행이 이루어지면서 여물기 때문에 좀 더 실한 알맹이를 거둘 수 있다. 그늘지고 바람이 잘 통하는 곳에 줄을 매서 걸쳐두면 쉽게 마르는데 새들이 눈치 채는 날이면 한 톨도 남아나지 않는다. 잎줄기가 마르면 흔들었을 때 딸랑딸랑 소리가 난다. 그때쯤 땅콩만 따면 된다. 꼬투리를 따내고 남는 줄기와 잎은 밭에 돌려준다.

충분히 말린 다음 쭉정이도 골라내고 부피도 줄일 겸 껍질을 까서 보관한다. 이렇게 보관하면 공기나 햇볕에 닿아 산패될까 걱정하는데 산패 위험은 볶았을 때 해당한다. 날것일 때는 보관 방법만 유의하면 그럴 염려는 없는 것 같다. 충분히 말린 후 껍질을 까서 뚜껑이 있는 페트 용기에 담아 햇볕이 들지 않는 곳에 보관한다. 잘 말려서 갈무리해두면 이듬해 장마철이 돼도 벌레가 생기지 않지만 좀 눅눅해질 수는 있다. 이때까지 남아 있는 땅콩은 냉동실에 저장한다.

먹는 방법

건강과 관련해 신문이나 방송 등 여러 매체에서 현대인들의 위험한 식습관으로 당질의 과다 섭취를 강도 높게 지적한다. 밀가루 음식은 말할 것도 없고, 각종 조미료, 가공식품, 양념, 음료 등에 들어 있는 정제된 당질은 중독성이 강해 더 위험하다. 피로가 쉽게 쌓이고, 졸음이 쏟아지며 몽롱해지고, 두뇌 회전이 둔해져 무슨 일을 하든 능률을 떨어뜨리고, 노화도 부추긴다.

산골 텃밭에서 거둔 신선한 채소와 현미 위주의 식사를 하지만 빵을 즐겨 먹다보니 나 역시 '위험한 식습관'에서 완전히 자유롭지는 못하다. 그래서 뇌를 건강하게 만들어준다는 견과류인 땅콩을 반기는데 먹어보면 몸에 닿는 기운을 실감할 수 있다. 적게 먹어도 포만감이 크고, 고소한 맛과 풍부한 영양으로 헛헛하지 않다. 음식이 몸에 잘 맞으니 마음도 절로 평안해진다. 게다가 땅콩은 다루기도 쉬워 간식에서 일품요리까지 다양하게 즐길 수 있다.

땅콩을 간편하게 먹을 땐 삶거나 볶는데, 볶으면 고소한 맛은 좋아도 시간이 지나면 갓 볶았을 때의 신선한 맛이 떨어진다. 혹시라도 기름 성분이 산패되면 몸에는 오히려 독이 될 수도 있으니 볶은 땅콩은 되도록이면 즉시 먹는 게 좋다. 삶으면 볶은 것보다야 낫지만 역시 오래 뒀다 먹을 음식은 아니다. 직접 거둬 먹으면서 예전보다는 나아졌지만 갓 볶은 땅콩도 조금만 과하게 먹으면 속이 더부룩해진다. 그러나 한 번 더 열을 가해 조리하거나 다른 음식에 곁들이면 볶은 땅콩만 먹을 때보다 감칠맛도 좋고 소화도 잘된다.

볶은 땅콩은 빙수, 맛탕, 과일이나 채소샐러드에 넣으면 오도독 씹히는 맛이 일품이다. 성글게 으깨어 콩물크림이나 꿀에 섞어 빵이나 떡의 소로 넣기도 하고, 콩물이나 콩죽에 갈아 넣거나 고명으로 이용한다. 볶아서 으깬 땅콩을 걸쭉한 콩물에 넣어 따뜻하게 마시면 땅콩두유차가 된다. 시판용 두유는 속을 불편하게 하지만 직접 만들면 맛이 깔끔하고, 여기에 땅콩을 곁들이면 한층 구수하다.

땅콩은 삶아서 속껍질째 먹는 것이 소화가 잘된다. 속껍질이 벗겨지지 않도록 끓는 물에 식용유를 한두 방울 떨어뜨려 한소끔 익힌 땅콩을 양념장으로 조리면 산패될 염려도 없고 식감은 더 좋아진다. 심심하게 조리면 간식, 간간하게 조리면 밥반찬으로 좋은 땅콩조림은 멸치나 가래떡과 짝을 지어도 맛깔스럽다. 조림장은 맛간장을 이용한다. 예전에 먹었던 땅콩조림이 맛없었던 이유를 직접 조리해보고서 알았는데 간장 때문이었다. 시판하는 양조간장으로 조리면 들척지근해져 땅콩 고유의 맛을 알아채기가 어렵다.

밋밋한 빵에 삶은 땅콩을 약간만 넣어도 전체적인 맛이 달라진다. 밀가루에 쌀가루를 섞어 막걸리로 발효시킨 반죽에 삶은 땅콩을 고명으로 훌훌 뿌려주면 빵 맛도 땅콩 맛도 한층 새로워진다. 구운 빵에 넣어도 되지만 삶은 땅콩은 쌀찐빵일 때 땅콩도 빵도 더 맛있다.

또 땅콩은 약밥, 찰떡, 강정을 만드는 데 더없이 좋은 재료다. 알이 굵고 고소한 맛이 진하게 나는 흰들깨와 검은콩 등 몇 가지만으로도 강정 모양이 갖춰진다. 약밥과 찰떡에는 삶은 땅콩을 넣고, 강정에는 볶은 땅콩이라야 맛이 난다. 단백질을 보충하고 영양의 균형을 맞추기에도 좋은 땅콩이지만 설사를 자주 하거나 몸이 찬 사람은 조금만 먹는 게 좋다.

자운 레시피

땅콩 찰떡

재료

땅콩 1½컵, 찰현미 330g, 현미가루 70g, 수숫가루 60g, 소금 1/2큰술, 뜨거운 물 4큰술, 식용유 약간

만드는 방법

① 팔팔 끓는 물에 식용유 두어 방울 떨어뜨린 뒤, 땅콩을 넣고 한소끔 익혀서 건진다.

② 찰현미가루, 현미가루, 수숫가루, 소금에 뜨거운 물을 조금씩 넣어가며 손으로 비벼준다. 쥐어봐서 손자국이 날 정도로 가루에 수분이 배면 30분 정도 뒀다 굵은 체에 내려 땅콩을 섞는다.

③ 김 오른 찜솥에 면포를 깔고 ②를 안친 뒤, 위쪽도 면포를 덮어 30분간 찐다.

④ 떡 반죽을 약간 식혀서 기름을 살짝 묻힌 두꺼운 비닐로 감싸서 몇 번 치댄다. 가래떡보다 조금 굵게 모양을 잡아서 굳힌다. 넉넉하게 만들면 랩으로 말아 냉동실에 보관했다 먹을 때 한입 크기로 썰어도 된다.

* 따뜻하게 데운 콩물에 볶아서 으깬 땅콩을 넣은 두유차를 만들어 떡에 곁들이면 좋다.

자운 **레시피**

땅콩강정

 재료

땅콩 2컵, 서리태 · 흰들깨 1/2컵씩, 조청 6큰술, 황설탕 2큰술, 물 1큰술, 식용유 약간

만드는 방법

① 땅콩은 은근한 불에 볶아 식으면 껍질을 벗기고, 흰들깨와 해바라기씨도 각각 팬을 달궈 기름 없이 볶는다.

② 검은콩은 김 오른 찜솥에 40분쯤 쪄서 채반에 담아 물기를 날린다. 팬이 달궈지면 약불로 줄이고, 검은콩이 탁탁 튀는 소리를 내며 껍질이 살짝 터지도록 볶아서 ①과 섞는다. 찜과 볶음이 잘 됐는지는 한두 개 먹어보고 확인한다.

③ 강정 분량을 가늠해 적당한 크기의 사각틀을 준비해서 기름을 살짝만 고르게 묻힌다.

④ 조림 팬에 조청, 설탕, 물을 넣고 중불에서 끓인다. 보글보글 끓어오르면서 설탕이 녹으면 약불로 줄인 뒤, ②를 넣어 뒤적여가며 조리다 알맞게 엉겨 붙으면 불을 끈다.

⑤ 한 김 나가면 틀에 붓고 표면을 눌러 판판하게 다듬고, 약간 덜 굳었을 때 먹기 좋은 크기로 썬다.

* 시럽은 젓지 말고 충분히 끓이되, 강정 재료를 넣은 뒤에는 오래 조리지 않는다.

땅콩 맛간장조림

재료

생땅콩 2컵, 맛간장 3큰술, 황설탕 · 올리고당 2큰술씩, 조청 1큰술, 물 · 식용유 · 통깨 약간씩

만드는 방법

① 생땅콩은 팔팔 끓는 물에 식용유 두어 방울을 떨어뜨려 한소끔 익혀서 건진다. (익히면 비린 맛이 빠지고, 식용유를 넣으면 껍질이 벗겨지지 않는다.)

② 조림팬에 땅콩을 담고 푹 잠길 정도의 물을 부은 뒤 맛간장을 넣고 끓인다.

③ 국물이 반쯤 줄어들면 황설탕 · 올리고당 · 조청을 넣고 자작해질 때까지 은근한 불에서 천천히 조린다.

④ 윤기가 돌면 불을 끄고 통깨를 섞는다.

땅콩 단호박양갱

재료

땅콩 1½컵, 찐 단호박 500g, 실한천 13g, 물 400ml, 올리고당 70ml, 황설탕 3큰술, 소금 약간

만드는 방법

① 땅콩은 볶아서 껍질 벗겨 성글게 으깨고, 찐 단호박은 뜨거울 때 곱게 으깬다. (볶은 땅콩을 지퍼백에 담아 밀대로 눌러주면 깔끔하게 으깨진다.)

② 실한천은 물에 불려서 부드러워지면 건져서 물기를 뺀다.

③ 조림팬이나 냄비의 물이 팔팔 끓으면 한천을 넣는다. 말갛게 풀어지면 올리고당과 설탕을 넣어 끓인다.

④ 설탕이 녹으면 불을 끄고 단호박을 고루 풀어준 뒤, 약불에서 주걱으로 저으며 뻑뻑해지도록 졸인다.

⑤ 으깬 땅콩을 틀에 조금씩 넣고, 나머지는 ④에 섞어 한 김 나가면 틀에 붓는다. 굳으면 엎어서 꺼낸다.

옥수수

심는 때	5월 초순~7월 하순(장마 끝날 무렵)
심는 법	직파 또는 모종
거두는 때	8월 초순~10월 중순
관리 포인트	진딧물 · 나방애벌레 주의

가장 맛있는 옥수수는 밭에서 따자마자 그 자리에서 바로 쪄 먹는 풋옥수수다. 그 정도로 시간이 지날수록 달고 고소한 맛이 줄어든다. 해마다 첫맛은 어느 정도 여물었는지 확인하는 차원에서 한두 개 따서 밥에 얹어 쪄서 맛보는데 그때 먹는 옥수수는 가히 꿀맛이다.

어릴 때부터 무척이나 싫어했던 먹을거리 중에 하나가 쉽게 배가 부르고 금세 지루해지며 뒷맛이 텁텁한 찐 옥수수였다. 먹을 기회는 많았어도 도무지 입에 당기질 않아 점점 멀리하다가 언제부터인지 아예 먹지를 않았다. 그런 옥수수에 마음이 끌린 건 별학섬 고방연구원에서 풋옥수수를 따자마자 하모니카를 불듯 입을 대보고 나서다. 익히지 않은 생옥수수인데도 말랑말랑하고 입안 가득 달고 시원한 물이 고여 마치 과일을 먹는 것 같았다. 누군가에게 이런 이야기를 들었다면 맛있어봤자 옥수수이지 별다른 맛이 나겠나 했을 것이다. 눈으로 보기만 해도, 전해 듣기만 해도 맛이 느껴지는 음식도 있지만 참맛은 직접 먹어봐야 안다.

옥수수는 종자에 따라 맛이 다르고 같은 종자라도 거두는 시기나 재배 방법, 먹는 방법이 맛을 크게 좌우한다. 풋옥수수일 때 따자마자 먹어보면 달고 시원한 맛이 난다. 익히면 단맛과 찰기는 더 좋아진다. 손수 심어서 거둬보지 않았다면 지금도 내게 옥수수는 맛없는 음식이었을 테고 여전히 눈길도 주지 않았을 것이다. 맛이 있으면 저절로 맛 자랑을 하게 되는 법, 지인들에게 진짜 맛있는 옥수수라고 하면 다들 찰옥수수냐고 묻는다. 그 물음에 찰기는 먹기 좋을 만큼 적당하고, 종자로도 충실하고, 자생력이 강해 잘 자라고, 본래의 맛이 살아있는 옥수수라고 답하면 어리둥절한 표정으로 되묻는다. 그게 어떤 옥수수인데?

심고 가꾸기

옥수수도 지온이 낮으면 성장이 더디다. 남부지방 같으면 좀더 일찍 심어도 되겠지만 산골에서는 5월 초순에 모종을 만들기 시작하고, 첫 모종을 정식하고 나서 두세 차례 나눠서 직파한다. 같은 옥수수라도 풋것일 때 더 맛있는 옥수수는 심는 시기를 분산하면 단계적으로 거둘 수 있어 먹기도 좋고 갈무리하기도 여유롭다.

일교차가 커지기 시작하면 성장속도가 빨라져 8월 중순에 심어도 서리 전에 거둘 수 있다고 하는데, 내 경우 제일 늦게 직파한 게 7월 하순이다. 몇 포기만 키우면 가루받이가 제대로 이루어지지 않아 이빨 빠진 옥수수가 될 수 있으니 한곳에 몰아서 심거나 어느 정도 무리지어 자랄 수 있게 자리를 잡아준다.

산골 옥수수는 붉은 옥수수다. 가루를 내 떡을 찌거나 빵을 만들면 수수와 비슷한 색과 맛이 난다. 옥수수가 수수의 변이종이라 붉은 옥수수의 맛이 수수에 가깝지 않나 싶다. 수수는 독성이 있는 종자도 있지만 옥수수는 어떤 종류라도 독성이 없고, 인위적으로 개량된 종자가 아니어도 다른 옥수수와 교잡이 쉽게 이루어지는 특성이 있다. 색깔이 다른 옥수수가 섞였다면 교잡 정도가 심할수록 알록달록해진다. 섞이지 않게 하려면 꽃 피는 시기가 20일 이상 차이 나도록 간격을 두고 심는다. 초기 성장이 더딜 때는 일찍 심은 것이나 조금 나중 심은 것이나 개화에 큰 차이가 없어 종자가 여럿이면 지온을 감안해 심는 시기에 주의를 기울여야 한다.

거름으로 큰다는 호박은 심기만 하면 저 알아서 자란다. 옥수수야말로 거름을 탐하는 작물이지만 지력이 살아 있으면 별도로 거름을 하지 않아도 된다. 심는 시기만 지온에 맞추면 열매를 맺기까지 마음 졸일 일이 없다. 작물이 잘 자라지 않으면, 때 이르게 심은 것은 생각하지 않고 지력을 탓하기 쉬운데 가장 기본적인 것부터 작물의 생태에 맞춰야 한다.

3년차 6월 하순에 가뭄이 무척 심했다. 이웃집 옥수수들은 잎이 말라 배배 돌아가는데도 우리 밭은 무사했다. 자생초도 기를 펴지 못하는 척박한 곳에 심은 옥수수만 잎 가장자리가 약간 마른 정도였다. 우량종자인 이유도 있지만, 갈지 않은 땅이 덜 마르고 작물의 자생력도 더 높기 때문이다. 그런 줄은 알고 있었지만 눈으로 직접 확인할 때마다 적잖이 놀란다.

진딧물이 보이지 않아도 개미의 움직임이 활발해지면 위험신호로 간주하고 물엿 뿌릴 준비를 해뒀다 진딧물이 오글대는 옥수수를 확인하는 즉시 물엿 샤워를 시킨다. 진딧물 다음으로 요주의 대상은 나방 애벌레다. 진딧물은 해마다 수꽃이 필 때면 몇 포기씩 발생하지만 나방 애벌레는 유난히 심한 해가 따로 있다. 겹쳐진 잎 안쪽에 한 마리씩 들어 앉아 두툼한 잎을 알뜰하게 갉아먹는다. 나방 애벌레는 발견하는 대로 나무젓가락으로 집어내고 물엿을 진하게 뿌린다.

이 정도는 눈으로 확인할 수 있으니 가능한 한 초기에 발견해 대처할 수 있지만 옥수수 알을 파먹는 애벌레는 껍질을 벗겨봐야 안다. 거둔 옥수수는 당장 먹을 게 아니라면 가지런히 펼쳐놓고 가루가 떨어져 있는지 확인하고 벌레가 있을 법한 옥수수는 알을 딴다. 이를 대비하기 위해서는 암꽃이 필 때 물엿을 뿌리거나 고무줄로 암꽃을 묶는 방법이 있는데 고무줄은 아직 시도해보지 않았다. 손실이 많은 것도 아니고 상황은 해마다 달라서 진딧물은 발견 즉시 물엿 살포, 눈에 띄는 벌레는 바로 잡아내고, 암꽃이 피는 시기에 전체적으로 물엿을 뿌려주는 것까지만 한다. 그러고도 알맹이를 갉아먹는 벌레가 있으면

그냥 나눠먹는다고 생각한다.

잎을 갉아먹든 알맹이를 갉아먹든 통째 싹쓸이하는 멧돼지에 비하면 귀여운 이웃이다. 옥수수와 멧돼지의 관계를 몰랐던 첫해엔 잘 여문 옥수수를 고스란히 멧돼지에게 넘겨줬다. 이듬해부터는 옥수수 밭 둘레에 심어둔 들깨 덕인지 들깨 울타리 없이 늦게 심은 옥수수만 멧돼지가 차지했다.

산골에서도 노란색 옥수수를 심는다. 이웃에서 얻은 뻥튀기용 옥수수는 튀기면 껍질이 붙어 있지 않아 깔끔하지만 찌면 맛이 없다고 소문이 났는데, 붉은 옥수수보다는 못해도 풋옥수수일 때 찌면 달고 맛있다. 개량된 종자라도 재배 방법과 먹는 방법에 따라 맛은 달라진다. 그래도 가장 자연에 가까운 재배가 옥수수 본연의 맛을 잘 살린다.

거두고 갈무리하기

맛있는 옥수수를 먹으려면 때를 잘 맞춰야 한다. 시기를 놓치면 딱딱해지고 단맛도 줄어든다. 수염이 말라가면 껍질을 살짝 벗겨서 끄트머리 알을 확인하고 먹을 만큼 거둔다. 냉동고에 여유가 있다면 풋옥수수를 쪄서 얼려둔다. 얼었다 녹아도 거의 첫맛 그대로 달고 부드럽다. 또 얼었던 찐 옥수수를 해동해서 구우면 한층 고소하고 쫄깃한 맛이 난다. 나머지는 완전히 영글도록 뒀다가 한꺼번에 거둔다. 충분히 건조시켜 보관하면 해가 바뀌어도 탈이 나지 않는다. 잘 여물었더라도 잘못 건드리면 씨눈이 상할 수도 있으니 종자용은 미리 알을 따지 말고 통째로 말렸다가 심을 시기에 딴다.

일찍 수확이 끝난 자리는 가을채소 밭으로 이어진다. 가을채소 재배 면적을 확보하려면 옥수수 심는 시기를 너무 늦추지 않는다.

먹는 방법

옥수수는 풋옥수수일 때 밭에서 따자마자 쪘을 때가 가장 맛있다. 과장된 얘기 같지만 그 정도로 시간이 지남에 따라 맛이 줄어든다. 말랑말랑할 때 거둬서 곧바로 찌면 여문 옥수수와는 비교가 안 될 정도로 촉촉하고 달콤한데, 아무리 미각이 둔해도 이 맛은 단번에 알아볼 것 같다. 옥수수를 맛있게 찌려면 찜틀에 안치거나 옥수수가 반쯤 잠기게 물을 붓고 옥수수만 찐다. 맛이 좀 부족할 듯싶으면 소금을 약간 넣어도 되는데 인위적인 투입물 없이 스스로의 힘으로 자랐다면 옥수수만 쪄도 충분히 달고 고소하다.

옥수수는 산골밥상에서 콩 다음으로 애용하는 곡물이다. 쌀과 궁합이 잘 맞아 옥수수를 넣어 밥을 지으면 은은한 향과 찰기가 더해져 밥맛도 좋다. 알맞게 부드러워진 옥수수는 옥수수만 쪘을 때보다 더 달고 폭신한 맛이 난다. 검은콩이나 동부와 달리 밥에 물이 들지 않아 보기에도 깔끔한 옥수수밥은 씹는 맛이 좋고 포만감이 커서 반찬이 단순해도 헛헛하지가 않다. 옥수수현미밥으로 채소비빔밥, 다시마쌈밥, 감자볶음밥, 카레덮밥, 짜장볶음밥을 만들면 두 배 이상의 맛과 영양이 담긴다.

옥수수는 밥을 대신할 수 있는 떡과 빵을 만드는 데 제일 많이 활용한다. 붉은 옥수수를 넣으면 보기에도 먹음직하고 맛도 더 진하다. 찐 옥수수 알을 그대로 넣거나 살짝 으깨서 넣어준다. 수제비나 국수 반죽을 충분히 숙성시킨 후 얇게 밀어서 기름 없이 구운 옥수수전병은 채소 샐러드, 카레소스, 담백한 슈크림과 짝을 맞춰도 궁합이 잘 맞는다.

찐 옥수숫가루를 현미가루에 섞든지 현미가루와 켜켜이 안쳐서 찌면 설기이고, 가루를 쪄 매끄럽게 치대서 빚으면 절편이다. 푹 삶아서 갈아주기만 하면 간단하게 만들 수 있는 옥수수고물은 팥고물, 콩고물보다 다루기도 쉬워 인절미나 경단의 떡고물로 활용한다. 쫀득하고 구수한 맛이 일품인 옥수수인절미는 찹쌀로 고두밥을 지을 때 옥수숫가루를 섞어서 찌고, 메로 쳐서 매끄럽게 치댄 떡 반죽을 먹기 좋은 크기로 잘라 옥수수고물을 묻힌다. 또는 찹쌀가루 반죽으로 경단(동글게 빚어 끓는 물에 익힌 것)을 만들어 고물을 묻혀도 된다. 옥수수 색깔에 따라 고물 색깔도 다양해진다. 붉은 옥수수는 여물면 진한 붉은 색이지만 풋것일 때는 노란빛이 감돌아 옥수수 하나로 두 가지 색깔을 낼 수 있다.

옥수수도 수수처럼 찹쌀과 섞어 부꾸미도 만들고, 통밀가루 · 쌀가루에 섞어 전도 부친다. 팥소를 넣은 부꾸미도 좋고, 소를 넣지 않은 찹쌀구이떡을 만들어도 맛있다. 부꾸미 반죽은 찹쌀에 멥쌀이 약간 더해질 때 바삭한 식감이 좋고, 전을 부칠 때도 밀가루에 멥쌀가루를 섞으면 소화도 잘되고 옥수수 고유의 맛이 진하게 난다. 옥수숫가루는 튀김옷으로 사용하는 빵가루를 대신한다. 찐 옥수수를 갈아 보송보송하게 말리면 빵가루에 묻혀 튀겼을 때보다 고소하고 바삭한 식감도 훨씬 낫다.

밥쌀에 섞을 때 말랑말랑한 풋옥수수는 그냥 넣어도 되고, 마른 옥수수는 반드시 충분히 삶아서 넣는다. 가루를 낼 때도 익힌 후에 분쇄기에 갈아준다. 찐 옥수숫가루는 그때그때 준비하려면 꽤나 번거로우니 마른 옥수수 알만 따서 압력솥에 찐 후에 비닐팩에 담아 냉동하든가 가루를 내어 보관하면 조리시간이 단축된다. 옥수수는 볶아서 차를 끓여도 구수하다. 뻥튀기를 하려면 인공감미료는 넣지 않는다.

자운 레시피

옥수수 떡케이크

재료

옥수숫가루 반죽 : 붉은 옥수숫가루 2½컵, 소금 1작은술

쌀가루 반죽 : 현미가루 2½컵, 소금 1작은술, 뜨거운 물 4큰술

고명 : 늙은호박고지 · 황설탕 · 물 약간씩, 풋옥수수 알 찐 것 5큰술

만드는 방법

① 마른 붉은 옥수수는 압력솥에 1.5배 정도의 물을 붓고 푹 삶아 보송보송하게 말려 분쇄기에 곱게 간다.

② 늙은 호박고지는 설탕을 약간 넣은 물에 불려 물기를 짜고 1.5cm 길이로 자른다. 불림물이 남으면 쌀가루 반죽물로 사용한다.

③ 현미가루에 뜨거운 물을 조금씩 넣으며 양손으로 비벼 고루 섞어서 체에 내린다. 수분을 함유한 붉은 옥수숫가루는 소금만 넣어 고루 섞는다.

④ 찜틀에 면포를 깔고 링틀을 올린다. 쌀가루 반죽과 옥수숫가루 반죽을 반으로 나눠 쌀가루, 옥수숫가루 순서로 켜켜이 담는다. 노란 옥수수알과 호박고지를 보기 좋게 올린다.

⑤ 찜솥에 김이 오르면 찜틀을 안쳐 뚜껑에 서린 김이 닿지 않게 면포로 덮어 30분가량 찐다. 얇은 주걱으로 떡과 면포 사이를 가볍게 건드려서 접시에 옮겨 담는다.

옥수수인절미

 재료

찰현미 3컵, 찐 붉은 옥수숫가루 1½컵, 소금 1/2큰술, 연한 소금물 약간

떡고물 : 찐 옥수숫가루 붉은색, 노란색 1컵씩, 소금 · 황설탕 약간씩

만드는 방법

① 찹쌀은 하룻밤 물에 불려서 씻은 뒤, 건져서 옥수숫가루와 소금을 넣고 고루 섞는다.

② 김 오른 찜솥에 면포를 깔고 ①을 담아 30분가량 찌고, 찌는 동안 중간에 한 번 뒤적여준다. (소금은 물에 풀어뒀다가 뒤적일 때 술술 뿌려줘도 된다.)

③ 고물로 사용할 옥수숫가루에 소금과 설탕을 약간씩 넣어 고루 섞는다.

④ 잘 쪄진 떡 반죽을 볼에 쏟은 뒤 연한 소금물을 묻혀가며 절구공이로 찧다가 적당히 식으면 손으로 좀더 치댄다.

⑤ 가래떡 굵기 정도로 길쭉하게 빚은 뒤 약간 평평하게 눌러서 먹기 좋은 크기로 자른다. 고물을 넉넉히 묻힌다.

팥소 옥수수부꾸미

 재료

붉은색 삶은 옥수숫가루 · 찰현미가루 150g, 현미가루 30g, 소금 1작은술, 뜨거운 물 3큰술, 들기름

팥소 : 팥 1컵, 황설탕 3~4큰술, 소금 약간, 물 2컵

만드는 방법

① 팥을 삶아 첫 물은 따라내고 다시 물을 붓고 팥알이 푹 퍼지게 삶는다. 황설탕과 소금을 넣고 곱게 으깨어 약간 촉촉하게 만든다.

② 옥수숫가루 · 찰현미가루 · 현미가루 · 소금을 섞어 뜨거운 물을 조금씩 넣어가며 매끄럽게 치댄 뒤, 30분 정도 면포로 덮어 뒀다가 한 번 더 치댄다.

③ 부꾸미 반죽은 12개로 나눠 둥글리고, 팥소는 부꾸미 수만큼 대추알 크기로 약간 길쭉하게 빚는다.

④ 팬에 들기름을 두르고 달궈지면 약불로 줄이고, 부꾸미 반죽을 팬에 놓고 동글납작하게 눌러준다. 밑면이 익으면 뒤집어서 소를 넣고, 반으로 접어 가장자리가 잘 붙도록 숟가락으로 눌러 뒤집어가며 익힌다.

수수

심는 때	4월 중순~하순, 6월 중순~하순
심는 법	직파 또는 모종
거두는 때	9월 중순~10월 중순
관리 포인트	새 피해 주의

"진작 심지, 그런 걸 많이 심으라고…."

오크라, 옥수수, 참외 같은 작물은 밥상 채울 정도만 가꾸고, 살림이 보탬이 될 만한 것을 많이 심으라고 하시던 어머니가 적극 권장한 작물은 콩, 고추, 깨 등이다. 콩도 쥐눈이콩은 조금만 심고 알이 굵은 서리태를 많이 심고, 동부도 알이 작은 갓끈동부를 심느니 좀더 굵직한 검정동부나 팥을 심으라며 기회만 되면 신신당부를 하셨다. 한 지붕 아래 같이 산다면 농사에 도움도 많이 받았겠지만 의견 충돌도 적지 않았을 것 같다. 어머니께 수수밭 만들 종자는 준비했다고 하자 '밥 해먹기 좋지, 떡 해먹기 좋지, 뭘 만들어도 맛있지, 몸에 좋지'라며 반색하신다.

초보 농부도 쉽게 따라할 수 있고, 재배법 몇 가지만 유념하면 관리하기 쉽고 수익성도 좋은 작물이 수수다. 산골에서는 3년차에 처음 심었지만 예전에 별학섬에서 넓은 수수밭을 봐왔던 터라 낯설지는 않았다. 파종 시기만 잘 맞추면 결과는 예상에서 크게 어긋나지 않는 것 같다. 그러자면 종자 선택을 잘해야 한다.

수수는 크게 식용과 비식용으로 나눌 수 있다. 빗자루를 만드는 수수는 이삭이 아래로 축 처지고 알이 엉성해 다 영글어도 썰렁해 보인다. 청산 성분이 들어 있어 먹을 수는 없지만 발효시켜서 만드는 막걸리 재료로 이용할 수는 있다고 한다. 산골에서 심는 수수는 알이 굵고 통통해 알수수라고 부른다. 터질듯 통통한 알이 빼곡하게 들어찬 이삭은 풍만

하고 탐스러워 관상용으로도 멋스럽다. 줄기째 단을 묶어서 세워두면 장식용으로도 좋고, 한아름 모아서 건네면 허리 잘린 꽃보다 근사한 선물이 될 것 같다. 실컷 감상하다 입이 궁금해질 때 알갱이를 밥상으로 보내면 된다. 눈도 즐겁고, 입도 즐겁고, 먹으면 몸이 반기니 어찌 아니 심을 손가.

심고 가꾸기

수수는 어중간한 시기에 심으면 성장기에 장마와 겹치기 쉽고, 이르게 심으면 지온이 낮아 발아가 더디다. 두 번 심는 효과를 보려면 4월 중하순 무렵에 심고, 간편하게 재배하려면 6월 초순에서 중순쯤 장마가 시작되기 직전에 심는다.

봄에 심는 수수는 이삭이 생길 때 줄기를 아래쪽으로 50cm가량 남기고 잘라주면 새 가지가 나오면서 이삭 수가 많아진다. 수확량이 많은 알수수는 두 번 심는 효과를 기대하지 않아도 결실이 좋아서 산골에서는 관리가 쉬운 여름에 심고, 직파와 모종 두 가지를 병행한다. 직파해도 발아가 잘되고 모종을 만들어 옮겨 심어도 노지 적응이 빠르다.

수수는 성장 속도가 빠르고 높다랗게 자라 자생초에 눌리지 않고 기특하게 병충해도 거의 없다. 키 낮은 작물을 가까이 심어도 그늘을 주지 않아 조금만 심는다면, 콩밭 가장자리나 호박밭의 적당한 빈 공간을 이용할 수 있으니, 따로 밭을 만들지 않아도 된다. 척박한 땅에서도 잘 자라지만 옥수수처럼 질소 성분이 많이 필요하다. 그렇다고 땅을 골라 심을 수는 없으니 일조량이 충분한 곳에 자리를 잡는다.

3년차에 메주콩밭 가장자리에 한 줄로 오크라를 심고 남는 자리에 수수를 들였더니 지력이 부족한 땅에서 두 작물이 어떻게 성장하는지 비교하기가 좋았다. 오크라가 정상적으로 자라면 2미터를 넘기도 하니까 수수와 맞먹는 높이다. 그런데 정식한 지 두 달이 지나도록 두 뼘 남짓이었던 오크라와 달리, 늦게 심은 수수는 이미 하늘 높은 줄 모르고 올라가 있었다. 오크라도 자생력이 좋은 편이긴 하지만 알수수에는 미치지 못한다.

처음 맛본 수수요리에 반해 4년차에는 수수를 심는 데 욕심을 좀 부렸다. 별도로 밭을 만들지 않아도 된다는 이점을 살려 작물과 작물 사이에 조금이라도 비집고 들어설 만하면 수수를 심었다. 호박을 줄 맞춰 심고 덩굴이 한 방향으로 나가게 유도해주면 뿌리 주변이 여유 공간이 생겨 수수를 심기에 좋다. 동아밭이나 참외밭도 이런 방법으로 활용한다.

9월 초순이면 파란 하늘과 하얀 구름을 배경으로 다른 작물을 굽어보는 수수의 자태는 시원시원하고 포부 당당하게 펼쳐진 한 폭의 그림이다. 이런 풍경은 수수 심을 때 이미 예감하고 있었다. 아침저녁으로 선선한 기운이 일기 시작하면 수수는 하루가 다르게 아름다워진다. 사람은 가을을 타면 까칠해지는데 수수는 탱탱하게 살이 오른다.

이삭이 통통해지면 우리 동네, 이웃 동네 어디나 할 것 없이 수수란 수수는 모두가 망을 뒤집어쓴다. 몇 개 안 되는 이삭도 망 씌우는 작업이 번거로운데 밭이 넓으면 보통 일이 아닐 것 같다. 처음 심었을 땐 남들 하는 대로 따라했지만 이듬해는 포기 수가 많아 엄두도 못 내고 그저 새가 날아들지 않기만 바랐다. 바람이 통했는지 날아드는 새는 한 마리도 보이지 않았다. 해바라기 열매는 남아나질 않는데도 수수 이삭이 온전하자 동네 어르신이 허허 웃으시며, 열심히 농사짓는 게 기특해 새들이 봐주는 모양이야, 하신다.

심어놓고 느긋하게 기다렸다가 아름다운 풍경을 감상하고 이삭만 거두면 되는 수수, 탈곡하는 번거로움만 빼면 농사짓기 참 쉽다.

거두고 갈무리하기

여문 것 봐가면서 거두는데 대개는 첫서리 전후로 모두 거둔다. 빠르고 간편하게 건조시키려면 이삭만 댕강 자르지 말고 줄기를 여유 있게 남기고 잘라 본래 자라던 모습대로 세워놓는다. 항아리나 적당히 깊은 통에 수수가 살아있을 때의 모양대로 꽂아두면 자연스럽게 마르고, 마르는 동안 꽃처럼 멋스러운 이삭은 감상용으로도 그만이다. 고방연구원에서 수수를 거두면 종류별로 커다란 원형 통에 한 아름씩 담아두는데 해마다 늦가을이면 진풍경을 이뤘다.

잘 자란 수수를 거둬들일 때는 입이 함박만큼 벌어지다가도 방아 찧을 생각을 하면 난감해질 수 있다. 식용은 껍질을 벗겨내야 하는데 알이 덜 여물면 이삭에서 잘 떨어지지 않는다. 탈곡이 되었다 해도 겉껍질이 순순히 벗겨지지 않는다. 한 가족이 먹을 만큼이라면 수동으로 간단하게 갈무리할 수 있다. 마늘 찧는 절구에 수수를 껍질째 적당량 담아 공이로 으깨면 껍질은 금세 벗겨진다. 물을 붓고 훌훌 저어 위로 뜨는 껍질을 걸러내면 수수 알만 남는다.

먹는 방법

콩이나 팥처럼 자주 접하는 곡류는 아니지만 정월 보름이면 수수를

넣어 오곡밥을 짓고, 붉은색이 액운을 물리쳐 준다고 해서 아이들 돌이나 생일에 무병장수를 기원하며 수수팥떡을 만들어 먹는다. 단지 전해 내려오는 풍습일 뿐 무슨 근거가 있을까 싶었는데 수수의 영양과 효능을 헤아려보니 선인들의 지혜에 고개가 끄덕여진다.

수수는 언어 발달, 청각 발달, 두뇌계발에 도움을 준다고 하니 성장기 아이들의 이유식을 만들기에 좋은 식품이다. 항암작용을 하고, 콜레스테롤 수치를 낮추며, 혈액순환을 원활하게 해 현대인들이 겪기 쉬운 생활습관병을 예방하고 치료하는 데도 효과가 있다고 한다. 또한 몸을 따뜻하게 하고 소화 촉진, 변비 개선, 위장염이나 설사와 같이 소화와 관련된 질병에도 효능이 높아서 평소 손발이 차갑거나 소화에 어려움을 겪는다면 수수를 꾸준히 먹는 것도 좋은 방법이다. 단, 먹는 방법이 적절해야 영양덩어리로 부르는 수수의 효능을 몸으로 체험할 수 있다.

첫 수확한 수수로 처음 만든 음식은 현미에 수수를 섞어 지은 수수밥이었다. 건홍합미역국을 끓여 찰지고 구수한 수수밥 한 그릇을 달게 비우고 나자 그때까지는 관심도 없던 수수떡이 궁금해졌다. 팥고물은 텁텁하고 경단은 심심하기 그지없던 수수팥떡이었는데 직접 만들면 뭔가 다르지 않을까 싶었다. 처음 만들어본 수수팥떡은 예전에 먹었던 떡과 달라도 너무 달랐다. 팥고물을 묻히자마자 먹어도 맛있고, 냉동실에 얼렸다가 해동해서 뜨거운 커피와 같이 먹거나 국물음식을 곁들여 밥 대신 먹어도 그만이다. 텃밭을 일구지 않았다면 수수팥떡이 이렇게 맛있는 줄 알 수 있었을까?

수수로 설기, 절편, 인절미도 만든다. 소를 넣는 수수떡은 수수에 현미가루만 섞었는데도 찰지고 쫀득해서 인절미와 절편을 동시에 먹는 것 같다. 탄수화물이 주성분인 수수는 단백질 함량이 많은 콩과 같이 먹으면 영양궁합이 잘 맞는다. 콩 중에서도 칡콩으로 만들면 속이 편하고, 흰색칡콩으로 만들면 진한 수수색깔과 대비를 이뤄 더 먹음직스러워 보인다. 푹 삶아서 으깨 팥앙금처럼 만든 칡콩에 늙은호박고지 조림을 섞으면 달콤하고 꼬들꼬들한 식감이 더해져 떡맛이 좋아진다. 쫀득한 수수떡은 여름철에 빙수나 참외, 딸기, 토마토쉐이크와 같이 먹으면 일부러 짝을 맞춘 듯 잘 어울린다. 이미 익힌 반죽에 소를 넣어서 다루기 쉽고 원하는 모양으로 빚기도 쉽다.

수수팥떡 다음으로 낯익은 수수요리는 수숫가루와 찹쌀가루를 섞은 반죽에 팥이나 동부로 소를 넣어 기름에 지진 수수부꾸미다. 소를 넣지 않고 동글납작하게 전을 부친 수수찹쌀구이떡도 고소하고 쫀득한 맛이 일품이다.

수숫가루를 통밀가루에 섞어 국수를 만들면 구수한 맛은 좋은데 끈기가 좀 부족한 편이라 수제비가 무난하고, 국수 반죽을 오래 치대서 숙성시키면 크래커도 만들 수 있다. 쿠키 커터가 없으면 지름이 적당한 페트병을 잘라 원하는 모양을 내면 된다. 콩물크림과 같이 먹으면 촉촉해서 더 좋은 크래커는 두부과자처럼 작게 잘라 튀기거나 생강과자처럼 타래과를 만들어 시럽에 버무려도 된다. 수수로 만들면 떡이든 빵이든 구수한 맛은 기본이고, 색깔도 멋스럽다.

자운 **레시피**

칡콩 호박고지소 수수떡

재료

불려서 빻은 수숫가루 · 현미가루 200g씩, 소금 1⅓작은술, 뜨거운 물 4~5큰술, 연한 소금물 약간, 참기름

소 : 백색칡콩 1컵, 늙은호박고지 50g, 황설탕 1큰술, 물 2컵, 소금 약간

만드는 방법

① 칡콩 1컵이 푹 잠기게 물을 붓고 물러질 만큼 푹 삶는다. 국물이 남으면 좀더 열을 가해 물기를 날리고, 소금과 황설탕을 약간 넣어 곱게 으깨서 되직하게 만든다.

② 호박고지 50g을 황설탕 약간 녹인 물에 불려서 잘게 썬 뒤, 불렸던 물을 넣어 조린다. 소에 넣을 수 있게 물기가 없게 조려서 ①과 섞는다.

③ 수숫가루, 현미가루, 소금에 뜨거운 물을 넣으며 고루 섞는다. 손자국이 날 정도로 뭉쳐지면 체에 내려 김 오른 찜솥에 면포를 깔고 안쳐서 30분가량 찐다.

④ 뜸이 잘 든 떡 반죽을 볼에 붓고 연한 소금물을 묻혀가며 공이로 찧는다. 어느 정도 식으면 손으로 치댄다.

⑤ 먹기 좋은 크기로 반죽을 떼어 소를 넉넉히 넣고 여민다. 매끄럽게 둥글려 참기름을 바른다.

자운 **레시피**

수수 팥떡

 재료

불려서 간 수숫가루 180g, 찰현미가루 150g, 소금 1작은술, 뜨거운 물 6~7큰술

팥고물 : 검정팥 2컵, 물 4~5컵, 소금 2/3작은술, 황설탕 3큰술

만드는 방법

① 팥을 삶아 첫 물은 따라내고 물 4~5컵을 붓고 푹 삶아서 물기가 남으면 더 열을 가해 물기를 날린다. 설탕과 소금을 넣어 절구공이로 찧거나 주걱으로 으깬 뒤, 넓적한 쟁반에 펼쳐놓고 식혀서 고슬고슬하게 만든다.

② 수숫가루, 찰현미가루, 소금에 뜨거운 물을 조금씩 넣어가며 매끄러워지게 치대 동글동글하게 한입 크기로 경단을 빚는다.

③ 팔팔 끓는 물에 경단을 넣는다. 위로 떠오르면 조금 더 익혀서 찬물에 담갔다 건진다.

④ 익힌 경단에 물기가 약간 가시면 팥고물을 묻힌다.

수수현미 크래커

 재료

수숫가루 · 현미가루 80g씩, 통밀가루 100g, 소금 2/3작은술, 뜨거운 물 4~5큰술, 식용유

만드는 방법

① 수숫가루, 쌀가루, 밀가루를 체에 내려서 소금과 뜨거운 물을 조금씩 넣어가며 치댄다. 되직하게 반죽해 랩으로 씌워 30분 이상 뒀다 한 번 더 치댄다.

② 반죽을 만두피 두께로 얇게 밀어 포크로 콕콕 찍는다. 쿠키커터나 페트병을 잘라 지름 3~4cm 크기로 동그랗게 찍어낸다.

③ 튀김용 기름은 보통 튀김온도(170~180℃)보다 약간 낮게, 튀기는 시간은 조금 길게 한다. 바삭하게 튀겨서 튀김망에 밭쳐 기름을 뺀다. (약불에서 조금 오래 튀긴다. 센 불에서 튀기면 금세 색깔이 진하게 나기 때문에 충분히 튀길 수 없고, 덜 튀기면 눅눅하고 딱딱해진다.)

* 과자에 메주콩으로 만든 콩물크림을 발라 두 개씩 붙여서 먹으면 부드럽고 촉촉한 맛을 즐길 수 있다.

수수현미찰밥

 재료

알수수 1컵, 찰현미 1½컵, 현미 1/2컵, 쥐눈이콩 2큰술, 밤 8개

만드는 방법

① 밤은 껍질을 벗겨 3~4등분 한다.

② 쌀과 수수를 씻어 솥에 안친다. 밤과 쥐눈이콩을 올려 밥물을 붓고 고슬고슬하게 밥을 짓는다. 밥물은 쌀 3컵 분량으로 한다.

③ 뜸이 충분히 들면 위아래로 뒤적여 훌훌 섞는다.

* 껍질 붙은 수수는 절구에 담아 공이로 눌러 물로 몇 차례 걸러내다 보면 자연스럽게 껍질이 분리되는 동안 물에 불려진다. 쌀과 쥐눈이콩은 물에 불리지 않는다.

생강

심는 때	5월 하순~6월 초순
심는 법	씨눈을 따서 직파
거두는 때	10월 초순~중순
관리 포인트	늦게 심기, 눈을 딸 때 조금 크게 자르기

집밥 맛있는 줄 몰랐던 이유가 향과 맛이 강한 양념 때문은 아니었을까? 외식할 기회가 늘면서 제일 반했던 음식은 일식이었다. 고춧가루, 파, 마늘이 들어가지 않는 생선회와 곁들여지는 음식은 내 취향과 완벽하게 맞아떨어졌다. 입에서만 맛있는 게 아니라 위에 부담이 없고 소화도 잘됐다. 밥만 놓고 봐도 사먹는 음식은 나물비빔밥보다 생선초밥이 뒷맛도 개운하고 몸을 가뿐하게 해줬다. 예전만큼 입맛을 당기지는 않지만 텃밭 경력이 제법 쌓여가도 자극적이지 않은 생선회는 여전히 매력적이다. 바닷가에 살았더라면 신선한 채소와 생선이 어우러져 상차림이 한층 풍성했을 텐데 산골이라 많이 아쉽다.

조금이라도 매콤하거나 짭짤한 음식은 한사코 거리를 두다보니 밥을 멀리한 것인지, 밥을 잘 안 먹다보니 그런 반찬이 거북했던 것인지, 어느 쪽이 먼저인지는 몰라도 입안에 양념의 여운이 남는 것을 싫어했던 식성은 농사에 입문하고도 오랫동안 변하지 않았다. 그럼에도 생강만큼은 반겨했다. 향이 그렇게 좋았다. 좋아했다고는 하지만 먹을 기회는 드물었다.

농사지으며 식습관이 많이 바뀌긴 했어도 텃밭에 생강이 끼어들 여지는 없었는데 기회가 우연히 찾아왔다. 딱히 살 것이 없어도 여기저기 둘러보는 재미에 종종 오일장에 간다. 구경만 해도 좋고, 필요한데 미처 생각하지 못한 것들을 챙기는 재미도 쏠쏠하다. 산골에서 두 번째 맞이하는 어느 봄

날, 오일장에서 단번에 눈길을 잡아 끈 것이 있었다. 뾰족하게 눈이 튀어나온 생강이었는데, 씨생강을 그때 처음 봤다. 공부 좀 했더라면 좋았을 것을, 재배법은 알아볼 생각도 않고 무턱대고 심은 첫 생강은 결실이랄 게 없었다. 당연한 결과였다. 공부를 좀 해보니 몇 가지만 유념하면 가꾸기도 쉽고, 거둠도 실하고, 양념 외에도 맛있게 먹는 방법이 생각보다 다양한 작물이 생강이다.

심고 가꾸기

씨생강은 봄에 오일장이나 재래시장에서 쉽게 구할 수 있다. 고온에서 잘 자라는 생강은 온도가 잘 맞아도 싹이 트기까지 오래 걸린다. 지온이 낮을 때 심으면 싹이 나지 않고, 흙속에서 오랜 시간이 지나면 썩어버릴 수도 있다. 시기 가늠을 못 해 4월 중순에 심었던 첫해나 5월 하순에 심은 이듬해나 싹은 6월 하순이 돼서야 나왔다. 서두를 것 없이 여름 분위기가 날 때, 콩 심을 시기에 임박해서 심는 게 좋다. 눈을 딸 때는 씨눈이 서너 개씩 붙어 있게 손으로 똑똑 쪼개고, 심는 간격은 한 뼘 남짓이면 적당하다.

두 해 연이어 말라비틀어진 생강 몇 쪽이 수확의 전부였다. 일찍 심어봐야 소용없고, 적기에 심어도 토심이 약하면 이파리 색도 흐리고 크게 성장하지 못한다. 당연히 알이 실하게 맺힐 리 없다. 본전이라도 찾아보자 싶어 4년차에는 생강을 심기에 앞서 나 스스로에게 세 가지를 당부했다. 보리가 잘 자랐던 밭에 심기, 늦게 심기, 눈을 딸 때 조금 크게 자르기! 작정한 대로 심었고, 예상이 어긋나지 않게 생강은 잘 자랐다. 눈을 여러 개 남겨 심은 생강은 한 구에서 여러 줄기가 올라오고 뿌리도 그만큼 튼실하게 자란다.

심는 면적이 작아 따로 밭을 만들기보다는 자투리 공간을 활용하는 것이 좋은데, 자리는 가려서 심는다. 작물은 대부분 건조한 땅보다는 촉촉한 땅에서 잘 자란다. 생강도 마찬가지다. 연이어 같은 자리에 심으면 덜 자란다지만 보리나 밀 같은 월동작물을 심었던 밭은 연작으로 생기는 손실 없이 생강이 살기에 좋은 환경을 제공한다. 4년차에 심었던 생강은 이전과 비교할 수 없을 만큼 어찌나 당차게 자라는지 입이 떡 벌어졌다. 줄기는 두 뼘 넘게 자랐고, 사진에서나 봤던 탐스러운 생강이 산골 밭에서도 여물었던 것이다.

싹이 나서 어느 정도 자랄 때까지는 풀에 덮이지 않도록 보살펴줘야 하는데 보리밭에 심으면 별도로 관리할 게 없다. 생강을 심고 보릿짚을 덮어주면 풀이 거의 자라지 않는다. 보릿짚이 조금 부족한 듯싶어 그즈음 밭에서 나온 부산물을 모아서 덮어줬더니 장마 끝날 무렵에 바랭이 몇 가닥이 올라온 게 전부였다. 기특하게도 생강은 벌레를 타지 않는다. 자생초마저 손 내밀지 않으면 거둘 때까지 밭에 들어갈 일이 없다. 댓잎처럼 자라는 진녹색의 생강잎을 감상만 하면 된다.

거두고 갈무리하기

생강은 첫서리 맞고 거둔다. 첫서리는 대개 살짝 내리는 묽은 서리다. 그 정도 기온이면 흙속에 생강이 얼지는 않는다. 그때까지 작물은 잎에서 뿌리로 영양이 이행 중이라 살아있는 상태에서 갑자기 때 이르게 흙에서 꺼내면 보관 도중에 상할 수 있다. 스스로 자연의 변화를 감지해 영양 이행을 중단하면 보관할 때 좀더 안전하다. 김장 때까지 밭에 두려면 흙 표면을 짚이나 왕겨 등으로 두툼하게 덮어서 얼지 않게 해야 하는데 산골 김장은 한참 후에나 담그니 그 전에 거둔다.

생강을 거둘 때 잎과 뿌리 전체에서 풍기는 향은 양념으로 먹던 생강이 아니었다. 하루 종일이라도 킁킁대고 싶을 만큼 알싸한 향기는 기분 좋게 후각을 자극한다. 4년차에 첫서리를 맞고서 거둔 생강잎은

잘라버리기 아까울 정도로 윤기가 자르르 흘렀다. 잎이 싱싱하면 물에 끓여서 꿀이나 설탕을 약간 넣어 차로 마시면 그 향이 기막히게 좋다는 이야기를 듣고 잔뜩 별렀지만 다른 일에 밀려 시기를 놓쳤다. 생강잎차를 만들려고 들여다봤을 땐 이미 바싹 마른 뒤였다.

생강을 말리면 수분이 빠져나가 크기가 줄어든다. 종자용은 적당히 말린 후에 알을 따는 것이 좋고, 식용이라면 약간만 말리든가 곧바로 잎을 잘라낸다. 줄기째 말린다고 창고에 들여놨더니 서서히 알이 줄어들기 시작했다. 보름쯤 지났을 때는 거뒀을 당시의 절반 크기였다. 아뿔싸, 무조건 말리면 안 되겠구나! 줄어들어도 향이 변하지는 않지만 알이 작으면 식용으로 다루기가 불편하다. 생강차를 만들려면 너무 오래 두지 말고 될 수 있으면 곧바로 갈무리하는 게 좋을 것 같다.

씨생강은 고구마나 감자처럼 얼지 않게 종이상자에 왕겨를 담아 묻어둔다. 양념으로 사용하기 위해 장기 보관하려면 찧어서 냉동실에 넣거나 얇게 썰어 말린 후 가루를 내 보관한다.

먹는 방법

널리 알려진 것처럼 생강은 몸을 따뜻하게 하고 혈관을 건강하게 유지해준다. 뇌경색 · 심근경색 · 고혈압에 도움이 되고, 뛰어난 살균력과 항균력으로 식중독을 예방하며, 소화 흡수를 돕고, 면역력을 강화하는 등 다방면으로 몸에 이롭다. 여성들에게는 생강이 보약이나 다름없는데도 그 위력을 알기 전까지는 양념 외에 다른 용도를 생각하지 못했다.

농사일이 한가한 겨울이면 밤늦도록 책상에 붙어 있을 때가 많다. 지난겨울에는 혈액순환이 둔해지면서 어깨근육이 심하게 뭉치고, 목과 머리 통증이 유난히 심해 많이 힘들었다. 주위에서는 병원을 가야 하는 것 아니냐며 걱정했지만, 이렇게 몸에 탈이 날 때 나는 일상을 찬찬히 돌아보고 음식에서 답을 찾는 편이다. 열을 내줄 수 있는 식품을 먹는 것이 효과적이고, 그런 효능을 기대할 수 있는 식품 중 하나가 생강이라는 사실을 몸으로 호되게 겪고 나서야 알아차렸다.

김치나 생선조림에 마늘보다는 생강을, 특히 물김치 담글 때는 생강을 넉넉하게 넣지만 양념으로만 먹는 양은 사실 얼마 되지 않는다. 간편하게 준비해 꾸준히 먹을 수 있는 생강차와 간식으로 먹기 좋은 생강 요리 레시피를 챙겨두면 좋을 것 같다.

생강은 껍질에 영양분이 많다고 한다. 생강차는 껍질을 살짝 벗겨서 얇게 저며 열탕 처리한 병에 담고, 생강이 푹 잠기도록 꿀을 부어 서늘한 곳에 보관하면 된다. 생강처럼 몸을 따뜻하게 해주는 대추도 같은 방법으로 차를 담가 두 가지를 섞어 마시면 겨울나기가 한결 거뜬하다.

생강과 궁합이 잘 맞는 계피도 몸을 따뜻하게 한다. 생강과 계피로

만드는 수정과는 분량만 잘 가늠하면 만들기 쉽다. 껍질을 벗겨 저민 생강과 씻어서 건진 통계피를 따로 끓여서, 건더기는 걸러내고 물만 받아 기호에 맞게 흑설탕을 넣고 좀더 끓여서 식히면 된다. 걸러낸 계피는 방향제로 활용하고, 수정과나 생강차를 우려내고 남는 생강은 설탕이나 꿀에 조려 생강편을 만들어 따뜻한 차에 곁들이거나 곱게 다져 과자 반죽에 넣어도 된다. 생강 씹히는 맛은 거북하지만 굽거나 튀기는 음식에 넣으면 입에서 겉돌지 않고 생강 향이 은은하게 풍긴다.

먹어보면 누구라도 반할 만한 생강과자도 생강과 계피로 만든다. 밀가루, 기름, 설탕 등은 적당히 거리를 둬야 하는 식품들이지만 생강과 계피가 더해지니 감칠맛이 좋아지고 몸에 부담을 주지도 않는다. 기름에 튀겼어도 느끼하지 않고, 시럽에 버무려도 지나치게 달지 않아 뒷맛이 깔끔하고 소화도 잘 된다. 과자모양이 매화나무에 앉은 참새 같다고 매작과梅雀菓라 하거나 매엽과, 타래과라고도 부른다.

생강과자는 체에 내린 통밀가루에 생강즙 또는 생강분말을 넣어 손국수와 같은 농도로 되직하게 반죽해 얇게 밀고, 매작과 모양을 만들어 기름에 튀긴다. 반죽을 오래 치대고, 기름 온도를 높지 않게 해서 충분히 튀겨주면 시간이 지나도 눅눅해지지 않는다. 채소분말이나 과일즙을 넣어 다양한 색감을 살릴 수도 있다. 생강과자는 식후 입가심으로도 좋고, 출출할 때 따뜻한 차와 함께 먹으면 간식으로도 그만이다. 초대음식 상차림이나 선물용으로도 멋스럽다.

찹쌉가루에 곱게 다진 생강을 섞어 익반죽한 후 동글납작하게 토닥여 기름에 지진 생강 찹쌀구이떡은 멥쌀가루를 약간 섞어주면 기름을 덜 흡수해 담백하고 바삭하다. 뜨거울 때보다 한 김 나갔을 때 따뜻한 차와 같이 먹으면 더 맛있다. 생강 찹쌀구이떡에 소를 넣어 지지면 부꾸미가 된다.

자운 **레시피**

생강 과자

 재료

통밀가루 200g, 생강가루 1½큰술, 소금 2/3작은술, 물 350ml, 황설탕 · 올리고당 50ml씩, 계핏가루 2/3작은술, 식용유, 잣가루 약간

만드는 방법

① 생강을 물에 끓여서 식으면 체에 걸러 국물만 받아둔다.

② 통밀가루를 체에 내려 소금과 생강 우린 물 100~110ml를 넣어 되직하게 반죽해 오래 치댄다. 랩을 씌워 30분 이상 뒀다 한 번 더 치댄다.

③ 반죽을 밀대로 얇게 밀어 2×5cm 크기로 잘라 중앙에 세로로 칼집을 세 줄(양쪽은 조금 짧게, 가운데 한 줄은 그보다 약간 길게) 넣는다. 반으로 접어 가위를 사용하면 빠르고 정확하다.

④ 한쪽 끝을 칼집 낸 중앙으로 넣고 뒤집어서 빼내 타래 모양을 만든다.

⑤ 보통 튀김 온도(170~180℃)로 가열해 약불로 줄이고 과자반죽을 넣어 바삭하게 튀긴다. 튀김망에 밭쳐 기름을 뺀다.

⑥ 남은 생강 우린 물에 황설탕, 올리고당, 계핏가루를 분량대로 넣는다. 젓지 말고 끓이다 보글보글 거품이 일면서 설탕이 녹으면, 불을 끈 뒤 튀긴 과자를 버무린다. 잣가루를 뿌려 담아낸다.

* 반죽이 위로 떠오를 때 가운데 부분이 벌어지면 젓가락으로 집어서 안으로 모아준다. 센 불에서 급하게 튀겨내면 눅눅하고, 약불에서 천천히 오래 튀겨야 시간이 지나도 바삭하다.

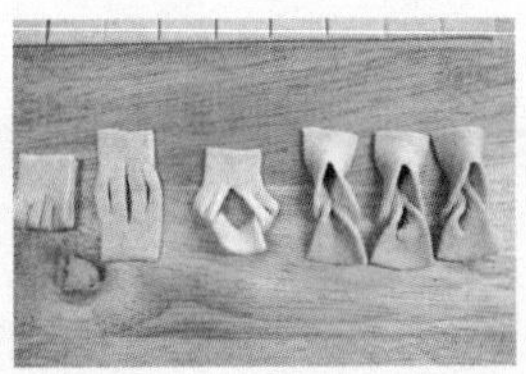

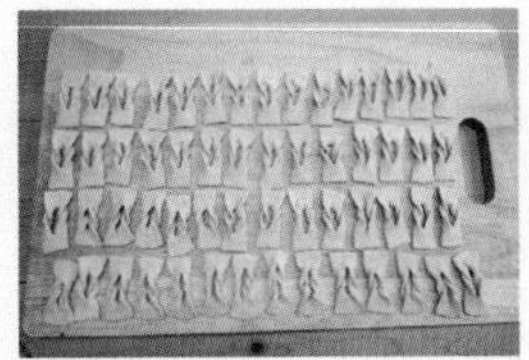

자운 레시피

꿀 생강 대추차

 재료

생강차 : 생강 700g, 꿀 700g

대추차 : 대추 350g, 꿀 700g

만드는 방법

① 생강은 껍질을 살짝 벗겨내고 씻어서 물기를 뺀 뒤, 얇게 저민다.

② 대추는 깔끔하게 씻어서 물기가 마르면 돌려 깎아 씨앗을 제거하고, 돌돌 말아 얄팍하게 썬다.

③ 깨끗이 씻은 병을 냄비에 넣고 찬물을 부어 끓인다. 팔팔 끓으면 잠시 뒀다 건져낸 뒤, 자연 건조한다.

④ 열탕 처리한 병에 생강과 대추를 각각 담고 내용물이 잠길 정도로 꿀을 부어 뚜껑을 닫고 서늘한 곳에 보관한다.

⑤ 생강차(또는 대추차)를 적당량 덜어 뜨거운 물에 타 마시거나 물에 끓여서 마신다.

*생강차와 대추차는 각각 담가서 차를 끓일 때는 섞어도 좋고 따로 끓여내도 좋다.

수정과

재료

생강 200g, 통계피 120g, 물 24컵, 흑설탕 3컵, 곶감 · 잣 약간씩

만드는 방법

① 계피는 물에 씻은 후 물기를 빼고, 생강은 껍질을 벗겨서 얇게 저민다.

② 물 12컵에 생강을 넣어 끓기 시작하면 은근한 불에서 30분가량 끓여 생강은 체에 거르고, 생강 우린 물은 수정과를 끓일 솥에 받아둔다.

③ 물 12컵에 계피를 넣고 40분가량 끓여 고운 체나 면포에 받쳐 걸러낸다.

④ 걸러낸 계핏물과 생강 끓인 물을 합친 뒤, 흑설탕을 넣고 다시 끓인다. 흑설탕이 녹으면 약간 졸아들도록 좀더 끓여서 식힌다.

⑤ 차게 보관하고 곶감, 잣 등을 띄워서 낸다.

생강 찹쌀구이떡

재료

생강 간 것 5g, 찰현미가루 180g, 현미가루 70g, 뜨거운 물 6큰술, 소금 2/3작은술, 볶은 해바라기씨 약간, 식용유

만드는 방법

① 찹쌀가루, 멥쌀가루, 소금, 생강을 고루 섞은 뒤, 뜨거운 물을 조금씩 넣어가며 약간만 질게 반죽해서 30분가량 면포로 덮어둔다.

② 촉촉해진 떡 반죽은 한입 크기로 떼어 매끈하게 둥글린다.

③ 기름 두른 팬이 달궈지면 약불로 줄이고 동글게 빚은 반죽을 올려 납작하게 눌러준다. 해바라기씨를 대여섯 개씩 올려 밑면이 노릇해지면 뒤집어서 노릇노릇하게 굽는다.

④ 채반에 담아 한 김 식으면 따뜻한 차를 곁들여 낸다.

* 뜨거울 때보다 한 김 나갔을 때가 더 고소하다. 달지 않아 꿀생강대추차와 잘 어울린다.

친환경 벌레퇴치제, 물엿

식물에게는 영양을 공급하면서 진딧물이나 작은 벌레한테는 치명적인 물엿을 활용하면 식물에게 해를 주지 않으면서 벌레만 몰아낼 수 있다. 가능한 한 초기에 대처해야 물엿을 적게 쓰면서 효과는 크게 본다.

물에 물엿을 희석하는 비율은 분사가 가능할 정도의 끈적임을 유지할 수 있으면 된다. 물엿 제조사에 따라 끈적임의 농도가 조금씩 달라서 희석 비율은 물과 섞어보고 가늠하는 것이 좋은데 대략 물엿과 물을 1 : 2~2.5 정도로 섞는다. 찬물에 잘 녹지 않으면 미지근한 물에 풀어준다. 농도가 진할수록 효과가 크지만 분사하기 어렵고, 반대로 농도가 연하면 약효가 떨어진다. 분사기를 통과할 수 있는 범위에서 조절하고, 진딧물이 많이 붙어 있으면 물엿도 진하게 뿌리고, 한 번에 제거되지 않으면 시간차를 뒀다 한 번 더 뿌린다.

산골텃밭에서 사용하는 분무기 통은 1.2리터, 5리터, 20리터 세 종류다. 잎 뒷면까지 정교하게 분사할 경우에는 한 손에 잡히는 소형이 좋고, 고추밭처럼 넓은 밭에 전체적으로 분사를 하려면 용량이 좀 큰 것이 낫다. 물엿 뿌리는 시간은 이슬이 걷힐 무렵이 무난하다. 물기가 너무 많을 때와 한낮은 피하고, 비 올 확률이 있으면 보류한다. 하지만 위급 상황이라면 비에 씻기더라도 뿌리고, 날씨 갠 다음에 한 번 더 뿌린다.

개미는 진딧물의 배설물을 먹이로 삼으면서 스스로 이동하지 못하는 진딧물의 운송수단이 되어준다. 그러니 진딧물이 보이지 않더라도 개미의 움직임이 활발하다면 주의 깊게 살펴야 한다. 심는 시기에 따라 조금씩 차이는 있지만 갓끈동부는 꽃이 피기 전, 옥수수는 수꽃이 필 때 발생하기 쉽다.

진딧물은 너무 춥거나 더울 때는 주춤하고 고온다습한 기후에서 많이 발생한다. 일교차가 크게 나면 습도가 높아질 수 있어 진딧물 위험이 있고, 통풍이 잘 안 되거나 빛이 부족할 때도 위험수위가 높아진다. 부족한 일조량은 작물 성장에도 장애가 되니 미리 살펴서 대비한다. 사람이나 작물이나 질병은 예방이 최우선이고, 병이 생기면 가능한 한 초기에 대처해야 치유가 빠르다.

종자와 곡류 보관법

나와 인연이 닿은 종자의 대가 끊기지 않게 스스로 갈무리할 수 있어야 진짜 농부다. 작물을 심어서 거두면 최우선으로 해야 할 일이 종자 갈무리, 그 다음이 식용이다. 발아율은 전년도 채종한 씨앗이 제일 낫지만 비상시엔 묵은 씨앗이라도 동원해야 한다. 발아율이 떨어질 수 있지만 그래도 2년까지는 심을 수 있다. 채종이 어려울 경우를 대비해 최소한 2년 동안 보관한다.

여러 작물 중에서도 벌레가 생기기 쉬운 콩은 충분히 건조해야 한다. 특히 습도가 높을 때 거둔 콩은 어떤 용도로 활용하든 햇빛에서 충분히 말린 후 보관한다. 사용해 본 중에 가장 간편하고 안전한 저장용기는 투명해서 속내를 알아보기 좋은 페트병이다. 완전히 건조시켜서 페트병에 담아 뚜껑을 닫아두면 오랜 시간이 지나도 변질되지 않는다. 망이나 자루에 담아 보관한다면 자주 들여다보고, 조금이라도 불안하면 햇빛에 내다 말려준다. 채종년도는 반드시 표기하고, 혼동하기 쉬운 씨앗은 이름도 메모해둔다.

3장

키우고 요리하기

여름

팥

심는 때	6월 초순~하순(뽕나무 오디가 농익을 때)
심는 법	직파
거두는 때	10월 초순~중순
관리 포인트	늦게 심기, 줄 간격 여유 있게 심기

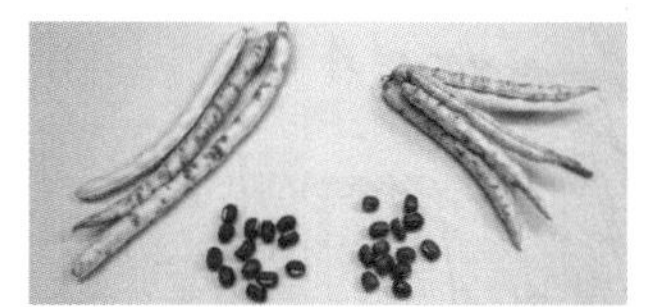

농사 초입에 팥과 갓끈동부를 동시에 만났더라면, 그랬어도 갓끈동부에 열광했을까? 팥은 다뤄보지도 않았으면서 팥으로 만드는 음식은 갓끈동부로도 대신할 수 있으니 없어도 그만이라 여겼다. 귀동냥으로 알고 있던 팥 농사는 한 마디로 까다로운 농사! 그래서 더더욱 마음을 두지 않았는데 어림짐작과 실제 상황은 달랐다.

3년차에 지인에게 검정팥을 한 되 가량 얻고 때마침 태평농에서 붉은팥 종자를 구해 두 가지를 심었다. 생애 처음으로 키운 작물은 긴장과 조바심을 동반하기 마련인데, 엉터리 상식이 자리하고 있던 팥은 그 정도가 심했다. 사연은 많았지만 우여곡절 끝에 그래도 풍성하게 수확하고 나니 눈이 번쩍 뜨였다. 이때 '풍성하게'란 오로지 심어 거둔 사람 눈에 그리 보였다는 것이지 남의 눈에 어땠을지는 모르겠다.

한 해 경험이 든든한 밑천이 돼준 데다 전 작물과 왕겨 멀칭이 재배환경을 잘 조성해준 덕에 이듬해 팥 농사는 힘 들이지 않고도 술술 풀렸다. 긴긴 장마가 지나가도록 자생초 때문에 걱정할 일이 없었고, 수확도 전년도의 4배가 넘었다. 정말이지 믿기지 않았다. 요만큼 심어서 이만큼이나!

갓끈동부와 비교하면 팥을 심는 시기는 초여름이라 갓끈동부를 심는 봄보다 발아하기 좋은 조건이고, 진딧물이나 덩굴콩꼬투리에 들러붙어 즙을 빼먹는 톱다리개미허리노린재도 팥은 넘보지 않는다. 지역에 따라서는 노린재 피해도 있다고 하는데 산골은 있어봐야 한두 마리 보일까 말까다. 시기적으로 건조할 때라 말려서 타작하기도 쉽고, 심는 시기만 서두르지 않으면 느긋하게 지켜보며 풍성한 결실을 얻을 수 있다. 갓끈동부와 비교하는 것은 이쯤에서 그만둬야겠다. 갓끈동부는 갓끈동부고, 팥은 팥이니까.

심고 가꾸기

팥은 색깔에 따라 붉은팥과 검정팥으로 구분해 부른다. 척박한 땅에서도 잘 자라지만 땅심이 좋으면 작황이 더 좋고, 적당한 수분과 충분한 온도를 갖추면 발아도 시원스럽다. 어떤 작물이든 심는 시기가 작물의 생태와 맞지 않으면 생육에 장애를 받아 수확량이 뚝 떨어지는데 팥은 유독 심한 편이다. 뽕나무가 많은 산골은 뽕나무 열매인 오디가 익는 시기를 기준으로 한다. 오디가 따먹기 좋을 만큼 먹빛으로 농익었을 때 팥을 심는다.

팥은 꼬투리가 여물면 건드리지 않아도 저절로 비틀어지면서 알이 터져나간다. 때 이르게 심으면 수확량도 적을 뿐만 아니라 여무는 시기가 고르지 못해 한 번에 몰아서 거둘 수 없고, 일일이 거두자면 여간 품이 드는 게 아니다. 3년차에 처음 심은 검정팥이 이런 모양새여서 고생 아닌 고생을 엄청 했다. 꼬투리 여무는 시기를 비슷하게 하려면 서두르지 않아야 하고, 여름이 길 것 같으면 6월 하순경에 심어도 된다. 팥 심는 날 새참은 농익은 오디를 듬뿍 넣은 오디팥빙수, 그렇게 짝이 잘 맞는다.

포기 간격은 호미 길이 정도로 해서 2~3알씩 넣고, 줄 간격은 옆으로 퍼질 것을 대비해 척박한 조건이면 세 발짝, 땅이 기름지다면 네 발짝 정도 여유를 둔다. 비 오는 날에 맞춰 심어야 하므로 일기예보 확인은 필수다. 굵은 드라이버로 구멍을 내서 팥알을 집어넣고 흙은 가볍게 살짝만 덮는다.

팥이 자랐던 밭이나 부산물을 모아놓은 곳은 이듬해 자연 발아하는 싹이 꽤 된다. '돌팥'이라고 하는데 알이 여물면 딱딱해서 식용은 어렵다고 한다. 크기 전에 제거하든지 크게 뒀다가 완전히 여물기 전에 거두어 먹고, 새로 심어 거둔 종자와 섞이지 않게 한다.

줄 간격을 수직형 콩을 기준으로 심었던 3년차는 말복 지날 무렵에 길게 자란 줄기가 곧추서지를 못하고 비스듬히 기울어지더니 옆에 있는 메주콩밭으로 넘어가는 것이다. 팥 생태에 감감했으니 안절부절 어찌할 줄을 몰랐다. 콩은 잎이 무성해지면 꼬투리에 알이 들어차지 않거나 채 영글지 못할 수도 있고, 그늘이 짙으면 노린재가 꼬여들기 좋고 줄기 아래쪽은 습해 위험도 있다. 웃자란 메주콩과 서리태 순을 치면서 미리 겁먹고 검정팥도 사정없이 순을 쳐냈다. 낫칼 휘두르던 손에 힘이 빠지자 문득 이게 아니지 싶었다. 팥 순을 친다는 이야기는 들어본 적이 없었던 것이다.

팥은 비스듬히 눕는 습성이 있고, 콩과식물이지만 잎이 무성하게 자란 채 줄기가 겹쳐지더라도 결실에 크게 장애가 되지 않는다. 일일이 일으켜 세운다고 안간힘 써봐야 도로 누워버리고, 뒤엉킨 줄기를 하나씩 잡아당겨 순을 친다고 해도 그게 마음처럼 정리되는 것도 아니다. 심을 때 줄 간격을 여유 있게 확보하면 기울어지더라도 안정감 있게 자리를 잡는다. 옆 작물에 장애가 될 정도로 기울어지면 한쪽 방향으로 유도해주고, 그렇지 않으면 알아서 자라게 뒀다 꼬투리가 여물면 터지기 전에 거두면 된다.

이런 특성을 지닌 덕에 팥은 수직형으로 자라는 콩보다 손이 덜 간다. 월동작물이 평균치 성장을 이루고 왕겨나 전 작물의 부산물이 적절하게 멀칭되어 있으면 시작부터 팥 성장에 장애가 될 만한 풀이 거의 없다. 설령 초기에 풀이 좀 자랐더라도 팥 줄기가 무성해지면 짙은 그늘이 생겨 자생초가 쉽게 차단된다.

거둘 때가 되었는지는 눈으로 보면 알 수 있다. 녹색이던 꼬투리가 연한 황색을 띠며 말갛게 변하면 거둔다. 영그는 속도가 들쑥날쑥 고르지 않으면 여문 꼬투리만 따고, 비슷하게 여물면 줄기째 잘라 말린다. 첫 재배는 편차가 심해 일일이 꼬투리를 따느라 힘이 빠져 알뜰하게 거두지 못했지만 이듬해는 10월 초순에 한 차례 여문 꼬투리를 따고 1주일 지나 줄기 전체를 낮게 잘라서 말렸다.

말리기만 하면 타작하기는 참 쉽다. 약간 덩굴형이라 줄기째 말리면 부피가 크지만 잘 마른 줄기는 회초리나 도리깨로 두드리면 순식간에 껍질과 알이 분리된다. 타작한 팥을 까불러서 이물질과 벌레 먹은 알을 골라낸다. 갓끈동부는 꼬투리에 들러붙어 즙을 빠는 노린재 때문에 결실이 부실해지기는 해도 벌레 먹은 알은 드문 반면, 팥은 노린재는 꼬이지 않아도 벌레 구멍이 난 게 제법 된다. 알이 온전치 못해도 심하지만 않으면 푹 삶아서 만드는 앙금이나 죽을 만들 수 있으니 따로 선별해놓는다. 팥은 보관 도중에 벌레가 잘 생긴다고 하는데 충분히 건조시켜 뚜껑이 있는 페트용기에 담아두면 해가 바뀌어도 벌레가 생기지 않는다.

먹는 방법

팥은 주로 떡, 빵, 죽, 밥으로 먹는다. 팥과 비슷한 맛이 나는 동부도 여럿 되지만 팥 고유의 깊은 맛은 따라오지 못한다. 팥을 심기 전에는 동짓날이면 갓끈동부로 팥죽 흉내를 내면서 이만하면 됐지 했는데, 진짜 팥죽을 끓여보고는 피식 웃음이 나왔다. 부드럽고 폭신한 식감은 갓끈동부가 낼 수 있는 맛이 아니었던 것이다. 새알심 대신 찹쌀떡, 콩고물 경단, 인절미 등을 넣으면 쫄깃하게 씹히는 맛도 좋고 떡 색깔에 따라 분위기도 새롭다. 팥죽 끓이는 방법으로 팥물을 만들어 멥쌀은 생략하고 대신 칼국수, 수제비, 가래떡을 넣어서 끓여도 별미다.

밥을 짓든 떡을 찌든 팥은 삶아서 넣는다. 떫은맛이 나는 성분을 제거하기 위해 한 번 삶아서 첫 물은 버리고 다시 물을 부어 삶는다. 밥쌀에 섞는 팥은 너무 퍼지지 않게, 고물이나 앙금을 내려면 푹 물러지게 삶는다. 물기 없이 보송보송하게 삶은 통팥은 설기나 찜 케이크 반죽에 섞거나 웃고명으로 이용하고, 고슬고슬하게 고물을 만들면 절편 · 경단 · 인절미에 묻힌다.

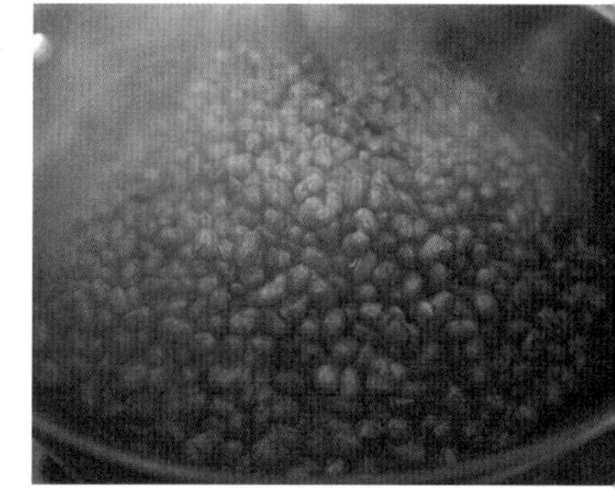

팥고물과 쌀가루를 켜켜이 안쳐서 찌는 시루떡에 늙은호박고지를 넣으면 몇 배로 달고 진해진다. 고슬고슬한 팥고물과 달콤하고 꼬들꼬들한 호박고지가 어우러지는 맛은 상상만 해도 침이 고인다. 이런 떡은 차게 먹으면 맛이 덜하다. 시루에서 꺼내자마자 손으로 뚝 잘라 후후 불어가면서 먹으면 꿀떡꿀떡 넘어간다.

삶은 팥에 단맛을 더해 약간 묽게 조리면 여름을 시원하게 달래줄 수 있는 빙수용 팥이 되는데, 붕어빵 소로 사용해도 좋다. 물기 없이 조려서 성글게 으깨면 빵과 도넛의 소가 되고, 좀더 곱게 으깨면 생도넛 · 만주 등을 만들 수 있다. 팥앙금을 한천과 섞어서 끓인 뒤 굳히면 달콤하고 말랑말랑한 양갱이 되는데, 재료만 바꿔서 고구마양갱, 호박양갱도 만들 수 있다. 멥쌀에 찹쌀을 약간 섞어 절편 반죽하듯 메로 쳐서 매끄럽게 치대 얇게 펼친 뒤 양갱을 말아주면 쫄깃한 떡과 달콤한 양갱을 한 번에 먹을 수 있다. 팥소를 넣었을 때보다 촉촉하고 소화도 잘된다.

겨울이면 붕어빵 생각이 솔솔 날 때가 있어서 빵틀을 하나 장만해 놓고 가끔 만들어보는데 직접 팥소를 준비해도 뒷맛이 불쾌하고 속이 더부룩했다. 간편하게 만들려면 베이킹파우더를 넣어 발효과정 없이 즉석에서 반죽해 굽는데 팽창제 때문이겠다 싶어 막걸리로 발효시켜 구웠다. 그랬더니 지금껏 먹었던 붕어빵 중에 최고의 맛, 특히 팥소와 어우러진 빵맛이 어릴 적 먹었던 국화빵을 연상시켜 풋풋한 재미를 더해주었다.

적게 먹어도 포만감이 오래가는 팥은 조리법이 적절하면 체중조절하기에도 좋고, 약용으로도 두루 쓰인다. 신진대사를 촉진해 혈액순환을 활성화하고 나트륨을 몸 밖으로 배출시켜 혈압을 조절해준다. 이뇨작용이 탁월해 신장염 개선과 몸의 붓기를 제거하는 데 도움을 주고, 혈액 내 독소와 노폐물을 체외로 배출시킨다. 해독작용을 통해 간 기능을 활성화하는 역할도 한다. 비타민 B_1이 부족할 때 생기는 식욕부진, 수면장애, 기억력 감퇴 등은 팥으로 보완할 수 있고, 해열과 여름철 열독을 풀어주는 데도 좋다. 성질이 찬 음식이기 때문에 몸이 찬 경우는 가려서 먹는다.

국산 팥에 비해 시판용 팥앙금 값이 너무도 저렴해 깜짝 놀랐는데 원재료가 수입산 팥이기 때문일 것이다. 수입산이라고 해서 문제가 되는 것은 아니지만 과하게 함유된 첨가물이 몸에 이로울 리 없다. 대체 무엇을 얼마나 넣었기에 지독한 단맛이 날까? 손수 만들면 그런 거북함과 결별할 수 있다.

자운 레시피

팥죽

재료

붉은팥 2컵, 현미 ½컵, 물은 팥의 9~10배, 소금 ½큰술

새알심 : 찰현미 1컵(또는 찰현미가루 2컵), 뜨거운 물 3~4큰술, 소금 2/3작은술

 만드는 방법

① 현미는 한나절가량 물에 불렸다 씻어서 건져둔다. 찰현미는 하루 동안 불렸다 씻어서 건진 뒤 물기가 빠지면 분쇄기에 곱게 갈아준다.

② 팥은 삶아서 첫 물을 따라내고 다시 물을 부어 팔팔 끓기 시작하면 중약불로 줄여 팥알이 푹 퍼지게 삶는다. (은근한 불에서 오래 삶아야 앙금 걸러내기가 쉽다.)

③ 팥이 충분히 삶아지면 체에 밭쳐 팥물을 받고, 팥알은 주걱으로 곱게 으깨 체에 내려 앙금을 거른다. 절반쯤 내리고 팥물을 부어가며 꼼꼼하게 앙금을 걸러낸다.

④ 받아놓은 팥물에 앙금이 가라앉으면 웃물만 따라서 끓이다가 불려둔 현미를 넣고 푹 퍼지도록 끓여 앙금을 넣는다. 약불로 줄여 눌어붙지 않게 주걱으로 저어가며 끓이고, 짜지 않을 만큼 소금 간을 한다.

⑤ 찹쌀, 소금, 뜨거운 물을 섞어 매끄럽게 치댄다. 지름 2cm 정도의 크기로 동그랗게 새알심을 빚는다. 팔팔 끓는 물에 새알심을 삶아서 찬물에 담갔다 건진다. 팥죽에 넣고 가볍게 저어가며 조금 더 끓인다.

* 새알심을 별도로 익혀서 넣으면 시간이 지나도 덜 퍼진다.

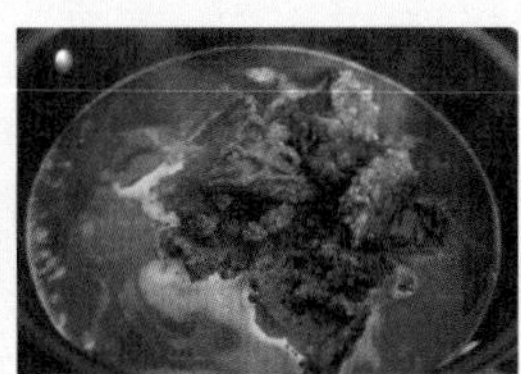
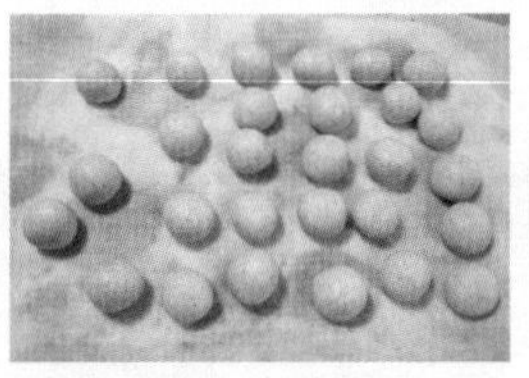
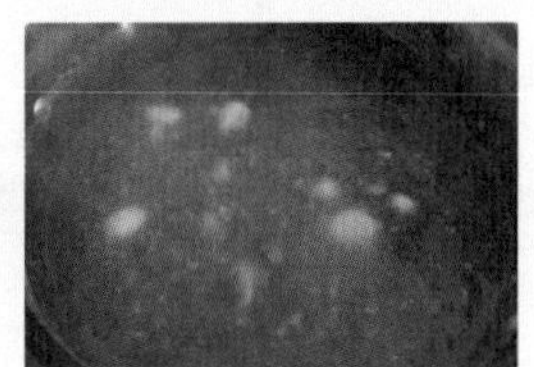

자운 레시피

팥고물 호박떡

재료

현미가루 300g, 소금 1작은술, 뜨거운 물 4큰술

늙은호박고지 조림 : 호박고지 120g, 물 300ml, 황설탕 2큰술

팥고물 : 검정팥 2컵, 물 4~5컵, 소금 2/3작은술, 황설탕 3큰술

만드는 방법

① 팥을 삶아 부르르 끓어오르면 첫 물은 따라내고, 다시 물 4~5컵을 붓고 푹 삶는다. 국물이 남으면 열을 더 가해 물기를 날린 뒤, 설탕과 소금을 섞는다. 주걱으로 뒤적이면 팥알이 자연스럽게 으깨진다. 경단에 묻히는 고물보다 성글게 으깬 뒤 고슬고슬해지게 넓은 쟁반에 펼쳐서 식힌다.

② 호박고지는 2~3cm 길이로 잘라 설탕을 녹인 물에 불려 물기를 뺀다.

③ 쌀가루와 소금에 뜨거운 물을 조금씩 넣어가며 손으로 비벼서 고루 섞는다. 쥐어서 손자국이 날 정도로 쌀가루에 수분이 배면 성근 체에 내린다.

④ 찜틀에 면포를 깔고 사각틀(또는 적당한 크기의 찜기)을 올려 팥고물을 깔고, 쌀가루 · 호박고지 · 쌀가루 순서로 안쳐서 맨 위에는 팥고물을 넉넉하게 펼쳐 담는다. 면포를 덮고 찜솥에 김이 오르면 30분가량 찐다.

팥양갱 말이떡

 재료

팥양갱 350g, 현미가루 400g, 찰현미가루 100g, 소금 ½큰술, 뜨거운 물 6큰술

양갱 : 팥앙금 500g(검정팥 2컵, 물 4컵, 소금 1작은술, 황설탕 5큰술), 실한천 13g, 물 500ml, 올리고당 60ml, 황설탕 4큰술, 소금 약간, 조린 밤 300g

만드는 방법

① 팥을 삶아 앙금을 만든다. 팥앙금과 한천을 섞어서 끓인 뒤 사각형 틀에 붓고, 조린 밤을 넣어 굳힌다. (구체적인 방법은 66쪽 '칡콩밤양갱' 참조)

② 현미가루, 찰현미가루, 소금에 뜨거운 물을 조금씩 넣어가며 손으로 비벼서 고루 섞는다. 체에 내린 뒤 찜솥에 면포를 깔고 떡 반죽을 안쳐서 30분 정도 찐다.

③ 익힌 떡 반죽을 볼에 붓고 공이로 찧어 적당히 식으면 손으로 치댄다.

④ 틀에 굳힌 팥양갱은 뒤집어엎어 길게 3등분 한다.

⑤ 살짝 기름을 묻힌 쟁반에 치댄 떡 반죽을 판판하게 펼쳐서 팥양갱을 하나씩 올린 뒤, 말아서 각을 잡아 5mm 두께로 썬다.

* 떡 반죽에 팥양갱을 소로 넣어 동글동글하게 빚어도 된다.

메주콩

심는 때	6월 중순~7월 중순
심는 법	직파
거두는 때	10월 초순~중순
관리 포인트	종자 선별, 늦게 심기, 새 피해 주의, 웃자라면 곁순치기

메주콩만큼은 농사 잘하는 사람이 따로 있고 콩이 잘 자라는 밭도 따로 있으려니, 아무 밭에서 아무나 짓는 농사는 아니려니 생각했다. 그럴 만도 한 것이 첫해는 시답잖은 종자 한 줌에다 쭉정이 한 줌, 이듬해는 좀 나을까 했더니 아예 열리지 않아 애지중지하던 우량종의 대가 끊긴 것이다. 첫해는 심는 시기가 너무 빨랐고, 이듬해는 시기가 적절했는데도 도무지 자라질 못해 풀밭이 돼버렸다. 밀도 높게 들어찬 자생초 역시 크게 자라지 못한 것을 보면 주된 원인은 척박한 토양이었던 것 같다.

산골에 터를 잡은 다음해 가을에 파종한 보리는, 소한 전에 지상부가 대부분 말라버렸지만 뿌리는 한 뼘 가까이 내려가 있어서 어렵사리 속잎이 살아나 이삭이 팬 것도 더러 있었다. 보리 성장이 이만큼이어도 흙은 생기를 되찾지 않았을까? 어쩌면 콩 농사가 될 수도 있겠다, 라는 부푼 기대를 안고 3년차 농사를 시작했다. 텃밭에서 거둔 콩으로 메주를 쒀보자고 아주 간절하게 빌었는데 꿈을 다부지게 꾼 덕인지 2년치 메주를 쑤고도 남을 만큼 거뒀다.

잘 여문 줄기를 집어 들자 콩이 흔들리는 소리가 들렸다. 몇 번 두들기지 않아도 꼬투리가 가볍게 벌어지며 콩알이 우르르 빠져나왔다. 세상에 어느 보석이 이보다 더 고와 보일까? 탱탱하고 뽀얀 메주콩은 내 가슴을 콩닥콩닥 뛰게 만들었다. 산골 밭에서도 콩이 자라는구나, 나도 되는구나, 그것도 그냥이 아니라 아주 잘되는구나! 콩이 이 정도면 다른 작물도 다 같이 좋아지겠지? 월동작물로 심은 보리가 뿌리를 내리며 땅을 기름지게 만들어 준 결과였다.

심고 가꾸기

메주콩은 백태 또는 노란콩으로도 불린다. 콩 중에서 가장 많이 심고 여름에 심는 콩 중에서 가장 늦게까지 심는다. 때 이르게 심으면 웃자라 결실이 부실해질 수도 있다. 쪽파나 감자를 심었던 밭에 심기도 하지만, 그것만으로는 부족하니 따로 밭을 정한다. 빈 밭에는 조금 이르게 심고 감자를 거둔 밭에는 7월 중순에 심는다.

어느 작물이나 심기 전에 밭부터 점검해야 한다. 가을에 파종한 월동작물이 잘 자랐던 밭은 콩 재배 초기는 물론 결실에 이르기까지 자생초로 생기는 시달림이 거의 없다. 그러나 가을 이후 아무것도 심지 않은 밭이라면 자생초가 혈기왕성하게 성장해 있을 때다. 최대한 키웠다가 콩 심기 직전에 잘라 표면을 덮어준다.

콩은 비 오기 직전에 심어야 가장 좋다. 굵은 드라이버로 구멍을 내서 세 알씩 넣고 흙은 가볍게 살짝만 덮어준다. 간격이 적당하면 한 구에 두 포기씩 자라도 무리가 없으니 미발아에 대비해 보통 세 알씩 넣는다. 콩 심을 때 새 한 입, 벌레 한 입, 나 한 입 나눠 먹기 위해 세 알을 심는다지만 새와 벌레가 하나씩만 먹어주면 고맙게?

맨흙이 드러난 밭에 심는 메주콩은 십중팔구 새 먹잇감이 되고 만다. 전 작물의 부산물이 충분히 남아있을 때 심으면 새를 피하기 위한 별도의 자재나 시설이 필요치 않아 간편하고 경제적이다. 풀이 수북하게 덮여 있으면 천적이 있을까 싶어 쉽게 접근하지 못한다고 한다. 상황이 여의치 않으면 동식물과 토양에 해가 되지 않으면서 새의 접근만 차단해주는 약제를 이용한다. 새가 기피하는 핏빛의 걸쭉한 물약, 일명 '새총'이라고 하는 액체로 메주콩을 코팅해 보송보송하게 말렸다가 심는다. 그러면 바닥에 떨어진 밀이나 보리 이삭을 탐하느라 멧비둘기가 떼로 몰려와도 콩은 건드리지 않는다.

직파한 콩에서 돋아난 싹이 온전한 형태를 갖추지 못할 때가 있다. 뿌리가 활착活着하기 전에 잎이 손상을 입으면 키도 작고 꼬투리가 맺혀도 알이 제대로 들지 않는다. 벌레가 건드리지 않아도 종자 보관법, 심는 시기, 토양 상태 등 여러 가지가 작용하는데, 이런 현상이나 조류 피해는 메주콩이 제일 심하다. 땅심이 좋아지고 종자 관리가 적절하면 그다지 걱정할 일은 아닐 것 같다. 메주콩은 장수허리노린재가 찾아들긴 하지만 미미한 수준이고, 콩밭에 요주의 대상은 고라니다. 대비책으로 밭 둘레에 말뚝을 박아 줄을 매고, 들깨를 심어 울타리를 만들었다.

전 작물이 부실했거나 표면을 멀칭해준 부산물이 부족하면 콩이 어느 정도 자랄 때까지 자생초와 생존 다툼이 치열하다. 콩이 자라는 속도가 빠를 때라 작물 성장에 지장을 주지 않을 정도로만 자생초를 잘라내면 얼마 지나지 않아 기세가 한 풀 꺾인다. 수확량을 늘리기 위해 줄기 끝에 생장점을 잘라서 새 가지를 유도하는 순지르기를 일부러 하지는 않는다. 그렇게 하지 않아도 기본 성장이 탄탄하면 맺을 만큼 맺는다. 자연스럽게 자라게 뒀다 잎이 무성해지면 잎을 따주고, 웃자라는 기색이 보이면 그때는 순을 쳐준다.

첫 매미 울음소리를 들어가며 심은 메주콩에 하얀 꽃이 피어 앙증맞게 반짝이면 매미 울음소리에 중후함이 묻어난다. 웃자라기 쉬울 때다. 순지르기는 꽃이 피기 전에 하는 것이 좋은데 꼬투리가 맺혔더라도 웃자람이 심하면 정리하는 게 좋다. 콩의 특성상 잎이 지나치게 자라면 열매가 부실하고, 꼬투리가 맺혀도 알이 실하게 들어차지 않는다. 일찍 심었거나 장마가 길어 빛이 부족하면 웃자랄 수 있으니 주의해서 살펴본다. 꽃이 피기 전이라면 회초리로 쳐 주든가 낫칼을 이용해 아래서 위로 쳐 올리고, 꼬투리가 맺힌 후에 순을 치려면 맨 위쪽 가지를 잘라낸다.

농사가 잘 되려면 토양의 환경이 잘 받쳐줘야 하고, 대를 이어가는

농사를 지으려면 종자도 좋아야 한다. 시중에 유통되는 콩은 대를 거듭해 심다보면 발아율이 떨어지는 경우가 있으니 종자용 콩은 신중하게 살펴보고 구입한다.

거두고 갈무리하기

꼬투리가 맑은 황갈색으로 변하고 잎이 노랗게 변하면 거둘 때다. 적절한 시기를 지나치면 바짝 마른 꼬투리가 터져 콩알이 바닥에 떨어지고, 반대로 덜 익은 콩을 수확하면 마르는 데 시간이 오래 걸리고 잘 말려도 콩깍지가 깔끔하게 벌어지지 않는다. 타작용 도구는 가볍고 야무진 회초리로 도리깨를 대신한다. 한 손에 회초리 두 개를 쥐고 두들겨준다. 세게 내려치는 게 아니라 탄력 있게 탁! 탁! 탁!

타작한 콩은 턱이 완만하고 둥근 그릇(소쿠리나 대야)에 담아 까불러 준 다음에 고르고, 빈 콩깍지는 추려서 밭으로 돌려보낸다. 벌레 먹었거나 온전하지 못한 콩도 심하지만 않으면 먹을 수 있으니 따로 골라놓고, 말끔한 콩은 더 건조시켜 식용과 종자용을 구분해 밀폐형 페트 용기에 담아 보관한다.

먹는 방법

메주콩은 장 담글 메주 만들기에 가장 많이 쓰이므로 이름도 메주콩이다. 생애 처음으로 어머니 도움을 받으면서 장을 담갔고, 과정을 눈여겨봤다가 이듬해부터는 담가서 뜨는 것까지 혼자 해내고는 무척이나 뿌듯했다.

청국장을 만들어도 콩은 푹푹 줄어드는데 산골밥상에서 장류 외에 제일 많이 먹는 방법은 콩물이다. 여름철 국수말이 정도라면 얼마 안 되지만 우유처럼 애용하면 연중 꾸준히 먹게 된다. 찜요리, 크림, 과일쉐이크 등을 만들 때 맛과 영양을 더해주는 콩물은 언제든 사용할 수 있게 냉동실에 얼려둔다. 보관할 때 부피를 줄이려면 걸쭉하게 갈아서 냉동했다 필요할 때 용도에 맞게 물을 섞어 갈면 된다. 달걀이 들어가는 음식에 우유 대신 콩물을 넣으면 맛도 더 구수하고 자칫 거북할 수도 있는 달걀 특유의 냄새가 나지 않아 뒷맛이 개운하다.

우유와 달걀이 주된 재료인 크림을 콩물로 만들면 설탕을 제법 넣어도 단맛이 은근하고 담백한 맛이 난다. 색다른 맛을 더해주려면 크림을 끓이는 마지막 단계에 채소분말이나 딸기, 토마토, 찐 고구마, 찐 호박 등을 섞어준다. 콩물크림은 빵, 크래커, 밀전병에 곁들이고 생크림처럼 케이크도 만들 수 있다. 이왕이면 케이크 시트도 콩물로 반죽해 찜 케이크로 만들어 콩물크림으로 아이싱한 후에 과일로 마무리하면 깔끔하다. 이렇게 만든 찜 케이크는 차게 먹어도 맛있고, 따뜻하게 데우면 부드러운 맛이 더 살아난다. 콩물크림에 걸쭉한 콩물을 붓고 과일이나 견과류 등을 섞어 살짝 얼리면 부드럽고 시원한 셔벗, 한 숟갈 떠서 입에 넣으면 사르르 녹는다.

여름에는 시원한 콩국수로 더위를 달래고, 선선할 때는 콩물로 칼국수나 수제비를 끓여 따뜻하게 먹어도 좋다. 삶은 콩을 약간 성글게 갈아 콩죽을 끓이면 부드럽고 구수하며 속도 편안하다. 콩국수 콩물에 들깨를 갈아 넣거나 콩고물을 타서 먹어도 맛이 진하다.

빙수 맛내기에도 좋은 콩물은 콩고물과 찰떡궁합이다. 빙수 재료가 신통치 않으면 얼음 간 것에 팥이나 동부조림을 올려 콩고물 콩물 빙수로 먹는데 보기도 그럴싸하고 맛도 그만이다. 차게 보관했다 음료로 마실 때 콩고물 한두 숟갈 넣어 마시면 훨씬 구수하고, 콩고물 콩물에 담백한 빵을 적셔 먹어도 별미다. 콩물과 콩고물만 잘 활용해도 다양하게 여름철 영양 간식을 즐길 수 있다.

메주콩을 삶을 때는 물에 담가 충분히 불린 콩을 메주 냄새가 나지 않도록 알맞게 익혀 손으로 살살 비비면 껍질은 홀랑 벗겨진다. 콩죽이나 콩물은 이런 과정을 거쳐야 하고, 조림용 콩은 껍질이 들뜨지 않을 정도로만 불렸다가 팬에 볶아서 양념에 조린다. 콩고물을 만들려면 불리지 않은 생콩을 쪄서 팬에 충분히 볶아 분쇄기에 곱게 간 다음 소금으로 간을 한다. 콩고물을 묻히려면 인절미나 찰떡이 제격이지만 멥쌀에 찹쌀을 약간 섞어 만든 절편도 잘 어울리고, 생채소 샐러드 또는 찜 케이크에 웃고명으로 활용해도 고소하고 깔끔하다.

신 김치와 메주콩도 잘 어울린다. 삶아서 간 콩을 통밀가루 반죽에 섞어 송송 썬 김치를 고명으로 올려 전을 부치면 아삭한 김치와 부드러운 콩맛이 조화를 이룬다. 된장보다 맛과 영양이 뛰어난 청국장도 신 김치로 간을 하면 한층 깊은 맛이 난다. 청국장만은 못하지만 잘 익은 김장김치에 메주콩을 갈아 넣고 찌개를 끓여도 구수하고, 여기에 불린 쌀이나 누룽지 또는 찬밥을 넣어 메주콩김치죽으로 먹어도 개운하다.

자운 **레시피**

콩고물 절편

 재료

현미가루 3컵, 찰현미가루 1컵, 소금 1⅓작은술, 뜨거운 물 6~7큰술, 메주콩 · 검은콩고물 적당량, 연한 소금물

만드는 방법

① 메주콩, 검은콩을 따로 씻어서 김 오른 찜솥에 40분가량 쪄서 부드럽게 익힌다.

② 찐 콩에 물기가 마르면 프라이팬을 달궈 약불로 줄이고, 탁탁 껍질 터지는 소리가 나도록 따로따로 볶는다. 식으면 소금을 약간 넣은 뒤 분쇄기에 곱게 간다.

③ 멥쌀가루, 찹쌀가루, 소금에 뜨거운 물을 조금씩 넣어가며 손으로 비벼 고루 섞고, 쥐어봐서 손자국이 날 정도로 뭉쳐지면 굵은체에 내린다. 김 오른 찜솥에 면포를 깔고 쌀가루 반죽을 올려 뚜껑에 서린 김이 닿지 않게 면포로 덮어 30분가량 찐다.

④ 익힌 떡 반죽을 볼에 붓고 소금물을 묻혀가며 공이로 찧어 약간 식으면 손으로 치댄다.

⑤ 도마에 소금물을 약간 뿌리고 떡 반죽을 놓고 판판하게 눌러 펴서 반으로 자른다. 한입 크기로 썰어 두 가지 콩고물을 넉넉하게 묻힌다.

자운 **레시피**

메주콩 크림 케이크

 재료

메주콩물 250ml, 달걀 1개, 황설탕 2큰술, 올리브유 1큰술, 밀가루 250g, 동부콩잎 건조분말 2큰술, 베이킹파우더 · 소금 ½작은술씩, 반건시 1개

콩물크림 : 메주콩물 500ml, 달걀 3개, 황설탕 120g, 통밀가루 45g, 소금 약간

만드는 방법

① **콩물크림 만들기** : 냄비나 조림팬에 달걀, 설탕, 통밀가루, 소금을 푼다. 따로 끓여둔 콩물을 붓고 눌어붙지 않게 거품기나 주걱으로 저어가며 걸쭉해지게 끓인 뒤, 식으면 냉장 보관한다.

② **케이크 시트 만들기** : 볼에 달걀과 설탕을 넣고 설탕을 녹이며 거품을 올린다. 여기에 콩물과 올리브유를 섞는다. 다시 체에 내린 밀가루, 콩잎가루, 베이킹파우더와 소금을 더 넣어 끈기가 생기지 않게 주걱을 세워 토막 내듯 섞는다.

③ 링틀에 담아 김 오른 찜솥에 30분가량 찐다.

④ 식으면 가로로 3층을 내서 중간에 콩물크림을 넉넉히 바르고, 윗면과 옆면에도 매끈하게 크림 아이싱을 한다.

⑤ 깍지 끼운 짤주머니에 콩물크림을 담아 케이크 윗면 가장자리에 빙 돌아가며 꽃 모양이 나오게 눌러 짜고, 반건시를 얇게 썰어 돌돌 말아 올린다.

* 콩물 만드는 방법은 245쪽 '메주콩 콩물빙수' 참조.

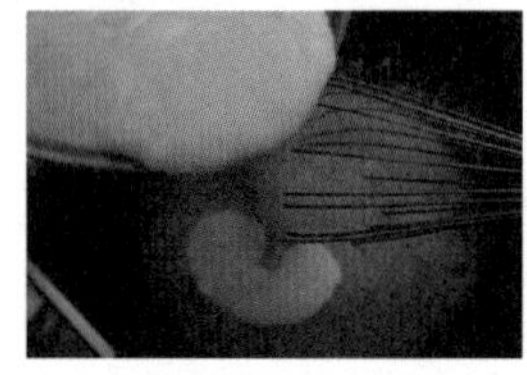

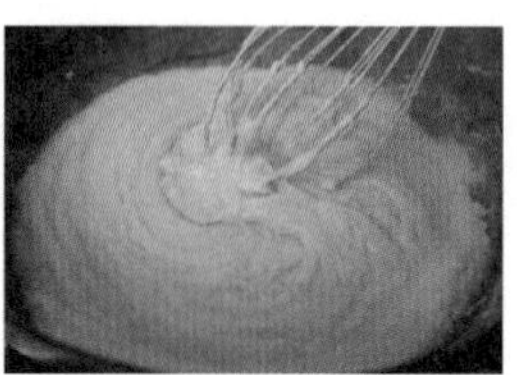

메주콩 콩물빙수

 재료

빙수용 밤콩동부조림 4~5큰술, 각얼음 수북하게 1컵, 메주콩물 1컵, 잘 익은 초록참외, 방울토마토

콩물 : 메주콩 삶은 것 2컵, 소금 2/3작은술, 물 550~600ml

만드는 방법

① 한나절 물에 불린 메주콩이 푹 잠기게 물을 붓고 메주 냄새가 나지 않도록 삶는다.

② 삶은 콩은 찬물에 담가 손으로 비벼 껍질을 벗기고, 윗물을 따라내면서 콩 껍질을 걸러낸다. 반복해서 껍질을 걸러내 알만 남으면 물과 소금을 넣고 분쇄기에 곱게 갈아준다.

③ 초록참외는 반으로 갈라 씨앗만 걷어내고 방울토마토와 비슷한 크기로 껍질째 썬다.

④ 각얼음을 갈아 그릇에 담고 빙수용 동부를 넉넉히 넣어 메주콩물을 부은 뒤, 참외와 토마토를 올린다.

* 빙수용 동부조림 만드는 방법은 45쪽 '갓끈동부 떡빙수' 참조

청국장 두부찌개

 재료

청국장 150g, 된장 2/3큰술, 두부 200g, 묵은 김치 100g, 육수 2컵, 대파 1대

만드는 방법

① 산골에서는 제빵기의 발효 기능을 활용하여 청국장을 만든다. 메주콩을 12시간 이상 물에 불려 찜솥에 안치고 센 불에서 10~15분, 약불에서 40~50분간 쪄서 제빵기로 만 4일간 발효시킨다.

② 김장김치는 양념을 적당히 걷어내어 잘게 썰고, 두부는 한입 크기로 대파는 어슷하게 썬다.

③ 뚝배기에 김치를 담고 된장을 푼 육수를 부어 끓이다가, 청국장을 넣고 보글보글 끓으면 두부 넣고 조금만 더 끓여 대파를 어슷하게 썰어서 넣는다.

서리태

심는 때	6월 초순
심는 법	직파
거두는 때	10월 하순
관리 포인트	늦지 않게 심기, 웃자라지 않게 주의하기

서리태라고 콕 집어 부르기보다는 보통은 검은콩으로 부른다. 검은콩을 크게 구분하면 알이 제일 굵은 흑태, 서리를 맞으며 자란다는 서리태, 작은 콩알이 쥐 눈처럼 생겼다고 해서 쥐눈이콩 또는 서목태로 나뉜다. 서리태는 겉은 검어도 속이 푸르스름해서 속청으로도 불린다. 식용으로 가장 많이 애용하는 검은콩의 대표선수다. 검은콩을 떡에 넣어 보면 콩 특유의 단맛이 배어나 설탕을 넣지 않아도 소금 간만 알맞게 해주면 떡 맛이 제대로 살아난다. 맛은 알이 작은 쥐눈이콩이 더 진하고, 폭넓게 활용하기에는 알이 굵은 서리태가 으뜸이다.

떡으로, 빵으로, 밥반찬으로 지금은 내 밥상에서 콩이 차지하는 비중은 상당히 높지만 농사짓기 전에는 콩이 끼어들 여지가 없었다. 좋은 먹을거리에 대한 인식이 부족한 데다 사먹는 빵에 끼니를 의지했던 탓이다. 당연히 콩이 들어간 음식은 먹을 기회도 드물었고, 맛있는 줄도 몰랐다. 농사를 직접 지으면서 입맛도 변하고 손맛도 변했다. 조금씩 음식과 몸의 조화를 자각하면서 콩이 맛있어졌다. 맛도 맛이지만 적게 먹어도 포만감이 커서 식탐이 생기지 않고, 배불리 먹어도 속이 편안한 콩은 먹으면 먹을수록 몸이 좋아하는 게 느껴진다. 몸에서 반기고, 그걸 자각하게 되니 자연스럽게 손이 가게 마련이다. 밥이 없어도 못 살겠지만 밥상에서 콩이 사라진다면 그것도 견디기 어려울 것 같다.

이렇게 농사짓기는 재미가 한층 더해졌지만 그렇다고 맛

있는 콩을 양껏 거둬서 먹을 수 있는 건 아니었다. 감질나게 입맛만 다시게 하던 콩에 갈증이 풀린 것은 산골농사 3년차에 이르러서다.

심고 가꾸기

서리태 재배 방법은 비슷한 시기에 심는 메주콩, 쥐눈이콩과 같다. 다만 성장 기간이 가장 길어서 제일 먼저 심어도 제일 나중에 거둔다. 이 시기에 재배하는 콩은 서둘러 심으면 성장에 장애를 받지만 생육 기간이 긴 서리태는 너무 늦게 심어도 결실이 부실해진다. 늦어도 6월 중순을 넘기지 않는 게 좋다.

밭 관리는 메주콩에서 다룬 것처럼 월동작물 재배 여부에 따라 자생초 분포가 달라지므로 그에 맞게 대처한다. 메주콩보다 새 피해는 적지만 안심할 수 없으니 '새총'을 묻히고, 비 오는 날 기다렸다가 한 구멍에 세 알씩 넣는다. 웃자랄 위험을 조금이라도 줄이려면 줄 간격을 여유 있게 한다.

3년차만 해도 콩도 잘 자라고 풀도 잘 자라 여러 번 가위를 들었다. 그런데 4년차에는 풀이 드물어 장마 전후로 가볍게 한 번 손봐준 것이 전부였고, 이듬해에는 더 한가했다. 한여름 콩밭 김매기는 어지간히 땀을 빼는 일인데 눈에 거슬리는 풀이 없으면 규모를 조금 넓혀도 관리가 수월하다.

심는 시기가 적절해도 성장기에 강수량이 많고 일조량이 적으면 웃자랄 위험이 있다. 3년차에 메주콩은 꼬투리가 맺힌 상태에서 순을 쳤고, 메주콩보다 성장이 늦은 서리태는 꽃이 한창 피었을 때 순을 쳤다. 발 디딜 틈도 없이 무성하게 자라 한 번 순을 쳤는데도 안 되겠다 싶어서 다시 엄청나게 잘라냈다. 그런데도 백로를 즈음해 꼬투리가 고르게 맺혔다. 이왕이면 미리미리 손을 쓰는 게 상책이다. 4년차부터는 크게 웃자라는 기색이 아니어도 꽃이 피기 전에 일제히 점검을 해서 미연에 막았다.

거두고 갈무리하기

된서리 맞고나서 거두는 콩은 서리태 하나일 것 같다. 거둘 때가 가까워지면 꼬투리가 콩 색깔처럼 검게 변하고 잎이 떨어진다. 덜 여물었을 때 거두면 말리기까지 무척 오래 걸리고, 다 말려도 콩알이 납작해지거나 쭈글쭈글하다.

3년차에 월동작물로 보리를 파종하고 곧바로 왕겨를 덮으려면 서둘러 거두는 게 좋겠다 싶어 된서리 맞고 3일 만에 거뒀다. 그때까지도 덜 여문 녹색 꼬투리가 많았다. 아니다 다를까, 말려서 타작하기까지 꼬박 한 달이 걸렸고 납작한 콩도 부지기수였다. 천막에 펼쳐놓고 며칠 지나지 않아 바짝 마른 메주콩과 비교하면 능률이 턱없이 떨어진 데다 알도 부실했다. 그래서 이듬해는 가을 파종과 상관없이 충분히 여물기를 기다렸다가 11월 초순에 거뒀더니 조금 늦었던 모양이다. 알이 빠져나가고 빈 꼬투리만 남은 것도 있고 푸르스름한 속살을 내보이며 반쪽만 붙어있는 콩알도 있었다. 반쪽을 챙겨간 녀석은 새였을 것이다.

콩 줄기를 자를 때, 낫이냐 톱이냐를 놓고 한동안 고민했다. 잘 드는 낫을 잡아본 적이 없어서 낫의 위력에 대해선 아는 게 없었다. 그렇다고 톱이 만만한가 하면 그것도 아니다. 이제나 저제나 친숙한 도구는 가위인데 많이 심은 데다 다들 잘 자라 가위로 상대할 상황이 아니었다. 3년차는 제일 먼저 거둔 들깨만 가위로 자르고 메주콩부터 나머지 작물은 모두 톱으로 잘랐다. 가위보다 힘도 덜 들고 시간도 빨라서 하루치 일거리를 한나절 만에 끝내고선 딴에는 획기적인 아이디어라고 톱질한 이야기를 블로그에 올렸다. 맞장구는커녕 다들 낫으로 자르는 것이 빠르고 잘 갈아서 쓰면 쉽게 잘린다며, 톱이라니 가당

치도 않다는 것이다.

곰곰 생각해보면 톱은 슬근슬근 왕복운동이지만 잘 드는 낫이라면 한 번에 쓱싹 잘라낼 수 있으니 톱은 얘깃거리도 안 된다. 그렇긴 하지만 초보 농부가 'ㄱ'자로 휘어진 낫을 다루기란 만만치가 않다. 수소문 끝에 크기가 아담하고 약간 휘어지면서 날이 톱날처럼 생긴 낫이 사용하기 편하다는 얘길 듣고 4년차에 활용해봤다. 술술 넘어간 것은 아니지만 톱보다 힘이 덜 들었고, 가위보다 훨씬 빨랐다. 손이나 팔에 무리가 가지 않으니 몰아서 작업을 해도 몸이 가뿐했다.

거둬들인 콩 줄기는 천막에 펼쳐놓고 말린다. 몇 년 동안은 이슬 맞지 않게 하느라 저녁이면 덮어주고 아침이면 걷길 반복하다가, 4년차엔 비 예보가 있을 때만 덮었다. 그래도 잘만 마르는 걸 그동안 괜한 수고를 했던 것 같다. 다 마르면 타작을 해서 이물질이 날아가도록 까불러준 다음 실한 알은 더 말려 페트 용기에 담아 보관하고, 반쪽이와 쭈글이는 갈아서 만드는 요리에 활용한다.

먹는 방법

콩자반이나 콩밥을 잘 먹는 아이들이 있을까? 내 주위엔 아무도 없다. 몸에 좋다니까 콩을 갈아 음료에 섞어 먹기는 해도 밥이나 반찬으로 나오는 콩은 막무가내로 싫어하는 어른도 여럿 된다. 맛있게 먹을 때 소화 흡수도 좋은 법, 먹는 방법을 달리하면 영양도 섭취하면서 콩 맛도 오롯이 즐길 수 있다.

물에 담갔을 때 잘 무르고 당도가 높아, 다루기 쉽고 맛내기 좋은 콩이 서리태다. 그런데 간혹 물에 담그고 시간이 지나도 불지 않는 콩이 있다. 종자가 될 수도 없고, 먹을 수도 없는 죽은 콩이다. 다른 콩을 다룰 때도 이런 콩이 섞였을 것 같으면 삶기 전에 미리 물에 담가서 골라낸다. 콩 삶은 물이 남으면 국물음식 또는 밀가루나 쌀가루 반죽할 때 사용한다.

콩은 떡에 넣어 찌면 더 달콤해진다. 멥쌀에 섞어 콩설기를 만들거나 호박고지, 밤, 대추 등과 섞어 찰떡이나 약밥도 만든다. 쌀가루나 밀가루에 섞어 만든 서리태 음식은 밥을 대신한다.

맛있고 만들기도 쉬워서 내가 꾸준히 애용하는 서리태 요리는 서리태현미빵이다. 통밀가루에 멥쌀가루, 삶은 서리태를 넣어 막걸리로 발효시킨 반죽을 찜틀에 안쳐 쪄낸 쌀 찐빵으로 외양은 콩설기인데, 맛은 빵과 떡의 중간쯤 된다. 쌀가루가 더해지면 우선 씹히는 맛이 좋고, 소화력도 밀가루 빵보다 훨씬 낫다. 게다가 떡보다 만들기도 쉽다. 콩의 식감이 거북하다면 삶은 콩을 성글게 갈아서 넣어도 된다. 쌀 찐빵은 서리태가 단연 뛰어난 맛을 내지만 쥐눈이콩, 동부, 철마다 거두는 채소 등 부재료에 변화를 주면 먹을 때마다 새롭다.

빵도 현미로 만든 쌀 찐빵이 맛있듯 전을 부쳐도 쌀로 반죽한 콩전이 맛깔스럽다. 콩전을 밀가루로 반죽하면 바삭한 맛이 덜하고 콩맛도 밋밋한데, 삶아서 간 콩에 현미가루를 적당히 섞고 엉겨 붙을 정도로 약간만 밀가루를 넣으면 한결 구수하면서 바삭하고 기름에 부쳐도 담백하다.

찹쌀가루를 약간 섞은 멥쌀가루 반죽과 서리태 크림을 켜켜이 안친 서리태 크림설기에 서리태 고물을 입힌 떡은 촉촉한 서리태 크림이 전체적인 맛을 부드럽게 해준다. 크림을 만드는 마지막 단계에 삶아서 성글게 간 서리태를 섞는데 콩은 알맞게 익혀야 떡과 잘 어울린다. 서리태도 지나치게 삶으면 메주 냄새가 나고, 이렇게 삶은 콩을 갈면 죽이 되니 삶거나 갈 때는 용도에 맞게 한다. 고급스러운 맛이 나는 서리태 크림은 빵에 곁들여도 좋고 아이스크림처럼 팥빙수에 얹으면 든든한 빙수가 된다.

콩밥에 달걀프라이를 곁들이면 그저 그런 맛이지만 단촛물에 비빈 콩밥으로 달걀전을 부치면 포만감도 크고 뒷맛이 개운하다. 콩밥을 멀리하는 식성이라도 구수한 콩죽은 마다하지 않을 것 같다. 이유식이나 환자식으로도 좋은 서리태죽은 체질이나 계절을 가리지 않는다. 콩물만 준비해뒀다가 따뜻한 콩칼국수나 콩수제비, 시원한 콩국수로 먹기도 한다.

서리태도 메주콩처럼 콩고물을 만든다. 속이 푸르스름해 메주콩고물과 같이 만들어두면 색깔 맞추기도 좋다. 불리지 말고 씻어서 건져서는 찜솥에 찐다. 그 다음에는 달궈진 팬에 약불로 볶아서 식으면 분쇄기에 갈아준다. 쪄서 볶은 콩은 고소한 맛이 진하고 시간이 좀 지나도 눅눅해지지 않는다. 볶아서 먹으면 흡수가 더 빠른 검은콩을 이렇게 준비해뒀다 출출할 때 간식으로도 먹고, 겨울철 영양식인 강정도 만든다.

검은콩은 흰콩보다 약성이 높다고 알려져 있다. 체내의 활성산소를 제거하는 항산화 효과가 높은데, 색이 짙을수록 더 높다고 한다. 늙지 않을 도리가 있을까마는 꾸준히 먹으면 노화 예방에 도움이 된다니 적어도 더 젊고 건강하게 살 수는 있을 것이다.

자운 **레시피**

서리태 크림설기

 재료

현미가루 2컵, 찰현미가루 ½컵, 소금 1작은술, 뜨거운 물 3~4큰술, 서리태 크림 1⅓컵, 서리태 고물 ½컵

서리태 크림 : 우유 500ml, 달걀 3개, 황설탕 90~100g, 보릿가루 60g, 소금 1작은술, 서리태 성글게 간 것 2컵

만드는 방법

① 서리태 크림은 메주콩 크림과 같은 방법(244쪽 참조)으로 만든다. 맨 마지막에 서리태를 섞어 뻑뻑해지게 더 끓였다 식으면 냉장 보관한다. 크림에 넣는 콩을 푹 삶거나 너무 곱게 갈면 죽처럼 되니 보송보송하게 삶아서 알맞게 갈아준다.

② 멥쌀가루, 찹쌀가루, 소금에 뜨거운 물을 조금씩 넣어가며 고루 섞는다. 쥐어서 손자국이 날 정도로 뭉쳐지면 굵은체에 내린다.

③ 찜틀에 면포를 깔고 링틀을 올려 콩고물 약간 뿌린 다음 쌀가루, 슈크림, 쌀가루 순서로 일정한 두께로 담는다. 김 오른 찜솥에 30분 정도 찌고, 이쑤시개로 찔러봐서 묻어나지 않으면 꺼낸다.

④ 접시에 서리태 고물을 약간 뿌리고, 떡은 뒤집지 말고 얇은 주걱으로 바닥을 살짝 건드려 접시에 옮겨 담는다. 떡 위쪽도 콩고물을 넉넉하게 올린다.

＊검은콩 고물 만들기는 243쪽 '콩고물절편'을 참조

자운 레시피

서리태죽

 재료

서리태 · 현미 1½컵씩, 물 10컵, 소금 약간

만드는 방법

① 쌀은 한나절가량 물에 불려 씻어서 분쇄기에 살짝 으깨는 정도로 간다.

② 서리태가 푹 잠기게 물을 붓고 삶은 뒤, 식으면 쌀보다 더 곱게 간다.

③ 쌀에 물을 붓고 끓여서 푹 퍼지면 서리태를 넣고 끓인다. 물은 한꺼번에 다 넣지 말고 2/3가량 먼저 넣고 농도를 봐가며 조절한다.

④ 은근한 불에서 바닥에 눌어붙지 않게 주걱으로 저어가며 끓이고, 소금으로 심심하게 간을 한다.

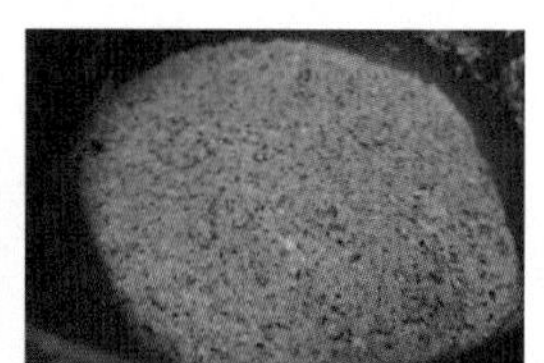

서리태현미빵

재료

통밀가루 400g, 현미가루 150g, 서리태 삶은 것 2컵, 소금 ½큰술, 황설탕 1큰술, 막걸리 450~500ml

만드는 방법

① 밀가루, 쌀가루, 설탕, 소금을 넣고 삶은 서리태를 고루 섞은 뒤 막걸리를 넣어 매끄럽게 치댄다.

② 반죽을 랩으로 씌워 2배 이상 부풀어 오르도록 2시간 정도 상온에 둔다.

③ 1차 발효가 충분히 이뤄지면 찜틀에 면포를 깔고 사각틀을 올려 반죽을 2/3가량 채운다.

④ 찜솥에 물을 끓여 김이 오르면 불을 끄고, 찜틀을 안쳐 솥의 열기로 20~30분간 2차 발효를 한 뒤, 반죽이 부풀어 오르면 찜틀을 내린다. 다시 솥에 열을 가해 김이 오르면 찜틀을 올려 30분가량 찐다.

⑤ 식으면 식빵 두께로 썬다.

* 팬에 기름 없이 구우면 더 구수한 맛이 난다.

서리태현미밥 계란말이

재료

서리태현미밥 1공기(현미 1½컵, 서리태 ½컵), 달걀 3개, 단촛물 2작은술, 통깨, 소금, 식용유

만드는 방법

① 현미는 불리지 않고 씻어서 솥에 안친다. 서리태를 얹고 밥물을 부어 고슬고슬하게 밥을 짓는다.

② 서리태현미밥 한 공기를 덜어 단촛물, 통깨를 넣고 비빈다. 주먹밥 정도의 크기로 덜어 길쭉하게 밥을 뭉친다.

③ 달걀을 거품기로 풀어 소금을 약간 섞는다.

④ 기름 두른 팬이 달궈지면 약불로 줄이고(기름이 너무 많으면 닦아낸다), 달걀물을 조금 부은 뒤 뭉친 밥을 두세 개 나란히 붙여서 만다. 한쪽으로 밀어놓고 다시 달걀물을 붓고 흐트러지지 않게 감싸면서 말아준다. 같은 방법으로 만들어 한 김 나가면 한입 크기로 썰어서 담는다.

* 밥보다 달걀 비중을 높이려면 더 굵게 말아준다.

쥐눈이콩

심는 때	6월 초순~하순
심는 법	직파
거두는 때	10월 초순~중순
관리 포인트	웃자라면 순지르기

약성이 뛰어나 예로부터 식용보다는 약콩으로 쓰였다는 쥐눈이콩은 명성에 비해 알이 참 작다. 눈에 콩깍지가 씌어 그런지 내 눈엔 쥐눈이콩이 서리태만하게 보이는데 눈 밝은 사람에게는 쥐 눈보다 더 작아 보이는 모양이다. 쥐눈이콩을 갈무리할 때 지인들과 마주치면 늘 듣는 얘기가 있다. 심으려면 좀 큰 콩을 심지 이게 콩이냐며, 신세만 고달프지 남는 것도 없겠단다. 그럼 넌지시 물어본다. 콩맛을 알아? 쥐눈이콩 맛을 아느냐고?

하나같이 콩맛은 다 거기서 거기라는 반응이다. 무슨 소리! 콩 중에서 달고 맛이 진하기는 쥐눈이콩이 으뜸인 것 같다. 서리태의 단맛도 좋지만 쥐눈이콩만큼은 아니다. 비슷한 종류의 콩이라면 크기가 작을수록 맛이 진하다는데 쥐눈이콩으로 밥을 지으면 간이 딱 맞는 음식처럼 반찬 없이 밥만 먹어도 입맛을 사로잡는다. 자연의 단맛이란 바로 이런 것을 두고 하는 말일 것이다. 앙증맞은 크기와 고유의 맛을 잘 이용하면 보기 좋고 영양이 풍부한 음식을 만들 수 있다.

농부 입장에서 쥐눈이콩이 좋은 이유는 따로 있다. 알은 작아도 꼬투리가 알차게 열리고 벌레 피해가 없어 서리태나 메주콩보다 재배하기 쉽다. 그간의 경험에 비춰보면 척박한 땅에서도 잘 자라 덩치는 작아도 믿음직한 밭작물로 손에 꼽는다.

태평농에서 관리하는 종자만 심다가 일반 농가에서 경운 농법으로 재배한 씨앗을 심어보기는 쥐눈이콩이 처음이었다. 종자용으로 얻은 것도 아니고, 반찬 해먹으라는 콩이었다. 심으면서도 무경운 무농약으로 키울 수 있을까? 심으면 싹이 날까? 과연 대를 이어가며 씨앗 구실을 할까? 여러 가지가 궁금했다. 쥐눈이콩과의 인연이 5년을 넘었으니 이젠 온전히 내 식구가 되었고, 든든한 텃밭 작물로 자리를 잡았다. 산골에서 콩 농사를 망쳤던 두 해째, 메주콩과 서리태는 대가 끊겼지만 쥐눈이콩은 종자만큼은 남겨줬다. 그간의 여정이 각별해 애착이 많이 가는 작물인데, 4년차에는 심어본 중에 최고로 많이 거뒀다.

심고 가꾸기

쥐눈이콩 심는 시기는 발아하기 좋을 때라 부득이한 경우가 아니면 직파한다. 장마가 이르면 콩 파종시기와 겹칠 수 있는데 일조량이 부족하거나 습도가 높을 때 모종을 만들면 포트 안에서 웃자랄 위험이 있고, 심하게 웃자란 모종은 노지에 옮겨 심었을 때 정상적인 발육이 어렵다. 직파를 하면 날씨가 고르지 못해도 노지 적응이 빨라 결실에 이르기까지 무리 없이 잘 자라고 결실도 더 좋다.

쥐눈이콩도 새가 건드리는지 확인해보지는 않았는데 혹시나 싶어 '새총'에 버무렸다 심었다. 4년차 콩 심을 무렵엔 보리도 크게 자라 있었고 녹비식물인 갈퀴도 자생해 있어 작물 성장에 걸림이 되는 자생초는 거의 눈에 띄지 않았다. 이럴 때는 자연스럽게 소멸하며 땅에 거름이 되는 갈퀴는 그대로 두고, 크게 자란 보리만 낮게 잘라 바닥에 깔고 콩이 들어갈 만큼만 구멍을 내 심는다.

콩과식물에 잘 꼬이는 노린재도 없고, 콩잎을 뜯어먹는 고라니도 쥐눈이콩은 넘보지 않아서 자생초에 기죽지 않게만 보살펴주면 된다. 토양 관리가 적절히 이루어지면 작물이 잘 자라고, 작물이 잘 자라면 자생초는 자연스럽게 줄어든다. 어떻게 하면 풀이 덜 나게 할까에 초점을 맞출 게 아니라 땅심을 키우는 것이 우선이다.

자생초는 토양이 어느 정도 척박한지를 가늠해보는 척도가 된다. 2년차만 해도 쥐눈이콩밭에는 중대가리풀이 매트처럼 깔려 있었다. 작물 성장이 부진했으니 자생초가 활개 치기에 너무 좋았다. 3년차는 가뭄이 심해지자 노리끼리하게 말라가던 콩잎이 마치 화상을 입은 것처럼 변했다. 입이 바싹 마를 정도로 안타까웠지만 비가 내리면 생기를 되찾으리라 기대하면서 물을 주지는 않았고, 아래쪽부터 마른 잎을 모조리 떼어냈다. 앙상하게 줄기만 남아 있던 쥐눈이콩이 비를 맞자 놀랍게도 며칠 지나지 않아 새잎이 돋아나면서 활기를 되찾기 시작했다. 초기 성장은 서리태와 별 차이가 없었지만 9월 초순에 이르자 막 꼬투리가 맺히기 시작한 서리태를 훌쩍 뛰어넘어 올록볼록해졌다. 이후 거둘 때까지 더는 맘 졸일 일이 없었다.

4년차는 예상치 못한 일이 벌어졌다. 이전까지 봐온 쥐눈이콩은 서리태보다 키가 작고 몸집도 다소곳했다. 습도가 높고 일조량이 부족해도 웃자란 적이 한 번도 없었다. 그런 쥐눈이콩이 꽃 피기 전에 키가 내 허벅지에 이르렀고, 잎도 서리태보다 더 크게 자랐다. 게다가 길게 자란 줄기가 나물콩처럼 옆으로 기우뚱 넘어가 휘어졌는데 가지 마디마다 순이 돋았다. 심을 때 다른 종자와 섞였나? 그렇지 않고서야 쥐눈이콩이 이럴 리가 있나!

이유야 어찌됐든 서둘러 낫칼을 들었다. 꽃이 피기 전이라 과감하게 순을 쳤는데도 금세 무성하게 자라 열흘 후에 또 한 번 순을 쳤다. 다행히 곧바로 꼬투리를 맺어 여물기까지는 평탄했다. 매년 왜소한 몸집만 봐와서 줄 간격을 좁혀 심은 데다 긴 장마로 일조량이 부족했던 게 원인인 것 같았다. 덕분에 쥐눈이콩도 상황에 따라 웃자랄 수 있다는 것을 알게 됐다.

개화기와 결실기는 메주콩과 비슷하고 서리태보다는 한참 빠르다. 꼬투리가 여무는 것을 봐가면서 첫서리 전후로 거둔다. 거둘 시기가 임박해지면 며칠 사이에 두드러지게 변한다. 노르스름하게 단풍 들던 잎이 떨어져나가고 완전히 여물면 앙상한 줄기만 남는다. 이렇게 여물면 타작하기는 식은 죽 먹기다.

대가 가늘면 가위로 잘라도 되지만 톱날 박힌 낫으로 자르는 게 한결 쉽다. 잘라서 더 말리면 꼬투리가 투명에 가까운 연한 황색을 띠는데 회초리로 톡톡 건드리기만 해도 입을 쩍 벌리며 콩알을 밀어낸다. 벌레 먹은 것도 없고, 반쪽이도 없고, 반들반들 윤기 나는 콩알만 우르르 굴러 나온다. 잘 말려 뚜껑 있는 페트용기에 담아서 보관하면 해가 바뀌어도 벌레가 생기지 않는다. 이듬해 수확이 어찌 될지 몰라 매년 여유 있게 남겨두는데, 2년이 더 지난 쥐눈이콩을 지금도 잘 보존하고 있다.

심하게 웃자란 순을 칠 때 결실이 부실해지지 않을까 품었던 우려는 감쪽같이 사라졌다. 4년차, 18자 천막을 가득 채운 채 말라가는 쥐눈이콩은 내가 봐도 대견스러웠다. 때마침 산골에 들르신 부모님께서도 혀를 내두르시며 "어쩜 이렇게 알이 실하게 들었냐? 이젠 작아도 작단 말은 못 하겠다" 하시고, 거두기 전까지만 해도 알이 굵은 서리태를 많이 심으라던 남편도 벌어진 입을 다물지 못했다. 이제 더 이상 쥐눈이콩 타박은 안 할 것 같다.

먹는 방법

영양이 풍부하면서 해독 작용이 뛰어난 쥐눈이콩은 당뇨, 고혈압, 동맥경화, 심장질환 등 생활습관병 예방과 치료에 좋은 식품으로 알려져 있다. 콩밥이 맛있다는 얘길 했는데 자연 식재료의 맛은 영양성분과도 직결된다. 쥐눈이콩의 단백질과 쌀밥의 당류는 부족하기 쉬운 영양소를 서로 보완한다.

지금은 풍족하게 먹을 수 있어서 특별히 가리지 않지만 수확량이 적으면 쥐눈이콩의 우선 용도는 약밥이다. 찰현미에 쥐눈이콩, 늙은호박고지, 땅콩 세 가지를 주된 재료로 만드는 산골 약밥은 쥐눈이콩을 넣어 맛이 진한데, 서리태로 대신해보면 확실히 감칠맛이 덜하다. 찌는 방법은 두 가지로 한다. 전기밥솥에 안치면 빠르게 한 번에 완성할 수 있고, 고두밥을 찐 다음 부재료를 섞어 다시 한 번 찌면 밥이 고슬고슬하고 간을 맞추기도 좋다. 대신 전기밥솥으로 할 때보다 시간은 곱으로 들고 두 번 찌는 번거로움이 있다. 간편함을 우선할지 맛을 우선할지는 그때그때 필요에 맞게 선택하면 된다.

송편 소를 쥐눈이콩으로 하면 재료 준비도 간단하고, 빚기도 쉽고, 부드러운 고물보다 씹는 맛도 더 좋다. 송편보다는 절편이 좋고, 절편보다는 보슬보슬한 설기를 좋아하지만 추석이면 분위기도 낼 겸 몇 가지 자연색을 담아 송편을 빚는다. 노란색은 단호박, 녹색은 황궁채를 갈아서 색을 내는데 여기에 쥐눈이콩이 어우러지면 구수한 향과 쫀득한 맛이 더 좋아지는 것 같다. 많이 만들지 않아도 명절 지나면 남은 송편을 냉동고에 묵히는데, 불현듯 생각이 날 때면 프라이팬에 구워 먹는다. 찐 송편을 구우면 떡도 맛있지만 속에 든 쥐눈이콩이 말할 수 없이 쫄깃하고 고소한 맛을 낸다.

맛간장 양념에 조리면 서리태보다 달고, 콩무침도 알이 작은 쥐눈이콩이 더 좋아서 조림이나 무침은 쥐눈이콩으로 만든다. 무치려면 콩을 볶아야 하는데 날콩을 프라이팬에 볶으면 금방 먹을 땐 고소해도 조금만 시간이 지나도 딱딱해진다. 콩고물 만들 때처럼 물에 불리지 않고 곧바로 찐 다음 볶아서 잘게 썬 쪽파와 맛간장, 고춧가루, 조청, 통깨를 넣어 무치면 바삭하면서 부드러운 맛이 난다. 조림은 한 번에 몇 끼 분량을 해도 좋고, 무침은 그때그때 먹을 만큼만 버무린다.

콩무침 한 접시를 만들자고 삼사십 분가량 찜을 하기는 번거롭다. 넉넉하게 쪄서 볶아놓고 조금씩 덜어 무쳐 먹고, 두었다 간식으로 먹고, 겨울이면 강정 재료로도 활용한다. 쌀, 보리, 수수 등 곡물강정은 뻥튀기를 해야 하는데 외출이 여의치 않아 튀밥 대신 밥으로 만든다. 찬밥 활용하기도 좋은 밥강정은 현미밥이 고소한 맛도 좋고, 튀겼을 때 식감도 바삭하다. 말린 밥알을 튀기고 볶은 쥐눈이콩을 섞어서 시럽에 조리면 번듯하게 포장된 쌀강정 부럽지 않다.

콩조림을 먹다 지루해지면 찐빵에 소로 넣는다. 간장조림이라 거북할 것 같아도 소를 넣어 빵을 찌면 은근한 단맛이 감돌고, 팥앙금과 달리 톡톡하게 씹히는 맛과 포만감이 있어 한두 개만 먹어도 끼니가 될 만큼 든든하다. 콩빵, 콩떡, 콩전, 콩죽, 콩크림 등 서리태로 만드는 음식은 쥐눈이콩으로도 할 수 있다. 무더운 여름철, 기운 돋우기에 좋은 콩국수는 메주콩이나 서리태로 만들기도 하지만 쥐눈이콩으로 하면 맛과 영양이 더 실해진다.

자운 **레시피**

쥐눈이콩 호박고지 약밥

재료

찰현미 3컵, 쥐눈이콩 · 땅콩 · 호박고지 1컵씩, 소금 약간, 식용유 약간, 흑설탕 1큰술, 물 2컵, 소금 1작은술, 참기름

약밥 소스 : 맛간장 5큰술, 호박고지 불린 물 · 흑설탕 ½컵씩

만드는 방법

① 쌀은 하룻밤 물에 불렸다 씻어서 건진다.

② 쥐눈이콩은 물에 삶아서 소금을 약간 넣고 물기 없이 조린다. 땅콩은 끓는 물에 기름을 한두 방울 떨어뜨려 한소끔 익혀 건진다. 호박고지는 잘게 썰어 설탕을 녹인 물에 불려 물기를 빼고, 호박고지 불린 물은 따로 받아둔다.

③ 불린 쌀은 김 오른 찜솥에 면포를 깔고 안쳐 30분가량 찐다. 찌는 도중에 소금 1작은술을 물에 풀어 뿌린 뒤 주걱으로 뒤적인다.

④ 약밥 소스 재료를 분량대로 넣고 끓여서 식힌다.

⑤ 찐 쌀을 볼에 붓고 소스를 넣어 비빈 뒤 ②를 섞는다. 찜솥에 김이 오르면 약간 두툼한 면포를 깔고 약밥을 30분가량 쪄서 볼에 붓고 참기름을 넣어 고루 섞는다.

⑥ 틀을 활용해 모양을 내거나 평평하게 다독여 먹기 좋게 썰어서 낸다.

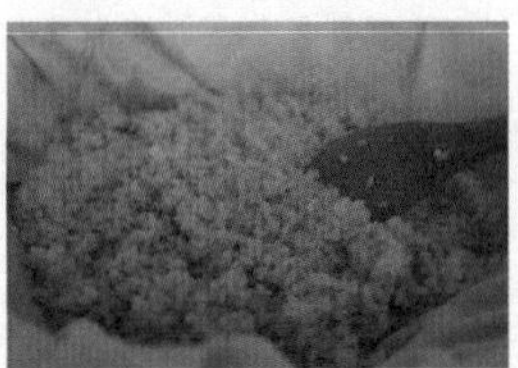

쥐눈이콩 삼색송편

재료

현미가루 8컵, 소금 2/3큰술, 뜨거운 물 5큰술, 단호박 간 것 1컵, 황궁채 간 것 4~5큰술, 참기름, 솔잎

소 : 쥐눈이콩 1컵, 소금 약간

만드는 방법

① 현미가루에 소금을 섞어 3등분 하고, 그 중 하나에 뜨거운 물 5큰술을 넣어 매끄럽게 치댄다. 두 번째는 분쇄기에 곱게 간 단호박으로 반죽하고, 세 번째는 황궁채 간 것을 넣어 반죽한다.

* 떡 반죽 시 물의 양은 쌀가루와 부재료의 수분에 따라 다르니 질어지지 않게 농도를 가늠하며 넣는다.

② 쥐눈이콩이 푹 잠기게 물을 붓고 삶은 뒤 소금을 약간 넣어 물기 없이 조린다. 솔잎은 씻어서 소쿠리에 받쳐 물기를 뺀다.

③ 떡 반죽을 밤알 크기로 떼어 둥글린 후 오목하게 만들어 소를 넣고 여민다. 손으로 꼭 쥐었다 매끈하게 둥글려 엄지와 검지로 살짝 눌러 모양을 낸다.

④ 찜틀에 솔잎을 펼쳐서 깔고, 빚어둔 송편을 올린다. 김 오른 찜솥에 30분 정도 찌고, 익으면 솔잎을 떼어내 한 김 나간 후 참기름을 고루 바른다.

쥐눈이콩국수

재료

쥐눈이콩 1컵, 물 650~700ml, 소금 2작은술,
채 썬 오이 · 방울토마토 약간씩

국수 반죽(3인분) : 통밀가루 300g, 애호박 곱게 간 것 180ml, 소금 1작은술

만드는 방법

① 쥐눈이콩은 삶아서 식으면 분쇄기에 물과 소금을 넣고 곱게 갈아 냉장 보관한다. 콩 삶은 물이 남으면 같이 갈아준다.

② 국수 반죽에는 따로 물은 넣지 않고 애호박 간 것과 소금만 넣어 되직하게 반죽한다.

* 채소를 넣은 반죽은 처음에는 되직한 것 같아도 나중에 질척해지므로 적당히 나눠 넣으며 치대고, 한 덩어리로 뭉쳐 랩에 싸서 30분 이상 뒀다 한 번 더 치댄다.

③ 국수 반죽은 덧가루 뿌려가며 얇게 밀어 두 번 접어 가늘게 썰고, 팔팔 끓는 물에 삶아 찬물에 헹군다.

④ 그릇에 국수를 담고 쥐눈이콩물을 부은 뒤, 채 썬 오이와 방울토마토를 올린다.

쥐눈이콩현미밥 강정

재료

쥐눈이콩 1⅓컵, 바삭하게 말린 현미밥 4컵, 식용유

시럽 : 조청 1컵, 황설탕 · 물 5큰술씩

만드는 방법

① 현미밥을 차게 뒀다가 밥알이 흩어지게 손으로 비벼서 햇볕에 바삭하게 말린다.

② 쥐눈이콩을 씻어서 김 오른 찜솥에 안쳐 40분가량 찐다. 물기가 가시면 팬을 달궈 탁탁 튀는 소리가 나도록 약불에서 충분히 볶는다.

③ 170~180℃의 기름에서 밥알을 튀긴 뒤, 튀김망에 밭쳐 기름을 뺀다.

④ 강정 굳힐 틀에 기름칠을 하고, 시럽은 분량대로 넣어 젓지 말고 끓인다. 보글보글 거품이 일면서 설탕이 녹으면 약불로 줄이고, ②와 ③을 넣어 뒤적여가며 조린다. 알맞게 엉겨 붙으면 불을 끈다.

⑤ 한 김 나가면 틀에 붓고 판판하게 눌러서 굳힌다. 단단하게 굳기 전에 엎어서 먹기 좋은 크기로 자른다.

나물콩과 오리알태

심는 때	6월 초순 ~ 하순(팥 심는 시기와 비슷하게)
심는 법	직파
거두는 때	10월 초순~중순
관리 포인트	줄 간격 여유 있게 심기

막연하게 콩나물은 노란콩으로 키우겠거니 생각했다. 알고 있는 노란콩이라고는 메주콩이 전부였으니 메주콩으로 나물을 길러 먹나 보다 짐작했다. 다루기 간편하고 여러 재료와 어울리기 좋고, 자주 먹어도 물리지 않으면서 영양가 풍부한 콩나물은 장바구니에 담기 좋은 국민반찬이다. 그런데 비싼 메주콩으로 나물을 키운다면 뭔가 앞뒤가 맞지 않는다. 그럼 어떤 콩으로 나물을 기른다지? 물론 메주콩으로도 키울 수 있지만 나물 전용 콩은 따로 있었다.

싹을 틔워 나물로 길러 먹을 수 있는 나물콩과 오리알태는 쥐눈이콩처럼 알이 작다. 나물콩 색깔은 메주콩처럼 노랗고, 오리알태는 진한 녹두색 바탕에 흑색의 얼룩무늬가 있다. 여문 깍지는 서리태와 같은 흑색이다. 나물콩이 메주콩과 닮은꼴이라면 오리알태는 서리태와 비슷하다.

태평농 종실에서 씨앗을 받은 두 종류의 나물콩은 심을 때만 해도 얻었으니까 심어는 봐야지였다. 그런데 막상 키워 보니 깜짝 놀랄 정도로 수확이 실했다. 쥐눈이콩 결실도 좋은 편이지만 포기당 수확량은 나물콩 종류가 더 많다. 여간해 자생초에 치이지 않고 벌레도 꼬이지 않아 재배하기 좋은 게 나물콩이다. 콩나물을 키우는 재미도 여간이 아닌데, 키울 형편이 아니라면 콩만 먹어도 된다.

줄기가 길게 자라면서 비스듬히 기울어지는 습성이 있으니 줄 간격은 팥과 비슷하게 땅이 척박하면 세 발짝, 기름지면 네 발짝 정도의 여유를 둔다. 줄기가 무성하면 그늘이 짙어 자생초 발아율이 낮고, 싹이 나더라도 크게 자라지 못한다. 초기에만 보살펴주면 수확할 때까지 크게 손 갈 일이 없고 잘 말리면 타작하기도 쉽다.

알고 나면 별것 아니지만 심는 시기나 습성에 대해 모르거나 예상대로 자라주지 않을 땐 한숨만 풀풀 나온다. 첫 재배였던 3년차는 파종시기를 가늠하지 못해 일찌감치 서둘러 봄에 심은 것부터가 일을 만들었다. 자신이 없을 땐 한 번에 다 몰아서 하지 않고 심는 시기와 방법을 몇 가지로 나누어서 하는데, 넓지도 않은 밭에 심는 시기와 방법을 세 가지로 나누어 놓았다. 1차 모종 정식한 것과 마지막으로 직파한 콩은 심은 날짜가 무려 2개월 가까이 차이가 났다. 먼저 심은 것이 더 빠르게 자랄 것 같지만 전혀 아니었다.

작물이 자랄 만큼 지온이 올라가지 않으면 심어봐야 소용없다. 심어놓은 그대로 거의 정지 상태, 작물이 멈칫대는 틈에 자생초가 기세등등 일어설 것이 불 보듯 훤했다. 지온이 낮을 때 심으면 정상적인 성장이 어려워 자생력이 떨어지고, 자생력이 낮으면 성장을 방해하는 곤충에 시달릴 확률도 높아진다. 벌레 피해는 없었지만 어느 정도 자랄 때까지 자생초에 많이 시달렸고, 심하게 웃자랐다.

웬만큼 콩밭이 모양새를 갖추는 눈치라 한시름 놓으려는데 일찍 심어 웃자란 줄기가 바닥에 드러누워 버렸다. 첫장마가 끝나갈 무렵엔 발을 들여놓을 수도 없게 줄 사이가 메워졌다. 메주콩처럼 수직형으로 성장하면서 꼬투리 크기만 더 작을 것으로 짐작하고 있던 터라 이만저만 당황한 게 아니었다. 콩은 잎이 무성하면 결실이 부실하여 낫칼로 웃자란 가지를 잘라내고 전체적으로 잎을 많이 쳐냈다.

팥이나 나물콩 종류는 줄기에서 가지가 한 방향으로 번져가면서 비스듬히 기우는 습성이 있는데, 팥보다 알이 작은 나물콩은 줄기가 더 심하게 눕는다. 잎이 무성해도 열매 맺는 데 크게 장애가 되질 않아 굳이 따주지 않아도 된다는 것은 순을 치고 난 다음에야 알았다. 지온에 맞게 심고, 줄 간격을 여유 있게 확보해두면 관리하기 쉽다. 더구나 전 작물이 잘 자랐던 밭이라면 초기에도 자생초는 신경 쓸 필요가 없다.

이듬해에야 나물콩이 얼마나 키우기 쉬운지를 경험했다. 팥 심을 무렵에 직파하고, 그 후로 장마 질 무렵에 자생초를 가볍게 한 번 손 봐준 것이 전부였는데 서리 내릴 즈음에 고르게 잘 여물어 타작도 아주 쉽게 단번에 끝냈다.

거두고 갈무리하기

거두는 시기는 꼬투리 마른 정도로 가늠해 첫서리 전후로 한다. 갈무리 방법은 메주콩이나 검은콩과 같다. 2년치 농사를 종합해보면 나물콩은 오리알태보다 줄기가 약간 길게 자라고 일조량이 부족하거나 좁게 심었을 경우 웃자람이 심해도, 오리알태는 대체로 고른 편이다. 숙기는 메주콩보다 서리태가 늦는 것처럼 나물콩보다 오리알태가 더디고, 결실은 나물콩이 훨씬 더 많다.

한 가지 뜻밖의 결과가 빚어져 어리둥절했다. 나란히 심은 두 작물이 교잡이 되는 것이다. 첫해는 약간 섞이는 정도였고, 이듬해는 더 심하게 뒤섞여 이대로 한 해만 더 심으면 아예 구분이 안 될 것 같았다. 수확량은 나물콩이 낫고 맛은 오리알태가 더 진하니 오히려 좋은 결과일 수도 있겠다 싶어 5년차는 따로 구분할 것 없이 교잡한 나물콩 한 종류만 심었다.

콩나물 키우기

콩이 싹을 틔워 성장하는 데는 산소, 물, 15℃ 이상의 온도가 필요하다. 온도가 높으면 빠르게 자라지만 지나치게 고온이면 물러지기 쉬우므로 한여름은 피하고, 한겨울이라도 실내온도가 적절하면 키울 수 있다. 준비물은 나물콩과 시루, 빛을 차단할 검은 천이다. 시루에 물받이가 없으면 따로 준비해 받쳐준다. 시판하는 콩나물시루나 적당한 크기의 화분, 주전자를 이용해도 된다.

보습과 빛 차단 효과를 높이려면 청색 수세미 2장을 더 준비한다. 시루 바닥 지름에 맞게 수세미를 잘라서 깔고, 마른 콩과 불린 콩을 순서대로 놓는다. 콩은 불리는 정도에 따라 싹이 트는 시기가 다르다. 마른 콩을 아래에 놓고 하룻밤 불린 콩을 위에 놓으면 순차적으로 자라 거두기도 좋다. 콩 위에도 수세미 한 장을 시루 지름에 맞게 잘라서 덮고, 빛을 차단할 두툼한 검은 천으로 시루를 덮어준다. 이렇게 하면 물을 줄 때 위에 덮은 천만 들추게 되어 빛 차단 효과가 높고, 시루 바닥으로 빛이 들어갈 염려도 없다.

먹는 방법

그동안 콩나물을 먹으면서도 세간에 떠도는 콩나물의 효능을 실감하지는 못했다. 직접 콩나물을 키워보고서야 '오호라, 이런 것을 먹어야 약이 되겠구나' 싶었다.

콩나물이 맛있어도 국물이 밋밋하면 제맛이 나지 않는다. 멸치나 디포리로 육수를 우려내든가 굴, 바지락, 미더덕, 북어포 등으로 맛을 내면 국물이 시원하고 콩나물도 더 고소해진다. 소금이나 집간장으로 간을 하더라도 된장을 약간 넣으면 뒷맛이 개운하고, 육수가 부족해도 진한 맛이 난다. 고춧가루나 매콤한 고추, 묵은 김치를 넣어 칼칼한 맛을 더해주면 속풀이에 좋다. 동아, 박, 무를 채 썰어 콩나물과 같이 들기름에 볶다가 육수를 붓고 말갛게 끓이면 국만 한 대접 비워도 속이 든든하고 몸은 가뿐하다.

나물콩

오리알태

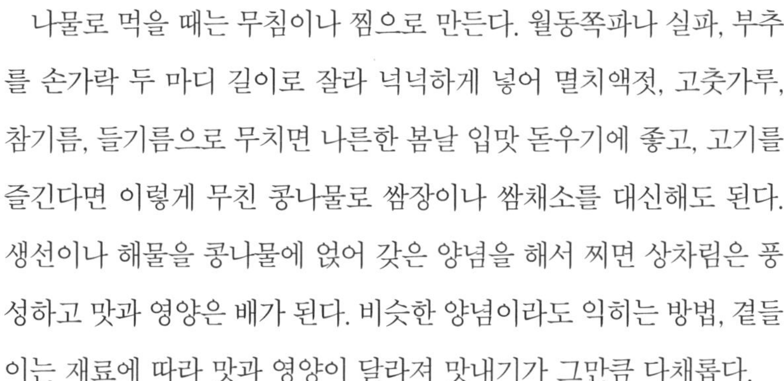

나물로 먹을 때는 무침이나 찜으로 만든다. 월동쪽파나 실파, 부추를 손가락 두 마디 길이로 잘라 넉넉하게 넣어 멸치액젓, 고춧가루, 참기름, 들기름으로 무치면 나른한 봄날 입맛 돋우기에 좋고, 고기를 즐긴다면 이렇게 무친 콩나물로 쌈장이나 쌈채소를 대신해도 된다. 생선이나 해물을 콩나물에 얹어 갖은 양념을 해서 찌면 상차림은 풍성하고 맛과 영양은 배가 된다. 비슷한 양념이라도 익히는 방법, 곁들이는 재료에 따라 맛과 영양이 달라져 맛내기가 그만큼 다채롭다.

콩나물밥에 봄이면 달래간장, 한여름엔 풋고추 송송 썰어 넣은 양념간장, 가을에서 겨울엔 삭힌 고추 양념을 넣어 비비면 수더분한 밥 한 그릇이 계절 별미로 상에 오른다. 콩나물을 기름에 달달 볶으면 고소한 맛이 한층 진해지고 칼칼한 콩나물볶음에 방앗잎을 넣으면 신기하게도 단맛이 살아난다. 콩나물 방앗잎볶음으로 메밀전병을 흉내내도 맛깔스럽다. 매콤한 무채로 소를 넣은 메밀전병을 강원도 지방에선 '총떡'이라 부르는데 처음 그 맛을 본 것은 춘천에서 가까운 가평 오일장에서였다. 녹음방초에 비 내리는 날, 시원한 막걸리에 총떡 한 접시는 환상적이었다. 산골에서는 메밀 대신 통밀, 무채 대신 콩나물볶음으로 소를 넣는다. 얇게 부친 통밀전에 매콤한 콩나물 방앗잎 볶음을 넣어 말아주면 우중雨中 오일장과 같은 운치는 없어도 밥반찬, 간식, 술안주에 두루 어울린다.

콩나물볶음을 만두소로 이용해도 된다. 고춧가루는 기호에 따라 가감하고, 무채를 적당히 넣어 함께 볶으면 재료끼리 밀착되어 소를 넣기도 깔끔하고 식감도 좋아진다. 특히 국물만두로 먹으면 콩나물 소가 국물과 어우러져 한결 시원한 맛이 난다. 콩나물을 춘장으로 볶아 짜장덮밥 · 짜장면 · 가래떡비빔을 만들면 별미다. 숨만 죽게 살짝 데친 콩나물로 장떡을 부쳐도 달큰하고 아삭한 맛이 일품이다. 또 몇 가지 채소만 곁들이면 계절마다 색다른 콩나물잡채를 즐길 수 있다.

나물콩

오리알태

수확량이 많아지면서 콩나물보다는 콩으로 먹는 게 더 많다. 콩조림, 볶은콩무침, 콩전을 만든다. 불려서 볶은 후에 맛간장으로 조리면 쫄깃하게 씹히는 맛이 포만감을 더해준다. 짜지 않게 조려서 빵이나 떡에 샐러드처럼 곁들여 먹는다. 조림은 맛이 진한 오리알태가 낫고, 콩전은 나물콩으로 하거나 두 가지를 섞으면 맛있다. 나물콩은 메주콩에 비해 싱겁지만 오리알태와 교잡한 나물콩은 맛이 진해서 콩물도 구수하고 만들기도 간편하다. 메주콩은 삶아서 껍질을 벗겨야 하지만 나물콩 종류는 갈기만 하면 된다. 알맞게 삶아 성글게 간 콩을 현미가루에 섞어 되직하게 반죽해서 전을 부치면 과자처럼 바삭하고 고소해 아이들 간식으로도 좋을 것 같다.

자운 **레시피**

콩나물 굴찜

 재료

콩나물 300g, 굴 2/3컵, 고춧가루 2큰술, 맛간장 1½큰술, 육수 1컵, 감자전분 2작은술, 물 ½컵, 다진 마늘 · 대파 · 통깨 · 후추 · 참기름 약간씩

만드는 방법

① 콩나물은 씻어서 건진다. 굴은 바닷물과 같은 염도의 소금물에 담가서 이물질을 가라앉힌 뒤 체에 밭쳐 물기를 뺀다.

② 고춧가루, 맛간장, 마늘에 육수 4큰술을 섞어 양념장을 만든다.

③ 냄비에 콩나물과 굴을 담아 양념장을 붓고, 남은 육수로 양념장 그릇을 헹궈 냄비 가장자리에 빙 돌려 부은 뒤 뚜껑을 닫고 익힌다.

④ 감자전분을 찬물에 푼다. 비린내가 가실 만큼 콩나물이 익으면 전분물을 붓고 뒤적여가며 좀더 익힌다. 송송 썬 대파를 넣어 가볍게 뒤적인다.

⑤ 불을 끄고 후추, 참기름, 통깨를 넣어 섞는다.

자운 **레시피**

콩나물 볶음 밀전병

 재료

콩나물볶음 : 콩나물 250g, 방앗잎 35g, 양파 ½개, 고춧가루 2큰술, 맛간장 2/3큰술, 후추, 통깨, 들기름

밀전병 : 통밀가루 · 물 1½컵씩, 들깻가루 3큰술, 소금, 들기름

만드는 방법

① 콩나물은 씻어 건져두고, 방앗잎은 씻어서 물기를 뺀 뒤 채 썬다. 양파도 채 썬다.

② 팬에 들기름을 두르고 달궈지면 양파와 콩나물을 볶아서 맛간장으로 심심하게 간을 한 뒤, 고춧가루를 넣어 좀더 볶는다. 불을 끄고 방앗잎을 넣어 뒤적이다 후추와 통깨를 넣는다.(약불로 줄여 방앗잎을 좀더 볶아도 된다.)

③ 통밀가루, 들깻가루, 소금, 물을 섞어 덩어리지지 않게 잘 푼다. 들기름을 두른 팬이 달궈지면 한 국자씩 떠서 얇게 부친다.

④ 통밀전에 콩나물볶음을 돌돌 말아 한입 크기로 썬다.

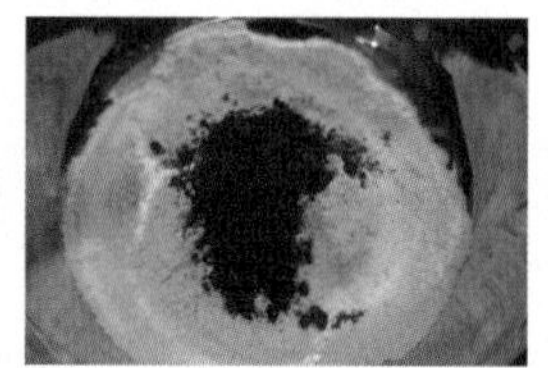

콩나물 옥수수짜장면

재료

콩나물 250g, 양파 ¼개, 당근 약간, 양파 ½개 + 춘장 5큰술, 육수 2컵, 전분물 ½컵(감자전분 1½큰술, 물 ½컵) 다진 마늘, 후추, 식용유

옥수수면(3인분) : 통밀가루 250g, 삶은 옥수숫가루 80g, 소금 1작은술, 물 100~120ml

만드는 방법

① 춘장 5큰술을 잘게 썬 양파 ½개와 섞어 기름 두른 팬에 충분히 볶는다. 콩나물은 씻어서 건져두고 양파와 당근은 채 썬다.(춘장을 따로 볶아 조리하면 떫은맛이 사라져 속이 편하고 뒷맛이 개운하다.)

② 팬에 기름을 두르고 콩나물, 양파, 당근을 볶다가 춘장을 넣고 육수를 부어 끓인다. 전분물을 넣고 좀더 끓이다 마늘과 후추를 넣는다.

③ 밀가루, 옥수숫가루, 소금을 섞고 물은 두어 번 나누어 넣어 되직하게 반죽해 얇게 민다. 가늘게 썰어서 끓는 물에 삶아 찬물에 헹궈서 건진다.

④ 옥수수면에 콩나물 짜장소스를 끼얹어 낸다.

콩나물콩 현미전

재료

삶아서 간 나물콩 2컵, 현미가루 1컵, 통밀가루 ⅓컵, 소금 1작은술, 물 180ml, 들기름

만드는 방법

① 나물콩은 껍질이 벗겨지지 않을 정도로 물에 불려 씻는다. 콩이 푹 잠기게 물을 붓고 삶아서 분쇄기에 성글게 간다.(오래 삶거나 너무 곱게 갈아 전을 부치면 푹 퍼지면서 물컹해진다. 과자 같은 맛이 나게 하려면 알맞게 삶아 물기를 말린 후 성글게 갈아 되직하게 반죽한다.)

② 현미가루, 밀가루, 소금을 섞고 질어지지 않게 물을 조금씩 넣어가며 반죽한다.

③ 팬에 기름을 두르고 달궈지면 반죽을 한 숟갈씩 떠서 밑면이 익으면 뒤집어 바삭하게 부친다.

④ 기름에 부친 전은 채반에서 식혀 한 김 나가면 접시에 담는다. 과자처럼 먹을 수 있으니 초간장은 곁들이지 않는다.

들깨

심는 때	6월 초순~중순
심는 법	모종 또는 직파
거두는 때	10월 초순
관리 포인트	늦지 않게 거두기

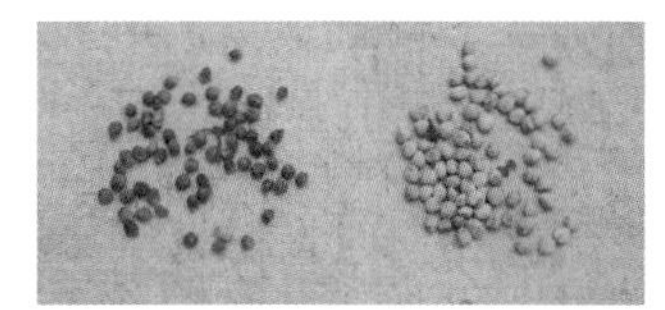

잎이나 따먹으면 됐지 기름은 무슨…. 텃밭 경력이 쌓이면서 몸놀림이 나아졌다고는 해도 거두고 갈무리하기까지 손이 많이 가는 들기름은 내가 고려할 대상이 아니었다. 생각이 달라진 건 산골에 정착한 다음이다. 감당할 일은 점점 많아지고 손 빌려줄 사람도 없지만, 심고 키워서 거두는 솜씨가 느니 밥상에 꼭 필요한 작물이라면 어떻게든 가꿔보고픈 욕심이 생겨났다.

남들도 하는데 나라고 못 할 게 뭔가! 엄두가 나지 않는 일도 작정하고 밀어붙이면 해내게 돼 있다. 맛과 영양을 겸비한 들깨는 갈무리하는 데 품이 들기는 하지만 심고 가꾸기는 거저다 싶게 손쉬운 작물이다. 직접 거둬 먹는 즐거움이 깨알처럼 우르르 쏟아진다.

산골에서 심는 들깨는 검은들깨와 흰들깨 두 종류다. 검은들깨는 시중에서 흔히 보는 들깨고, 태평농에서 처음 접한 흰들깨는 검은들깨보다 향이 진하고 알이 굵고 수확량도 더 많다. 기름을 짜면 양이 적다는데 직접 해보니 검은들깨와 별 차이가 없다. 오히려 향이 진하고 색깔이 맑아 음식이 더 깔끔해진다. 적은 양으로도 진한 향을 내주는 흰들깨는 가루를 내 음식에 넣어보면 단번에 그 차이를 알 수 있다. 두 가지 특성을 살려 알이 통통하고 부드러운 흰들깨는 가루를 내거나 통깨처럼 활용하고, 남으면 검은들깨에 섞어 기름을 짠다.

심고 가꾸기

들깨는 대부분 모종을 만들어 옮겨 심는데 시기만 적절하면 직파를 해도 잘 자란다. 때 이르게 심으면 발아율이 낮고, 싹이 트기까지 시간도 더디며, 알이 실하게 들지 않는다. 잎만 거두려면 일찍 심어도 되지만 들깨를 수확하려면 적기에 심는 게 좋다. 직파할 때는 한곳에 서너 알씩 넣고 싹이 나면 두세 개만 남기고 잘라낸다. 자연 산파된 씨앗에서 싹이 튼 것을 '돌깨'라 부르는데 알이 작고 단단해 기름은 나오지 않는다고 한다. 들깨 심었던 자리에 연이어 심으면 전년도에 자연 발아한 싹과 뒤섞일 수 있다. 그럴 위험이 있다면 모종을 만들어 옮겨 심는 편이 안전하다.

모종을 만들 때 다른 작물과 마찬가지로 포트를 이용한다. 이웃집 밭을 보면 노지에 씨앗을 촘촘히 뿌려 모종을 키웠다가 옮겨 심는다. 뿌리에 자극을 주면 성장이 촉진되는 고추는 이런 방법이 맞지만 들깨에 적합한 방법은 아닌 것 같다. 노지에서 키우면 캐서 옮길 때 뿌리가 다칠 수도 있고, 자생초 씨앗이 묻어올 수도 있다. 흙이 부드럽고 재배 여건이 된다면 노지에서 키워 옮겨 심고, 그렇지 않다면 포트 모종을 이용한다.

들깨 모종은 수량이 많으니 며칠 늦어지더라도 작업하기 쉽게 비 오는 날을 기다렸다가 정식한다. 흰들깨와 검은들깨 둘 다 성장 속도가 비슷하고 보습성과 일조량이 좋은 곳에서 잘 자란다. 벌레 피해는 없고 웬만큼 자라면 자생초를 넘어선다. 특히 향이 진한 들깨는 산짐승을 차단하는 효과까지 있어 밭만 넓다면 욕심껏 심고 싶은 작물이다.

들깨 순지르기는 상황을 봐가면서 한다. 적기에 심었고, 포기 간격이 잘 잡혀 있고, 일조량이 충분하다면 자연스럽게 성장해 별도로 다듬지 않아도 된다. 단, 웃자란 줄기는 적당한 높이에서 잘라줘야 하는데 심하게 웃자라기 전에 미리 손을 쓴다.

잎만 거둘 들깨밭은 자투리 공간이나 덩굴식물 지지대 통로를 활용한다. 덩굴콩 작물을 심는 터널형 지지대 중에 규모가 작은 것은 들깨 자생지로 자리를 굳혔다. 한 번만 씨앗을 뿌려 놓으면 스스로 씨앗을 맺고 흩어졌다가 이듬해 4월 중순이면 싹을 틔워 여름에 심는 들깨보다 일찍 거둬서 먹는다.

산골 들깨는 텃밭 지킴이다. 주로 밭 가장자리에 심는데, 고구마밭이나 옥수수밭은 한 번 더 들깨로 울타리를 만든다. 이웃에서 갸웃할 정도로 우리 밭에 산짐승 출입이 적은 것은 운도 좋았겠지만 들깨 덕을 보는 것 같다. 어차피 심어야 하는 들깨, 이왕이면 텃밭 지킴이로 활용해보는 거다. 어떤 곳은 동네 전체가 참깨와 들깨 말고는 아무것도 심지를 못한다고 한다. 콩과 들깨를 섞어 심기도 하고, 들깨로 콩을 에워싸듯 심어도 산짐승이 들깨를 젖히고 안으로 들어가 콩잎만 골라 싹쓸이를 한다는 것이다. 그에 비하면 우리 동네 고라니는 먹고 살기가 그렇게 팍팍한 건 아닌가 보다. 아무리 겁이 많아도 먹을거리가 궁하면 막무가내로 휩쓸어버릴 텐데 말이다. 그래서 조금 성가시게 굴어도 그만하길 다행이려니 하면서 마음속으로 고라니의 평안과 건강을 빌어준다.

거두고 갈무리하기

잎이 노래지기 전에, 줄기 아래쪽 꼬투리가 여물기 시작하면 곧바로 거둔다. 시기를 놓치면 바닥으로 다 떨어져버린다. 3년차에 잎이 노래진 다음에야 거뒀는데 왕겨포대에 들깨 대를 담기가 무섭게 좔좔좔 소리가 요란했다. 그렇게 되기 전에 대를 잘라야 한다. 거둔 들깨 대는 천막에 펼쳐 널어서 말린다. 잘 여문 들깨는 햇볕이 강하지 않아도 금방 말라 시기만 잘 맞춰 거두면 며칠 지나지 않아 곧바로 타작할 수 있다. 이슬에 젖지 않게 밤에 덮어주면 좀더 빠르게 마른다.

타작 도구는 크고 튼튼한 고무대야와 회초리만 있으면 된다. 엎어놓은 고무대야 위에 한 손에 잡힐 만큼의 들깨 단을 올려놓고 회초리로 탁탁 쳐준다. 웬만큼 털어졌으면 들깨 단을 고무대야에 훌훌 쳐서 털어낸다. 소리, 색깔, 향기의 삼박자가 척척 맞는다. 줄줄이 대기 중인 가을걷이에 마음은 급해도 재미는 말로 다 표현할 수가 없다. 깊어가는 가을, 단풍 고운 붉나무와 신나무가 병풍처럼 둘러진 산골 마당에서 진하게 풍겨오는 들깨 향에 취할 때면 그야말로 황홀지경이다.

타작을 마치면 줄기와 낙엽 부스러기 등을 최대한 손으로 골라낸다. 그리고 들깨 알만 빠져나가는 철망소쿠리에 받쳐서 한 번 더 이물질을 골라낸 다음, 턱이 완만한 대야에 담아 까불러준다. 선풍기 바람에 날려주면 더 깔끔해진다. 기름을 짤 들깨는 이렇게 해서 방앗간에 가져가면 된다.

먹는 방법

잎과 씨앗을 먹는 들깨는 만들 수 있는 요리도 다양하고, 양념에 버무리면 부피가 작아 저장하기도 간편하다. 어린 순을 숡으면 나물로 먹고 그 다음에 딴 잎으로는 생채, 쌈, 장아찌를 만들거나 국물음식에 넣어 먹는다. 잎은 생으로 먹는 것이 영양을 섭취하기에 좋고, 오래 두고 먹으려면 장아찌를 담근다. 생채소가 풍성한 여름철에 즐겨먹는 비빔밥이나 비빔국수에 깻잎 향이 더해지면 한층 맛있고, 단촛물에 비빈 밥에 깻잎을 여러 장 깔고 김밥을 말아도 맛깔스럽다.

가루를 내 국수, 수제비, 빵, 과자 반죽에 넣으면 은은한 향과 색감이 돋보이고 쌀가루에 섞어 설기, 절편, 인절미를 만들어도 좋다. 단, 과하게 넣으면 깻잎 향만 두드러져 거북할 수 있으니 주의한다.

불과 몇 년 전만 해도 간이 흠씬 배인 장아찌는 가짓수 채우느라 올려놓는 반찬이었다. 깻잎장아찌도 얼마든지 짜지 않게 담글 수 있는데 방법을 몰랐던 것이다. 깻잎장아찌는 간장, 된장, 갖은 양념 세 가지 방법으로 담근다. 생 깻잎으로 하면 간편한 대신 약간 질기고, 끓는 물에 살짝 담갔다 꺼내는 식으로 데쳐서 담그면 향이 고스란히 살아있으면서 더 부드러운 맛이 난다. 짜지 않게 담그는 간장장아찌는 초간장을 곁들이는 부침이나 튀김요리와 잘 어울리고, 된장에 육수를 섞어 짠맛을 좀 줄여서 담근 된장장아찌는 생선이나 육류요리에 쌈으로 먹으면 맛있다.

맛과 영양성분이 뛰어나 밥상 위의 보약으로 불리는 들깨는 머리를 좋게 하고, 막힌 기운을 소통시켜주며, 감기 · 천식 · 변비 · 소화불량 등에 약이 된다. 여름내 평온했다가도 기온이 뚝 떨어지면 근육이 수축되면서 혈액순환이 굼떠지고 소화 장애도 심하게 겪곤 하는데, 밭에서 소출이 없는 겨울에는 들깻가루를 애용한다.

볶으면 색깔도 진해지고 맛도 더 고소해지는 들깨, 볶아서 가루를 내면 맛내기도 쉽고 다루기도 간편하다. 가루 만들기는 알이 굵고 부드러운 흰들깨가 제격이다. 검은들깨는 거피를 해야 식감이 부드럽고 색깔도 곱지만, 흰들깨는 그렇게 하지 않아도 금세 볶아지고 분쇄기에 갈면 검은들깨보다 곱게 갈린다. 들깨 알을 감싼 껍질은 벗겨내지 않는 것이 영양적으로도 더 좋다.

볶음, 무침, 국, 탕, 찜 요리에 들깻가루가 더해지면 양념이나 육수가 좀 부족해도 깊은 맛이 우러나 음식의 품격이 높아진다. 통통하게 살이 오른 한여름 머윗대는 들기름에 볶기만 해도 맛있지만, 들깻가루를 넣어 탕을 끓이면 더더욱 시원하고 구수하다. 겨울에 먹기 좋은 무찜, 동아찜, 가래떡찜에 들깻가루는 단골 재료다. 약간 칼칼한 무생채와 배추겉절이에 넣으면 고춧가루의 자극적인 매운맛이 순하게 변해 통깨 대신 넣기도 한다. 부추, 참취, 시금치 등 나물무침도 반반 섞은 참기름 들기름과 들깻가루로 양념하면 더 고소하다.

기름 짜기도 어중간하고 가루내기도 번거로우면 볶아서 견과류와 곡물에 섞어 강정을 만들거나 으깬 두부에 섞어 과자를 만들고, 거칠게 갈아서 먹기가 불편하면 부침 반죽에 활용한다. 통밀가루에 들깻가루를 섞어서 전을 부친 뒤, 손가락 너비로 썰어서 나물이나 생채에 섞어 무치면 식감도 좋고 보기에도 그럴듯하다. 귀띔해주지 않으면 어묵인 줄 안다. 만드는 과정을 눈으로 확인할 수 없는 시판용 어묵보다야 맛도 영양가도 내 손으로 만든 들깨전이 훨씬 낫다. 만두피 크기로 부친 들깨전은 생채소 샐러드 쌈으로 먹으면 담백하고, 깻잎에 한 번 더 말아주면 채소만으로도 든든한 한 끼 식사가 된다.

들기름 한 가지만 반듯하게 갖춰도 맛내기가 좋아 요리 솜씨가 부쩍 는다. 좋은 요리를 위해서는 보관에도 주의를 기울여야 한다. 들기름을 실온에 오래두면 산패될 수 있으니 밀봉해서 서늘한 곳에 보관하고 소량씩 덜어서 참기름에 섞어놓고 먹는다. 들기름은 신선하게 유지되어야 본연의 맛과 향이 진하게 난다. 노화방지 효과가 있는 참기름과 섞으면 더 오래 보존할 수 있고, 향을 내기 좋은 참기름과 소화 · 흡수를 도와주는 들기름을 섞어서 먹으면 음식과 몸의 궁합도 잘 맞는다.

자운 **레시피**

들깨전 깻잎말이

재료

깻잎 10장, 작고 부드러운 황궁채 15~20장, 양파 ½개, 당근 약간, 튀김 간장소스 3~4큰술, 방울토마토 5개, 통밀가루 · 물 1컵씩, 들깻가루 3큰술, 소금 약간, 들기름

만드는 방법

① 통밀가루, 들깻가루, 소금, 물을 섞어 덩어리지지 않게 푼다. 들기름을 둘러 달군 팬에 반죽을 넉넉하게 한 숟갈씩 떠서 얇게 부친다.

② 황궁채, 양파, 당근은 각각 가늘게 채 썰어 튀김 간장소스로 짜지 않게 버무린다.

③ 깻잎에 통밀들깨전을 놓고 황궁채샐러드를 올려 돌돌 말아준다.(깻잎이 작으면 잘 감싸지지 않고, 너무 크면 말기는 좋아도 식감이 거북하니 중간 크기로 준비한다.)

④ 남은 황궁채샐러드는 간장소스를 조금 더 넣어 간간하게 무치고, 방울토마토는 잘게 썬다.

⑤ 깻잎말이를 반으로 잘라 접시에 담고, 초간장 대신 황궁채샐러드와 방울토마토를 올린다.

깻잎장아찌

재료

깻잎 400g, 양파 1개, 청고추 5개, 맛간장 150ml, 양조간장 · 올리고당 50ml씩, 물 · 식초 100ml씩, 매실즙 2큰술

만드는 방법

① 깻잎은 잎자루가 길지 않게 다듬어 씻는다. 팔팔 끓는 물에 5~6장씩 집게나 젓가락으로 집어 잠깐 담갔다 건지는 방법으로 살짝 익힌다.

② 간장에 양파와 고추를 썰어 넣고, 양파 맛이 우러날 정도로 졸아들지 않게 끓인다. 약간 짭짤하면서 단맛이 나게 간을 맞춘다.

③ 익힌 깻잎은 손으로 눌러 물기를 짜서 용기에 차곡차곡 담고, 절임물은 체에 밭쳐 국물만 붓고 깻잎이 잠기게 누름돌을 올린다. 여름철엔 하루 지나 간장물을 따라내 끓인 다음 식혀서 붓고 냉장 보관한다. 이후 3일에 한 번 간장물을 따라내 끓여서 식혀 붓기를 2~3회 반복하면 오래 보관할 수 있다.

들깨두부과자

재료

통밀가루 300g, 두부 170g, 달걀 1개, 볶은 들깨 4큰술, 깻잎 분말 1큰술, 소금 1작은술, 황설탕 1큰술, 식용유

만드는 방법

① 으깬 두부에 밀가루, 깻잎 분말, 볶은 들깨, 황설탕, 소금을 섞어 되직하게 반죽해서 치댄 뒤 30분가량 랩을 씌워놓는다.(두부의 물기를 빼지 않으면 반죽에 물은 더 넣지 않아도 된다.)

② 반죽을 3등분 해 한 덩어리씩 덧가루를 뿌려가며 얇게 민다. 마름모꼴로 잘라 들러붙지 않게 덧가루를 뿌려둔다.(면포를 깔면 바닥에 들러붙지 않아 덧가루가 적게 든다.)

③ 170~180℃에서 튀긴다. 한 번에 튀길 만큼의 반죽을 튀김망에 담아 가루를 말끔히 털어내서 바삭하게 튀긴다.(기름 온도가 너무 높으면 넣자마자 색깔이 진해지고, 슬쩍 튀기면 바삭한 맛이 떨어지니 온도와 익히는 시간을 잘 가늠한다.)

4장

키우고 요리하기

늦여름에서 초가을

당근

심는 때	7월 중순~하순
심는 법	직파
거두는 때	10월 초순~중순
관리 포인트	얕게 심기, 포기 간격 적당하게 솎아내기, 꼼꼼한 자생초 관리

날것으로 먹기 좋은 뿌리채소로 당근만한 것도 드물 듯싶다. 진한 주황색이 요리 분위기를 한껏 살려주는 당근의 은은한 단맛과 향은 기름에 볶으면 더 진해진다. 주로 뿌리를 먹지만 당근 잎도 생채, 볶음, 튀김 등으로 먹는다. 뿌리 못지않은 맛과 영양을 안겨주는 당근 잎은 따로 팔지 않으므로 직접 키우지 않는다면 구경조차 어려울 것 같다.

예전에 별학섬에서 쑥쑥 뽑아 먹던 기억이 새로워 꼭 심고 싶었지만 이사 오던 해에는 황량한 밭에 질려 엄두도 못 냈고, 이듬해는 심는 시기를 놓쳤다. 막연하게 가을에 심는다고 생각해 김장채소 심을 무렵에야 알아봤더니 파종 시기가 이미 지난 뒤였다. 단단히 벼르고 있다가 3년차부터 밭을 만들었다. 당근도 개량된 종자가 많은지 이름이 여러 가지다. 흔히 보던 당근 사진이 담긴 씨앗봉지 옆에 멋스럽게 생긴 흑당근이란 것이 나란히 놓여 있어 덥석 집어 들었는데, 씨앗 값이 일반 당근의 세 배나 됐다. 나중에 맛을 보니 비싼 게 무리는 아니다 싶었다. 종묘상 씨앗은 값이 비싸고, 자생력은 낮고, 종자 받기도 어려워 이래저래 맘에 들지 않는다. 그래도 직접 심어 키우면 사먹는 당근과는 비교할 수 없는 맛과 영양을 챙길 수 있다.

심고 가꾸기

서늘한 기후에서 잘 자라는 당근은 재배 시기가 봄과 가을로 나뉘고, 심는 시기에 따라 종자도 다르다. 봄에 심으면 본격적인 장마가 시작되기 전에 거둬야 한다. 시기적으로 자생초와 경합이 심할 때라 손이 많이 간다. 가을 재배는 뿌리를 더 실하게 키울 수 있고, 자생초 관리도 봄 재배보다 수월하다. 산골 텃밭에서 심는 당근은 종묘상에서 구입한 5촌당근과 흑당근 두 가지로, 가을 재배다.

당근 심을 밭은 봄철 파종시기에 따로 남겨두기보다는 초여름에 수확이 끝나는 씨쪽파나 채종용 배추를 심었던 밭에 이어서 심는다. 때 이르게 심으면 속에 심이 생겨 식용이 어렵고, 늦게 심으면 성장할 수 있는 기간이 촉박하다. 개량종은 7월 중순에 심고, 토착종은 그보다 조금 늦게 시작해도 된다. 시판용 씨앗 봉투에 중부지방은 7월 초순, 남부 지방은 7월 하순으로 표기되어 있는데 유효기간이나 재배시기 등을 참고하는 것이 좋다.

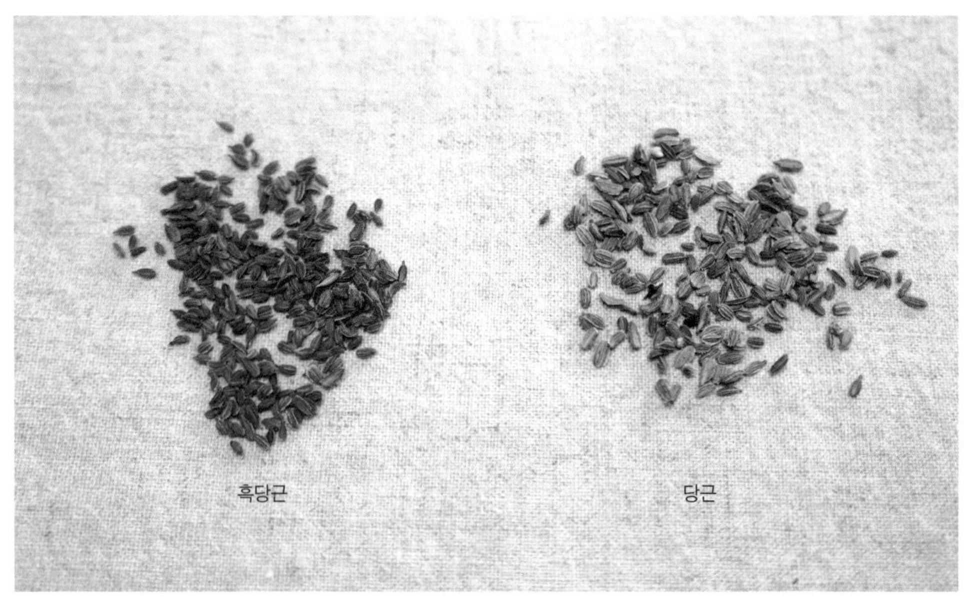

뿌리식물이면서 씨앗이 작을 경우, 깊게 심으면 발아가 더디고 싹이 나는 시기가 고르지 않거나 아예 싹이 나지 않을 수도 있다. 호미로 얕게 골을 내어 줄뿌림 한 후에 가볍게 흙으로 덮어준다. 줄 간격은 호미 길이 정도로 두고, 포기 간격은 좁게 했다가 나중에 솎아도 되고 처음부터 간격을 일정하게 두고 심어도 된다. 당근은 다른 작물에 비해 발아율이 낮은 편이라 조금 촘촘하게 심고 나중에 솎아내는 게 더 낫다.

짚이나 왕겨를 약간만 덮어주면 적절한 수분을 유지해 발아하기 좋은 환경이 된다. 무거우면 뚫고 일어나기 어렵고, 피복물이 부족하면 씨앗이 말라버릴 수 있으니 살짝만 덮는다. 작고 가벼운 씨앗을 심을 때 모래흙에 물을 약간 축여서 씨앗과 함께 버무려 심으면 바람에 날아갈 염려도 없고, 촉촉한 흙이 가볍게 쌓여 있어 싹을 틔우기에도 좋다.

당근 싹은 가늘고 연약해 풀에 덮이면 눈에 잘 띄지도 않고 틈새로 가위를 집어넣어 자르기도 고역이다. 심기 전에 최대한 낮게 풀을 잘라내고 왕겨를 덮었던 첫재배는 거둘 때까지 손 갈 일이 없었다. 발아율이 낮고 결실도 시원찮았지만 적어도 자생초에 시달리진 않았다. 그래서 당근밭 풀 단속은 별것 아니라고 코웃음 쳤는데 이듬해는 전혀 달랐다. 당근밭인지 풀밭인지 구분이 안 될 정도로 당근 싹과 동시에 자생초도 싹을 틔웠다. 부산물 멀칭이 되어 있지 않은 밭에 호미로 줄을 그으면서 심하게 흙을 뒤집어 풀씨들이 살아나기 좋았던 것이다. 평지인데도 뒤집혀진 흙은 장맛비에 쓸리면서 씨앗도 같이 밀어버려 사라지거나 이웃해 있는 생강밭에서 싹이 난 것도 있었다. 그런가 하면 흑당근은 거의 발아조차 되지 않았다. 약간 경사진 곳에 밥솥만한 돌 여러 개를 캐내고 흙을 퍼다 채웠더니 잠깐 내린 비도 흡수하지 못해 계단처럼 턱이 지고, 씨앗은 온데간데없이 사라져 버렸다. 이래서 크든 작든 경운은 위험하다는 것, 아무리 강조해도 지나치지 않다.

당근은 심은 지 열흘 정도 지나면 싹이 난다. 무나 당근 같은 뿌리 식물은 한 구에 두 뿌리 이상 붙어 있으면 크게 자라기 어렵다. 촘촘히 자라면 적당한 간격을 유지하게 미리미리 솎아낸다. 초기엔 조금 밀도 높게 남겨뒀다 점차 포기 간격을 넓히면서 솎아낸다. 흙에 묻혀 사라진 씨앗이 꽤 됐지만 싹이 난 것은 심은 지 50일쯤 됐을 때, 한 뼘 넘게 자라 탐스러운 자태를 보여줬다. 내심 쾌재를 부르며 양손 가득 안길 당근을 상상했는데 결과는 기대와 달랐다.

거두고 갈무리하기

크는 것 봐가며 적당한 시기에 뽑아 먹고 김장 전에는 모두 거둔다. 서리를 맞으면 잎이 질겨지고, 뿌리도 너무 늦게 거두면 수분이 줄어들어 질긴 맛이 난다. 향과 식감이 좋은 당근 잎은 나긋나긋할 때 거둬야 맛있게 먹을 수 있다. 솎아낸 뿌리에서 잎을 떼서 먹어도 되고, 뿌리는 그대로 두고 잎만 잘라내도 되는데 맘 놓고 잘랐다간 결실이 썰렁해지니 요령껏 거둔다.

4년차 10월 하순경, 당근 뿌리가 흙 위로 손가락 한 마디 정도 불쑥 올라와 있었고 굵기도 제법 실해 보였지만 눈에 보이는 게 전부였다. 흙속으로 온전하게 내려가지 못해 휘어지거나 직각으로 굽어진 뿌리가 많아서 고구마 캐기보다 훨씬 더 어려웠다. 사정이 이래도 가을에 맥류를 심어 월동시키면 나아질 수 있다. 당근 거둔 밭에는 곧바로 보리나 밀 등 월동작물을 파종하고, 그 시기를 놓쳤다면 이듬해 봄이 되기 전에 월동작물 재파종 시기에 파종한다. 맥류가 밀도 높게 자랐던 터라 연이어 같은 자리에 당근을 심으니 흙이 얼마나 부드러워졌는지 실감할 수 있었다.

씨앗을 받아볼 요량으로 다 캐지 않고 일부 남겨뒀는데 감감무소식이다. 남녘 별학섬에서는 경칩이 지날 무렵이면 손가락 두 마디가

랑 싹이 나서 초여름이면 꽃이 만발했다. 펼쳐놓은 우산처럼 둥그런 형태를 이루며 아주 작고 새하얀 꽃 수천 개가 모여 하나의 꽃송이를 이루는 당근꽃은 왕관처럼 보였다. 지금도 눈앞에 아른거리는 왕관꽃을 산골에서 보기는 어려울 것 같다.

거둬들인 당근 뿌리는 흙만 털어내고 신문지에 싸서 냉장실에 저장하면 겨우내 신선하게 먹을 수 있다. 잎이 질기지 않으면 씻어서 물기를 뺀 후, 비닐팩에 담아 냉장 보관한다.

먹는 방법

당근은 뿌리도 먹고 잎도 먹는다. 당근처럼 씹히는 맛이 진한 식품은 천천히 먹게 돼 맛을 음미할 수 있는 시간도 그만큼 길고, 먹었을 때 포만감도 크다. 가장 맛있었던 당근요리는 당근잎생채다. 잎이 싱싱하면 익힌 것보다 생으로 먹는 것이 더 감칠맛 난다. 9월 중순경에 싱그러운 잎줄기를 잘라 씻어서 물기를 탁탁 털고 멸치액젓 · 고춧가루 · 통깨만 넣고 버무린 생채는 아삭아삭 씹히는 맛에다 당근 고유의 향과 자연 단맛이 잘 어우러져, 뿌리 키우기는 단념하고 잎만 먹어

도 좋을 것 같았다. 당근잎생채에 마늘은 조금 넣어도 좋지만 참기름은 생략하는 것이 개운하고 깔끔하다. 다른 채소에 섞어서 볶아도 맛있고, 약간 질긴 잎은 밀가루에 묻혀 튀기면 바삭하고 향이 좋아 부드럽게 먹을 수 있다.

당근은 생으로 먹을 때보다 익히거나 기름으로 조리하면 흡수율이 높아진다. 익히면 맛이 더 달콤하고, 기름에 볶으면 향도 진해진다. 특히 당근과 양파를 같이 볶을 때 풍기는 냄새는 식욕을 자극해 입맛을 끌어당긴다. 투박하게 썰어 어중간하게 익히면 맛도 향도 떨어지니 생으로 먹든가, 볶음이나 조림을 하려면 알맞게 익힌다. 채 썰어 소금으로만 볶아도 맛있고, 도톰하게 썰어 맛간장으로 양념해서 약간 무르게 조리면 더 달콤해진다. 편식 심한 아이들이라도 달고 부드러운 당근조림 김초밥은 덥석 집어들 것 같다. 튀기면 좀더 나긋나긋해져 갓끈동부나 검정동부 꼬투리 · 고구마 등을 당근과 같이 튀겨 맛탕으로 먹거나, 고구마와 당근을 잘게 썰어 죽을 끓이기도 한다.

당근은 체내의 독소를 제거하는 효능이 뛰어나 사과와 함께 주스를 만들어 마시면 그 효능이 배가 된다지만, 곱게 갈아 후루룩 마시는 음료보다는 아삭하게 씹히는 샐러드가 내 입맛에는 잘 맞는다. 당근사과샐러드 소스는 단맛이 자극적이지 않은 요구르트와 케첩을 섞어서 만들면 간단하면서도 상큼하게 먹을 수 있다. 케이크, 빵, 전, 튀김, 떡반죽에 당근을 갈아 넣으면 자연 단맛과 향, 색까지 곱게 살아난다.

속은 주황색이면서 가장자리에서 껍질까지 흑보랏빛인 흑당근은 어느 정도 크게 자라야 색깔과 모양을 갖춰 제맛이 난다. 어린뿌리는 일반 당근과 별 차이가 없다. 잘 자란 흑당근은 과일처럼 달고 시원해 익혀서 먹기는 좀 아깝고, 썰었을 때 단면 색깔이 독특해 요리에 멋을 더해준다. 무나 오이와 같이 조리하거나 김치를 비롯한 발효음식에 넣으면 당근의 비타민 성분이 파괴된다고 하니, 굳이 넣어야겠으면 요리에 따라 식초를 약간 더해주거나 살짝 데쳐서 넣는다.

자운 **레시피**

당근잎 생채

재료

당근 잎줄기 한 줌, 당근 약간, 멸치액젓 1½큰술, 고춧가루 1½큰술, 대파 · 통깨 약간씩

만드는 방법

① 당근 잎을 거둘 때는 뿌리는 흙속에 남겨둔 채 낮게 잘라서 줄기 아래쪽의 약간 질긴 부분만 다듬어낸다. 씻어서 4~5cm 길이로 썬다.

② 당근은 곱게 채 썰고, 대파는 송송 썬다.

③ 당근 잎에 물기가 적당히 남아있게 해서 당근, 대파, 멸치액젓, 통깨를 넣어 가볍게 무친다.

* 마늘은 약간 넣어도 되지만 참기름은 넣지 않아야 깔끔하다.

자운 **레시피**

당근 마죽

재료

현미 1컵, 열매마 1개(130g), 당근 120g, 애호박 60g, 물 4컵, 소금 ½큰술, 반반 섞은 들기름 · 참기름 1큰술

 만드는 방법

① 현미는 씻어서 한나절 불린 뒤, 물기를 빼서 방망이로 으깨거나 분쇄기에 살짝 갈아준다.

② 당근과 애호박은 잘게 썰고, 열매마는 조리 직전에 손질한다.

③ 냄비에 기름을 두르고 현미를 넣어 눌어붙지 않게 물을 조금씩 넣어가며 볶고, 적당히 볶이면 나머지 물을 부어 끓인다.

④ 열매마는 껍질을 벗겨 잘게 썬다.

⑤ 쌀이 푹 퍼지면 마와 당근을 넣고 끓이다가, 호박을 넣고 좀더 끓여 소금으로 간을 한다.

흑당근 감자볶음

재료

당근 · 흑당근 200g씩, 당근 잎 반 줌, 감자 150g, 양파 ½개, 맛간장 2큰술, 육수 2/3컵, 들기름, 후추, 통깨

만드는 방법

① 2~3cm 굵기의 당근과 흑당근은 동글납작하게 썰고, 양파는 당근보다 약간 작게, 당근 잎은 3cm 길이로, 감자는 반으로 잘라 얄팍하게 썬다.

② 팬에 들기름을 두르고 달궈지면 당근, 감자, 양파를 볶아 맛간장으로 간을 하고 육수를 부어가며 조리듯이 볶는다.

③ 당근과 감자가 익으면 당근 잎을 넣고 조금 더 볶은 뒤 통깨, 후추를 넣는다.

당근찹쌀도넛

재료

당근 140g, 통밀가루 250g, 찰현미가루 100g, 황설탕 1큰술, 소금 · 이스트 1작은술씩, 물 100ml, 식용유

만드는 방법

① 당근은 채칼로 곱게 쳐서 통밀가루, 찰현미가루, 황설탕, 이스트, 소금, 물과 섞어 매끄럽게 치댄 뒤 랩을 씌워 2배 이상 부풀어 오르게 한다.

② 1차 발효된 반죽은 손으로 눌러 가스를 빼고 2/3가량 덜어 3~4mm 두께로 밀어 링틀로 찍어낸다. 나머지는 새알심 크기로 둥글린다.(링틀 대신 페트병을 지름 8cm, 3cm로 두 개를 잘라 사용해도 된다.)

③ 링 모양으로 성형한 반죽은 랩을 씌워 20~30분간 상온에서 2차 발효시킨다.

④ 170~180℃의 기름에 튀긴다. 도넛 테두리에 색깔이 나면 뒤집어가며 튀긴다. 튀김망에 밭쳐 기름을 뺀 뒤, 한 김 나가면 황설탕을 살짝 묻힌다.

쪽파와 실파

쪽파	
심는 때	8월 하순~9월 초순
심는 법	씨쪽파를 직파
거두는 때	10월 초순~11월 하순, 3월 하순~5월 하순(월동쪽파)
관리 포인트	꼼꼼한 자생초 관리

실파(재래종)	
심는 때	4월 중순~5월 하순, 9월 초순~하순
심는 법	봄과 가을에 뿌리 나누기
거두는 때	3월 하순~6월 초순, 9월 초순~11월 하순
관리 포인트	꼼꼼한 자생초 관리

새봄에 이파리 하나하나가 터질듯 팽팽하게 부풀어 오를 때면 '쪽!' 소리 나게 입맞춤해주고 싶은 작물이 쪽파다. 경칩 지나 춘분에 이르면 매서운 칼바람을 뚫고 쪽파가 당차게 일어선다. 겨우내 지상부에 남아 있던 잎 끄트머리는 세파에 시달려 허옇게 말라버렸어도 흙에서 이제 막 빠져나온 아랫부분은 선명한 녹색이다. 어찌나 박력 있게 밀어붙이는지 얼마 지나지 않아 허옇게 벗겨지던 겉잎이 말끔하게 사라지고 포기 전체가 초록으로 빛난다. 마주하고 있으면 온몸의 근육이 이완되면서 몸속 노폐물이 쑤욱 빠져나가는 것 같다. 이런 짜릿한 쾌감을 또 어디에서 맛볼 수 있을까?

직접 심어서 거둔 쪽파 맛은 내가 기존에 알던 맛과는 완전히 달랐다. 생생하고 진한 그 맛을 몰랐을 때는 없어도 크게 아쉬울 것 없는 양념 정도로만 여겼다. 음식의 주인공으로는 앉혀볼 생각조차 못했다. 사실 내가 일궈온 살림이란 게 귀한 채소들에 대한 대접이 하나같이 허술했던 터라 쪽파에게만 유난히 박절했던 것은 아니었다. 그 결과, 내 몸이 부실해질 수밖에 없었다. 밭을 일구지 않았으면 지금쯤 어떤 모습으로 살아가고 있을지, 생각만 해도 등골이 서늘해진다.

심고 가꾸기

쪽파는 씨앗을 심는 게 아니라 마늘처럼 생긴 씨쪽파를 심는다. 씨쪽파는 재래시장이나 오일장에서 쉽게 구할 수 있다. 잘 키워서 김장때까지 먹고, 남겨놓은 뿌리를 월동시켜 이듬해 새잎이 자라면 또 거둬 먹고, 씨앗이 될 구근이 형성되면 초여름에 거둬서 갈무리했다가 일교차 커지기 시작할 때 심는다. 잘만 관리하면 한 번만 사다 심어도 대를 이어나갈 씨쪽파를 확보할 수 있다.

쪽파는 8월 하순에서 9월 초순에 심는다. 별도로 밭을 남겨 두지 않아도 일찍 거두는 옥수수나 갓끈동부 밭에 심을 수 있고, 결실이 마무리에 이른 작물이라면 아직 거두지 않았어도 틈새에 심고, 자리가 부족하면 가을걷이 직후에 심어도 된다. 늦게 심으면 김장 때 거둘 수는 없어도 이듬해 봄에는 먹을 수 있다.

씨쪽파를 심기 전에 자생초부터 정리한다. 전 작물이 잘 자랐고 남겨준 부산물이 많으면 풀은 드물고, 있더라도 가위로 잘라낼 수 있는 정도다. 최대한 낮게 잘라내고 미니괭이를 이용해 씨쪽파가 쏙 들어갈 만큼 구멍을 내 싹이 나는 부분이 위를 향하게 해서 깊지 않게 묻는다. 산골에서는 싹이 나기까지 닷새에서 일주일가량 걸린다.

거두고 갈무리하기

10월 초순부터 조금씩 거둬서 먹는다. 이듬해 봄이 되면 혈기 왕성해도 겨울이 일찍 찾아오는 산골에서 가을 성장은 부진한 편이다. 월동시키지 않을 쪽파는 김장 무렵에 마지막으로 거둔다. 11월 하순에서 12월 초순이면 산골의 최저기온이 영하 10도 아래로 내려간다. 잎은 얼었다 녹기를 반복해 푸석거리고 힘없이 축축 늘어지며 잘 뽑히지도 않는다. 온도가 낮으면 작물 스스로 살아내기 위한 방편으로 추워질수록 뿌리를 흙속으로 깊숙이 내린다. 월동하는 동안 흙을 활성화하여 봄이면 맛과 약성이 더 좋아지니 당장 필요한 것만 거두고 될 수 있으면 흙속에 뿌리가 살아있게 남겨둔다.

월동한 쪽파는 춘분 이후에 본격적으로 성장하는데 이때부터가 정말 맛있다. 푸짐하게 거두는 시기는 4월 초순에서 5월 초순, 길게 이어지면 5월 중순까지도 잎이 싱싱하다. 멀칭해둔 부산물이 부족하면 쪽파와 더불어 자생초도 쑥쑥 자란다. 이른 봄에 돋는 풀은 냉이, 꽃다지, 지칭개 등 대부분 먹을 수 있는 나물이라 적당한 시기에 거두면 입맛을 돋우면서 자생초도 제거할 수 있다.

종자로 키울 뿌리만 남겨두고 나머지는 잎이 싱싱할 때 거둬서 먹는다. 누구는 먹다 보니 종자도 남지 않았다고 하는데 산골은 그와 반대다. 왕성하게 번식을 했는데도 미처 거두질 못해 몇 년째 씨쪽파 풍년이다. 실파는 뿌리 번식이라 꽃이 없고, 쪽파는 더러 꽃망울이 맺히긴 해도 꽃이 피지는 않는다.

• 씨쪽파

씨쪽파 거두는 시기는 날짜에 매이지 말고 눈으로 보고 판단한다. 대략 6월 초순쯤, 지상부 잎이 말라가면 거둔다. 쪽파 잎은 시들고 자생초는 극성스럽게 자랄 때라 적당한 시기에 풀 단속을 하면 씨쪽파 잎이 말라도 알아보기가 쉽다. 잎이 파릇하게 남아 있으면 잎줄기만 잡아당겨도 쉽게 빠져나와 거두기는 쉽지만, 조금이라도 구근을 실하게 얻으려면 알아볼 수 있는 범위 내에서 가능한 한 잎이 말랐을 때까지 기다렸다 거둔다.

지상부 잎줄기가 남아 있으면 잡아당기기만 하면 되고, 손에 잡히지 않을 정도로 말랐으면 호미로 캔다. 살짝만 건드려도 쉽게 빠져나오고, 잘 자라면 한 구에 스무 뿌리 이상씩 번식하니 거두는 손맛과 재미가 삼삼하다.

다 캐지 않고 몇 포기쯤 남겨둬도 된다. 고온일 때 심으면 잘 자라지 않아도 캐지 않고 흙속에 뿌리를 남겨두면 늦여름에 새잎이 자란다. 잎이 가늘고 향도 적지만 가을에 심는 쪽파보다 빠르게 거둘 수 있다. 5년차에 쪽파를 거둔 밭에 심은 참깨에 꽃이 필 무렵, 머리카락처럼 가늘게 올라온 쪽파 잎이 꽤 많았다. 꼼꼼하게 캔 것 같은데도 잎이 너무 말라 알아보지 못했던 모양이다. 이래서 잎이 적당히 말랐을 때 거둬야 한다.

적절한 시기에 거둬들인 씨쪽파는 그늘에서 말리면 잎이 자연스럽게 말라 사라진다. 뿌리가 너무 길게 남아 있으면 구근이 다치지 않게 약간 여유를 남겨두고 다듬어준다. 망에 담아 바람 잘 통하는 그늘에 걸어 놓았다가 때에 맞춰 심는다. 쪽파를 거둔 밭은 조금 늦게 심는 옥수수나 여름 콩을 심거나 조금 더 기다렸다 당근이나 김장채소를 심으면 된다.

시중에서 흔히 보는 쪽파는 개량종이고, 비슷하게 생긴 재래종 실파가 따로 있다. 간혹 어린 대파뿌리가 실파라는 이름으로 유통되기도 하는데 대파와 재래종 실파는 종이 다르다. 성장 속도가 쪽파와 비슷한 실파는 자생력이 뛰어나며 번식 방법이 간단해 다루기 쉽고, 향이 진해도 자극적이지 않아 부드럽게 먹을 수 있다.

실파는 봄이나 가을에 뿌리를 심고, 포기가 커지면 나눠 심을 수 있어 번식 방법은 간단하다. 하지만 시중에서 종자를 구하기는 어려운 것 같다. 3년차 봄에 태평농 고방연구원에서 한 포기 얻어와 열 군데에 뿌리를 나눠 심었다. 이듬해 봄이 되자 뿌리 하나에서 한 줌 이상씩 번식해 있었고, 길이가 40~45cm가량으로 쪽파보다 길게 자라 있었다. 먹기 위해 한두 포기씩 캘 때 이 중에서 어린뿌리를 몇 개 골라 도로 심으면 포기나누기 하느라 따로 시간을 내지 않아도 된다.

봄에서 여름을 지내는 동안 지상부의 잎이 마르고 자생초가 수북

쪽파

실파

하게 덮어도, 7월 하순이면 새잎이 돋아나 씨쪽파 심을 무렵이면 키 높이가 한뼘 가량 된다. 가을에도 밭을 늘리려면 먹을 만큼 거두고, 뿌리를 나눠 심는다. 심을 땐 한 구에 한 뿌리씩이지만 월동해서 춘분을 맞이하는 실파는 여러 뿌리로 분얼分蘖하여 풍성한 몸집을 선보인다. 이러니 밭 늘리기도 쉽고 거둘 것도 많다.

실파를 처음 봤을 때는 하도 가늘어 무슨 수로 일일이 다듬을까 고개를 절레절레 저었는데 갈지 않은 땅에서 스스로 자란 실파는 실오라기 같은 파가 아닌 쪽파보다 약간 가는 정도였다. 시원하게 자라는 진녹색 잎은 침이 꿀꺽 넘어갈 정도로 탐스럽고, 다듬기도 쪽파보다 쉽다. 개량종 쪽파와 재래종 실파는 각각 나름의 맛과 쓰임이 있어 두 가지를 다 재배하면 밥상이 한층 풍성해진다.

먹는 방법

진달래가 흐드러지고 연분홍 산벚나무 꽃이 활짝 필 때 거둔 쪽파가 더 맛있다. 월동쪽파로 담근 쪽파김치는 향긋한 보약이다. 입맛도 돋워주고 원기 회복에도 좋은 쪽파김치를 담글 때는 멸치액젓과 고춧가루, 간 홍고추로만 맛을 내고 마늘은 넣지 않는다.

김치로 담가 먹기에는 진액이 많은 쪽파가 낫고, 무침요리에는 실파가 낫다. 향이 진하면서도 자극적이지 않은 실파는 톡 쏘는 매운맛이 덜하다고 해서 밋밋한 게 아니라 은근한 향이 깊이 파고든다. 실온에 둬도 잎이 쉽게 무르지 않고, 생채로 버무리면 금방 숨이 죽을 것 같아도 풋풋한 기운이 쪽파보다 생생하게 유지된다.

파전은 쪽파나 실파 다 좋고, 데쳐서 돌돌 마는 강회는 길이가 긴 실파가 딱 맞춤이다. 실파는 데치면 부드럽고 달착지근해서 아이들이 먹기에도 좋다. 데친 오징어와 같이 말아서 초고추장을 곁들여도 좋고, 실파만 돌돌 말아도 심심하지 않다.

날것으로 먹기 좋은 열매마나 돼지감자를 실파나 쪽파와 무치면 아삭아삭 씹히면서 입에 착착 감겨든다. 집에서 기른 콩나물이면 더 좋고, 맛이 좀 덜한 콩나물도 쪽파나 실파를 넣고, 고춧가루와 멸치액젓으로 약간 칼칼하게 간을 하면 더 맛있어진다. 이렇게 버무려 튀김이나 부침요리에 곁들이면 매운맛이 순해지고 기름진 음식도 뒷맛이 담백하다. 해물 없이 쪽파와 실파로만 전을 부쳐 쪽파나 실파무침과 같이 먹으면 그 또한 꿀맛이고, 양념간장이나 초간장에도 쪽파를 송송 썰어 넣으면 대파보다 깔끔하다.

멸치를 마른 팬에 살짝 볶아 비린내를 날려준 다음, 쪽파나 실파를 넣고 맛간장 · 고춧가루 · 참기름 · 통깨를 양념으로 살살 버무려주면 다른 반찬 없이도 밥 한 그릇이 금세 비워진다. 쪽파나 실파 무침요리는 곁들이는 재료에 어울리게 적당한 길이로 잘라 넉넉하게 넣어야 맛이 난다. 밋밋한 채소도 실파와 쪽파가 더해지면 맛과 영양은 높아지고 시원한 색감에 눈도 즐겁다.

자운 레시피

쪽파 김치

재료

쪽파 400g, 고춧가루 · 홍고추 간 것 · 멸치액젓 5큰술씩, 다진 생강 1큰술, 통깨 2큰술

만드는 방법

① 쪽파는 다듬어 씻은 뒤, 길이를 반으로 자른다.

② 홍고추 간 것과 고춧가루를 멸치액젓에 섞어둔다.

③ 쪽파에 물기가 적당히 남아 있게 해서 ②와 생강을 넣어 버무린 뒤 통깨를 뿌린다.

④ 숨이 약간 죽으면 밀폐용기에 담아 꾹꾹 눌러서 다독인다.

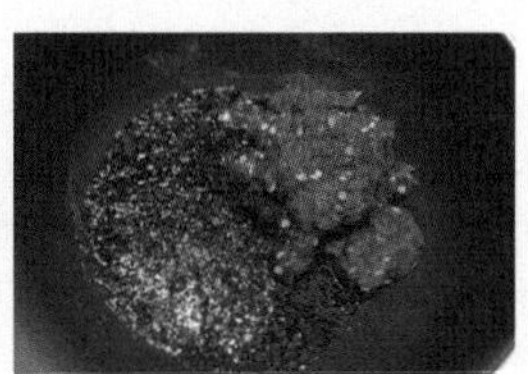

자운 **레시피**

쪽파 해물파전

재료

파전 2장 분량 : 쪽파 140g, 해물(오징어, 굴, 바지락살) 180g, 통밀가루 · 물 1컵씩, 소금 약간, 들기름, 튀김 간장소스

만드는 방법

① 쪽파는 다듬어서 씻고, 손질한 오징어는 한입 크기로 썬다.

② 통밀가루에 물과 소금을 넣고 덩어리지지 않게 잘 풀어 준다.

③ 팬에 들기름을 두르고 달궈지면 약불로 줄인다. 반죽에 담갔다 건진 쪽파를 가지런히 놓고, 해물을 절반 올린다. 반죽옷을 살짝 뿌린 뒤, 밑면에 색깔이 날 정도로 익으면 뒤집어서 노릇노릇하게 부친다.

④ 튀김 간장소스(또는 초간장)에 쪽파를 약간 잘게 썰어 파전에 곁들인다.

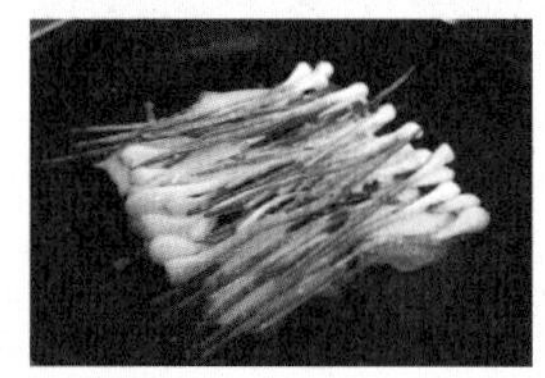

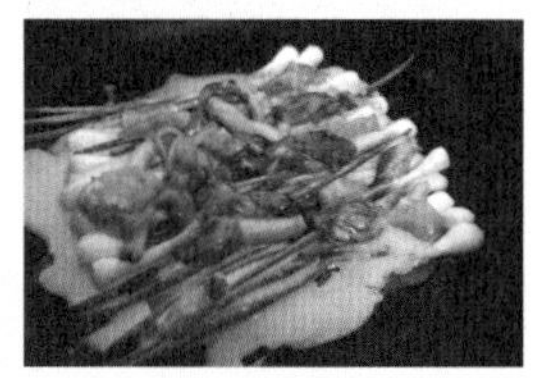

실파강회

재료

실파 넉넉하게 한 줌, 손질한 오징어 1마리(몸통만), 고추장 2작은술, 식초 · 올리고당 1작은술씩

만드는 방법

① 실파는 뿌리를 잘라내고 다듬어서 씻는다. 끓는 물에 뿌리 쪽을 먼저 넣어 15~20초 정도 가볍게 데친 뒤, 소쿠리에 밭쳐 물기를 뺀다.

② 오징어도 끓는 물에 데쳐 5×1.5cm 크기로 썬다.

③ 실파 2~3가닥으로 오징어를 돌돌 말아 풀어지지 않게 마무리한다.

④ 고추장, 식초, 올리고당을 섞은 초고추장을 곁들여 낸다.

실파 콩나물무침

재료

실파 50g, 콩나물 200g, 물 ½컵, 멸치액젓 · 고춧가루 1큰술씩, 소금 약간, 반반 섞은 들기름 · 참기름, 통깨

만드는 방법

① 콩나물은 냄비에 담아 물과 소금을 약간 넣고 뚜껑을 닫은 채 10분가량 익힌다.

② 실파는 4cm 길이로 썰고, 멸치액젓에 고춧가루를 미리 풀어둔다.

③ 실파의 숨이 죽지 않게 콩나물을 약간 식힌 뒤, 실파와 ②의 양념, 들기름 · 참기름, 통깨를 넣어 무친다.

부추

심는 때	3월 하순~4월 하순, 8월 하순~9월 중순
심는 법	봄 : 알뿌리를 심거나 직파, 가을 : 직파
거두는 때	4월 중순~8월 중순
관리 포인트	꼼꼼한 자생초 관리

독특한 향미와 풍부한 영양으로 입맛을 사로잡는 부추 중에서도 맛과 약성이 뛰어나기로는 봄에 먹는 첫 부추를 손에 꼽는다. 봄 부추는 인삼 녹용과도 바꾸지 않는다고 하는데 직접 길러 먹으면 거두는 순서에 상관없이 다 맛있다.

부추는 부채, 부초, 솔, 새우리, 부부간의 정을 오래도록 유지시켜준다는 뜻의 정구지精久持 등 지방마다 부르는 이름이 여러 가지다. 정력이 넘쳐 과붓집 담을 넘는다 하여 월담초越譚草, 멀쩡한 집을 허물고 밭을 만들어 키우는 풀이라고 파옥초破屋草와 같은 재미난 이름도 있다. 부추의 한자명은 기양초起陽草, 장양초壯陽草라 하니 첫 부추는 사위도 안 준다는 말이 왜 생겼는지 짐작이 간다. 그런가 하면 게으름뱅이풀이라 부르기도 한다. 개량종은 좀 빠르지만 재래종 부추는 씨앗을 심으면 무척 더디게 자란다. 심어 놓고 잊어버릴 만하면 그제야 겨우 싹이 나니 거두어 먹을 정도로 키우려면 한두 해는 족히 기다려야 한다. 이렇듯 굼뜨게 자라서 게으름뱅이풀이려니 생각하고 있었는데 잘못 넘겨짚었다. 양기회복에 좋은 부추를 먹으면 딴 데 마음이 쏠려 해가 중천에 떠도 일은 뒷전이고, 심어놓기만 하면 저 알아서 크는 작물이니 게으름뱅이라도 키울 수 있어 그리 불렀다고 한다.

향이 진하고 약성이 높은 부추라 이전 저런 말들이 생겨났을 법한데, 요즘 대량으로 재배하는 부추에도 이만한 효능이 있는지는 모르겠다. 길게 따져볼 것 없이 제철 음식을 맛있게 먹으면 그게 보약이 아닐까 싶다.

여러해살이풀인 부추는 한 번만 심으면 해마다 잎이 자라는 대로 거둘 수 있고, 병충해에 강해 자생초 단속만 적절히 해주면 마음 쓸 일이 없다. 씨앗을 직파하거나 뿌리를 심을 수 있는데, 알뿌리는 봄에 심고 직파는 봄가을 아무 때라도 가능하다. 뿌리를 심으면 자생초 관리가 쉽고 첫 수확도 빠르지만 구하기가 어려워 종묘상 씨앗을 사다 심는다.

부추는 싹이 더디 나는 데다 잎이 가늘어서, 봄에 심으면 왕성하게 자라는 자생초에 금세 뒤덮인다. 풀에 덮이면 부추 싹은 잘 보이지도 않고, 풀 잘라내다 부추까지 싹둑 잘라내기 십상이다. 제일 좋은 방법은 봄에 뿌리를 구해 심고, 이미 심어놓은 부추가 풍성하게 자랐다면 봄에 포기 나누기를 해서 밭을 늘린다. 씨앗을 심을 경우, 가을 파종은 발아율이 낮지만 월동해서 싹을 틔우면 봄에 심은 것보다 색이 진하고 탄탄하게 자란다. 반면 봄 파종은 발아가 빠르고 발아율도 좋은 편이다. 자생초 때문에 시달림이 많다는 게 흠인데 나처럼 가위질에 이력이 나 있으면 밭을 늘리기엔 봄 파종이 낫다. 봄이든 가을이든 자생초는 심기 전에 가능한 한 꼼꼼하게 잘라낸다.

씨앗을 심을 때는 얕게 골을 내 줄뿌림을 하거나, 싹이 나서 풀에 가려지더라도 알아보기 쉽게 약간 거리를 두고 한 구멍에 예닐곱 개씩 넣는다. 또는 한 곳에 촘촘하게 키웠다가 어느 정도 자란 후에 아주심기를 해도 된다. 뿌리가 손상되지 않도록 옮겨 심으려면 공을 많이 들여야 할 것 같아서 처음 심을 때 적당한 간격을 두고 한 구에 여러 개 씩 넣었다.

첫해 봄, 산자락에 이어져 있는 수돗가 뒤편으로 자투리 공간이 생겨 돌을 캐내고 흙을 퍼다 채운 다음 봉숭아 씨를 뿌렸다. 봉숭아는 뱀의 접근을 차단해준다는데 꽃뱀이라 불리는 율무기와 생김새만으로도 공포 분위기를 조성하는 까치독사는 넘실넘실 잘만 드나든다. 지름길이어서 그랬는지 뱀은 꼭 축축한 봉숭아 꽃밭을 통과해 숲과 마당을 넘나들었다. 뱀이 지나다녀도 눈에 잘 띄게 몸집이 작고 꽃이 고운 식물, 이왕이면 먹을 수 있는 채소를 심기로 작정하고 이듬해 부추밭을 만들었다.

지인 집에 놀러갔다가 몇 뿌리 얻어와 심기는 했는데 손바닥만 한 부추밭인데도 채울 길이 묘연했다. 씨앗을 심으면 거두기까지 한 세월이란 말에 처음에는 어디서 뿌리 구할 데 없는지 그것만 두리번거렸다. 그래도 뿌리를 심는 것보다는 더디겠지만 씨앗으로도 충분히 밭을 늘려갈 수 있지 않겠나 생각했다. 몇 년이 걸리더라도 일찍 시작하면 그만큼 결실이 앞당겨지니까.

3년차 9월 초하루, 자생초는 가위로 꼼꼼하게 잘라내고 종묘상에서 사온 씨앗을 심었다. 싹은 28일 만에 나왔다. 여름 내 자란 부추에 씨앗이 맺힐 때였는데, 발아율도 낮고 머리카락보다 더 가늘어 눈에 잔뜩 힘을 줘도 보일락 말락 했다.

어찌됐든 싹은 나니까 또 심어보자는 마음으로 남은 씨앗을 반으로 나눠 4년차 3월 하순과 9월 초순에 심었다. 두 번째 가을 파종 역시 더뎠지만 자생초가 드물 때라 주변이 정갈했다. 봄 파종은 싹 나는

속도가 빨라도 순식간에 자생초에 뒤덮인다. 당장 풀 단속을 하고 싶어도 부추 싹이 다칠까봐 입하를 지나 한눈에 알아볼 정도로 부추 티가 났을 때 가위를 들었다. 해보기 전에는 무척 지루할 것 같았는데 아주 재미있는 소일거리였다. 졸음이 밀려오는 나른한 오후가 풀 단속하기에 딱이다. 또는 이슬비 내리는 날 우산을 받쳐 들고 쪼그리고 앉아 크게 자란 풀은 자르고 어린 풀은 살살 뽑아내면 그렇게 마음이 맑아질 수가 없다. 마당에서 멀리 심었다면 일부러 시간을 내야겠지만 엎어지면 손닿을 거리에 두면 자주 들여다보게 된다. 그래서 작물별 자리배치도 중요하다.

뿌리를 심으면 한 해만 지나도 토실토실하게 살이 오르고, 두 해째가 되면 한 곳에서 여러 가닥씩 수북하게 올라온다. 몇 년 지나 밀도가 높아지면 크게 자라지 못해 잎이 가늘어진다. 밭을 넓히려면 뿌리를 솎아내 다른 곳에 옮겨 심거나, 그럴 수 없으면 적절한 간격이 유지되도록 무를 심기도 한다.

거두고 갈무리하기

부추는 한 뼘 남짓만 자라도 거둘 수 있다. 자르면 또 금방 잎이 자라 찬바람 불 때까지 여러 번 수확한다. 직파한 씨앗은 한 해 여름 지나면 잎이 가늘긴 해도 잘라 먹을 수 있고, 봄에 뿌리를 심으면 햇감자 먹을 때쯤 통통한 잎을 거둘 수 있다. 자를 때는 흙 표면과 같은 높이로 낮게 자른다. 그래야 다음에 올라오는 잎이 여러 가닥으로 가지를 치면서 올라와 풍성하게 자란다. 적당한 시기에 잘라주지 않으면 잎이 질겨지고 꽃대 올라오는 시기가 앞당겨져 먹을 수 있는 기간이 짧다. 일단 꽃대가 올라오기 시작하면 이미 결실기로 접어든 다음이라 줄기를 낮게 잘라도 금세 꽃대가 올라온다.

아침저녁으로 선선한 바람이 불면 길게 올라온 줄기 끝에 정갈한

맵시로 하얀 꽃이 피고, 검은색 씨앗이 맺힌다. 꽃송이를 잘라 말렸다가 씨앗만 골라내 적절한 시기에 심어도 되고, 그냥 둬도 스스로 알아서 씨앗을 퍼트리니 어느 정도 자리만 잡으면 밭 늘리기는 잠깐이다.

그때그때 거두는 대로 먹지만 양이 많다면 신문지로 둘둘 말아 냉장실에 보관한다.

먹는 방법

입맛 돋우기 좋고 다양하게 맛내기 좋은 게 부추지만, 직접 텃밭 일구기 전까지는 먹어봤던 부추요리라고 해봐야 매콤하거나 짭짤한 양념이 끼어들지 않은 부추전과 부추를 듬뿍 넣은 만두가 전부였다. 부추김치를 제대로 먹어본 것은 별학섬에서 처음이었다. 첫 부추부터 전을 부치는 나를 보고 싱싱할 때는 생으로 무쳐야 맛과 향이 진하게 난다고 연세 지긋한 지인이 일러줬지만 부추만으로 무슨 맛이 날까 싶어 흘려들었다. 그러다 속는 셈 치고 한 번 만들어봤다. 고방연구원에서 담근 멸치액젓과 빨갛게 익어가는 고추를 따다 갈아 넣어 버무린 부추김치는 밥도둑이 뭔지를 실감케 했다.

생생한 맛에 반한 후로 부추는 주로 생채로 먹는다. 부추만 무쳐도 좋고, 5월까지 저장되는 김장 무와 함께 버무려도 맛있다. 여름이면 오이소박이를 빼놓을 수 없다. 콩나물무침도 부추를 넣어 멸치액젓과 고춧가루로 약간 칼칼하게 양념하면 부추의 진한 향이 더해져 고소하다. 돼지고기를 즐긴다면 구이나 찜으로 먹을 때 부추콩나물무침을 곁들여봄직하다.

매콤하고 새콤달콤한 부추비빔국수는 생각만 해도 침이 넘어간다. 부추에 양파, 양상추, 양배추 등 손에 닿는 채소 몇 가지를 더해 시원하고 담백한 부추샐러드를 만들어도 맛있다. 맛간장으로 샐러드소스를 만들면 뒷맛이 개운하고, 고명으로 콩고물을 솔솔 뿌려주면 고소하게 먹을 수 있다. 부추를 살짝 데쳐서 맛간장, 참기름, 들깻가루로 무치면 부추 향과 들깻가루의 고소한 맛이 삼삼하게 어우러지고 날콩가루를 묻혀서 찐 부추를 맛간장, 고춧가루, 참기름으로 무쳐도 맛있다. 부추가 연할 때는 곱게 채 썬 호박된장장아찌를 섞어 조물조물 무치면 짭조름한 호박장아찌와 생부추의 향이 진한 감칠맛을 낸다.

부추를 살짝 볶으면 향이 더 진해진다. 육류 · 해물 · 버섯 · 두부 · 달걀 등과 볶거나, 탕을 끓이거나, 여러 채소를 볶아서 만드는 만두소나 잡채에 부추가 중심재료면 풍미가 더 좋아진다. 부추잡채는 육류나 해물 없이 몇 가지 채소만으로도 맛있게 만들 수 있다. 익히면 아삭하면서 달콤한 양파와 쫄깃해지는 호박고지를 부추와 같이 볶으면 부추잡채, 통밀 만두피에 부추잡채 소를 넣어 말아놓으면 보기에도 먹음직한 부추밀쌈이 된다. 큼지막하게 부친 밀전에 두둑하게 부추소를 넣고 말아서 한입 크기로 썰면 상차림은 더 간편하다. 찐 감자를 으깨서 만든 감자샐러드에 잘게 썬 부추를 넉넉하게 넣어 샐러드만 먹거나 크래커, 식빵 등에 얹어 먹기도 한다.

비 오는 날이면 부추감자전이나 해물부추전이 제격이다. 통밀가루에 현미가루나 동부를 갈아 넣으면 바삭한 식감과 구수한 맛이 더해진다. 밀가루만으로 전을 부쳐 밋밋하면 카레가루로 색감과 향을 살려도 좋고, 얄팍하게 부친 부추카레전은 김밥에 달걀지단을 대신해도 제법 괜찮다. 음식을 먹고 체했을 때는 부추된장국을 약으로 먹었다고 하는데 된장을 풀어서 국을 끓이면 단순하면서도 깊은 맛을 낸다. 특히 다슬기로 끓인 국과 잘 어울린다.

부추 한 줌만 넣어도 음식의 맛과 분위기는 몰라보게 달라지니 수확이 적을 때는 아껴가며 조금씩 넣어 먹는다. 채소가 주된 재료인 부추요리에 마늘이나 파는 생략한다. 볶거나 탕을 끓일 때는 가볍게 숨만 죽이는 정도로 살짝 익혀 부추의 향과 맛이 잘 살아나게 조리한다.

자운 **레시피**

부추 밀쌈

 재료

부추 한 줌, 애호박고지 12개, 양파 ¼개, 당근 약간, 맛간장 1~2큰술(또는 소금), 통밀가루 1컵, 물 1컵, 동부콩잎 건조분말 3큰술, 들기름 · 통깨 · 소금 약간씩

만드는 방법

① 부추는 손가락 두 마디 길이로 썰고, 당근과 양파는 채 썬다. 애호박고지는 물에 불려 부드러워지면 채 썬다.

② 팬에 들기름을 두르고 달궈지면 당근, 양파, 애호박고지를 볶아서 맛간장으로 간을 한다. 불끄기 직전에 부추를 넣어 살짝 볶고, 통깨를 섞는다.

③ 통밀가루, 물, 소금을 덩어리지지 않게 잘 풀어서 체에 내린다.

④ 팬에 기름을 두르고 달궈지면 반죽을 한 숟가락씩 떠서 얇게 부친다. 반죽이 절반쯤 남았을 때 콩잎분말을 섞어 같은 방법으로 부친다.

⑤ 밀전병에 ②를 적당량 올리고, 돌돌 말아서 초간장과 함께 낸다.

자운 **레시피**

부추 생채

 재료

부추 250g, 양파 ½개, 홍고추 간 것 5큰술, 고춧가루 2큰술, 멸치액젓 4큰술, 다진마늘 · 생강 · 통깨 약간씩

만드는 방법

① 부추는 씻어서 물기가 약간 빠지면 2~3등분 하고, 양파는 채 썬다.

② 홍고추 간 것에 고춧가루와 멸치액젓을 섞는다.

③ 부추에 물기가 약간 남아 있을 때 양파, 고춧가루 양념, 마늘, 생강, 통깨를 넣고 훌훌 섞는다.

④ 숨이 살짝 죽으면 김치통에 옮겨 담고 잘 다독인다.

부추 두부볶음덮밥

재료

부추 70g, 두부 200g, 양파 ¼개, 당근 약간,
들기름 · 소금 · 후추 · 통깨 약간씩

검정동부밥 : 현미 1½컵, 풋검정동부 ½컵

만드는 방법

① 쌀을 씻어 솥에 안치고, 풋동부를 올려 고슬고슬하게 밥을 짓는다.

② 두부는 물기를 닦아서 칼등으로 눌러 다진다. 양파, 당근, 부추는 잘게 썬다.

③ 팬에 들기름을 두르고 달궈지면 두부에 소금을 약간 넣어 노릇노릇하게 볶아서 덜어둔다. 다시 들기름을 두르고 당근, 양파, 소금을 넣고 볶다가 부추와 두부를 섞는다. 간이 부족하면 소금으로 맞추고, 좀더 볶아서 후추와 통깨를 넣는다.

④ 뜸이 든 동부밥을 훌훌 섞어 부추두부볶음과 한 그릇에 담아낸다.

부추비빔국수

재료

부추 한 줌, 양파 ¼개, 양배추 · 당근 약간씩,
소면 1인분

양념장 : 고춧가루 1½큰술, 식초 · 육수 2큰술씩,
고추장 · 맛간장 · 올리고당 · 통깨 1큰술씩

만드는 방법

① 부추는 씻어서 손가락 두 마디 길이로 썰고 당근, 양파, 양배추는 채 썬다.

② 통깨를 제외한 양념장 재료를 섞어 간은 짜지 않게, 매운맛은 적당히 살려서 약간 묽게 만든다.

③ 팔팔 끓는 물에 소면을 넣고 부르르 끓어오르면 찬물 약간 부어 가라앉히기를 두세 번 반복해서 삶은 뒤, 찬물에 헹궈 건진다.

④ 소면 먼저 양념장에 비빈 뒤, 채소를 훌훌 섞고 마지막으로 통깨를 넣는다.

대파

심는 때	4월 중순~5월 중순, 8월 하순~9월 중순
심는 법	봄파종 : 모종 또는 직파, 가을파종 : 직파
거두는 때	3월 하순~12월 초순(연중 수시)
관리 포인트	건조한 밭은 물주기, 꼼꼼한 자생초 관리

미리 거둬서 갈무리를 해둬야 때에 맞게 먹을 수 있는 채소가 있는가 하면, 밥을 안쳐놓고 조르르 달려 나가 음식을 만들기 직전에 챙겨오는 채소도 있다. 된장국을 끓이는 동안 대파 한 뿌리를 뽑아서 다듬어 오는 식이다. 언젠가 산골에 들르신 아버지가 이런 나를 보고 "밥하다 말고 어딜 갔다 와?" 물으시더니 손에 들린 대파를 보고는 "그거 참 좋네" 라며 허허 웃으셨다.

밥이랑 김치와 친하지 않았을 때도 양파, 부추, 대파는 좋아했다. 혈액순환에 약이 된다고 해서 대파뿌리 삶은 물을 먹기도 했다. 생으로 먹으면 매워도 대파를 뜨거운 국물에 넣으면 달큰한 맛과 후각을 자극하는 향이 감미롭다. 주로 양념으로 쓰이는 대파는 넣어야 맛이 날 때도 있지만 생략한다고 해서 음식의 품위가 떨어지지는 않는다. 별학섬에서 살았던 5년 동안 음식에 파를 넣어본 적이 드물었다. 가꾸지도 못했고, 장을 보러 나갈 수도 없어 먹을 생각을 아예 하지 않았다. 그때를 돌이켜봐도 없으면 없는 대로 그다지 아쉽지 않은, 그러나 있으면 더없이 좋은 식재료가 대파다. 적은 양으로도 음식의 감칠맛을 잘 살려주는 대파는 씨앗에서 자라 또 다시 씨앗을 맺기까지 키우는 재미가 먹는 즐거움 못지않다.

심고 가꾸기

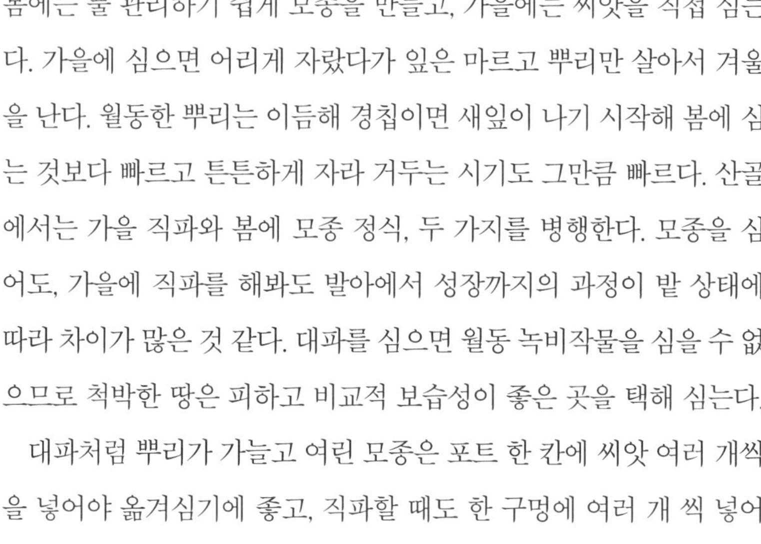

봄에는 풀 관리하기 쉽게 모종을 만들고, 가을에는 씨앗을 직접 심는다. 가을에 심으면 어리게 자랐다가 잎은 마르고 뿌리만 살아서 겨울을 난다. 월동한 뿌리는 이듬해 경칩이면 새잎이 나기 시작해 봄에 심는 것보다 빠르고 튼튼하게 자라 거두는 시기도 그만큼 빠르다. 산골에서는 가을 직파와 봄에 모종 정식, 두 가지를 병행한다. 모종을 심어도, 가을에 직파를 해봐도 발아에서 성장까지의 과정이 밭 상태에 따라 차이가 많은 것 같다. 대파를 심으면 월동 녹비작물을 심을 수 없으므로 척박한 땅은 피하고 비교적 보습성이 좋은 곳을 택해 심는다.

대파처럼 뿌리가 가늘고 여린 모종은 포트 한 칸에 씨앗 여러 개씩을 넣어야 옮겨심기에 좋고, 직파할 때도 한 구멍에 여러 개 씩 넣어야 자생초에 가려지더라도 알아보기 쉽다. 포기가 크면 나중에 뿌리를 나눠 심으면 된다.

봄 재배는 전년도 여름에 채종한 씨앗으로 모종을 만든다. 갈무리한 씨앗이 없으면 종묘상이나 오일장에서 씨앗을 구입해 모종을 만들거나 시판용 모종을 사다 심는다. 정식할 때 줄 간격은 호미 길이, 포기 간격은 10m 정도로 한다.

뿌리가 묻히게 심으려면 깊게 파야 하는데 딱딱한 땅에 호미질하기가 어려워 포기 나누기를 하지 않으려고 모종 정식할 때 한두 가닥씩 나눠서 심은 적도 있었다. 이렇게 하면 자생초가 자라는 면적이 넓어져 품이 더 들었다. 모종이 만들어진 그대로 여러 뿌리를 한 곳에 심었다가 적당히 자랐을 때 캐서 먹을거리를 챙기면서 포기를 나눠 심는 방법이 간편하다.

가을에 직파한 대파는 심었던 자리에 그대로 둬도 되고, 여름작물을 심으려면 비오는 날에 맞춰 본밭에 정식한다. 옮겨 심으면 크기도 전에 꽃망울이 생기곤 하는데 곧바로 따주면 더는 꽃이 피지 않는다.

대파는 심어서 한 해를 묵어야 꽃이 피고 씨앗을 맺는다. 봄에 만든 모종을 정식할 무렵에 꽃을 피우는데 뿌리 분얼分蘖(뿌리에 가까운 줄기의 마디에서 가지가 갈라져 나오는 것)이 여러 개씩 되어 있는 것을 볼 수 있다. 이때도 꽃망울이 생기기 시작할 때 곧바로 따주면, 더는 꽃을 피우지 않고 번식 본능으로 뿌리 분얼을 한다. 꽃이 피었을 때 씨앗을 받으려면 그대로 두고, 포기 수를 늘려가려면 적당한 높이에서 잘라내 뿌리 성장이 이어지게 한다.

뿌리 분얼이 왕성하게 이루어지게 하려면 북주기(식물이 넘어지지 않고 잘 자라게 뿌리나 밑줄기를 흙으로 두둑하게 덮어 주는 일)는 하지 않는다. 대파는 뿌리쪽 흰 부분이 실하게 자라야 상품성이 좋고 맛도 좋다. 이 부분을 크게 키우려면 북주기를 해야 하지만 북주기를 하면 분얼한 눈이 활성화되기 어려워 분얼이 정상적으로 이루어지지 않을 수 있다. 또 북주기를 하면 표면 흙을 건드려 자생초 발아를 부추기고 땅이 쉽게 마른다.

북주기를 해본 결과, 가뜩이나 풀이 잘 자라는 대파 밭이 순식간에 풀밭이 되고 흙이 쉽게 말라 역효과가 컸다. 그래서 그 다음부터는 북주기를 하지 않고 대신 밭에서 나오는 부산물을 덮어주는데 확실히 풀은 덜 자라고 대파는 잘 자란다. 다른 작물은 가물다고 일부러 물을 주지는 않지만 대파는 가뭄이 심하지 않아도 가끔 물을 준다.

거두고 갈무리하기

대파는 뿌리째 뽑기도 하고, 잎만 자르면 다시 새잎이 자라서 뿌리는 남겨둔 채 밑동을 낮게 잘라서 거두기도 한다. 한 해 여름을 살아내고 월동한 뿌리는 2월 하순이면 새잎을 밀어낸다. 봄 파종을 시작하기 전인데 허옇게 말라있던 밑동에서 파릇한 잎이 올라와 3월 중순이면 거둬서 먹을 수 있을 정도로 자란다.

월동한 대파에 꽃이 피면 잎이 질겨져 먹을 수 없으니 씨앗 받을 것만 남기고 나머지는 봉오리 맺힐 무렵에 따준다. 꽃대가 올라올 즈음 뽑아보면, 뿌리는 머리를 풀어헤친 것 마냥 길게 자라 있다. 향이 강하고 조금만 넣어도 진한 맛을 내서 육수 맛내는 데 많이 활용한다.

둥글둥글한 공 모양의 하얀 파꽃이 필 때면 반투명 날개를 너울대며 모시나비가 날아들어 늦봄의 정취를 한껏 돋우다 여름이 짙어지면 씨앗이 탱탱하게 여문다. 씨앗을 받으려면 날짜로 가늠하지 말고 씨앗이 여무는 상태를 봐가며 판단한다. 검은색 씨앗이 겉으로 드러나기 전에 꽃송이를 잘라서 잘 말렸다가 씨앗만 골라내 가을과 이듬해 봄에 심는다.

자생력이 떨어지는 대파는 분얼 능력도 떨어지고, 한 해 성장은 순조로워도 씨를 맺지 못하는 경우가 있다. 시중에서 사다 심었던 대파 모종은 월동해서 이듬에 봄이 되었을 때 분얼이 시원찮았고, 꽃이 일부 피긴 했지만 씨앗은 여물지 못했다.

몰아서 거두다보면 미처 다 먹지 못할 정도로 대파 풍년이다. 냉장 보관도 한계가 있어 나눠먹고, 그래도 남으면 용도에 맞게 썰어서 냉동 보관한다. 봄에 심은 대파는 김장때까지 거둬서 먹고, 화분이나 스치로폼 박스 등에 옮겨 심어 빛이 잘 드는 실내에 두면 겨우내 양식이 된다. 그럴 만한 공간이 없어서 냉장고에 저장할 수 있을 정도로만 거두고 나머지는 노지에 그대로 둔다.

먹는 방법

대파 특유의 매운맛은 혈액순환을 좋게 해 몸을 따뜻하게 한다. 감기, 몸살, 두통에 약이 되는 대파는 매운맛이 있어도 자극적이지 않아 음식에 폭넓게 애용한다. 생채로 먹을 때 매운맛이 거북하면 잠시 물에 담갔다 무쳐도 된다.

향이 진하기로 들면 봄에 거두는 월동대파인데, 북어채와 무치면 약간 매콤하면서 향긋하고 북어의 고소한 맛이 더해져 물에 우려내지 않아도 맛깔스럽다. 북엇국을 끓일 때, 달걀 풀고 대파를 듬뿍 넣으면 속풀이 해장국으로도 그만이다. 북어를 빼고 대파계란탕으로 먹거나 대파계란말이를 만들면 파의 매운맛은 순해지고 향이 솔솔 풍긴다. 대파계란말이에 카레를 넣으면 느끼한 맛이나 달걀 특유의 비린내가 말끔히 사라져 뒷맛이 개운하다. 카레소스를 만들 때도 불끄기 직전에 송송 썬 생파를 넣으면 풍미가 좋아진다. 육류나 해물볶음에 두둑하게 넣어주면 맛과 영양이 조화를 이루고, 생선이나 고기의 거북한 냄새를 없애는 데도 요긴하게 쓰인다.

대파를 짜장요리에 넣으면 상큼한 맛을 더해준다. 산골에서 양파맛을 본 후로는 비교가 안 되지만 춘장에 찍어먹는 대파도 맛있고, 대파를 넉넉히 넣은 짜장볶음에 쫄깃한 손국수를 비비면 기계 소면에서는 느낄 수 없는 진한 맛이 난다. 음식점 짜장면은 조미료가 과해 느끼하고 라면처럼 심한 갈증을 불러온다. 집에서 조미료 없이 조리해도 충분히 볶지 않으면 겉도는 느낌이 나는데 춘장과 양파를 충분히 볶은 후에 사용하면 떫은맛이 사라지고 속이 편안하다. 번거로우면 채소에 춘장을 넣어 볶는 시간을 길게 해도 되지만 자칫 채소가 물러지기 쉬우니 춘장은 미리 볶아 사용하는 게 좋다. 짜장소스를 걸쭉하게 하려면 감자전분이나 보릿가루를 넣으면 되고, 채소 볶을 때 대파를 같이 볶지만 생파를 고명으로 올려서 먹으면 씹히는 맛과 향이 더 진하다.

손수 만든 가래떡 떡볶이도 대파로 맛을 낸다. 그윽한 맛을 내려면 매콤달콤한 고추장보다는 해물을 곁들인 간장떡볶이가 한 수 위인데 양조간장은 들척지근해서 떡맛을 떨어뜨린다. 들기름에 대파, 양배추, 양파 등 채소와 해물을 볶아서 집간장으로 만든 맛간장으로 간을 하고, 국물이 자작해지게 육수를 붓고 가래떡을 넣어 익히면 밥도 되고 간식도 된다. 부재료와 양념에 따라 색다른 맛이 나는 떡볶이는 일단 중심재료인 떡이 맛있어야 하고, 고추장 떡볶이를 만들 때도 단맛 양념을 넣지 않아야 가래떡이 제맛을 낸다.

아침으로 먹는 달걀프라이에 넣는 채소는 계절에 따라 달라진다. 쑥갓, 부추, 황궁채 등 그때그때 손에 닿는 채소를 넣고 첫서리까지 견디는 황궁채마저 사라지면 그때부터는 대파가 대신한다. 산골에서 겨울철 대파 저장은 냉장고에 의지하다보니 겨울이 다 가기 전에 바닥이 난다. 그럴 땐 신문지에 둘둘 말아놓은 배추 속잎을 잘게 썰어 대파 대신 달걀프라이에 올린다. 저장 배추도 바닥날 즈음이면 어김없이 노지에서 월동한 대파의 새잎이 올라온다. 그러면 다시 아침 밥상에 대파를 넣은 달걀프라이가 올라간다.

써는 방법에 따라 식감이 다르고, 흰 뿌리 부분과 파란 잎 부분을 구분해 활용하면 모양새도 더 살아난다. 잔치국수에는 송송 썰고, 채소가 넉넉하게 들어가는 나물이나 국 · 찌개는 어슷하게 썰거나 손으로 푸른 잎을 죽죽 찢어 넣는다.

자운 **레시피**

대파 북어채 부침

재료

월동대파 2뿌리, 북어채 40g, 멸치액젓 1½큰술, 고춧가루 2큰술, 참기름 · 통깨 약간씩

 만드는 방법

① 대파를 다듬어서 씻은 뒤, 손가락 두 마디 길이로 잘라 세로로 가늘게 썬다.

② 북어채는 10분 정도 물에 담갔다 물기를 짜서 긴 것은 손으로 찢는다.

③ ①과 ②에 멸치액젓, 고춧가루, 통깨, 참기름을 넣고 무친다.

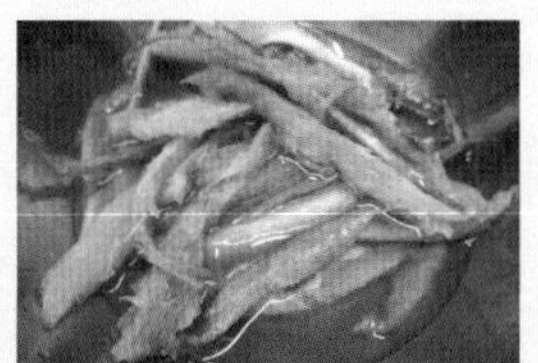

대파 짜장 볶음면

재료

대파 2뿌리, 양파 ½개, 당근 · 양배추 약간씩, 냉동 굴 ⅔컵, 양파와 볶은 춘장 2큰술, 보릿가루 1½큰술, 물 1컵, 식용유 · 후추 · 다진 마늘 약간씩

국수 반죽(3인분) : 밀가루 300g, 물 150ml, 소금 1작은술

만드는 방법

① 국수 반죽은 덧가루를 뿌려가며 얇게 밀어서 가늘게 썬다. 끓는 물에 삶아서 찬물에 헹궈 건진다.

② 대파는 송송 썬다. 보릿가루에 물을 약간 부어서 풀어 둔다.

③ 양파, 양배추는 채 썰어 냄비나 조림팬에 기름을 두르고 볶다가 춘장을 넣는다. 춘장을 넣고 볶다가 물을 넣고 끓인다.

④ ③에 굴을 넣고 더 끓이다 보릿가루 물을 붓고 걸쭉해지면 약불로 줄여 대파 2/3와 삶은 국수를 넣어 비비듯 볶는다. 불을 끄고 남은 대파와 다진 마늘, 후추를 넣고 섞는다.

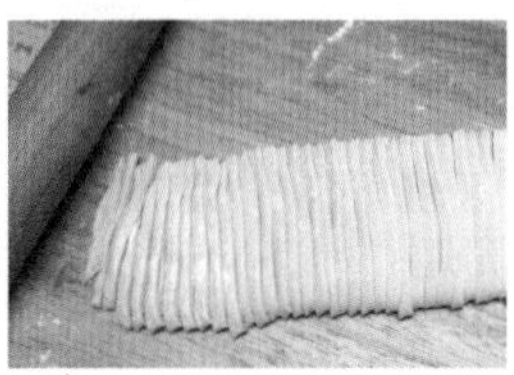

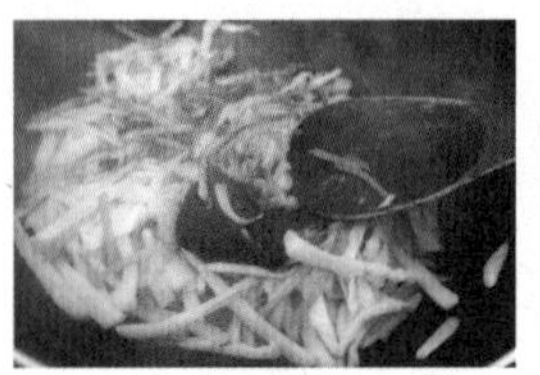

대파카레 계란말이

 재료

대파 60g, 홍고추 2개, 달걀 3개, 카레분말 2큰술, 식용유

만드는 방법

① 대파를 씻어서 물기를 빼고 잘게 썬다. 홍고추는 반으로 갈라 씨를 털어내고 잘게 썬다.

② 달걀과 카레분말을 잘 풀어서 ①을 넣고 섞는다.

③ 팬에 기름을 두르고 달궈지면 중불로 줄인다. 달걀물을 1/3가량 얇게 펴서 붓고 반쯤 익으면 돌돌 말아 한쪽으로 밀어놓고, 나머지 달걀물 절반가량을 부어 반쯤 익었을 때 먼저 말아놓은 것에 이어서 말아준다. 남은 달걀물도 같은 방법으로 익혀서 만다.

④ 겉모양이 깔끔해지게 표면을 토닥여가며 익히고, 한 김 나가면 먹기 좋은 크기로 썬다.

대파굴떡볶이

 재료

대파 2~3뿌리, 가래떡 220g, 당근 · 양배추 약간씩, 굴 ½컵, 맛간장 1큰술, 육수 ½컵, 참기름, 통깨

만드는 방법

① 가래떡은 1cm 두께로 어슷하게 썬다. 대파와 양배추는 가래떡과 비슷한 크기로, 당근은 반달모양으로 얇게 썬다.

② 팬에 참기름을 두르고 달궈지면 당근과 양배추를 볶다가 굴을 넣고 더 볶아서 맛간장으로 심심하게 간을 한 뒤 육수를 부어 끓인다.

③ 말랑말랑한 가래떡과 대파를 넣고 더 볶다가 후추와 통깨를 넣고 뒤적인다.

나물배추(채심)

심는 때	식용 : 8월 하순~9월 중순 채종용 : 4월 중순~5월 초순
심는 법	직파
거두는 때	10월 중순~11월 하순
관리 포인트	파종 시기

노란색 꽃과 초록색 잎줄기가 선명하게 대비를 이뤄 보기에도 좋은 나물배추는 잎도 먹고 꽃도 먹고, 질기지 않으면 꽃대도 먹는다. 늦가을에 샛노란 꽃이 피어 환한 햇살을 받을 때면 시절은 겨울이 코앞인데도 봄인 것만 같다. 그러다 하얀 눈꽃으로 변신할 때 자아내는 초겨울 풍경은 그대로 한 폭의 그림이다. 이런 재미에 일부러 화단에 심어 눈요기도 감칠맛 나게 한다.

나물로 먹기 좋은 배추, 그래서 나물배추라 부르는데 시중에는 '채심'이라는 이름으로 유통된다. 생긴 게 청경채와 닮았다. 잎 모양새나 꽃차례는 청경채와 거의 같지만 나물배추는 꽃까지 먹을 수 있다는 게 다르다. 나물배추는 재배방법도 청경채와 같지만 청경채에 비해 병충해에 강하고, 식용 부위가 넓다는 장점이 있다. 쓴맛이 없고 부드러우면서 아삭해 생채소로 먹기 좋을 뿐더러 거두는 시기에는 생채소가 귀할 때라 더 반갑다.

나물배추가 좋은 이유가 한 가지 더 있다. 여름에 먹는 얼갈이배추나 김장 때 심는 포기배추는 개량종이라 씨앗 채종이 불가능하지만 나물배추는 씨앗을 받아 심을 수 있다. 산골농사 첫해에 태평농에서 받은 씨앗을 심어 줄곧 거둬 먹고 있다. 씨앗 갈무리를 자체적으로 할 수 있어야 관리하기도 쉽고 비용도 절감된다. 또 직접 갈무리한 씨앗으로 심었을 때 맛도 더 좋다.

이 시기에 심는 작물은 늦여름에 수확이 끝나는 갓끈동부나 옥수수를 심었던 밭에 심는다. 쪽파, 대파, 김장채소 등 가을파종 작물이 많아도 갓끈동부와 옥수수 밭의 규모가 어느 정도만 되면 가을채소를 심기에 충분하다.

심기 전에 자생초 제거는 기본이다. 늘 그렇듯 전 작물이 잘 자랐던 밭은 크게 손 갈 일이 없다. 빈자리가 있으면 밭에서 나오는 부산물을 모아 덮었다가 나물배추를 심으면 자연스럽게 자생초가 차단되면서 보습성이 좋아져 싹을 틔우기가 좋다. 여름보다는 벌레가 적다고 해도 일찍 심으면 벌레 피해가 많고 미처 크기도 전에 꽃대가 올라와 거둘 수 있는 양이 적다. 김장배추 정식하는 시기와 비슷하게 시작하거나 약간만 늦게 심는다. 일조량이 좋은 곳에 얕게 골을 파고 줄뿌림을 해도 되고, 씨앗 넣을 자리만 굵은 드라이버로 구멍을 내 씨앗 두세 알씩 심기도 한다. 처음부터 일정한 간격으로 심어도 되지만 조금 촘촘히 줄뿌림을 했다가 솎아내며 거둬 먹는 편이 더 낫다.

발아도 빠르고 잘 자라는 편이지만 토양에 따라 성장에 차이가 많다. 토양이 부실하면 키도 작고 일찍 꽃대가 올라오고 벌레 먹는 잎도 많다. 반대로 땅이 비옥하면 크게 자라고 벌레도 덜 꼬인다. 몇 년 심어보니 그늘이 짙은 곳에선 아예 거둘 것도 없었고, 일조량이 좋아도 땅이 기름지지 않은 화단에 심은 배추는 미처 크기도 전에 꽃이 핀다. 자고로 적당한 물기와 양분이 있는 밭이라야 이파리 색도 진하고 실하게 자란다.

4년차는 발아부터 시원스러웠다. 늦게 수확을 마친 감자밭을 그즈음 밭에서 나오는 부산물로 덮어놨다 나물배추를 직파했는데, 1주일쯤 지나자 떡잎이 온전하게 모양을 갖췄다. 조금 촘촘히 뿌려서 10월 중순부터 여러 차례 솎아 먹었다.

노지에서도 월동이 된다는데 산골에서는 어려운 것 같다. 소한 추위를 넘어가지 못했다. 가온시설이 없는 비닐하우스에 직파한 씨앗은 딱 서너 포기 살아서 꽃을 피우긴 했지만 씨앗을 받지는 못했다. 마음 졸일 것 없이 식용은 가을에 심어 거둬 먹고, 채종용은 봄에 심어 여름에 씨앗을 받는다.

채종용 나물배추는 4월 하순경에 모종을 만든다. 벌레가 많이 꼬이는 시기라 조금이라도 피해를 줄여볼까 해서 모종을 키워 노지에 옮겨 심는다. 꽃이 피어도 잎은 먹을 수 있기 때문에 이 시기에도 어느 정도 거둘 수는 있다. 벌레 구멍 숭숭 나도 꽃이 피면 꼬투리는 실하게 맺히는데 결실기가 장마와 겹치기 쉽다. 벌레가 많아도 몸집이 작은 애벌레 종류라 물엿 한두 번 뿌려주면 제거된다. 장마철이라 해도 씨앗 채종에 걸림이 되지는 않는다. 맑은 날을 기다렸다가 줄기를 잘라 말려서 씨앗만 받는다.

4년차 봄에 처음 재배한 청경채는 나물배추보다 벌레 피해가 심하고 덜 여문 꼬투리가 많아 씨앗만 겨우 받았다. 가을에 직파한 것은 발아율이 낮고, 모종은 직파보다는 발아가 잘 됐지만 잎이 크게 자라지 못하고 주춤거리는 사이에 벌레에게 뜯겨 흐지부지되고 말았다. 이듬해 봄에 나물배추와 나란히 심은 청경채는 유독 벌레가 꼬여 아예 채종도 못했다. 이 정도 경험으로 결론을 내리긴 어렵지만 심고 가꾸기는 나물배추가 훨씬 수월한 것 같다.

거두고 갈무리하기

꽃이 피어도 잎을 먹을 수 있지만 꽃대가 올라오기 전이 더 부드럽고 아삭하다. 꽃대가 올라올 때 잘라주면 다시 잎이 돋아 더 오래 거둘 수 있고, 꽃대도 아주 질기지만 않으면 먹을 수 있다. 크는 것 봐가면서 잎만 따거나 줄기째 자르고, 많으면 데쳐서 냉동 보관한다. 식용이 가능한 노란색 꽃으로 모양을 내려면 요리 직전에 거둔다. 3년차까지는 몰랐는데 4년차에 영하 10도 가까이 내려갔을 때 거둔 잎은 약간 쓴맛이 올라오고 질긴 느낌이었다. 이왕이면 심하게 얼기 전에 거둬서 갈무리한다.

먹는 방법

선명한 녹색을 띠는 잎은 데쳐도 색이 곱고 노란 꽃과 어우러지면 화사한 분위기를 자아낸다. 맛이 순해서 생채, 쌈, 샐러드, 볶음, 찜, 국 등으로 두루 먹을 수 있다. 비빔밥이나 비빔국수에는 생채소나 데쳐서 무친 나물이 다 어울린다.

무슨 성분이 어찌 되는지 몰라도 먹어서 맛있고 속이 편안하니 좋은 채소구나 생각했다. 그런데 알고 보니 비타민 A와 C, 철분, 식이섬유를 다량 함유하여 장 건강을 좋게 한다. 비만 · 변비 예방과 치료에도 쓰이며, 피부를 건강하게 해준다고도 한다. 이런 얘기를 듣고 나니 더 입맛을 당긴다. 주재료가 실하면 부재료와 양념이 단순해도 부족함이 없고, 양념이 단순하면 조리하기 쉽고 맛내기도 좋다. 산골 텃밭 재료로 만든 음식이 대체로 그런 편이다. 재료 자체의 맛이 신선하게 살아 있어서 쓸데없는 것만 섞지 않으면 맛이 나게 되어 있다.

간편한 조리로 맛내기 좋은 나물배추 요리는 생채를 첫손에 꼽는다. 씻어서 물기만 탁탁 털어내고, 홍고추 간 것과 멸치액젓을 양념으로 숨이 죽지 않도록 훌훌 버무려놓으면 금방이라도 밭으로 달려갈 것처럼 펄펄 살아 있다. 그 싱싱한 감칠맛이 밥도둑 노릇을 톡톡히 한다. 신선한 채소와 홍고추가 만나면 단맛이 진하게 나는데 나물배추 고유의 맛과 어우러지면 더 삼삼해진다.

생배춧잎을 호박된장장아찌로 무쳐도 입에 착착 감긴다. 생채된장무침이라고 하면 조금 낯설지도 모르겠는데 나물배추는 아주 잘 어울린다. 된장으로 담근 애호박장아찌를 채 썰거나 으깨서 무친다. 호박된장이 없으면 쌈장 또는 된장, 고추장, 참기름을 넣어 무쳐도 맛이 난다. 이렇게 무치려면 잎이 질겨지기 전이라야 맛있고, 익히는 요리는 조금 질겨지거나 얼었다 녹아도 된다.

생채소일 때 씹히는 맛이 진한 나물배추는 데쳐도 아삭한 맛이 여전하다. 나물무침은 주로 맛간장, 반반 섞은 들기름 · 참기름, 통깨 대신 볶은 들깻가루로 무치면 더 고소하다. 된장과 고추장을 섞거나 고추장으로만 양념을 하면 단맛이 깊다. 통통한 줄기와 부드러운 꽃대를 데쳐 맛간장에 무쳐 김밥을 만들면 시금치나물보다 색깔도 곱고 아삭하게 씹히는 맛도 더 좋다.

나물로 먹는 채소니 된장국은 기본이고, 바지락살이나 굴 · 버섯 · 애호박고지를 넣어 국물이 자박하게 볶아도 되고, 따뜻한 국물 음식에 나물배추 몇 잎만 띄워도 맛과 분위기가 살아난다. 칼국수 · 만둣국 · 떡국 끓일 때 불끄기 직전에 넣으면 깔끔하고, 곱게 채 썰어 칼칼한 국물음식의 고명으로 올려도 근사하다.

노란 꽃은 장식용으로 활용하거나 샐러드로 먹는다. 삶아서 껍질 벗긴 작두콩을 곱게 갈아 만든 소스를 나물배추 잎에 훌훌 섞어주면 채소에 콩이 더해져 포만감이 커진다. 차게 먹어도 좋은 배추샐러드에 따뜻하게 끓인 들깻가루소스를 얹어 먹으면 더 맛있다.

자운 **레시피**

나물배추 샐러드

 재료

나물배춧잎 반 줌, 노란 꽃 약간, 사과 1개(250g), 삶아서 속껍질을 벗긴 작두콩 2/3컵, 소금 약간, 튀김 간장소스 1~2큰술, 육수 4~5큰술

만드는 방법

① 나물배추는 씻어서 물기를 탁탁 털어낸다.

② 작두콩은 끓는 물에 삶아 속껍질을 벗기고, 소금을 약간 넣어 분쇄기에 곱게 간다. 사과는 껍질을 벗겨 강판에 간다.

③ 작두콩과 사과 간 것에 육수, 튀김 간장소스를 넣고 약간 달콤하면서 짜지 않게 간을 한다.

④ 나물배추를 뚝뚝 뜯어 접시에 담아 소스를 듬뿍 얹는다. 노란 꽃을 보기 좋게 올려 꽃과 잎을 같이 먹는다.

자운 **레시피**

나물배추 두부 김밥

재료

현미밥 수북하게 1공기, 단촛물 2작은술, 김밥용 김 2장, 열무뿌리장아찌 90g

나물배추무침 : 나물배추 한 줌, 맛간장, 참기름, 통깨

두부구이 : 두부 ½모, 소금, 들기름

만드는 방법

① 나물배추는 부드러운 줄기까지 끓는 물에 데쳐 찬물에 헹군다. 물기를 꼭 짜서 맛간장, 참기름, 통깨를 넣고 조물조물 무친다.

② 고슬고슬하게 현미밥을 짓는다. 두부는 1cm 두께로 길게 썰어 팬에 들기름을 두르고 소금을 약간 뿌려 고루 색이 나게 구워낸다.(색과 맛을 더 진하게 내려면 기름에 구워 맛간장으로 살짝 조린다.)

③ 장아찌는 채 썰어 물에 담가 짠기를 우려낸 뒤, 마른 면포에 싸서 물기를 뺀다.

④ 따뜻한 밥을 단촛물에 비벼 한 김 나가면 김을 펼쳐 밥을 2/3가량 얇게 편다. 나물배추무침, 두부구이, 무장아찌를 가지런히 놓고 말아서 한입 크기로 썬다.

나물배추 버섯볶음

재료

나물배추 150g, 말린 느타리버섯 한 줌, 굴 ⅓컵, 감자전분 ½큰술, 물 ½컵, 맛간장, 들기름

만드는 방법

① 나물배추는 씻어서 잎이 크면 한두 번 자르고, 양파는 채 썰고, 전분은 물에 풀어둔다.

② 말린 버섯은 한 번 씻어서 물에 불린 뒤 물기를 짠다. 버섯 불린 물은 채소 볶을 때 넣으면 좋다.

③ 조림팬에 들기름을 두르고 달궈지면 양파, 나물배추, 버섯을 볶다가 국물이 자작해지게 버섯 불린 물을 붓고 굴을 넣어 더 볶는다. 국물이 약간 졸아들면 맛간장으로 간을 한다.

④ 약불로 줄이고 전분물을 넣는다. 뒤적여가며 조금만 더 익힌다.

나물배추생채

재료

나물배추 넉넉하게 한 줌, 고춧가루 1큰술, 홍고추 간 것 1큰술, 멸치액젓 1½큰술, 쪽파 · 다진 마늘 · 통깨 약간씩

만드는 방법

① 나물배추는 씻어서 건진다.

② 쪽파는 송송 썬다.

③ 물기가 약간 남아 있는 나물배추에 쪽파, 홍고추, 고춧가루, 멸치액젓, 마늘, 통깨를 넣고 훌훌 섞는다.

5장

자생력을 높이는 농사법

궁합 맞춰 심기

고추와 열무

고추	
심는 때	4월 하순~5월 하순
심는 법	모종
거두는 때	7월 중순~10월 초순
관리 포인트	자생초 관리, 노린재 · 탄저병 주의

열무	
심는 때	4월 초순~7월 하순
심는 법	직파
거두는 때	6월 초순~7월 중순 / 9월 초순~10월 중순
관리 포인트	자생초 관리, 노린재 · 탄저병 주의

매운맛 나는 음식을 적절하게 먹어야 혈액순환도 좋아지는 법인데 조금 맵다 싶으면 몸이 배배 꼬이는 것 같고, 남들 먹는 대로 따라 먹다 위경련에 시달렸던 적도 여러 번이라 밥상에 올라오는 붉은색 음식은 가급적 눈을 마주치지 않았다. 매운맛을 감당하지 못하면 짭짤한 음식도 덩달아 멀어지는데, 무조건 싱겁게만 먹다보니 간 맞추기도 어렵고 몸 구석구석에서 탈이 나는 일이 잦았다. 직접 거두어 먹으면서 그런 불편이 말끔히 사라졌다. 칼칼한 음식에 입맛이 동하면서 양념을 가늠하는 솜씨가 좋아진 것 같은데, 이런 변화는 가족과 지인들이 확인시켜준다. 맹맹하던 음식이 감칠맛 나게 변했다는 것이다.

텃밭 수확물로 밥상을 차려보면 그동안 먹었던 음식과 너무도 다른 맛에 놀란다. 사먹는 고추가 맛없는 이유는 개량된 종자인 데다 투입물이 많기 때문일 것이다. 토착종 고추는 매콤하면서 달착지근하고, 입안이 약간 얼얼해도 금세 가라앉고, 맨입에 먹어도 속을 자극하지 않는다. 시판용 종자도 무농약 재배를 하면 더 맛있고 덜 자극적이다. 종자와 재배법에 따른 맛 차이가 그렇게 크다.

작물의 자생력을 높일 수 있는 방법으로 자연농법에서는 궁합 맞춰 심기를 권장한다. 궁합이 맞는 작물끼리 한 밭에서 자라게 하면 작물의 자생력이 높아져 병충해에 강하고, 맛도 더 좋아지고, 재배 면적을 효율적으로 사용할 수 있다. 고추는 열무와 궁합을 맞춰 심는다. 뿌리에 적당한 자극이 주어질 때 성장이 촉진되는 고추는 열무뿌리의 자극으로 성장이 좋아지고, 고추 그늘을 받으면서 자란 열무는 맛이 한층 부드럽다. 부드럽다고 해서 맹한 맛이 아니라 향은 살아있으면서 거슬리게 매운맛이 먹기 좋게 변한다. 또 열무가 밀도 높게 자라면 고추 성장에 걸림이 되는 자생초가 거의 자라날 틈이 없다.

심고 가꾸기

온도가 낮으면 땅속에서 기다렸다 싹을 내미는 작물도 있지만 고추는 지온이 낮을 때 흙속에 오래 머물면 씨눈이 상할 수 있어 지온이 충분했을 때 시작한다. 싹이 났더라도 생육 환경이 적절치 못하면 초기 성장이 한없이 더디고, 주춤거리는 시간이 길어지면 지온이 올라가도 크게 자라지 않는다. 당연히 결실은 부실하고 병충해에도 많이 시달린다.

산골에 심는 고추는 토착종 여섯 종류와 시중에 유통되는 개량종 한 가지다. 토착종은 자가 채종한 씨앗으로 모종을 만들고, 개량종은 매년 포트 한 판 분량을 지인에게 받아서 심는다. 토착종은 개량종과 가까이 둬도 교잡하지 않으므로 자리 배정은 자유롭게 한다. 심는 간격은 열무를 같이 재배해도 고추만 심을 때와 큰 차이가 없다. 왕성하게 자랐을 때를 염두에 두고 포기 간격은 호미 길이보다 약간 길게, 줄 간격은 서너 발짝 정도로 한다.

심는 순서는 열무가 먼저 싹을 틔운 다음 고추를 심어도 되고 고추 모종을 정식하고 열무 씨를 뿌려도 되지만, 고추를 정식하는 시기가 늦어질 것 같으면 열무 먼저 파종한다. 작정한 날짜보다 며칠 늦어지더라도 열무는 비오는 날 파종하고, 자생초 차단 효과를 보려면 골고루 여백을 두지 말고 뿌린다.

고추밭 규모가 웬만큼만 돼도 열무는 남아돈다. 솎아 먹으면서 빈

자리가 생기지 않게 씨앗을 심어 채워준다. 고추와 열무가 동시에 성장해야 상승효과가 커진다. 더 거두거나 재파종하지 않으려면 뿌리는 그대로 두고 잎만 잘라낸다. 남겨놓은 열무뿌리는 자생초가 싹틀 기회를 줄여주고, 일교차가 커지기 시작하면 새잎이 자라고 뿌리가 굵어져 가을에 수확할 수 있다.

4년차에 토착종 고추는 지온에 맞춰 모종을 만들다보니 정식이 예년에 비해 늦었고, 열무는 6월 중순에 첫 파종이었다. 전년도 가을에 덮어둔 왕겨가 두툼해 자생초 차단 효과는 기막히게 좋았는데 씨앗을 파종하기가 까다로웠다. 흩뿌릴 수 없어 일일이 구멍을 내 심은 열무는 미발아 씨앗이 수두룩했다. 이후 빈자리를 채우기 위해 부산물을 살짝 걷어내고 재파종했지만 곧바로 시작된 장마가 길게 이어져 열무 씨앗은 비에 쓸리거나 빗물에 동동 뜨는 등 꼴이 말이 아니었다. 어떻게 하든 고추밭은 열무로 채워야겠기에 거듭 파종해 마지막에 열무를 심은 게 7월 27일이었다.

늦게 심은 열무에서 뜻밖의 성과가 있었다. 한창 성장할 시기에 벌레가 적었고, 뿌리가 1.5kg에 이를 정도로 크게 자랐다. 외부 장애가 덜하면 순하게 자라고, 단기간에 크게 자라면 맛도 순하다. 이렇게 자란 열무뿌리는 약간 맵지만 물이 많고 시원하다. 김장무보다 단단하고 아삭한 맛도 더 좋다. 열무는 성장기간이 길수록 맵고 질겨진다. 잘 이용하면 맛있는 장아찌를 담글 수 있고, 부드럽다면 활용 범위는 더 넓다. 장마철 성장은 부진하지만 파종시기를 적절하게 조절하면 초가을 성장을 기대할 수 있다.

열무는 벌레가 많이 꼬인다. 심할 때는 잎이 모기장처럼 변하기도 하는데 시기별로 차이가 있고, 가뭄이나 장마 등 기후에 따라서도 달라진다. 그렇다고 고추에 피해를 줄 정도는 아니다. 오히려 열무 덕분에 고추의 자생력이 높아져 병충해에 대한 저항력이 강하다. 열무를 심어도 노린재나 탄저병 위험은 남아 있다. 고추를 비롯한 밭작물의 병충해 관리는 물에 희석한 물엿으로 한다. 고온다습한 날씨가 이

뿌리에 적당한 자극이 주어질 때 성장이 촉진되는 고추는 열무뿌리의 자극으로 성장이 좋아지고, 고추 그늘을 받으면서 자란 열무는 맛이 한층 부드럽다. 또 열무가 밀도 높게 자라면 고추 성장에 걸림이 되는 자생초가 자라날 틈이 없다.

어지면 노린재나 탄저병 위험이 커지므로 물엿 뿌릴 만반의 준비를 해놓고, 예방 차원에서 꽃이 한창 필 때 밭 전체에 뿌려주면 고추 열매를 축내는 나방애벌레 피해를 어느 정도 줄일 수 있다. 물엿의 효과는 열무랑 같이 재배해서 자생력을 높여줬을 때 최대치에 이른다.

고추 줄기가 Y자형으로 갈라지면 아래쪽 순은 따주고 일찍 피는 꽃이나 열매도 따준다. 그래야 열매에 쏠리는 영양이 줄기로 향해 나무답게 자란다. 고추나 가지는 생육조건이 맞으면 해를 거듭해가며 나무처럼 자라고, 그렇게 자란 실제 모습도 나무와 같다. 줄기가 어느 정도 자라면 지주를 박고 줄을 매준다. 고추 생태에 맞게 하려면 비바람에 고추가 흔들릴 때 뿌리도 적당히 움직여지게 서너 포기에 지주를 하나씩 박아 전체를 줄로 매준다. 포기마다 하나씩 박으려면 탄탄하면서도 휘어지는 철선(강선) 종류가 적당하다.

말복이나 입추는 작물 성장의 전환점이 되는 시기다. 지지부진했다가도 활기를 되찾아 2차 성장에 접어드는데 노지 적응은 토착종이 단연 빠르고, 첫 수확은 개량종이 며칠 앞서거나 거의 비슷하다. 수확 가능한 기간은 토착종이 더 길게 이어지고, 병충해에 대한 방어능력 또한 토착종이 뛰어나다.

거두고 갈무리하기

풋고추는 필요한 만큼만 거두고, 붉게 익으면 토착종은 씨앗부터 갈무리한다. 잘 익은 홍고추를 골라 꼭지를 잘라내고 세로로 반을 갈라 햇빛에 말린 후 씨앗을 분리해 더 완전하게 말려 보관한다.

가루 낼 홍고추는 거두는 즉시 비닐봉지에 담아 공기가 통하지 않게 묶어서 햇볕받기 좋은 곳(빨랫줄)에 한나절가량 매달았다가 펼쳐서 볕에 넌다. 비닐 속의 고온을 이용해 고추에 남아 있는 생명력을 단시간에 차단시키기 위해서인데 그렇다고 금방 시들지는 않는다. 눈으로 봐선 별 차이가 없지만 비닐봉지에 들어갔다 나온 고추는 수분이 쉽게 빠져나가 더 빨리 깔끔하게 마른다. 장마철에 건조기 없이 고추를 말리기는 어렵다. 말릴 수 없으면 냉동 보관한다. 통째 얼리면 향이 더 진하게 남아서 좋지만 부피가 부담스러우면 갈아서 얼린다.

고추와 열무가 함께 자라는 밭은 가을걷이가 풍성하다. 풋고추, 홍고추, 고춧잎, 김장무처럼 굵은 열무뿌리, 시래기 만들 무청 등 거두는 대로 용도에 맞게 갈무리하고 서리 맞기 전에 모두 거둬들인다. 고춧잎은 데쳐서 말리거나 소금물에 삭혀 김치를 담그고, 풋고추는 부각이나 장아찌 또는 소금물에 삭혀 김치를 담근다. 열무뿌리는 김치나 장아찌, 무말랭이를 만든다.

4년차에 뒤늦게 심은 열무가 급성장해 결실이 풍성했는데 너무 많아서 다 거두지도 못했다. 굵직한 건 신문지에 말아서 스치로폼 박스에 넣고, 나머지는 포대에 담은 채 영하 7도까지 내려가는 창고에서 겨울을 났다. 살짝 얼었다 녹으면 장아찌는 맘껏 담글 수 있고, 더 심하게 얼어도 무말랭이는 만들 수 있다. 손댈 겨를이 없어 열무뿌리장아찌는 12월 하순에 담그고, 무말랭이는 틈틈이 시간을 내 이듬해 3월 중순까지 말렸다. 스치로폼 박스에 저장한 열무뿌리는 이듬해 5월 하순까지 김치, 생채, 조림으로 먹었으니 고추와 열무를 함께 잘 키우

면 김장무 부러울 게 없다.

먹는 방법

고추가 겉보기에는 비슷해 보이지만 매운 정도와 껍질의 아삭함이 제각각이라 여러 종류를 심으면 식재료 선택의 폭이 넓어진다. 껍질이 두툼하고 큼지막하면 홍고추로 키워 고춧가루를 만들고, 달고 아삭한 맛이 좋으면 파프리카처럼 생채나 샐러드로 먹고, 그 외에 평범한 고추는 볶음 · 조림 · 부침 등으로 먹는다.

고추는 약이 오르기 전에 풋풋할 때가 맛있다. 된장과 잘 어울리는 풋고추, 그 중에서도 파프리카 맛이 나는 고추만 모아 호박된장장아찌에 멸치육수를 적당량 섞은 소스로 버무려 샐러드처럼 먹는다. 고추, 양파, 오이를 비슷한 크기로 썰어 초고추장으로 무치면 시원하면서 상큼하다. 밀가루에 묻혀 찐 다음에 집간장, 고춧가루, 참기름을 넣어 무치면 약간 매운 고추도 부드럽게 먹을 수 있다.

살짝 볶아도 맛있는 풋고추는 궁합이 잘 맞는 멸치를 섞어 맛간장으로 조리고, 색감 살리기 좋은 고추는 애호박고지랑 양파와 볶아 잡채를 만든다. 고추를 반으로 갈라 두부와 양파, 당근 등의 채소를 다져 소를 넣어 튀기거나 고추만 통밀가루 반죽옷을 입혀 튀겨도 좋다. 통밀가루에 카레가루를 섞으면 덜 느끼하고 향은 더 진해진다. 고추는 대개 씨앗을 털어내고 껍질만 쓰는데 혈액순환을 좋게 하려면 고추씨도 같이 조리해서 먹는다.

비타민이 과일에 많을 것 같지만 고추의 비타민 함유량이 딸기나 귤보다 많고, 고춧잎은 고추보다 더 많다. 몸에 좋은 고춧잎이지만 나물 해먹자고 잎을 따지는 않는다. 주로 서리 내릴 즈음 끝물일 때 줄기째 훑어서 어린 고추도 같이 다듬어 데친 후, 된장이나 집간장으로 간을 하고 통깨 대신 들깻가루로 마무리하면 고추와 들깨 향이 구수하게 어우러진다. 양이 많으면 데쳐서 냉동 보관하는데 한겨울에 먹는 고춧잎나물은 색다른 맛이 난다.

어떤 양념이든 맛과 향이 살아 있으면 적게 넣어도 음식 맛을 한층 돋운다. 홍고추를 고춧가루 대신 먹기 시작하면서 잘 익은 홍고추에서 풍기는 단맛과 기분 좋은 칼칼함에 단단히 길이 들었다. 열무겉절이, 오이생채, 참외김치, 노각김치 등 여름에 먹는 김치는 물론 김장 양념도 말린 가루보다는 홍고추를 갈아서 더 많이 애용한다.

시원한 열무김치가 상에 올라야 여름이 실감난다. 열무만 따로 키우면 불쾌할 정도로 매운 내가 나지만 고추밭에서 거둔 열무로 김치를 담그면 향긋하고 더 아삭하다. 소금에 절여 버무리기도 하고, 즉석 김치로 먹으려면 끓는 물에 데쳐 절이지 않고 바로 버무린다. 잎이 조금 질겨졌을 때는 이렇게 담근 김치가 맛있고, 보릿가루 풀국을 넉넉히 넣어 담그면 국물까지 시원하게 먹을 수 있다. 연한 잎을 데쳐 나물무침이나 국물이 자작한 조림으로 먹을 땐 열무와 잘 어울리는 된장으로 간을 하고 고추로 칼칼한 맛을 낸다.

금방 버무린 열무김치는 쌀밥보다는 끈기가 적은 보리밥에 얹어 쓱쓱 비벼야 맛있다. 제각각 감칠맛이 나는 나물비빔밥에 고추장이 끼어들면 나물 자체의 맛은 사라지고 고추장 맛만 크게 두드러지기 쉬운데 열무비빔밥에 고추장을 살짝 얹으면 열무도 더 맛있다. 고추장 대신 동아 고추장장아찌를 넣고 비비면 꼬들꼬들 씹히는 맛이 좋고, 육류나 생선을 곁들인 것처럼 속이 든든하고 포만감도 크다.

열무는 얼갈이배추와 섞어서 겉절이로 버무려도 맛깔스럽고, 국물을 자작하게 담근 김치에 국수를 말면 싱그러운 기운도 함께 담긴다. 국수 대신 얇게 뜯어 삶아서 건진 수제비를 비비거나 국물수제비로 먹어도 일품이다.

성장기간이 길면 열무뿌리가 맵고 질겨져 생으로 먹기는 어렵다. 대신 김치를 담가 숙성시키면 일반 무에서 느낄 수 없는 깊은 맛을 내며 여간해서는 물러지지도 않는다. 열무뿌리를 얄팍하게 썰어 약간 새콤달콤하게 담그는 백김치에 국물을 넉넉하게 넣으면 물김치를 대신한다. 도톰하고 길쭉하게 썰어 김밥용 단무지도 만드는데 색감을 살리려면 치자 우린 물을 이용한다.

맵고 질길수록 숙성 기간을 길게 뒀다 먹는다. 제일 질기고 매운 뿌리는 간장장아찌를 담근다. 김장무로 담가도 되지만 맵고 질긴 열무뿌리라야 맛이 진하고, 짜지 않게 담가도 변질되지 않는다. 은근한 단맛은 단무지 같고, 아삭하게 씹히는 맛은 우엉 느낌이 나는 열무뿌리장아찌는 심신을 청정하게 하는 사계절 밑반찬이다. 더부룩할 때 먹으면 소화제가 따로 없다. 기온이 낮아 혈액순환이 굼뜨고 활동량이 적어 소화장애가 생기기 쉬운 겨울철에는 현미밥에 열무뿌리 장아찌만 얹어 간소하게 먹으면 입안이 양치질한 듯 개운하고 마음까지 편안해진다. 백김치는 동지팥죽, 호박죽, 김밥, 칼칼한 비빔면, 튀김요리 등에 곁들여도 그만이다.

자운 **레시피**

열무 비빔밥

 재료

보리밥, 열무김치, 동아장아찌, 돌나물

열무김치 : 절인 열무 1.7kg, 양파 1½개, 고춧가루 1 컵, 홍고추 간 것 2컵, 멸치액젓 150ml, 물 2컵, 보릿가루 4큰술, 다진 마늘 5큰술, 생강 2큰술

 만드는 방법

① 열무는 다듬어 씻은 뒤 굵은 소금을 뿌려 2시간 정도 짜지 않게 절인다. 절이는 중간에 한 번 뒤적인다. 숨이 너무 죽지 않게 절이고 절인 물은 따라낸다. 짭짤하게 절여지면 한 번 헹궈서 건진다.

② 보릿가루를 물에 풀어 풀국을 끓인 뒤 식히고, 양파는 채 썬다.

③ 절인 열무에 양파, 멸치액젓, 고춧가루, 홍고추, 마늘, 생강, 보리풀국을 넣어 훌훌 섞어 버무린다.

④ 보리밥에 열무김치와 동아장아찌, 돌나물을 얹어서 비벼먹기 좋게 한 그릇에 담아낸다.

자운 레시피

열무뿌리 장아찌

재료

손질한 열무뿌리(또는 무) 5kg, 맛간장 2000ml, 양조간장 1500ml, 황설탕 · 식초 700ml씩, 소주 400ml

만드는 방법

① 열무뿌리는 껍질이 많이 두꺼운데 질긴 것만 벗겨내고 껍질째 담근다. 큰 것은 적당한 크기로 잘라 항아리에 담고 무가 위로 뜨지 않게 누름돌을 누른다.

② 두 가지 간장에 설탕을 녹인 뒤, 식초를 넣고 팔팔 끓여서 식으면 항아리에 붓는다.(식초를 먼저 넣으면 설탕이 잘 녹지 않는다.)

③ 3일 지나 간장물을 따라내 끓여서 식힌 뒤, 소주를 섞어 항아리에 붓는다. 소주 붓기 전에 항아리에 남아도는 간장물은 적당량 덜어낸다. 이후 3~5일 간격으로 간장물을 따라내 끓여서 식혀 붓기를 3번 반복한다.

④ 먹을 땐 채 썰거나 얇게 반달모양으로 썰어 장아찌가 잠길 정도의 물에 20분 정도 담가 짠기를 우려내 체에 밭쳐 물기를 말끔하게 뺀다. 물을 갈아주거나 여러 번 헹구면 장아찌 고유의 맛이 떨어진다.

고추잡채

 재료

달고 아삭한 고추와 약간 매운 고추 섞어서 6개, 양파 ½개, 호박고지 7개, 바지락살 ½컵, 소금 1작은술, 들기름 · 후추 · 통깨 약간씩

만드는 방법

① 호박고지는 물에 불려 부드러워지면 물기를 짠다.

② 고추는 세로로 반을 갈라 씨를 털어내 5cm 정도의 길이로 채 썰고, 양파와 호박고지는 가늘게 채 썬다.

③ 들기름 두른 팬을 달궈 양파와 호박고지를 볶다가 바지락살을 넣는다. 호박고지가 부드럽게 익으면 고추를 넣어 소금으로 간해서 더 볶는다.

④ 불을 끄고 후추와 통깨를 넣고 섞는다.

* 바지락살을 볶을 때 물기가 부족하면 육수나 물을 약간 넣어 볶는다.

풋고추찜무침

재료

풋고추 200g, 당근 약간, 밀가루 2큰술, 맛간장 1큰술, 고춧가루 1큰술, 대파 · 참기름 · 통깨 약간씩

만드는 방법

① 고추는 꼭지를 따서 씻은 뒤, 물기를 살짝 털어내고 밀가루를 묻힌다.(비닐팩에 밀가루를 담아 고추를 넣어 흔들면 고루 묻는다.)

② 밀가루 묻힌 고추를 김 오른 찜기에 5분 정도 찐다.

③ 찐 고추에 맛간장, 고춧가루, 잘게 썬 대파, 참기름, 통깨를 넣고 무친다.

감자와
자색강낭콩

감자	
심는 때	3월 하순~4월 초순
심는 법	눈을 따서 심기
거두는 때	6월 하순~7월 초순
관리 포인트	눈을 딸 때 살을 적당히 남기기

자색강낭콩	
심는 때	4월 중순~하순
심는 법	직파 또는 모종
거두는 때	7월 중순~8월 초순
관리 포인트	늦서리 피해 주의

하얀꽃 핀 건 하얀감자 파보나마나 하얀감자
자주꽃 핀 건 자주감자 파보나마나 자주감자

권태응 선생의 〈감자꽃〉은 시와 노래로만 남게 될지도 모른다. 토종감자는 하얀꽃이 피면 하얀감자, 자주꽃이 피면 자주감자인데, 개량종 하얀감자는 간혹 하얀 꽃이 피기도 하지만 주로 보랏빛 감도는 자주꽃이 핀다. 개량종 중에는 토종 자주감자와는 전혀 다른 자주 감자도 있고 속이 노란 감자도 있지만 꽃은 대부분 자주색에 가깝다. 개량종이 다양하게 늘어나면서 꽃 색깔에 변이가 많아 요즈음 감자꽃을 노래한다면 가사도 달라져야 한다. '하얀감자건 자주감자건 보나마나 자주꽃!' 개량되었더라도 씨감자 구실만 톡톡히 해준다면 누가 뭐랄까. 사다 심는 씨감자는 한 해 농사는 지을 수 있어도 종자는 장담할 수 없고, 운이 나쁘면 한 해 농사마저도 어렵다.

노지에 심는 첫 여름작물이 감자다. 겨우내 조용하던 들녘에 경운기 소리가 탈탈탈 울려 퍼지면 감자 심을 때가 된 것이다. 전년도에 남겨놓은 씨감자를 점검하고, 감자밭에 자라있는 월동작물을 살펴보는 것으로 감자 심을 준비는 끝나지만 이웃집 밭을 보니 퇴비를 흩어놓고 땅을 갈아엎느라 사뭇 요란스럽다. 뒤집혀지는 흙을 보고 있노라면 옷자락이 기계 속에 말려들어가는 것 같아 소름이 돋는다. 수십 년 몸에 밴 농사 방법을 바꾼다는 게 쉽지는 않겠지만 더 나은 삶을 위해 결심한 귀촌이라면 땅도 사람도 작물도 다 같이 평안해지는 자연농법으로 시작해야 하지 않을까?

감자는 습기에 약하고 잎에 상처가 나면 결실이 부실해서 콩과 같이 심으면 결실이 좋다. 콩은 잎에 상처가 나도 크게 구애받지 않고 오히려 적당히 따줘야 열매가 잘 열리기 때문에 감자와 궁합이 잘 맞는다.

심고 가꾸기

감자밭은 수확 후 곧바로 메주콩을 심을 수 있어 면적을 넓게 잡아도 부담이 없다. 지온이 낮으면 싹이 나지 않고, 늦게 심으면 발아는 좋아도 수확 시기가 늦어져 여름작물 심기가 빠듯하다. 자칫 장마와 마주칠 수도 있다. 산골에서는 4월 초순, 늦으면 중순경에도 심는데 5년차는 지온이 조금 높은 것 같아 3월 하순에 심었다.

감자 심는 시기는 자생초가 많이 자라 있을 때가 아니다. 월동작물

이 자라 있다면 자생초는 크게 걱정하지 않아도 된다. 전년도 가을에 심은 보리가 이삭이 패기 전인데, 감자를 먼저 심고 감자 자라는 것 봐가면서 적절한 시기에 보리를 잘라내 표면을 덮어준다.

토착종 감자가 있긴 해도 시중에 유통되지는 않으므로 종자용으로 판매되는 개량종 씨감자를 사서 심는다. 씨감자는 심을 시기를 앞두고 오일장에서 구입할 수 있다. 산골농사 첫해는 시판하는 씨감자를 심었고, 이듬해는 수확한 감자 중에 씨감자가 될 만한 것을 얼지 않게 보관했다가 심었다. 수확한 감자에서 다음 해에 심을 씨감자를 준비하는 방식으로 대를 이어간다.

감자는 씨감자에 돋아 있는 눈을 중심으로 잘라서 심는다. 작으면 통으로 심고 큰 것은 눈이 서너 개 남아있게 자른다. 눈을 딸 때는 발아에 밑천이 될 살을 적당히 남겨서 자른다. 감자 자르는 칼은 소독하지 않아도 되고, 자른 다음에 재를 묻히지 않아도 된다. 단, 눈을 딴 감자는 햇볕에 충분히 말렸다가 심어야 싹이 잘 튼다.

콩을 심더라도 감자만 심을 때와 다름없이 줄 간격은 두 발짝에서 조금 더 여유 있게 잡는다. 감자 심을 때 갈지 않는 무경운 밭은 호미보다는 모종삽이 작업하기도 간편하고 흙을 덜 건드린다. 약간 비스듬히 밀어 넣은 모종삽을 수직으로 세우면 삽날 뒤로 감자가 들어갈 만 한 공간이 생긴다. 감자 잘려진 단면이 위로 올라오게 놓고 흙은 가볍게 살짝만 덮는다.

대개는 이와 반대로 잘려진 단면을 아래로 향하고 감자 눈이 위로 올라오게 심는다. 작물은 순보다 뿌리가 먼저 나와야 탄탄하게 자란다. 감자 눈에 흙이 닿으면 작물은 본래 습성에 맞게 뿌리를 먼저 내밀게 돼 성장이 안정적이다. 잘려진 단면이 위로 가게 심으면 어느 정도 빛이 닿아 감자 스스로 방어물질을 만들어내 썩을 염려가 적다. 심기 전에 충분히 말리기만 하면 약품처리도 필요치 않다. 한 포기에서 순이 여러 가닥 올라오면 두 개 정도만 남기고 잘라낸다.

개량종은 직접 수확한 감자를 심으면 성장이 부실하고, 약품처리

하지 않은 씨감자는 세균 감염의 우려가 있어 발아율이 낮다는 이야기가 있다. 그래서 매년 새롭게 구입해 심는다는데 그간의 경험을 비춰보면 초기 성장만 조금 더딜 뿐 결실에 이르기까지는 탈이 없다. 똑같은 종류의 씨감자를 심었다 해도 퇴비조차 넣지 않은 우리 밭은 이웃 밭에 비해 싹이 나는 시기도 늦고, 비료로 키운 것보다 작을 수밖에 없다. 그러나 부피만 비교할 건 아니다. 감자를 심지 않았던 산골 첫해에 한 박스 들였던 감자 크기는 주먹만했는데 맛은 맹탕인 데다 얼마 먹지 않아 썩기 시작해 버린 게 더 많다. 앞으로도 수확한 감자를 씨감자로 사용하게 될 텐데 변함없는 결실이 이루어질지, 개량종이라 도중에 퇴화할지 알 수 없지만 설령 수확량이 떨어지더라도 이런 방법으로 심으면서 우량종자를 확보해가려고 한다.

감자밭에 심을 콩이 준비됐으면 감자 심고 나서 줄과 줄 사이에 심는다. 감자밭에는 수직형으로 키가 작고 생육기간이 짧은 자색강낭콩이 적당하다. 6월에 거둔다고 6월본디, 일 년에 두 번 심는다(4월 중순~하순, 7월 중순~8월 초순)고 두벌콩, 감자밭에 심는 콩이라고 감자콩이라고도 부른다. 지온이 낮을 때 심으면 싹이 잘 나지 않고 꼬투리 맺기까지도 오래 걸리고, 자칫 늦서리 피해를 입을 수도 있다. 3년차 5월 중순에 채종용으로 심었던 콩은 무사히 결실을 맺었지만 이듬해 감자 심고 곧바로 포트에 넣은 콩은 발아조차 되지 않았다. 거듭 모종을 만들어 8월 초순에 겨우 종자만 건졌다.

5년차 5월 중순에 만든 모종은 보름 만에 정식했다. 몇 차례 나눠 심어보니 늦게 심을수록 성장 속도가 빠르다. 그만큼 지온에 민감한 것이다. 같은 시기에 심는 콩에 비해 빨리 자라긴 하지만 산골 기후에서 감자와 같이 심기는 어렵다.

5년차에 처음으로 재배한 얼룩무늬 두벌본디(호랑이콩)는 자색강낭콩과 비슷하게 심었는데 감자 거둘 때 꼬투리가 볼록해지고 있었다. 더 앞당겨 심을 수 있다면 감자와 궁합을 맞추겠지만 이것 역시 지온이 어느 정도 올라가야 싹이 트니 심는 시기를 더는 앞당길 수 없다.

좌) 토종 감자꽃, 우) 강낭콩꽃, 토종감자는 하얀꽃이 피면 하얀감자, 자주꽃이 피면 자주감자인데 개량종은 하얀감자건 자주감자건 꽃은 자주색에 가깝다.

감자밭에 콩을 심을 때는 지역 기후를 감안해야 한다. 두벌본디와 자색강낭콩은 한 밭에서 연이어 두 번 재배할 수 있는 2기작 작물이다. 수확시기에 2차 파종을 하면 봄에 심었을 때보다 성장이 빨라 서리 전에 충분히 결실이 이루어진다.

거두고 갈무리하기

하지가 가까워지면 뿌리 주변이 봉긋하게 솟아오르며 표면이 갈라진다. 감자가 쑥쑥 밀고 올라오는 것이다. 하지에 캔다고 하지감자라 부른다지만 하지 지나고 열흘에서 보름 사이에 캔다. 감자밭에 심은 콩은 꼬투리 여무는 대로 거두고, 감자는 잎줄기 마른 정도로 가늠해서 메주콩을 심으려면 너무 늦지 않게 거둔다.

비오는 날은 말할 것도 없고, 이슬이 많이 내리는 시간도 피한다. 맑은 날 보송보송할 때 캐야 갈무리하기도 좋다. 캘 때는 껍질이 벗겨지지 않게 주의하고, 표면에 묻은 흙이 마르게 바람이 잘 통하는 그늘에 둔다. 빛을 받으면 색이 변하므로 반드시 그늘에서 말리고, 감자를 거둔 밭에는 곧바로 메주콩을 심는다.

수확한 감자는 식용과 씨감자를 구분해서 보관한다. 실온에 두면 얼마 지나지 않아 싹이 난다. 습도만 과하지 않으면 냉장고 야채박스를 이용해도 되고, 종이상자에 왕겨와 감자를 켜켜이 쌓는 식으로 왕겨에 묻어도 된다. 냉장보관은 습해 우려가 있고, 왕겨에 저장할 때는 깊숙이 묻어야 싹이 길게 자라는 걸 막을 수 있다. 길게 자란 싹은 감자 눈이 다치지 않게 잘라내고 심는다.

토종감자에는 하얀감자와 자주감자가 있다. 자주감자는 하얀감자보다 크기가 작다. 개량종과 토종은 꽃 색깔과 열매를 보면 쉽게 구분할 수 있다. 토종은 감자와 꽃 색깔이 일치하면서 꽃이 진 자리에 방울토마토처럼 생긴 열매를 맺는다. 반면 개량종은 어떤 종자가 섞였느냐에 따라 흰색이 필 수도 있고 자주색이 필 수도 있으며, 꽃이 펴도 거의 열매를 맺지 못한다. 간혹 개량종 감자에서도 꽃이 진 자리에 열매가 맺히는데, 그건 변형이 덜 되었기 때문이다. 이런 감자는 씨감자로 심어 종자 보존을 해가는 것도 좋지 않을까 싶다.

먹는 방법

종자도 못 되고 먹지도 못할 감자는 전분을 만든다. 썩혀서 발효시키기 때문에 알이 잘아 껍질을 벗길 수 없는 감자나 일부 상한 감자, 푸르스름하게 변색돼 먹을 수 없는 감자도 전분은 만들 수 있다. 빛을 받아 파래지면 아린 맛이 강하고 조금만 먹어도 배탈, 설사를 일으키지만 발효과정을 거치면 독성이 사라지고 몸에 이로운 성분으로 변한다. 전통방식이 시간은 좀 걸려도 토속적인 맛과 풍미가 제대로 배어난다.

일머리도 모른 채 어머니 성화에 못 이겨 항아리에 담아놓은 감자는 썩어서 가루가 되기까지 두 달 남짓 걸렸다. 퍽이나 지루할 것 같지만 한 번 해보면 요령도 생기고, 손수 만든 뽀얀 가루를 보면 입이 함박만 하게 벌어질 만큼 뿌듯하고 대견하다.

이렇게 만든 감자전분은 몇 해가 지나도 변질되지 않아 느긋하게 보관할 수 있다. 국물샐러드, 짜장이나 탕수소스, 찰기를 더해주고 싶은 만두피, 국수, 빵 반죽에 활용한다. 뭐라 해도 가장 진가를 발휘하는 순간은 구수하고 소화가 잘 되는 감자떡을 만들 때다. 감자전분에 현미를 약간 섞어 만들면 더 맛있고, 너무 되지 않게 반죽해서 팥 · 동부 · 검은콩 · 강낭콩 등으로 소를 넣는다.

주로 간장조림을 하는 알감자는 생선조림에 껍질째 넣어 조리기도 하고, 굵직한 감자는 볶음 · 조림 · 국 · 탕 등으로 먹는다. 감잣국에 들깻가루 한 가지만 더해도 맛이 한층 구수하고, 얄팍하게 썬 감자를 구워 양념간장을 곁들이거나 채소를 섞어 샐러드를 만들어도 깔끔하다.

찐 옥수수만큼이나 탐탁지 않은 음식이 찐 감자지만 꽁보리밥에 든 감자는 달고 구수하고, 보리밥을 더 찰기 있게 만들어 식감도 좋다. 쪄서 으깬 감자에 잘게 썬 채소를 넣고 샐러드소스로 비벼 감자샐러드만 먹어도 좋지만 샌드위치를 만들거나 발효시킨 빵 반죽에 소로 넣어 크로켓을 만들면 더 맛있다. 감자크로켓은 빵가루 대신 삶은 옥수숫가루로 옷을 입혀 튀긴다. 빵 속에 든 감자샐러드와 옥수수 향이 절묘하게 어우러지는 크로켓은 한입 베어 물면 바삭한 식감과 함께 전해지는 첫맛이 삼삼하다. 감자 한두 개 찔 때는 밥에 얹어 찌면 간편하고, 집간장을 만든 소스로 비비면 느끼하지 않고 뒷맛이 개운하다.

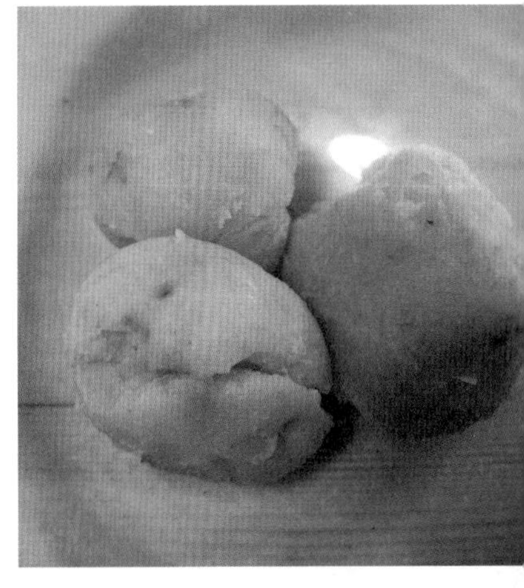

감자전은 감자를 갈아 물을 부어 전분을 가라앉힌 후 웃물은 따라내고 건더기와 앙금으로 만들면 쫀득한 맛이, 곱게 채 썬 감자로 전을 부치면 아삭하게 씹히는 맛이 있다. 또는 얄팍하게 썬 감자로 통밀전을 부쳐 부추, 쪽파, 실파를 넉넉히 넣어 고춧가루, 맛간장, 참기름 양념으로 무치면 막걸리에 곁들여 새참으로 먹어도 그만이다. 감자를 갈아 밀가루에 섞어 국수 · 수제비 · 빵 · 과자를 만들 수 있다. 빵도 식빵, 찐빵, 앙금빵, 도넛, 찜 케이크 등 여러 가지로 맛을 낼 수 있다.

감자 눈을 따다보면 자투리가 생긴다. 조리거나 국물음식에 넣어도 되고, 곱게 갈아 통밀가루에 섞어 만두피를 만들기도 한다. 감자 심을 무렵이면 월동부추가 제법 파릇하게 자라 있다. 부추, 양파, 당근, 냉동해둔 굴을 섞어 소를 만들고, 감자만두피에 싸서 기름에 튀기면 춘권이 만들어진다. 얇게 밀어도 시판용 춘권피보다 투박하지만 고소한 맛이 좋고, 월동한 쪽파나 달래 초간장에 찍어먹으면 봄기운이 가득 차오른다.

감자 맛이 진하게 나는 만두피 반죽은 과자 만들기에도 좋은 재료다. 얇게 밀어서 두부과자처럼 일정한 크기로 자르거나 수수크래커처럼 틀로 찍어내 튀긴다. 생강과자처럼 타래 모양을 내 튀긴 후 시럽에 버무리면 고소하면서 달콤한 과자가 만들어지는데, 튀기는 대신 오븐에 구우면 더 담백하게 먹을 수 있다. 만두피를 손으로 뜯어서 튀기면 수제비과자, 시럽에 버무리면 수제비 맛탕이다.

햇감자도 맛있지만 저장했다 먹으면 촉촉하고 달콤한 맛이 나서 감자잡채, 감자볶음밥도 겨울에 즐겨 만든다.

자색강낭콩은 열을 가해도 변색되지 않아 밥에 넣든, 떡에 넣든 고운 색깔이 그대로 살아있다. 고구마나 감자와 같이 조려 밥반찬으로 먹거나 약간만 달게 조려 크림 위에 고명으로 올려도 밋밋한 빵을 화사하게 만든다. 늙은호박고지, 멥쌀에 섞어 떡을 하면 적당한 단맛과 톡톡 씹히는 강낭콩이 포만감을 줘 아침밥 대신 먹어도 속이 든든하다.

자운 **레시피**

검정동부소 감자떡

 재료

감자전분 400g, 현미가루 100g, 소금 2/3큰술, 뜨거운 물 400~450ml, 오디즙 3큰술, 참기름

동부소 : 검정동부 풋동부 4컵(마른 동부는 2컵), 소금 1작은술, 황설탕 3~4큰술

만드는 방법

① 검정동부를 씻어 냄비에(딱딱하게 마른 동부는 압력솥에) 담고 푹 잠기게 물을 붓고 30~40분 정도 삶는다. 폭신하게 익고 국물이 졸아들면 소금과 설탕을 넣어 주걱으로 뒤적여가며 좀더 조려서 물기를 날린 다음 약간만 으깬다.

② 전분, 쌀가루, 소금을 섞어 반으로 나눈다.

③ 반죽 ①은 뜨거운 물(200~220ml)만 넣고, 반죽 ②는 오디즙과 남은 물을 넣어 매끄럽게 치대 마르지 않게 젖은 면포로 덮어둔다. 물은 반죽을 봐가며 두세 번 나눠 넣는다.

④ 소는 새알심 크기로 둥글리고, 반죽을 20g 정도 떼어 둥글린 후 오목하게 만들어 소를 넣고 손자국이 나도록 꾹꾹 눌러 송편처럼 빚는다.

⑤ 김 오른 찜솥에 면포를 깔고 30분가량 찐다. 다 익으면 채반에 펼쳐 한 김 나간 후 참기름을 묻힌다.

자운 레시피

감자잡채

 재료

감자 200g, 당면 150g, 애호박고지 10개, 양파 ½개, 당근 40g, 청고추 · 홍고추 3개씩, 굵은소금, 맛간장 3큰술, 올리고당 1큰술, 육수 1컵, 들기름 · 참기름 · 통깨 · 후추 약간씩

만드는 방법

① 당면과 애호박고지는 각각 물에 불려 부드러워지면 건져 물기를 뺀다.

② 감자는 채 썰어 소금 약간 뿌려 살짝 절인 뒤, 헹궈서 물기를 뺀다. 호박고지, 당근, 양파는 채 썰고 고추는 반으로 갈라 씨를 털어내 가늘게 채 썬다.

③ 팬에 들기름을 두르고 달궈지면 고추를 제외한 채소를 볶다가 맛간장 1큰술을 넣어 간을 하고, 채소가 충분히 익으면 고추를 넣어 더 볶는다.

④ 당면은 적당한 길이로 자른다. 팬에 육수를 붓고 맛간장과 올리고당을 1큰술씩 넣고 보글보글 끓으면 당면을 넣고 국물이 졸아들도록 볶듯이 조린다.

⑤ 볶아둔 채소를 당면과 섞어 맛간장으로 간을 맞추고 참기름, 후추, 통깨를 섞는다.

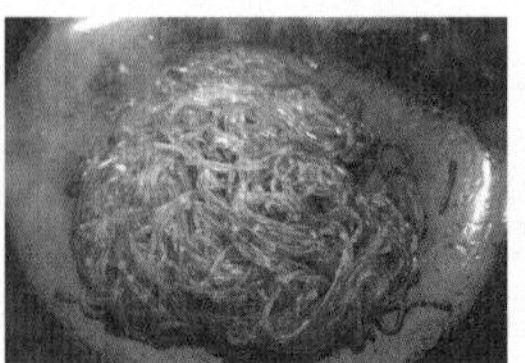

강낭콩열매마 볶음밥

재료

강낭콩현미밥 1공기(풋자색강낭콩 1컵, 현미 2컵), 열매마 1개(110g), 양파 ½개, 애호박 40g, 풋고추 · 홍고추 1개씩, 들기름 · 소금 · 통깨 · 후추 약간씩

만드는 방법

① 현미를 씻어 곧바로 솥에 안친다. 풋강낭콩을 넣어 고슬고슬하게 밥을 짓고, 뜸이 들면 주걱으로 위아래를 뒤적여 훌훌 섞는다.

② 양파, 애호박, 고추 먼저 잘게 썰고 열매마는 맨 나중에 껍질을 벗겨 잘게 썬다.

③ 팬에 들기름을 두르고 달궈지면 양파, 애호박, 마를 볶아서 소금으로 간한다. 채소가 익으면 고추를 넣고 볶다가 강낭콩밥을 넣는다.

④ 찬밥이면 좀더 볶아서, 갓 지은 밥이면 은근한 불에서 통깨 · 후추를 넣고 비빈다.

강낭콩 호박고지버무리

재료

자색 강낭콩 ½컵, 늙은호박고지 80g, 황설탕 2큰술, 소금 약간

떡 반죽 : 현미가루 5컵, 소금 ½큰술, 뜨거운 물 5큰술

만드는 방법

① 자색강낭콩은 물을 붓고 푹 삶아 소금을 약간만 넣어 물기 없이 조린다.

② 호박고지는 소금과 황설탕을 녹인 물에 불렸다 물기를 짜서 손가락 한 마디 길이로 썬다. 호박고지 불린 물이 남으면 떡 반죽에 넣는다.

③ 현미가루에 소금을 넣고, 뜨거운 물을 조금씩 넣어가며 고루 섞는다. 쥐어봐서 손자국이 날 정도로 뭉쳐지면 체에 내려 호박고지와 강낭콩을 훌훌 섞는다.

④ 김 오른 찜솥에 면포를 깔고 떡 반죽을 담고, 다시 면포로 덮어 30분가량 찐다.

고구마와 참깨

고구마	
심는 때	5월 초순~6월 하순(장마 시작 무렵)
심는 법	고구마순 심기
거두는 때	9월 중순~10월 초순
관리 포인트	늦게 심기

참깨	
심는 때	6월 초순~7월 하순
심는 법	직파
거두는 때	8월 하순~9월 하순
관리 포인트	늦게 심기

고구마는 꽃을 보기도 어렵거니와 꽃이 핀다 해도 씨앗은 맺지 않는다. 메꽃, 나팔꽃과 비슷하면서 더 단아한 맵시를 지닌 연보라색 고구마 꽃은 별학섬 고방연구원에서 처음 봤다. 단 한 번의 만남으로도 황홀했던 그 고운 꽃이 직접 순을 키워 심었던 5년차 광복절 아침에 놀랍게도 산골텃밭에 첫 선을 보이더니 고구마 캐는 날도 만발했다. 다양하게 개량되면서 빚어진 현상인 것 같다. 꽃이 핀다고 결실이 좋은 건 아니라지만 어쨌든 꽃을 보는 것은 참으로 반가운 일이다.

고구마는 순을 잘라서 심는다. 씨앗도 없으면서 순을 틔워줄 씨고구마는 다루기도 까다롭다. 시판하는 고구마순은 자생력이 약해 쉽게 말라죽는다. 섬에 있을 때만 해도 심기만 하면 저절로 크는 아주 쉽고 만만한 작물이었는데 산골텃밭에서 고구마 가꾸기는 난이도가 꽤 높았다. 그간의 경험이 쌓여 지금은 산골 밭에도 고구마가 자리를 잡았다.

고구마와 궁합이 맞는 작물은 참깨다. 참깨는 자라면 휘청거리며 넘어지기 쉬운데 고구마랑 한 밭에서 자라면 장맛비나 거센 바람에도 덜 쓰러진다. 또 참깨가 만드는 적당한 그늘은 지나친 직사광선을 반기지 않는 고구마에게 양산 역할을 한다. 서로에게 살기 좋은 환경을 만들어주는 것이다. 한여름의 강렬한 빛은 잎을 손상시킬 만큼 자극적이어서 왕성한 성장기에 너무 강한 빛을 받으면 고구마 잎이 손상되고, 그렇다고 그늘이 진하게 드리워지면 성장에 장애가 된다. 고구마에게는 참깨가 딱 적당하다.

저장해둔 씨고구마가 있으면 순을 키우고, 없으면 시판하는 순을 사다 심는다. 순 키우기는 온도가 적절하면 3월 중순경에 시작할 수 있는데, 지온이 낮은 산골은 4월 초순에서 중순경에야 준비한다. 가온하지 않는 비닐하우스에 금이 가거나 구멍이 난 고무대야 또는 큰 화분 등을 이용해 '왕겨-흙-고구마-왕겨-흙' 순서로 앉히고 물을 흠뻑 준 다음 미니 비닐하우스를 만든다. 공간이 크면 보온성이 떨어지므로 낮게 지주를 박아 비닐을 덮어씌우고, 싹이 나기 시작하면 낮에는 걷었다가 밤에 다시 덮어준다. 저장한 씨고구마에 일부 상처가 있으면 상한 부분만 도려내 녹말성분으로 코팅되도록 햇볕에 말려 사용한다.

물에 담가서 순을 키우는 수경재배는 식용이든 관상용이든 바람직한 방법이 아닌 것 같다. 습기를 싫어하는 고구마를 물에 담가두면 가습이 지나쳐 죽음의 고비를 넘기기 위한 안간힘으로 순을 밀어낸다고 한다. 뿌리를 내린 뒤에 순이 나야 하는데 이건 자연스러운 성장이 아니다.

시판용 고구마순은 시기를 놓치면 구입할 수 없어 눈에 띌 때 사다 심어야 한다. 늦어도 5월 중순이면 심는데 고구마순이 노지에 뿌리를 내리기에는 좀 이르다. 어린 시절을 농촌에서 보냈다면 고구마 심는 시기는 초여름, 비 오는 날 모내기가 한창이거나 한 차례 지나고 난 다음으로 기억할 것이다. 요즘은 모내기철도 앞당겨져 기준 삼을 것은 못 되지만 아무튼 고구마도 참깨도 심는 시기는 그 즈음이 맞다.

이왕이면 맛있는 고구마를 심는다. 손쉽게 구입할 수 있는 고구마순은 호박고구마와 밤고구마 두 가지인 것 같은데, 호박고구마가 훨씬 맛있다. 밤고구마는 후숙해도 생으로 먹으면 딱딱하고 익히면 퍽퍽한 데다 소화도 잘 안 된다. 아무리 달콤하게 조리해도 호박고구마에 미치지 못한다. 호박고구마도 거둔 직후에는 단맛이 덜하다. 시간이 좀 지나야 물이 많고 달달해지는데, 직접 순을 길러 심으면 비교할 수 없을 정도로 맛이 진하다. 5년차에 거둔 호박고구마는 캐서 열흘쯤 지나서 쪄먹었는데 어찌나 달고 촉촉하던지. 쪄서 말리려고 널었다가 미처 마르기도 전에 다 집어먹어서 바닥이 났다. 우리 부부는 그때까지 먹어본 중에 가장 맛있는 고구마에 '마약고구마'라는 이름을 붙여줬다. 맛도 뛰어나지만 찐 고구마만 먹어도 목이 메지 않고 소화는 물론 배설도 시원시원해, 과하게 먹어도 몸이 가뿐했다. 이러니 시판용 씨앗은 말할 것도 없고 모종도 재배과정을 의심하지 않을 수 없는 것이다.

사다 심는 고구마순은 자생력이 낮아 뿌리를 내리기까지 퍽이나 힘이 든다. 닷새 정도 물에 담갔다 심으면 말라죽을 확률이 적다. 담가두면 얼마 지나지 않아 폭삭 시들어버리는데 시들더라도 그대로 두면 점차 생기를 되찾는다. 바짝 오그라들었던 잎이 3일 정도 지나면 판판해지고, 닷새째는 거의 다 온전한 모습으로 꼿꼿하게 일어선다. 더 안전한 방법은 순을 두 마디 정도 남기고 잘라서 물에 담갔다가 한 마디 더 자란 후에 노지에 정식한다. 그렇다고 노지에 심었을 때 모두 뿌리를 내린다는 보장은 없다. 가장 실하게 살아남았을 때가 2/3 정

도였다. 직접 길러낸 순은 손실이 없고 노지 적응도 빠른 만큼 결실도 풍성하다.

고구마순을 키우면 세 마디 남기고 잘라서 심고, 순이 자라면 또 잘라 심어 세 번 정도 순을 잘라 심는다. 비 올 때 심는 것이 가장 좋고, 그렇지 않으면 밭에 미리 물을 흠뻑 준 다음 아침이나 저녁 시간에 심고, 심고 나서도 잎이 시들하면 물을 준다. 고구마도 다른 작물과 마찬가지로 두둑이 없는 평지에 심는다. 심는 방법은 굵은 드라이버를 45도 각도로 푹 꽂아서 구멍을 내, 고구마순을 밀어 넣고 흙이 들뜨지 않도록 토닥여준다. 참깨를 심어도 고구마가 줄기를 뻗는데 걸림이 없으므로 고구마만 심을 때보다 자리를 넓혀주지 않아도 된다.

고구마는 뿌리에서 번져나간 줄기가 다시 뿌리를 내리며 자란다. 한 뿌리에서 두 구 이상 결실이 되면 영양분이 분산돼 둘 다 부실해진다. 본 뿌리만 크게 키우려면 줄기를 들어줘 새 뿌리를 내리지 못하게 하고, 둘 다 키우려면 줄기 중간을 잘라준다.

고구마는 때 이르게 심더라도 참깨는 시기를 딱 맞춰 심는다. 심는 시기가 빠르면 꼬투리 여무는 시기가 고르지 못해 거두는 게 번거로워진다. 연세 지긋하신 분들은 아카시아(아까시나무) 꽃이 필 때 심었다고 하는데 요즘은 대부분 그보다 이르게 심는다. 늦게 심어도 충분히 영글고, 왕성한 성장기와 장마가 겹칠 일도 없다. 고구마 심는 시기가 적절하다면 참깨 먼저 심고 고구마순을 심거나 고구마를 심고 곧바로 참깨를 심는다. 흩뿌려도 되고, 바닥을 가볍게 긁어 홈을 내서 줄뿌림하거나 미니괭이나 굵은 드라이버로 콕 찍고 씨앗 두세 알씩 넣으면 고구마 잎에 얹힐 염려도 없다.

참깨는 고구마 밭에만 심으면 양이 적어 별도로 밭을 하나 더 만든다. 자연스럽게 고구마밭 참깨와 홀로 참깨 두 가지를 비교해볼 수 있다. 홀로 참깨가 쓰러지는 정도가 심한 건 당연지사. 궁합 맞춰 심었을 때, 참깨 성장이 부실해 고구마에게 양산 구실을 못 해줘도 고구마가 있어서 참깨가 덜 쓰러진다. 잎은 고라니에게, 뿌리는 멧돼지에게 먹힐 가능성이 다분한 고구마 밭은 필히 들깨를 심어 울타리를 만든다. 지주를 세워 줄을 매거나 들깨를 심는데, 줄보다는 들깨를 심는 게 더 효과적이다.

거두고 갈무리하기

참깨를 먼저 거둔다. 잠깐 한눈팔면 다 터져나가 빈 깍지만 남는다. 줄기 아래쪽에 영그는 기색이면 대를 잘라다 말리고, 다 마르면 타작을 해서 골라낸다. 키로 까불렀더니 참깨 알만 우르르 달아나 키질은 단념하고 선풍기 바람에 날렸다가 한 번 더 손으로 골라냈다.

고구마는 줄기처럼 보이는 잎자루도 먹고 줄기 끝에 돋은 부드러운 잎도 먹는다. 뿌리 성장에 장애가 없을 범위 내에서 거두어 먹고 고구마는 서리 내리기 전에 거둔다. 한 포기 캐서 확인해보고 본격적인 수확에 나선다. 먼저 낫으로 잎줄기를 쳐내고 상처 나지 않게 주의해서 캔다. 고구마가 들어있으면 대개는 흙이 봉긋 올라와 있지만 땅 속 깊숙이 들어가 있으면 표면은 밋밋하다. 십중팔구 땅이 딱딱하다는 얘긴데, 이런 밭에서 호미질 하려면 시간도 많이 걸리고 상처 나기도 쉽다. 산골에서 첫해에 고구마를 캐고 어지간히 힘이 빠졌다. 두 번 다시 고구마 심나 봐라, 진저리를 치고 이듬해는 아예 심지도 않았다.

평지에 심어도 흙이 부드럽고 통기성이 좋으면 고구마 캐기가 어렵지 않다. 두둑을 만들면 평이랑보다 캐기는 쉬울지 몰라도 두둑 만들기도 그리 만만한 일이 아니다. 게다가 흙을 뒤집어 자생초 발생을 부추기고, 보습성은 떨어지며 땅이 딱딱해진다. 고구마 캘 때 흙을 뒤집지만 곧바로 고구마 줄기로 덮어주고 월동작물을 심는다면 그때는 흙을 좀 건드려도 크게 문제되지 않는다.

첫해는 그리도 고약하더니 3년차는 손에 닿는 느낌부터가 달랐다. 고구마가 들어있지 않은 자리에 호미를 대보면 속에서 밀어내는 듯 저항이 올 정도로 거칠었지만 뿌리가 잘 내려진 곳은 보슬보슬하고, 4년차는 혼자서도 가뿐하게 캐냈다. 직접 순을 길러 심은 5년차는 더 쉽게 캤고, 고구마가 잘 자라 수확량도 많았다. 밭을 골라 심은 덕이기도 하지만 그만큼 땅이 좋아졌다는 얘기다. 표면이 불룩하면 줄기만 잡아당겨도 발그레한 고구마가 쑥쑥 빠져나왔고, 손가락 두어 마디 깊이에 박혀 있어도 순순히 손안으로 들어왔다. 잘 자란 고구마는 부산물도 풍성해서 걷어낸 줄기를 바닥에 고르게 펼쳐놓고 월동작물로 시금치, 양파, 완두, 보리 등을 심었다.

거둬들인 고구마는 바람이 잘 통하는 곳에서 충분히 말린 후, 온도 변화가 적고 습기가 적은 곳에 보관한다. 온도가 잘 맞아도 보관하는 도중에 썩을 확률이 높다. 조금이라도 줄이려면 상처가 나지 않게 캐서 껍질이 벗겨지지 않도록 각별히 다뤄야 한다. 자주 손을 대도 썩기 쉽다. 장기 저장하려면 가능한 한 건드리지 않는 것이 좋겠고, 무엇보다 고구마 자체의 자생력이 좋아야 한다.

종이박스에 왕겨를 두툼하게 깔고 고구마가 서로 닿지 않게 놓고 그 위에 다시 왕겨를 덮는 식으로 보관하면 고구마가 숨을 쉴 수 있어 안전하게 보관할 수 있다. 게다가 왕겨의 보온력 덕분에 0도까지 내려가는 곳에서도 얼지 않게 보관할 수 있다.

먹는 방법

문득 달달한 음식이 당기거나 밥때가 아닌데도 입이 궁금해질 때, 고구마는 허전함을 채워주기에 안성맞춤이다. 단맛이 진한데 당 지수는 그리 높지 않고, 영양소가 풍부한데 칼로리는 낮아 건강 다이어트 음식으로도 손에 꼽는다. 생으로 먹어야 효과가 높고, 저녁밥을 대신해 공복에 먹으면 더 좋다. 생으로 먹으면 고구마에 담긴 산소를 함께 섭취하여 자연스럽게 체내에 산소 공급이 이루어져 장 기능을 좋게 한다.

당도는 날것보다 찜이 좋고, 시래기나 메주콩 삶을 때 장작불에 구우면 더 맛있다. 찐 고구마만 먹으면 목이 메고 속이 불편해질 수도 있는데, 그 이유는 찌면 자체적으로 수분을 보유하여 소화액이 침투하기 어려워지기 때문이다. 찐 고구마의 소화를 좋게 하려면 껍질째 먹거나 동치미 또는 열무뿌리 백김치와 같이 먹는다. 첫맛을 볼 때 시기적으로 딱 맞는 음식은 동아물김치다. 고구마 캘 때가 다가오면 잘 여문 동아를 하나 거둬 물김치를 담근다. 찐 고구마가 꿀맛이면 고구마밥도 꿀맛이고, 찐 고구마를 꾸덕꾸덕 말리면 당도는 더 좋아진다. 고구마는 조금 과하게 먹어도 가뿐하게 소화된다.

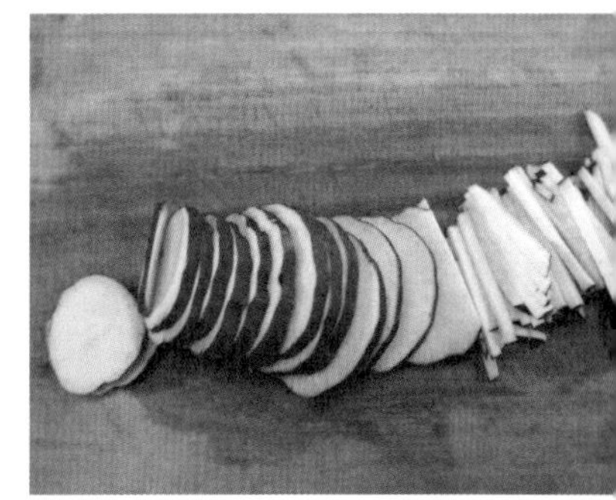

과식하지만 않으면 고구마 튀김도 소화가 잘된다. 밀가루 반죽에 묻혀 튀기면 느끼하고 텁텁해도 고구마만 얇게 썰어 튀기면 뒷맛이 깔끔하다. 둥글납작하게 썰거나 약간 도톰하게 썰어서 튀긴 후 시럽으로 조린 맛탕은 단맛만 잘 조절하면 한 끼 밥을 대신한다. 맛탕을 만들 때 고구마를 튀기지 않고 프라이팬에 구워도 된다. 또 동글납작하게 썰어서 튀긴 후 호박고지에 섞어 집간장 양념으로 조리면 은근한 단맛에 꼬들꼬들하게 씹히는 맛이 좋아 밥반찬이나 간식으로 두루 먹을 수 있다.

곱게 채 썰어 맛간장과 고춧가루 양념으로 무친 고구마생채, 얄팍하게 썰어서 사과나 배를 갈아 넣은 고추장소스를 얹은 샐러드는 찌거나 굽지 않아 차려내기도 간편하고 씹히는 맛이 진해 포만감도 크다.

고구마설기는 찐 고구마를 으깨 쌀가루와 섞기도 하고, 얄팍하게 썬 고구마를 켜켜이 안치거나 잘게 썬 고구마와 쌀가루와 섞어서 찌기도 한다. 찐 고구마를 이용한 크림이나 경단은 만들기도 쉽고 목이 메지도 않는다. 쪄서 으깬 호박고구마를 둥글게 빚어 콩고물에 묻히면 자연단맛이 진하게 나면서 고소한 콩고물과 촉촉한 호박고구마가 찰떡궁합을 이룬다. 크림을 끓이는 마지막 단계에 찐 고구마를 으깨서 섞은 고구마크림은 주로 담백한 빵 · 과자에 곁들이는데 크림만 먹어도 맛있고, 살짝 얼려서 빙수에 담으면 눈도 즐겁다. 보기 좋고 먹기 좋은 양갱이나 팬케이크도 찐 고구마만 있으면 금세 만들 수 있어 생으로 보관하기 어중간할 땐 으깨서 얼려둔다.

고구마는 줄기도 먹는다. 정확하게 표현하면 잎자루인데 주로 잎자루를 먹고 줄기 끝에 순을 따서 먹기도 한다. 줄기 끝에 순은 꺾어서 데친 뒤 고추장 · 된장 · 참기름을 넣고 조물조물 무치고, 잎자루는 껍질을 벗겨 볶음이나 조림을 하거나 김치를 담가도 맛있다.

나물요리가 많은 산골밥상의 중요한 양념인 참깨는 볶거나 기름을 짠다. 내 생애 손수 만든 첫 참기름은 산골농사 5년차가 되어서였다. 들기름 짤 때와는 또 다른 감동이었다. 고소하고 진한 향이 쉽게 날아가는 참기름을 들기름과 섞어서 먹으면 향이 더 오래 지속된다.

노화방지 효능이 있는 참깨를 아이들에게 과하게 먹이면 성장을 억제할 수도 있다고 한다. 어렸을 때만 해도 왜간장이라 불리는 양조간장과 통깨, 참기름을 넣어 비벼주는 것을 주위에서 흔히 봤다. 들척지근한 양조간장에 참기름이라니 어울리지도 않거니와 모름지기 비빔밥엔 밥보다 채소가 많아야 비빔밥답다.

자운 **레시피**

고구마말이 갓끈동부떡

 재료

현미 3컵, 찰현미 ⅔컵, 삶아서 성글게 간 갓끈동부 1컵, 소금 ½작은술, 물 4큰술, 찐 호박고구마 350g, 고구마크림 100g, 메주콩고물 · 참기름 · 연한 소금물 약간씩

고구마크림 : 호박고구마 2개(400g), 우유 180ml, 달걀 1개, 황설탕 5큰술, 보릿가루 2큰술

만드는 방법

① 멥쌀가루, 찹쌀가루, 갓끈동부, 소금에 뜨거운 물을 넣어 고루 섞이도록 비빈다. 손자국이 날 정도로 뭉쳐지면 체에 내리고 김 오른 찜솥에 면포를 깔고 안쳐 다시 면포로 덮어 30분가량 찐다.

② 찐 고구마는 뜨거울 때 으깨 고구마크림과 섞고, 식으면 가래떡보다 조금 굵게 모양을 잡아 두꺼운 비닐에 말아 잠시 냉동 보관한다.

③ 떡 반죽을 볼에 쏟아 붓고 연한 소금물을 묻혀가며 절구공이로 찧어 손으로 매끄럽게 치댄다.

④ 도마에 참기름을 묻혀 떡 반죽을 얇게 펼쳐놓고 고구마 앙금을 말아 여며지는 부분을 매끈하게 다독인다. 콩고물에 살짝 둥글려 적당한 두께로 썬다.

* 냉동실에 잠시 넣었다 꺼내면 깔끔하게 썰어진다. 말이떡 대신 고구마앙금소를 넣어 동그랗게 빚어도 된다.

* **고구마크림 만들기** : 끓인 우유에 달걀, 황설탕, 보릿가루를 섞어 거품기로 저어가며 끓인다. 걸쭉해지면 찐 호박고구마를 으깨서 고루 섞어 식힌다.

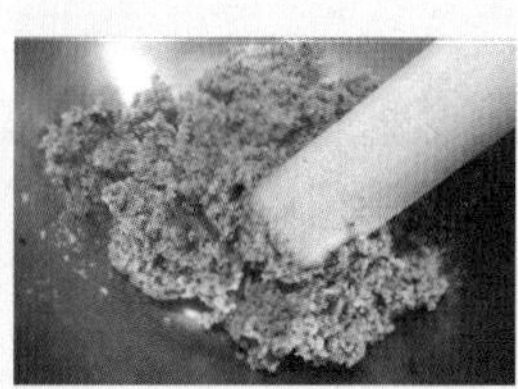
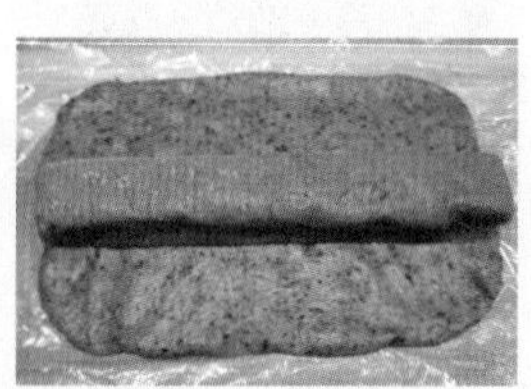

자운 레시피

고구마 애호박고지 조림

 재료

호박고구마 2개(400g), 애호박고지 40g, 맛간장 1⅓큰술, 조청 2큰술, 물 120ml, 통깨 1큰술, 식용유

만드는 방법

① 호박고지는 씻어서 물에 담가 부드럽게 불려서 건지고, 불린 물은 따로 받아둔다.

② 고구마는 껍질째 씻어 물기를 말끔히 닦아내 호박고지보다 약간만 도톰하게 썬다. 170~180℃에서 튀기고, 튀김망에 밭쳐 기름을 뺀다.

③ 조림팬에 맛간장, 조청, 물(또는 호박고지 불린 물)을 넣고 끓이다 보글보글 거품이 일면 불린 호박고지를 넣어 간이 배도록 뒤적이며 조린다.

④ 호박고지가 익으면 약불로 줄여서 튀긴 고구마를 넣고 더 조린 뒤, 불을 끄고 통깨를 뿌린다.

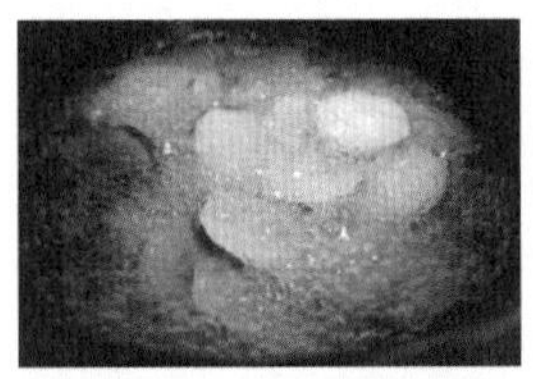

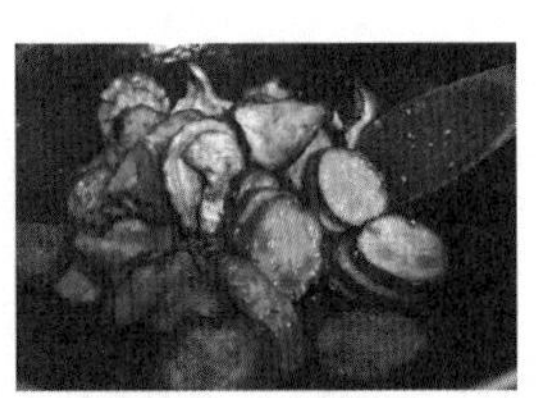

고구마 사과생채

재료

고구마 1개(200g), 사과 1개(400g), 동아과육 100g, 고추장 4큰술, 식초 3큰술

만드는 방법

① 고구마는 씻어서 껍질째 가늘게 채 썰어, 푹 잠길 정도의 물에 황설탕 1큰술을 풀어 담가둔다.

② 껍질 벗긴 사과 반쪽과 동아는 각각 강판에 갈아서 고추장, 식초에 섞어 비빔양념을 만든다.

③ 남은 사과 반쪽은 껍질째 채 썬다.

④ 고구마를 건져 비빔양념에 무친 뒤, 채 썰어둔 사과와 섞는다.

고구마 콩물샐러드와 고구마말랭이

재료

찐 고구마 250g, 반건시 2개, 대추 7개, 올리고당 1~2큰술, 나물콩물 ⅔컵

콩물 : 나물콩 1컵(삶는 물 2컵), 물 550ml, 소금 약간

만드는 방법

① 찐 고구마는 껍질 벗겨서 곱게 으깬다.

② 콩에 물 2컵을 붓고 부드러워지도록 삶는다. 식으면 물 550㎖에 소금을 약간 넣고 걸쭉하게 간다.

③ 대추는 씨앗을 발라내고 돌려 깎아 채 썰어서 올리고당에 버무린다. 반건시 곶감은 작게 썬다.

④ 고구마, 대추, 곶감에 콩물을 넣고 비벼서 콩물샐러드와 고구마말랭이를 같이 담아낸다.

* 고구마말랭이는 고구마를 쪄서 햇볕에 말린다. 당도가 높은 호박고구마를 꾸덕꾸덕하게 말리면 젤리처럼 달콤하고 쫀득하다. 적당히 말랐을 때의 맛을 유지하려면 냉동실에 보관한다.

배추와 무

심는 때	8월 하순~9월 초순
심는 법	배추는 모종, 무는 직파
거두는 때	배추 : 11월 하순~12월 초순, 무 : 11월 초순~중순
관리 포인트	인위적인 물주기는 삼가기

텃밭을 일구면서도 김장다운 김장은 산골농사 2년차, 귀농한 지 8년이 되어서야 모양을 갖췄으니 나이로 보나 농사 경력으로 보나 늦어도 너무 늦었다. 귀촌 초기만 해도 김치는 있으면 먹고 없으면 그만이었다. 적어도 내게는 굳이 장을 봐가면서 차려먹을 음식이 아니었다. 된장, 고추장, 김치처럼 손이 많이 가는 음식은 안 하고 안 먹으면 된다는 생각이 자리하고 있었다. 게다가 고춧가루와 마늘 양념이 거북했던 김치는 이미 오래 전에 관심 밖으로 밀려나 있었다.

김치가 맛있어지기 시작한 건 밥이 삶의 중심으로 들어오고 난 다음, 태평농에 입문하고도 일 년이 지나서다. 점차 맛을 들이면서 일 년 내내 아무 때라도 김장김치를 먹었으면 싶었지만 손수 키운 배추로 김장을 담그기까지는 그로부터 몇 년이 더 걸렸다.

지극히 당연한 얘기지만 직접 길러서 먹으면 더 맛이 있다. 산골 밭에서 키운 배추맛은 어머니의 표현을 빌리자면 '옛날에 시골서 먹었던 그 배추맛'이다. 남들과 똑같은 종묘상 모종인데 어떻게 해서 옛날 그 맛이 날까? 답은 아주 간단하다. 정성은 최대한, 간섭은 최소화해서 단순하게 키웠기 때문이다.

무와 배추는 따로 심어도 상관은 없지만 심고 거두는 시기가 비슷하고, 지상부에서 잎을 키워내는 배추와 흙속으로 파고 들어가는 뿌리식물인 무는 서로 궁합이 잘 맞으므로 한 밭에 심는다. 무와 당근 같은 뿌리식물은 직파해야 뿌리 발육이 좋고, 배추는 모종을 만들어 옮겨 심는 것이 관리하기 쉽다. 종묘상 배추와 무 종자는 채종이 안 되는 일회성 작물이면서 씨앗 값도 비싸다. 대량 재배가 아니라면 배추는 시판용 모종을 사다 심는 것이 낫다. 직파를 하거나 모종을 만들려면 정식할 시기를 가늠해 미리 시작하고, 벌레 피해를 줄일 수 있도록 한랭사를 씌워준다. 일찍 심으면 벌레 피해가 많고, 늦게 심으면 성장할 수 있는 시기가 짧다. 산골 배추는 8월 하순에서 9월 초순에 모종을 정식하는데 이웃에 비하면 늦은 편이다.

김장채소 심는 시기는 여름작물이 한창 성장하고 있을 때다. 수확시기가 빠른 갓끈동부 거둔 밭을 이용한다. 전 작물이 정상적으로 자랐다면 자생초는 그리 많지 않고, 있더라도 가위로 잘라낼 수 있는 정도다. 무와 배추를 한 줄씩 섞어서 심는다. 배추모종은 크게 자랐을 때를 대비해 적당한 간격을 유지해주고, 직파해야 잘 자라는 무는 얕게 골을 내 줄뿌림했다가 나중에 솎아낸다.

지금은 모종만 봐도 부실한지 똘똘한지 파악되지만 귀촌할 무렵은 농맹이나 다름없었다. 그럼에도 짭짤한 수입을 떠올리며 배추를 1,200포기나 심었던 적이 있었다. 심기만 하면 저절로 되는 줄 알았던 배추농사는 맛보기로 대여섯 포기 건진 게 전부였다.

배추모종처럼 미세한 솜털이 많은 뿌리는 실제 영양 섭취가 솜털처럼 생긴 부분에서 이루어지는데, 이 솜털은 빛을 보면 순간적으로 소멸된다고 한다. 손상되지 않게 옮겨 심으려면 저녁 시간이 무난하고, 햇빛이 강한 한낮은 피하는 것이 좋다. 포트 표면이 말라 있으면 물을 줘 충분히 스며든 후에 심어야 하는데 귀촌할 당시엔 최소한의 상식마저 갖추질 못했다.

잎은 누리끼리하게 말라 있었고 포트에서 꺼내는 도중에 뿌리를 감싼 흙이 떨어져 나간 것도 부지기수였다. 게다가 초가을 한낮의 따가운 햇볕 아래서 매가리 없는 모종을 심어놓고, 물주는 건 하늘에 맡겼다. 모종을 정식하고 열흘이 지나서 내린 비가 마치 장맛비처럼 퍼붓고 지나갔으니 최악의 조건을 만들어준 셈이다. 추석을 하루 앞두고 텃밭을 둘러보니 내가 정말 배추를 심기는 심었나 의심이 들 정도로 밭이 텅 비어 있었다. 부옇게 마른 바랭이만 한들한들 나부끼는 배추밭을 등지고 걸어 나오면서 고개를 절레절레 흔들었다. 그래, 농사는 아무나 하나. 흙이라도 제대로 만져봤어야지.

모종 정식은 비 내리기 직전에 하는 것이 가장 좋은데, 그럴 수 없다면 모종 앉힐 구멍에만 물을 주든가 저녁에 심고 다음날 아침 일찍 물을 준다. 심고 나서도 거둘 때까지 가뭄이 심하지만 않으면 일부러 물을 주지는 않는다. 산골 배추가 맛있는 이유는 이런 데 있을 것이다. 비료는 말할 것도 없고 인위적으로 주는 물도 배추 맛을 싱겁게 하고, 잘 썩게 만든다. 물을 많이 먹고 자란 배추는 말 그대로 물배추가 된다. 무도 마찬가지인데 자연 재배했을 때 저장성이 뛰어나다. 무

엇을 어떻게 해주는 것이 아니라 가능한 한 손을 대지 않는 것이다.

3년차에 배추를 심고 한 달이 채 못 되어 가뭄이 좀 심했다. 배추는 물을 먹어야 크는 거라며 당장에 물 좀 듬뿍 주라고 신신당부하는 이웃 어르신의 배추밭은 심하게 말랐지만, 우리 배추는 성장 속도가 더디긴 해도 잎이 마르지는 않았다. 갈아엎지 않은 밭은 보습성이 더 좋고, 식물의 자생력도 경운한 밭보다 나은데, 그게 바로 똑같은 종묘상 모종이어도 산골 배추맛이 더 좋은 비결이다.

물론 크기는 이웃 배추를 못 따라가지만 맛은 크기에 비례하지 않으니까. 배추 한 포기로 두 쪽을 낼 수 있으면 그리 작은 것도 아니다. 맛있으면서 크다면 좋겠지만 맛과 크기 두 가지를 놓고 저울질한다면 당연히 맛이 우선이다. 특히 김치는 중심 재료가 좋으면 양념을 적게 넣어도 감칠맛이 나고, 한 젓가락을 집어먹어도 뿌듯하게 안기는 맛이 있다. 그렇다면 어느 쪽이 더 실한 농사일까?

배추농사를 짓다보면 배추흰나비를 보는 눈이 달라질지도 모른다. 기척도 없다가 배추 모종이 밭으로 나가면 용케 알고 찾아든다. 나비가 날아들어 알을 슬어놓으면 알에서 깨어난 애벌레가 제 몸을 키워가

느라 부지런히 잎을 갉아먹는다. 눈에 띄는 대로 잡아내고, 심하면 물엿을 뿌리기도 하는데 아직까지 김장배추에 물엿을 뿌린 적은 없다.

배춧잎이 몇 장씩 새롭게 자랄 즈음이면 무는 고르게 싹이 나 있고, 심고 한 달 보름가량 지나면 벙긋하게 몸집을 늘려가는 배춧잎은 한 떨기 꽃과 같이 어여쁘다. 적절한 시기에 묶어주면 속잎이 실하게 채워지고, 거둘 시기가 늦어 겉잎이 얼더라도 속잎은 온전하게 남아 있다. 그러나 지온이 높을 때 묶어주면 속잎이 물러질 수도 있다. 지온이 낮고 김장을 조금 늦게 담그는 산골에서는 10월 중순에서 하순 사이에 묶어준다.

거두고 갈무리하기

무는 크는 것 봐가면서 간격이 적절해지게 솎아낸다. 적어도 서너 차례 솎아내는데 마지막 솎을 때 한 뼘이 조금 못 되는 정도의 거리를 유지해준다. 크게 자라면 무는 뽑고, 배추는 밑동을 칼로 자른다. 대개 무를 먼저 거둔다. 뿌리째 거둔 무는 시든 잎을 추려내 닭장에 넣어주고 생생한 잎은 엮어서 말렸다 시래기로 먹는다. 무말랭이와 장아찌는 고추밭에서 자란 열무뿌리로 담그는 것이 더 맛있기 때문에 김치 담그고 남는 무는 겨우내 먹을 수 있도록 얼지 않게 저장한다.

4년차 겨울에 김장보다 더 급한 일에 매어 영하 10도 가까이 내려가는데도 배추를 거둘 수가 없었다. 무는 제때에 거두고 배추는 생채소로 보관할 것만 거두고 김장용은 신문지 두세 겹으로 고깔을 만들어 씌우고 벗겨지지 않도록 묶어줬다. 천막을 덮어주면 번거롭기도 하거니와 습해를 입을 수도 있어서다. 그렇게 해서 12월 중순에야 배추를 거뒀다. 겉잎은 얼었는데도 김치는 담가본 중에 제일 아삭하고 개운한 맛이었다.

산골로 이사 올 때만 해도 무구덩이 파고 김칫독을 묻으리라 별렀지만 암반처럼 돌이 박힌 산골에서는 장비를 동원하지 않고선 어림도 없다. 일찌감치 단념하고 김치는 냉장고, 무는 아이스박스 또는 스티로폼 박스를 이용한다. 신문지에 싸서 박스 안에 차곡차곡 담아놓고 먹다가 이듬해 한낮 기온이 후끈해질 때쯤에 남아 있는 무를 냉장고로 옮긴다. 이렇게 하면 5월 하순까지 김장 무를 먹을 수 있다.

배추도 김장은 적당량 담그고 생채소로 보관한다. 신문지에 싸서 골판지박스에 담아두면 보관 장소가 냉골이라 심하게 얼기도 하지만 해동되면 맛있게 먹을 수 있다. 배추 수확이 늦어져 고르게 파종하지 못한 보리나 밀은 이듬해 봄이 되기 전, 2월 중순경에 채워 심는다.

토착종 무씨 개량종 무씨

먹는 방법

배추와 무를 가장 많이 사용하는 것은 역시 김장이다. 속이 꽉 채워지지 않은 배추, 겉잎이 시퍼렇고 억세 보이는 배추가 고소하게 씹히는 맛은 더 좋다. 김장 양념은 고춧가루와 홍고추를 반반 섞든가 홍고추를 좀더 많이 넣되 너무 걸쭉하지는 않게 한다. 맑은 느낌이 나도록 담그면 생배추 맛이 진하고, 숙성되면 좀더 시원해져 오래 둬도 아삭하다. 무김치는 따로 담기도 하고, 큼지막하게 썰어 양념에 버무린 포기 배추 사이에 박아두면 배추도 맛있고 은근하게 간이 배인 무도 맛있다.

다듬어낸 배추 겉잎은 꾸덕꾸덕 말려 간장장아찌를 담그기도 하는데 주로 삶아서 나물이나 국거리로 활용한다. 심심하게 된장에 버무려서 냉동 보관하면 조금 오래 묵혀도 잡내가 덜 난다. 배춧잎나물은 된장볶음을 하거나 짜장이나 카레로 맛을 내도 좋고, 고사리들깻국을 끓일 때 귀한 고사리는 양을 좀 줄이고 넉넉하게 장만해둔 우거지를 듬뿍 넣으면 개운한 국물과 함께 푸짐하게 먹을 수 있다.

저장 배추는 생채소가 귀한 겨울철에 중요한 반찬거리다. 살짝 절인 배춧잎으로 통밀전이나 동부전을 부쳐도 맛있다. 색깔 곱고 단맛이 좋은 배추 속대로는 샐러드, 생채, 꼬막이나 굴무침 등을 만든다. 육수를 넉넉하게 부어 국물까지 먹으려면 배춧잎으로만 들깨찜을 해도 좋고, 여기에 손수 만든 가래떡을 넣으면 마지막 국물 한 숟갈까지도 꿀맛이다.

겨울에 만드는 잡채에 배춧잎은 단골 재료다. 속잎이면 더 맛있고 시퍼런 겉잎을 볶아 넣어도 씹히는 맛이 진하고 달다. 얼었다 녹은 배추는 겉껍질이 살짝 벗겨지는데 삶으면 신선한 배춧잎과 다름이 없고, 오히려 단맛은 더 진해서 호박된장장아찌를 얹어 쌈밥으로 먹으면 아마 누구라도 깊은 맛에 매료될 것 같다.

잘 숙성된 김치에 카레가 더해지면 각각 지니고 있는 고유의 맛이 잘 살아난다. 굴이나 조갯살을 넣으면 더 맛있는 김치카레는 밥 외에 손국수 · 수제비 · 만두에 얹어도 좋고, 김치는 배추김치 · 깍두기 · 총각무 어느 것이라도 다 감칠맛을 낸다. 열을 가하면 유산균이 죽는다지만 식감을 자극하기에는 볶은 김치가 제격이다. 김치볶음밥, 김치전, 김치볶음밀쌈, 김치잡채도 만든다. 죽 · 수제비 · 칼국수에 넣고 끓이면 시원한 맛이 더해지고, 잘게 썰어 참기름 · 통깨를 넣어 조물조물 무쳐 고명으로 올려도 된다. 고등어조림도 겨울이면 신 김치로 맛을 낸다.

솎은 김장 무는 자란 정도에 따라 부드러운 나물, 시원한 물김치, 갖은 양념을 해서 김치를 담그면 김장이 좀 늦어져도 상차림이 풍요롭다. 첫 번째로 솎은 김장무는 부드럽고. 두 번째 솎아서 담근 김치는 뿌리도 맛있지만 통통하게 자란 잎의 아삭하고 풋풋한 맛이 더 좋고, 마지막 솎아낸 무는 심지도 않은 총각무 먹는 재미를 안겨준다.

무의 톡 쏘는 듯한 맛과 매큼한 향은 위암이나 식도암 등에 강한 항암작용을 하고, 뿌리는 소화를 좋게 한다. 전분이 많은 밥, 고구마, 감자에 무김치를 곁들여 먹으면 맛도 더 좋고 소화도 잘되는 이유가 그런 데 있다. 또한 식품에 남아있을 수 있는 독을 제거하는 성분이 있어 생선회에 곁들이기도 하고, 메밀묵의 묵장에도 무즙을 넣는다. 메밀전의 소를 만들 때도 반드시 무채가 들어간다. 낮은 열량, 풍부한 섬유질, 지방 배출, 당뇨에 따른 갈증 해소, 혈액순환 촉진 등 여러 효능을 지닌 무는 겨울철이면 반드시 먹어야 할 식품이다.

보약과 다름없는 저장 무는 생채로 많이 먹는다. 칼칼하게 버무린 무생채에 통깨 대신 볶은 들깻가루를 넣으면 고춧가루의 자극적인 맛이 조금 순해진다. 제철인 굴과 궁합을 맞춰 생굴무생채, 무굴국, 무굴밥, 무굴찜을 만든다. 겨울에서 봄으로 넘어갈 때 늦추위가 기승을 부리면 신진대사 균형이 깨지기 쉽다. 이럴 때 몸에 좋은 음식이 신선한 채소와 해조류다. 사천 서포에 있는 지인에게 굴을 주문하면 바닷가에서 채취한 해조류도 같이 보내줘 해마다 제철에 거둔 바다 음식을 먹는다. 톡톡 씹히는 맛이 좋은 모자반은 무와 섞어 고춧가루 양념으로 버무리거나 식초와 소금으로 초무침을 하는데 양념이 단순한 초무침은 무채를 곱게 썰어야 감칠맛이 잘 살아난다.

들깻가루를 넣어 무들깨국을 끓여도 구수한 맛이 좋고, 생선 조릴 때처럼 도톰하게 썰어 들깻가루를 넉넉히 넣고 고춧가루 약간 넣어 푹 조리면 속을 든든하게 채우면서 소화제 노릇까지 톡톡히 해낸다. 무찜은 들깻가루만 넣거나 굴만 넣어도 좋지만 굴과 들깻가루를 같이 넣으면 더 맛있다.

저장 무는 봄나물과 만나면 또 한 번 새로워진다. 돌나물 물김치에 넣어도 좋고, 녹비식물인 갈퀴의 연한 잎이나 월동쪽파 · 실파 · 부추를 넣어 무치면 곁들이는 채소 맛을 한껏 살아나게 한다. 시들거나 얼었다 녹은 무도 된장찌개에 넣고 끓이면 단맛이 난다. 멸치나 디포리를 우려낸 육수에 된장을 풀고, 무를 얄팍하게 썰어넣고 끓이다가 불 끄기 직전에 달래를 넣으면 향긋하고 구수하게 입맛을 사로잡는다.

자운 **레시피**

배춧잎 쌈밥

 재료

배추 겉잎 10장, 애호박된장장아찌 약간, 현미밥 1공기

만드는 방법

① 시퍼렇고 질긴 겉잎은 끓는 물에 익힌다. 데치는 것과 삶는 것 중간 정도로 익혀 찬물에 헹궈 물기를 꼭 짠 뒤, 꼬깃꼬깃해진 배춧잎을 한 장 씩 판판하게 펴둔다.

② 호박된장 장아찌는 살이 단단한 것으로 한 조각을 잘게 썬다.

③ 배춧잎에 밥 한 숟갈, 호박장아찌 약간 올려 돌돌 말아 준다.

④ 접시에 배춧잎쌈밥을 돌려 담고, 남은 배춧잎은 잘게 찢어 호박된장과 같이 담아낸다.

자운 **레시피**

김치카레 호박수제비

재료

포기가 작은 묵은 김치 ½포기, 바지락살 약간, 물 550ml, 카레분말 7큰술, 후추, 들기름, 대파

늙은호박 수제비 반죽 : 밀가루 300g, 늙은호박 간 것 1컵, 소금 1작은술

만드는 방법

① 늙은호박 과육을 작게 썰어 분쇄기에 곱게 간다. 밀가루에 소금을 넣고, 호박은 수분을 감안해 두세 번 나눠 넣으며 약간 질게 반죽해 매끄럽게 치댄다.

② 배추김치와 배추 사이에 박아 넣은 무도 같이 준비해 양념은 약간만 걷어내고 손가락 한 마디 길이로 썰고, 대파는 송송 썬다.

③ 냄비에 기름을 두르고 김치를 달달 볶다가 물을 붓고 바지락살을 넣어 김치가 푹 익도록 끓인다.

④ 카레를 물에 풀어 김치볶음에 넣고 국물이 걸쭉해지면 대파와 후추를 넣는다.

⑤ 끓는 물에 수제비 반죽을 얇게 떠어 넣고 삶아서 찬물에 한 번 담갔다 건져 물기를 뺀다. 김치카레와 한 그릇에 담아낸다.

* 수제비 반죽은 국물에 끓일 때보다 얇게 뜯어 넣고, 부르르 끓어오르면 찬물을 부어 가라앉히기를 두세 번 반복해서 익히면 속까지 부드럽게 익고 쫄깃하다.

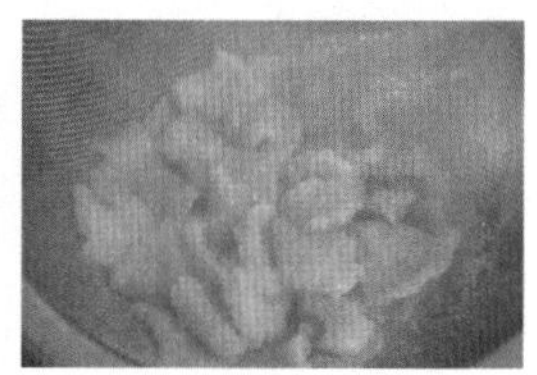

무굴생채

재료

무 300g, 생굴 150g, 쪽파 7줄기, 고춧가루 · 멸치액젓 2큰술, 다진 마늘 1큰술, 다진 생강 1작은술, 통깨 1큰술

만드는 방법

① 굴은 바닷물과 비슷한 염도의 소금물에 씻어 껍질과 이물질을 골라낸 뒤, 체에 밭쳐 물기를 뺀다.

② 무는 잔뿌리를 떼어내고 껍질째 씻어 채 썰고, 쪽파는 손가락 한 마디 길이로 썬다.

③ 멸치액젓에 고춧가루를 미리 풀어둔다.

④ ③에 채 썬 무를 먼저 넣고 버무리다 쪽파, 마늘, 생강을 넣고 더 버무린다.

⑤ 굴을 넣어 살살 섞은 다음 통깨를 넣는다.

무시래기밥

재료

무 350g, 삶아서 껍질 벗긴 시래기 100g, 현미 2컵, 맛간장 1큰술, 들기름 · 삭힌 고추 약간씩

만드는 방법

① 시래기는 40분가량 푹 삶는다. 부드러워지면 찬물에 헹궈서 물기를 뺀 뒤 껍질을 벗긴다.

② 무는 채 썰고 시래기는 잘게 썰어 간장과 들기름을 넣고 조물조물 무쳐 밑간을 한다.

③ 현미는 씻어서 불리지 않고 곧바로 솥에 안치고, 밥물을 붓고 밑간을 한 시래기와 채 썬 무를 올려 밥을 짓는다.(밥물은 약간 적게 한다.)

④ 소금물에 삭힌 고추의 꼭지를 잘라내고 다지듯 잘게 썬다. 맛간장, 고춧가루, 대파, 참기름, 통깨를 넣고 양념장을 만든다.

⑤ 밥이 뜸 들면 훌훌 섞어서 담고, 양념장을 곁들인다.

마늘과 상추

마늘	
심는 때	9월 하순~10월 초순
심는 법	씨마늘을 직파
거두는 때	6월 초순~중순
관리 포인트	월동작물은 짚이나 왕겨를 덮어주고 굵은소금 뿌려주기

상추(개량종)	
심는 때	3월 중순~5월 초순, 8월 중순~9월 초순
심는 법	직파 또는 모종
거두는 때	5월 중순~7월 초순, 3월 중순~5월 하순
관리 포인트	월동작물은 짚이나 왕겨를 덮어주고 굵은소금 뿌려주기

냄새조차 감당할 수 없었던 마늘을 맛있게 먹은 적이 딱 한 번 있었다. 귀촌 첫해 가을, 별학섬 고방연구원에서 가을 파종하고 남은 마늘 몇 알을 얻어 약이다 생각하고 곱게 다져 감자채 볶음에 넣어봤다. 놀랍게도 역겹기 짝이 없던 마늘 냄새가 부드럽게 다가왔다. 감자만 볶았을 때보다 더 맛있고, 아주 조금 넣었는데도 향이 무척 진했다. 게다가 감자볶음 한 접시를 후딱 비우고 났을 때 뒷맛이 입가심한 듯 개운했다. 세상에 마늘을 먹고 개운하다니…. 그제야 마늘도 마늘 나름이구나, 무조건 고약한 것은 아니구나 생각은 했지만 직접 심지는 못했으므로 마늘에 대한 생각은 다시 원위치로 돌아갔다.

그 마음이 확 바뀌기는 산골서 두 해 농사를 짓고 나서, 김치가 밥상의 중심이 되면서였다. 향도 덜하고 비싸기만 한 마늘을 사다 먹을 게 아니라 나도 심어보자 해서 동네 어르신에게 석 접을 사서 반접을 심었다. 내 농사법을 알고 계신 어르신이 대뜸 그렇게 하려거든 심지도 말라고, 아까운 마늘만 버린다고, 심으려거든 심기 전에 거름을 넉넉하게 하고, 물을 자주 줘야 하니까 물 대기 좋은 곳에 심으라고 몇 번이나 당부하셨다. 어르신 말씀은 참고사항, 재배법은 그간 이론으로 익혔던 태평농법이다.

마늘과 궁합 맞춰 심는 상추의 파종 시기는 당연히 가을이다. 본래 상추는 가을에 심어 월동한 후, 이듬해 봄에 거두어 먹고 여름이면 씨앗을 받는 작물이다. 그러나 요즘 유통되는 개량종 상추는 주로 봄에 심는다. 노지 월동 여부는 장담할 수 없다.

심고 가꾸기

가을에 심어 늦봄에 거두는 마늘은 병충해가 적기 때문에 종자가 실하고 땅이 기름지다면 큰 어려움 없이 재배할 수 있을 것 같다. 또 상추와 같이 심으면 봄이 됐을 때 풀에 덮이지도 않고, 왕겨나 짚으로 멀칭을 충분히 하면 상추가 없어도 풀은 거의 자라지 않는다. 하지만 산골 텃밭에 심은 상추는 노지 월동이 어려운 개량종이라 마늘과 궁합을 맞추기가 어렵고, 마늘 역시 인위적인 방법으로 재배된 종자를 척박한 땅에서 비료 없이 키우기란 애당초 무리였을 것이다. 공부한다 생각하고 심은 마늘농사의 목표는 주아主芽(자라서 줄기가 되어 꽃을 피우거나 열매를 맺는 싹)였다. 마늘종에 맺히는 주아를 받아 심으면 통마늘이 되고, 통마늘을 심으면 쪽이 네댓 개 되는 씨마늘이 나온다. 이렇게 해서 씨마늘을 확보하고 싶었다.

생태적으로 월동작물인 재래종 상추를 봄에 심으면 조금 자라다 서둘러 결실기에 들어간다. 채종용이라면 봄에 심어도 되지만 식용은 가을에 심는다. 옮겨 심으면 뿌리 발육이 부진하고, 꽃대가 일찍 올라와 성장기간이 짧아지므로 심는 방법은 직파가 적당하다. 반면 개량종은 옮겨 심어도 잘 자라고, 노지에서 월동은 기후와 시설 조건 에 따라 달라진다. 가온하지 않는 비닐하우스에서는 월동이 가능해 가을에 심으면 초겨울과 이듬해 봄에 먹을 수 있고, 노지에서 자연 발아한 싹은 일부지만 월동이 된다.

심고 가꾸기는 개량종이 낫고 맛과 영양, 종자 관리 등은 재래종이 단연 우위다. 상추는 신경을 안정시키는 물질을 함유하고 있어 과하게 먹으면 한낮에도 꾸벅꾸벅 졸음이 쏟아지는데, 재래종이면서 월동

상추일 때 그 효능이 높고 맛이 진하다.

개량종 상추는 주로 봄에 심는다. 궁합이 좋은 쑥갓과 같이 심고 먹을 때도 같이 거둬서 먹는다. 개량종은 고온에서 발아율이 낮고 싹을 틔워도 크게 자라지 못하며 잘 자라다가도 기온이 높아지면 잎이 질겨지고 쓴맛이 받친다.

여름을 맞는 상추밭은 노지에서 자연 발아해 월동한 상추, 하우스에서 월동해 노지로 옮겨 심은 상추, 봄에 심은 상추 세 가지로 나뉜다. 꽃대 올라오는 시기는 옮겨 심은 월동상추가 가장 빠르다.

4년차 상추의 가을파종은 노지와 비닐하우스에 각각 직파와 모종 두 가지 방법이었다. 노지에 정식한 모종은 겨울 전에 손가락 두 마디 높이로, 직파한 씨앗은 서너 뿌리만 손톱만 하게 잎이 자랐으나 둘 다 겨울을 나지는 못했다. 비닐하우스에 정식했던 모종은 무난하게 월동해 이듬해 3월 하순 노지로 옮겨 심어 꽃대가 올라오기 전까지 거뒀다. 직파한 상추는 봄이 됐을 때 손가락 두 마디 정도 자란 꼬맹이라 그대로 뒀는데, 봄에 노지 파종한 상추보다 더 잘 자라 7월 초순까지 실하게 거둬서 먹었다.

비닐하우스 바닥은 작물이 자라기엔 무척이나 척박하고, 최저온도도 노지보다 약간만 더 높다. 외부와 크게 다른 점은 서리를 직접 맞지 않는다는 것이다. 그런데도 무사히 월동하는 것을 보면 땅심보다는 온도 영향이 큰 것 같다.

개량종 상추의 봄파종은 노지에, 가을 파종은 가온하지 않는 비닐하우스에 하고, 노지에서는 결실이 되도록 관리해서 자연발아하면 그 밭에 마늘을 심어볼 생각이다. 지력이 좋아지는 만큼 마늘 성장이 좀 나아지지 않을까 기대하고 있다.

마늘은 갓끈동부처럼 수확기가 빠른 작물에 이어서 심어도 되고, 마늘만 심는다면 고구마를 캐고 심어도 된다. 마늘을 심기 전에 상추 먼저 심어 싹을 틔운다. 상추처럼 작고 가벼운 씨앗은 깊이 심거나 피복물이 두꺼우면 발아가 부진하다. 직파할 때는 씨앗을 흙에 고루 섞어 물을 약간 축여 버무린 다음, 비오기 직전에 흩뿌리거나 줄뿌림 방법으로 심는다.

개량종 상추씨

마늘은 껍질이 벗겨지지 않게 쪽을 낸다. 미니괭이로 씨마늘이 쏙 들어가 앉을 정도로 구멍을 내서 싹 나는 부분이 위로 오게 심는다. 마늘과 상추를 같이 심은 밭은 왕겨나 짚을 두툼하게 덮어주고, 추위가 시작되기 전에 굵은 소금을 조금 넉넉하게 뿌려준다. 왕겨와 짚은 보온·보습과 자생초 차단, 소금은 동해凍害(추위로 입는 피해)를 방지한다.

씨마늘

3년차에 처음 심은 마늘은 심은 지 한 달 가까이 됐을 때 서너 개 싹이 나서 그대로 겨울을 맞았다. 어느 정도 자란 후에 추위를 맞으면 뿌리는 더 깊숙이 내려가지만 산골 마늘은 아예 뿌리를 내리지도 못했는지 표면 위로 나둥그러지는 게 많았다. 마늘을 깊게 심으면 싹이 더디 나고, 얕게 심으면 흙이 얼었다 녹는 과정을 반복하면서 마늘이 흙 위로 올라앉게 된다고 하는데 그런 이유보다는 부실한 토양이 원인이었던 것 같다.

미생물이 충분하면 흙이 부드러워 마늘뿌리가 자연스럽게 흙속으로 내려가지만, 아직 덜 회복된 산골 밭은 딱딱한 정도가 심해 뿌리가 내려가지 못하고 위에 덮인 흙과 두툼한 왕겨를 밀어내고 올라온 것이다. 딱딱하다는 것은 흙속에 있어야 할 미생물이 절대 부족하다는 것으로 토양이 기본을 갖추고 있다면 흙 위에 올려놔도 마늘은 누운 채 비스듬히 뿌리를 내리기도 한다.

춘분을 일주일 앞두고 겨우내 흙 위로 올라앉아 있던 마늘에서도 싹이 나 손가락 길이 정도 자라더니 얼마 지나지 않아 시름시름 말라 버렸다. 첫 마늘농사는 그렇게 끝이 났다.

비료나 농약 등 인위적인 방법으로 재배된 마늘을 심어야 한다면 지력이 더 살아난 후를 기약해보기로 작정을 했는데 4년차에 뒤늦게 생각지도 않은 씨마늘을 얻어 두 번째 마늘농사에 도전했다. 쪽을 내 50구 가량을 쥐눈이콩이 자랐던 밭에 심고, 볏짚을 잘라 두툼하게 덮은 뒤 굵은소금을 뿌려줬다. 11월 7일이었으니 남부지방이라도 늦은 시기인데 산골은 더 말할 것도 없었다. 당연히 싹은 나지 않았고 이듬해 양파 새잎이 올라올 때까지 마늘은 소식이 없었다.

단 한 구만이라도 싹이 돋아주길 바라면서 눈이 아프게 볏짚을 짚어보곤 했다. 바람이 통했는지 춘분을 1주일쯤 지난 3월 하순, 싹이 나기 시작해 거의 다 살아났다. 월동작물 재파종 시기인 2월 중순에 파종한 토종완두 싹이 날 때야 마늘도 세상 밖으로 나온 것이다. 볏짚 틈새로 일어서는 마늘 싹은 그즈음 선보인 싹들 중에 최고로 당차고 예뻤다. 월동작물 결실은 여름작물과는 다른 감동이다. 특히나 산골처럼 춥고 척박한 땅에서의 겨울나기는 견뎌내는 작물이나 지켜보는 농부나 다 같이 힘겹다. 가슴 뭉클하게 만들었던 마늘잎은 한 뼘 넘게 자랐지만 주아도 맺지 못했다. 마늘이라 부르기 민망할 정도로 작은 뿌리는 합쳐봐야 한 줌도 안 될 것 같다. 그래도 가을에 심어보려고 망에 담아 걸어뒀다.

흔히 마늘밭에는 물을 줘야 한다고 이야기하는데 밭 상태에 따라서 다르다. 화학적 경운을 하면 인산 부족으로 표면이 쉽게 말라 물을 줘야 하지만 무경운 밭에서는 그렇게 하지 않아도 된다. 소금이나 굴껍질을 뿌려주면 그 염분으로도 충분히 동해도 방지하고 보습성을 높이기 때문이다.

거두고 갈무리하기

마늘은 풋마늘일 때 마늘잎이라고 부르는 부위를 거둬서 무침이나 찜으로 먹는다. 마늘종이 주아를 맺으려면 가능한 한 건드리지 않아야 하지만 양이 많으면 맛보기로 거둬서 무침이나 볶음을 해먹거나 소금물에 삭혀 장아찌를 담근다. 본격적인 마늘 수확은 장마 전에 다 마친다.

상추는 자라는 대로 거둬서 먹는다. 잎을 딸 때는 줄기 아래쪽에서부터 줄기에 바짝 붙여서 따고 어중간하게 남기지 않는다. 꽃대가 올라오면 잎이 질겨지고 시간이 더 지나면 쓴맛이 받치지만 꽃대는 아삭한 맛이 좋아 먹을 수 있다. 양이 많으면 씨앗 받을 것만 남기고 나머지는 대를 잘라 식용으로 갈무리한다. 상추는 개량종도 상황에 따라 씨앗을 받을 수 있다. 씨앗이 작고 가벼워 시기를 놓치면 다 흩어져버리는데 그렇게 되기 전에 잘라서 말리거나 원하는 자리에 자연 산파되도록 대를 잘라 바닥에 흩어놓는다.

먹는 방법

지나치게 맵고 짠 음식은 피해야겠지만 자연스러운 식재료의 매운 맛은 혈액순환을 좋게 하며 면역력을 높여준다. 내가 몸이 부실했던 이유 중에는 매운맛 나는 음식을 거의 먹지 않았던 것도 포함된다.

마늘 농사를 잘 지으면 마늘 예찬론자가 될지 몰라도 지금도 마늘은 잘 먹지 않는다. 마늘이 꼭 들어가야만 하는 음식을 잘 만들지 않는다는 말이다. 꼭 들어가야만 하는 요리, 예를 들면 생선이나 육류

같은 것이다. 육류는 거의 먹지 않고, 생선은 조림보다는 구이를 좋아해서 마늘을 쓸 일이 드물다. 김치 양념은 마늘보다 생강을 애용하고, 겉절이나 생채는 생략할 때가 많고, 많이 먹는 나물요리는 여간해 마늘을 넣지 않는다.

사먹는 마늘빵은 버터의 느끼한 맛 때문에 잘 먹어야 본전이고, 먹을 땐 좋아도 뒷맛이 몹시 거북했다. 직접 만들면 남다른 맛이 나지 않을까 싶어 만들어본 마늘빵은 기대치를 넘었다. 중심 재료가 되는 빵은 약간 단단해야 좋다. 너무 부드럽거나 푸석거리면 마늘소스가 흥건하게 배어 느끼할 수도 있다. 산골에선 찐빵으로 만든다. 밀가루에 현미가루를 섞어 막걸리로 되직하게 반죽해 오랜 시간 발효시켜 바게트처럼 길쭉하게 모양을 잡아 찜솥에 찌면 겉은 탱탱하고 속은 쫄깃하다.

소스는 버터보다 올리브유가 덜 느끼하고 방앗잎 분말을 넣으면 마늘 향이 은근해진다. 오븐에 구우면 좀더 깔끔하겠지만 올리브유로 만든 소스는 프라이팬에 구워도 된다. 소스를 약간 되직하게 만들어 약불로 구우면 소스가 바닥에 들러붙지 않아 프라이팬이 깔끔하고, 바삭한 겉맛과 현미빵 특유의 구수한 맛이 맛깔스럽게 어울린다.

제일 맛있는 상추는 봄에 먹는 월동상추다. 상추의 맛과 약성은 노지에서 월동했을 때가 가장 높고, 개량종이라도 월동한 상추는 봄에 심어 여름에 거두는 상추보다 맛이 진하다. 한겨울 상추는 조금 심심하고, 겨울 지나 봄기운 슬슬 일어날 때부터가 맛있다.

쌈채소로 애용하는 상추는 흔히 돼지고기 쌈을 싸는데 둘 다 찬 음식이라 궁합이 맞지 않는다. 돼지고기는 배추, 깻잎 또는 알싸한 향이 풍기는 생강나무 잎과 궁합이 잘 맞는다. 쌈을 쌀 때는 쑥갓 몇 잎 얹어 호박된장 장아찌를 쌈장처럼 곁들이면 감칠맛이 좋아지고, 멸치액젓과 고춧가루 양념으로 버무린 상추쑥갓생채는 상추만 먹을 때보다 더 맛있다.

상추도 양상추처럼 샌드위치를 만들기 좋은 재료다. 좀더 풍미를 살리려면 채소를 넣어 반죽한 밀전병에 상추, 부추, 양파 등 생채소를 적당히 섞어 케첩을 약간만 뿌려 돌돌 말아준다. 삶은 참취잎을 갈아 넣은 밀전병의 풋풋한 빛깔은 상추를 더 먹음직스럽게 만든다.

고추장샐러드는 상추에 양상추, 쑥갓, 양파 등 간단한 채소 몇 가지를 넣고 양념은 고추장을 기본으로 해서 새콤달콤한 맛을 낸다. 과일즙이나 육수를 넣어 양념을 조금 묽게 만들어 버무린다. 채소 질감과 맛이 잘 살아나는 고추장샐러드는 맨입에 먹어도 좋고, 비빔국수나 비빔수제비로 변화를 주면 간편한 준비로 푸짐하게 즐길 수 있다.

살짝 데쳐서 무친 상추나물은 그저 그런데 상추된장국은 아삭하게 씹히면서 국물이 무척 시원하다. 멸치와 다시마만 우려내도 깔끔하고 조갯살을 넣으면 한층 구수해진다. 된장국물이 팔팔 끓을 때 상추를 넉넉히 뚝뚝 뜯어 넣고 살짝 끓여주면 국물이 그렇게 시원할 수가 없다. 단, 오래 끓이면 시원한 맛이 덜하다. 맹할 것 같은 국물이 왜 진한지는 나중에 물김치를 담가보고 알았다.

상추 잎이 조금 크게 자랐거나 거두는 양이 많으면 밀가루 반죽에 섞어 전을 부치거나, 생잎 그대로 간을 조금만 강하게 해서 김치나 물김치를 담근다. 꽃대가 올라올 무렵이면 잎이 질기고 쓴맛이 받쳐 날것으로 먹기는 거북하지만 물김치는 이런 잎으로 담그면 더 맛있다. 시간이 지날수록 상추 진액이 녹아들어 국물 색깔도 진해지고 맛도 깊어진다. 입맛이 텁텁할 때 먹으면 속을 가라앉혀 주고, 손국수를 말면 그 맛이 일품이다. 작고 질긴 잎을 떼어낸 줄기는 한입 크기로 잘라 초고추장에 무친다. 꽃망울이 맺히기 전이라야 아삭하게 먹을 수 있다.

자운 **레시피**

상추물김치 쑥갓국수

재료

상추물김치 : 상추 150g, 물 9컵, 양파 ½개, 고춧가루 1큰술, 홍고추 7개, 청고추 2개, 다진 마늘 · 생강 2큰술씩, 보릿가루 4큰술, 소금 약간

쑥갓국수(3인분) : 밀가루 300g, 쑥갓 90g, 소금 1작은술, 물 70ml(채소 수분에 따라 가감)

만드는 방법

① 상추는 씻어서 건지고, 양파는 채 썰고, 홍고추 5개는 잘게 썰어 곱게 갈고, 나머지 고추는 어슷하게 썬다.

② 물 3컵에 보릿가루를 풀어 풀국을 끓여서 식힌 뒤, 덩어리지지 않게 체에 내려 소금으로 간한다. 고춧가루, 마늘, 생강을 면포에 담아 나머지 물에 넣고 조물조물 주물러 우려내 홍고추 간 것을 넣는다.

③ 김치 담을 용기에 상추를 손으로 뜯어 넣고 양파, 고추, 양념국물, 풀국을 부어 한나절 실온에 두었다 냉장 보관한다.

④ **쑥갓국수 만들기** : 쑥갓을 씻어서 물기를 뺀 뒤 분쇄기에 간다. 쑥갓 간 것, 밀가루, 소금, 물을 섞어 되직하게 반죽해 랩으로 덮어 30분 이상 두었다 한 번 더 치댄다. 덧가루를 뿌려가며 얇게 밀어 2~3번 접어서 가늘게 썬다. 팔팔 끓는 물에 삶아 찬물에 헹군다.

⑤ 쑥갓국수에 상추물김치를 붓고 송송 썬 대파, 삶은 달걀, 통깨 등을 기호에 맞게 올린다.

자운 **레시피**

상추말이 취나물 전병

재료

상추 한 줌, 부추 약간, 양파 ¼개, 토마토케첩 · 수제 요구르트 약간씩, 취나물 통밀반죽 150g

취나물 통밀반죽(3인분) : 통밀가루 350g, 데쳐서 곱게 간 참취 100g, 물 60ml, 소금 1작은술

만드는 방법

① 삶아서 간 참취를 통밀가루에 섞어 되직하게 반죽해 냉장고에서 여러 날 숙성시켜 4~5개로 나누어 밀대로 얇게 민다.(되직하게 반죽해 오래 숙성시키면 덧가루를 뿌리지 않아도 얇게 밀 수 있고, 덧가루를 묻히지 않아야 구웠을 때 깔끔하다.)

② 상추와 부추는 씻어서 소쿠리에 밭쳐 물기를 뺀다.

③ 취나물 반죽에 밀가루가 묻었으면 털어내고, 프라이팬을 달궈 약불로 줄여 기름 없이 바삭하게 굽는다.

④ 상추 대여섯 장과 양파, 부추를 잘게 썰어 케첩과 요구르트를 반반 섞어 비빈다.

⑤ 취나물전병 한 장에 물기를 제거한 상추를 두세 장 깔고, ④를 올려 벌어지지 않게 잘 말아준다.

현미마늘빵

 재료

빵 반죽 : 통밀가루 350g, 현미가루 150g, 소금 ½큰술, 황설탕 1큰술, 막걸리 250ml

다진 마늘 3큰술, 올리브유 4큰술, 황설탕 2큰술, 방앗잎 분말 1작은술

만드는 방법

① 빵 반죽이 손에 묻어나지 않을 정도로 되직하고 찰지게 반죽한다. 현미가루, 밀가루, 소금, 황설탕에 막걸리를 넣어 매끄럽게 치댄 뒤 상온에서 발효시켜 2배 이상 부풀어 오르게 한다. 1차 발효한 반죽은 세 등분해서 중간발효시킨다. 납작하게 눌러 기포를 빼고 단단하게 말아 이음새가 벌어지지 않게 여민 뒤, 바게트처럼 길쭉하게 모양을 잡는다.

② 성형한 반죽은 면포를 깔고 찜틀에 올려 2차 발효 후 30분가량 찐다. 식으면 식빵 두께로 썬다.

③ 다진 마늘과 황설탕, 방앗잎 분말, 올리브유를 고루 섞어 소스를 만들어 빵 한 쪽 면만 얇게 바른다. 팬이 달궈지면 약불로 줄이고 빵의 다른 면에도 소스를 발라 뒤집어가며 노릇노릇하게 굽는다.

상추된장국

 재료

상추 두 줌, 된장 1큰술, 육수 3컵, 부추 · 조갯살 약간씩

만드는 방법

① 상추는 씻어서 소쿠리에 밭쳐 물기를 뺀다.

② 육수에 된장을 풀어 팔팔 끓으면 조갯살을 넣어 끓인다.

③ 국물이 충분히 끓으면 상추를 손으로 뜯어 넣어 조금만 더 끓인다.

* 꽃대가 올라올 무렵의 약간 질긴 상추로 끓이면 맛이 더 진하다.

* 상추는 넉넉히 넣고 국물은 오래 끓이지 않는다.

양파와 시금치

양파	
심는 때	8월 중순~하순
심는 법	모종
거두는 때	6월 초순~중순
관리 포인트	월동작물은 왕겨나 짚으로 덮어주고 굵은소금 뿌리기

시금치(개량종)	
심는 때	3월 하순~4월 하순, 9월 초순~중순
심는 법	직파
거두는 때	5월 중순~6월 초순, 3월 하순~4월 하순
관리 포인트	월동작물은 왕겨나 짚으로 덮어주고 굵은 소금 뿌리기

밥 먹고 상을 치운 지 한참이 지나도 달콤하고 상큼한 양파의 여운은 입안에 길게 남는다. 수확한 게 얼마 되지 않아 바가지에 담아 밀쳐놓고 거들떠보지도 않다가 밤톨만한 양파를 하나 집어 들었다. 껍질을 벗기는 동안 눈물깨나 뺐다. 언제부턴가 양파를 까면서 이렇게 눈물을 흘린 적이 없던 터라 '고것 참 맹랑하네' 싶었다. 눈물이 그렁한 눈으로 봐서일까, 껍질을 벗긴 양파는 참 예뻤다. 뽀얗고 탱글탱글한 알을 보며 군침을 삼키다 입에 쏘옥 집어넣었다. 아삭아삭 소리도 좋고, 사르르 녹을 것처럼 달고 시원하기가 이루 말할 수 없었다.

어느 요리전문가는 춘장에 찍어먹기에는 양파보다 대파가 더 맛있다고, 대파뿌리 쪽의 흰 부분을 먹어보라는 이야기를 하던데 무농약 · 무비료 · 무경운 자연농법으로 손수 재배한 양파가 훨씬 더 맛있다. 매콤하기보다는 달고 시원한 맛이 진하다. 양파가 원래 이런 맛이었나 싶을 만큼. 지금까지 먹었던 매운맛이 양파의 전부가 아니다. 밥때마다 후식으로 양파를 한 알씩 먹었는데 마지막 남은 한 개를 집어들 때 어찌나 아쉽던지. 별 수 없이 다음 농사를 기약했다.

남들도 이 맛을 알까 싶다. 이 맛을 알면서도 크기를 키우기 위해 거름을 넣을까? 산골 텃밭의 양파는 거름을 하지 않았다는 것 외엔 시중 양파와 다름이 없다. 그런데 그렇게나 다르냐고? 3년차에 첫 재배한 양파는 꼴을 보면 수확이란 말이 가당치도 않았지만 맛만큼은 '수확'이라는 두 글자를 붙여주기에 부족함이 없었다. 크고 맛이 있으면 더 바랄 게 없지만 이런 맛이라면 크기가 작아도 박수받을 만하다.

양파와 함께 심으면 좋은 작물이 시금치다. 양파와 시금치를 한 밭에 심으면 서로의 성장을 좋게 하고, 시금치가 고루 자라면 자생초 차단 효과도 높다.

심고 가꾸기

양파는 지온에 따라 성장의 편차가 심해 산골처럼 지온이 낮으면 겨울 전에 뿌리를 내릴 수 있게 조금 앞당겨 심는다. 본래 시금치는 추운 기후에서 자라는 작물이지만 개량종은 따뜻한 기후에서 재배하게끔 개량되어 양파와 궁합을 맞추려면 재래종이 적합하다. 재래종이라도 지온이 너무 낮으면 발아가 어렵고 초기 성장도 부진하다. 중부이남은 9월 하순경, 산골은 그보다 보름 정도 앞당겨 심는다.

시금치 개량종과 재래종은 씨앗 생김새부터가 다르다. 개량종 시

금치는 동글동글한 열무씨앗과 비슷하게 생겼고, 재래종은 뿔처럼 돋아나 맨손에 닿으면 따끔따끔하다. 잎 모양새도 개량종은 조금 밋밋하고 재래종은 길쭉하면서 가장자리가 깊이 패어서 쉽게 구분할 수 있다. 재래종은 껍질이 두꺼워 개량종보다 발아는 늦지만 추위에 강해 노지 월동이 무난하고, 개량종은 쉽게 싹이 트는 대신 노지 월동은 주변 환경에 따라 다르다. 가온시설이 없어도 비닐하우스에서는 월동이 되고, 노지에서도 지온이 적절하면 재배할 수 있다. 재래종을 봄에 심으면 곧바로 결실기에 들어가므로 씨앗 채종이 목적이라면 봄에 심어도 된다. 재래종은 씨앗을 받을 수 있지만 개량종은 씨앗 채종이 안 되는 1회성 작물이다. 재래종 씨앗은 비교적 재배지가 많은 남부지방 재래시장에서 구할 수 있다.

몇 해 전 4월 초순, 경남 곤명에 자리한 태평농 본관에는 두 뼘 넘게 자란 재래종 시금치의 꽃이 한창이었지만 산골은 비닐하우스에서 월동한 재래종만 서너 포기 가녀리게 꽃이 피고는 그만이었다. 그런가하면 산골서 불과 차량으로 30분 거리에 있는 지인의 밭에는 개량종 시금치가 파릇하게 살아있었다. 가을에 뿌린 씨앗이라고 하는데

아주 잘 자라 있었다. 거름을 두둑하게 준 땅이고, 바람이 적당히 가려지면서 빛이 잘 들며, 온도도 산골보다 평균 5도 가량 높다. 조건이 갖춰지면 개량종도 노지 월동이 가능한 것이다.

양파와 시금치는 산성토양에 아주 약한 작물이라 한다. 그래서 시금치는 조건이 맞지 않으면 발아도 어렵고, 싹이 나더라도 잎이 누렇게 변하면서 말라버린다고 한다. 재래종임에도 노지 월동이 어려운 이유는 토양이 산성인 것보다는 전체적으로 땅심이 덜 회복되어서인 것 같다. 경운한 땅은 심하게 마르고, 경운하지 않더라도 미생물이 부족한 땅에서는 성장이 부실하다. 특히 가을파종 작물이 더 크게 영향을 받는다. 지온이 낮고 표면이 말라도 통기성이 좋으면 흙속의 적당한 지온과 수분이 표면으로 올라와 싹을 밀어내지만 통기성이 부족하면 표면은 차갑게 말라있어 싹을 틔우기 어렵다. 이럴 때는 파종시기를 조금 앞당기고, 약간 골을 내서 심고 왕겨나 짚 등으로 적절하게 덮어주는 것이 좋다.

양파는 종묘상에서 구입한 씨앗 한 봉지로 2년은 심을 수 있다. 직접 싹을 틔워 옮겨 심거나 시중에서 모종을 사다 심는다. 산골농사 3년차에 처음으로 양파를 심었다. 모종 100구를 심었는데 수확은 겨우 두 주먹 분량이었다. 작물 성장이 부실했다면 빈자리에 풀이 많이 돋았을 것 같지만 3년차 마늘 · 상추밭, 양파 · 시금치밭은 왕겨 멀칭을 야무지게 한 덕에 이듬해 장마철이 지나도록 풀은 거의 돋아나지 않았다.

4년차 가을에는 참깨를 거둔 자리를 양파 · 시금치밭으로 정하고, 8월 중순에 만든 양파 모종을 10월 중순에 옮겨 심었다. 그즈음 9월 하순에 줄뿌림으로 심은 재래종 시금치는 고르게 싹이 돋아나 있었다. 전년도와 비교할 수 없을 정도로 발아율은 좋았지만 딱 손톱만큼 자라고는 흔적도 없이 사라졌다.

산골 농사 5년차, 월동한 양파는 경칩 무렵에 파릇하게 잎을 키워 내 하루가 다르게 색이 점점 진해졌다. 확실히 일 년 전보다 나아지긴

했어도 알이 너무 작고, 쪽파와 마찬가지로 흔적이 남아있지 않아 못 캔 양파가 수두룩했다. 뿌리를 캐지 않으면 다년생처럼 자란다고 하는데 후속작물로 심은 참외 줄기 틈새로 가늘게 올라온 잎이 있었다. 글쎄, 얼마나 크게 자랄지 궁금했는데 흐지부지되고 말았다.

하우스에서 월동한 개량종은 시금치는 시원찮고 재래종은 한 뼘 가까이 자라 꽃이 활짝 피었지만 씨앗은 맺지 못했다. 남은 씨앗이 많아 3월 하순경 노지에 개량종과 재래종을 심었다. 잘 자라준다면 재래종은 채종용이고, 개량종은 식용이다. 싹이 나기까지 재래종이 빠르긴 했지만 둘 다 무척 오래 걸렸고 발아율도 낮고 크게 자라지는 못했다. 하지를 지나 장마 초입에 개량종은 잎을 거둬서 먹고 재래종은 두 곳으로 나눠 심었는데 그 중 한 곳에서만 어렵사리 씨앗을 맺었다.

거두고 갈무리하기

양파는 꼿꼿하던 줄기가 쓰러지면 거둬도 되는데, 수확 적기는 2/3 가량 누웠을 때로 본다. 비가 올 경우엔 시기를 좀 늦추고, 늦어도 장마 전에는 거둔다. 수확 후 줄기는 손가락 두 마디 정도 되게 남기고 가위로 잘라 그늘진 곳에 펼쳐서 말린다. 장기 보관이 쉽지 않아 수확량이 많아도 걱정이라는데 나도 그런 걱정을 해볼 날이 왔으면 좋겠다.

시금치는 자라는 것 봐가면서 거둬서 먹고, 재래종 시금치는 봄에 꽃이 피어 결실을 맺으면 줄기째 잘라서 말린 후 씨앗을 받는다.

먹는 방법

양파는 음식의 주인공이 되기도 하지만 주재료 맛을 살려주는 부재료로 더 많이 애용한다. 산골 밥상의 주된 양념인 맛간장의 주재료가 바로 양파다.

음식 맛은 손맛보다는 식재료와 양념이 우선한다. 자연 농산물이라도 화학조미료로 양념을 한다면 그 본래의 맛을 찾기는 어렵다. 산골 밥상은 부득이한 경우만 소금을 넣고 대부분 간장으로 간을 한다. 집간장을 그대로 넣으면 짠맛이 강해 미역국을 비롯한 몇몇 국 종류를 제외한 무침 · 볶음 · 조림 · 샐러드 등 거의 모든 요리는 집간장으로 만든 '맛간장'을 이용한다. 집간장의 짠맛을 줄이면서 자연 단맛을 더해주는데 복잡하게 여러 재료를 넣을 것 없이 열을 가하면 달콤해지는 양파만 있으면 된다. 맛간장 한 가지만 잘 갖춰도 음식의 제맛을 살리기 좋고, 더불어 음식 만드는 솜씨도 쑥쑥 는다.

맛간장에 고춧가루, 풋고추, 파, 통깨를 넣어 양념장을 만들면 참기름은 없어도 그만이다. 가지구이, 애호박전, 찌거나 구운 만두는 물론 수제비나 칼국수도 심심하게 간을 해서 맛간장으로 만든 양념장을 얹어 먹으면 국물까지 시원하다. 간장장아찌도 맛간장을 활용하면 양조간장과는 비교할 수 없는 깊은 맛이 난다.

대개 매운맛 나는 식품은 몸을 따뜻하게 해준다. 양파의 매운맛에 담긴 성분도 역시 몸을 따뜻하게 하면서 혈액순환을 촉진시켜 위장 기능을 좋게 하고 신진대사를 원활하게 해준다. 콜레스테롤 수치를 낮추고, 혈액을 맑게 해서 당뇨 · 고혈압 · 혈관질환 등 현대인들이 겪기 쉬운 생활습관병 예방과 치료에 도움을 준다. 또 양파는 피로 해소에 좋은 비타민의 흡수를 높이기 때문에 과일이나 채소와 함께 먹으면 더 좋다.

황궁채, 나물배추, 상추, 양상추 등 생채소 샐러드나 샌드위치에 양파를 약간만 넣어도 밋밋한 채소가 감칠맛 나게 변하고, 샐러드소스나 생선조림도 양파가 더해지면 한결 개운하다. 날것으로 먹으면 영양 섭취하기도 좋아서 오이 · 풋고추에 섞어 초고추장으로 무치면 아삭하게 씹히면서 달고 시원하다.

볶으면 더 달콤해지는 양파는 맛간장 양념으로 양파만 볶아도 맛있고, 다른 채소류 볶음이나 채소를 볶아서 끓이는 국 · 탕에도 양파를 넣으면 맛있다. 짜장소스의 주재료인 춘장은 양파와 같이 충분히 볶으면 떫은맛이 사라진다. 짜장요리를 하려면 반드시 볶은 춘장을 사용하는데 맛있게 볶은 춘장에 양파를 찍어먹거나 무쳐서 먹는다.

산골농사 5년차 여름에는 오크라장아찌와 오이피클을 담그느라 양파를 많이 사용했다. 시판용이긴 하지만 중심이 되는 채소 맛을 잘 살려주면서 알맞게 간이 밴 양파의 감칠맛도 삼삼하다. 수확이 더 풍성해지면 칼칼한 김치나 달콤 짭조름한 장아찌도 담가볼 텐데 지금으로선 희망사항이다.

시금치는 노지에서 겨울을 난 재래종이 제일이고, 개량종도 월동시금치는 여름시금치보다 훨씬 맛있다. 직접 키운 월동시금치는 4년차 봄에 처음으로 맛을 봤는데 월동시금치라 해도 다 같은 시금치는 아닌 모양이다. 이듬해 입춘 무렵, 마트에서 판매하는 시금치와 지인이 하우스에서 재배한 시금치를 번갈아가며 먹었는데 우리 시금치와 맛이 달랐다. 다 같은 개량종인데도 무비료 · 무경운으로 키운 시금치 맛이 역시 뛰어났다.

시금치는 수산蓚酸 성분이 많아서 익혀 먹는 것이 좋다고 하는데 한 번 정도야 문제될 것이 있을까 싶어 첫 수확한 월동시금치를 날것으로 겉절이를 만들었다. 풋내도 나지 않고, 붉은 빛을 띠는 줄기 아래쪽에 단맛이 진하게 났다. 맨입에 먹기는 짭짤한데도 밥보다 겉절이에 눈이 가고 손이 갔다.

비타민A와 C, 칼슘, 철분이 풍부하며 알칼리성 식품인 시금치는 곡류 위주로 먹을 때 부족하기 쉬운 영양소를 함유하고 있어 밥 · 빵 · 떡과 곁들여 먹으면 좋다. 열량이 낮고 섬유소가 풍부해 변비, 건강 다이어트에도 좋은 식품이다. 맛과 영양가가 높은 시금치지만 궁합이 맞지 않는 식품과 같이 먹으면 역효과가 난다고 한다. 멸치나 두부와 같이 먹으면 멸치나 두부에 들어 있는 칼슘과 시금치의 수산 성분이 결합해 수산칼슘이 되는데, 이 성분은 칼슘의 흡수율을 낮출 뿐만 아니라 결석을 만들 수 있다고 한다. 그래서 시금치된장국은 멸치로 맛을 내지 않는다. 다시마만 우려내거나 밋밋하면 굴 · 홍합 · 바지락 · 미더덕 등 해산물로 맛을 더해준다.

시금치 들깨국수는 들기름에 양파와 시금치를 볶아서 육수나 물을 붓고, 바지락살과 들깻가루를 넣어 끓이다가 삶아서 건진 국수를 넣고 잠깐만 뒤적여준다. 더 시간을 끌면 국수는 퍼지고 시금치는 푹 물러지며 국물은 졸아들어 시금치 비빔국수가 된다. 그 맛도 괜찮긴 하지만 쫄깃한 국수와 구수한 국물을 같이 먹는 게 더 맛있다. 들깻가루와 시금치만으로도 맛이 나지만 국수도 이왕이면 맛과 소화력이 좋게 손으로 반죽한 통밀국수로 만든다.

겨울이면 모이만 축내는 산골 암탉은 날이 슬슬 풀리면 드문드문 알을 낳기 시작해 월동시금치를 먹을 무렵이면 정상적인 속도를 내서 달걀과 잘 어울리는 시금치요리에 때를 맞춰준다. 숨만 죽을 정도로 끓는 물에 살짝 데친 시금치와 양파 · 감자 · 당근을 볶아서 소금으로 간하고, 더운밥은 비비는 정도로 가볍게 섞어서 반쯤 익힌 달걀지단으로 말아주면 시금치 오므라이스가 된다. 더 간단하게 만들 수 있는 시금치 달걀볶음이나 시금치 달걀부침개도 시금치의 아삭하고 부드러운 맛을 잘 담아낸다. 수확량이 많으면 즙을 내거나 다져서 떡, 빵, 과자, 국수도 만들 수 있다.

자운 **레시피**

시금치 들깨국수

재료

시금치 120g, 양파 ¼개, 바지락살 ⅓컵, 들깻가루 5큰술, 맛간장 2큰술, 물 500ml, 들기름 약간, 국수 반죽 130g

국수 반죽(3인분) : 밀쌀 불려서 간 것 300g, 통밀가루 150g, 소금 2작은술, 물 60ml

만드는 방법

① 시금치는 다음어서 씻은 뒤 밑동에 칼집을 내거나 낱장으로 뗀다. 길이가 길면 반으로 자르고 양파는 채 썬다.

② **국수 만들기** : 물에 불려 분쇄기에 갈아 자연 숙성시킨 밀쌀과 통밀가루를 2 : 1로 섞어 소금과 물을 약간씩 넣으며 되직하게 반죽한다. 덧가루 뿌려가며 얇게 밀어 가늘게 썰고, 팔팔 끓는 물에 삶아 찬물에 헹군다.

③ 팬에 들기름을 두르고 달궈지면 양파와 시금치를 볶다가 물을 붓고, 국물이 끓으면 바지락살을 넣어 다시 보글보글 끓으면 들깻가루를 넣는다.

④ 약한 불로 줄인 후 국수를 넣고 한두 번 뒤적여 들깻가루를 솔솔 뿌려 담아낸다.

* 국수를 넣고 시간을 지체하면 국수는 퍼지고, 시금치는 물러지고, 국물은 졸아든다.

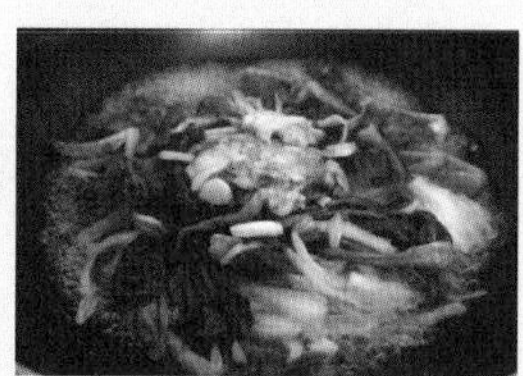

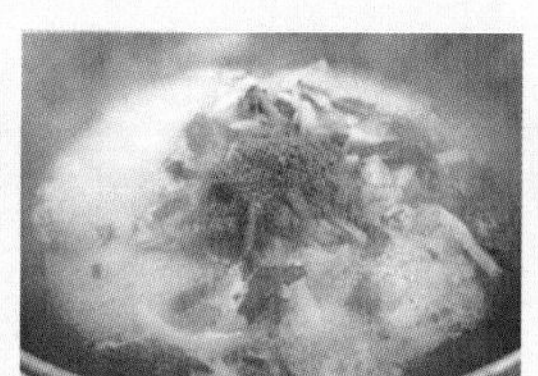

시금치 오므라이스

재료

다듬은 시금치 200g, 양파 ¼개, 감자 ½개, 당근 약간, 현미밥 1공기, 달걀 2개, 소금 · 후추 · 식용유 약간씩

만드는 방법

① 시금치는 숨만 죽을 정도로 끓는 물에 살짝 데쳐 찬물에 헹군 뒤, 물기를 짜서 잘게 썬다.

② 양파, 감자, 당근은 시금치보다 더 잘게 다지듯 썬다.

③ 팬에 기름을 두르고 달궈지면 ②의 야채를 먼저 볶다가 시금치 넣고 볶는다. 소금으로 간을 한 뒤 고슬고슬한 현미밥을 넣어 약간만 더 볶아 후추를 넣는다. 찬밥이라면 채소와 잘 섞이게 충분히 볶는다.

④ 달걀을 풀어 소금으로 간한다. 팬을 달군 뒤 약불로 줄여 달걀물을 넣고 반쯤 익으면 불을 끈다.

⑤ 적당한 크기의 그릇에 달걀을 펼쳐 놓고, 그 위에 밥을 올리고 잘 여며서 접시에 엎어서 담는다. 또는 달걀지단 위에 볶음밥을 담아 팬에서 곧바로 말아준다.

맛간장

재료

집간장 300ml, 물 100ml, 양파 1개

만드는 방법

① 양파는 다지듯 잘게 썬다.

② 집간장, 물, 양파를 넣고 양파가 살짝 물러지게 5~6분가량 끓인다.

③ 식으면 체에 걸러 국물만 받아 냉장 보관한다.

* 너무 오래 끓이면 간장이 졸아들어 짭짤해지고 양도 준다.

6장

땅심을 살리는 농사법

월동작물 심기

보리와 밀

심는 때	10월 중순~하순(재파종은 2월 초~중순)
심는 법	직파, 흩뿌리기
거두는 때	6월 초순~중순
관리 포인트	파종 시기, 고르게 파종하기, 왕겨 덮어주기

얼마나 딱딱한 땅이었으면 콩을 심기 위해 굵은 드라이버를 들이대면 손바닥에 불이 붙은 것처럼 화끈거리고, 겨우 홈이 생기는가 싶으면 흙에 균열이 일었다. 씨앗 한 알 박는 데도 진땀이 흐르고, 모종을 한 판 심고 나면 어깻죽지가 빠져나가는 것 같았다. 쇠 지렛대를 몇 번씩 내리쳐서 구멍을 내고, 모종 심는 뾰족막대를 대고 수없이 쇠망치로 내려치면 모종 하나 들어갈 자리가 만들어졌다. 그랬던 땅이 3년차는 맨손으로 만져도 보슬보슬하고, 이듬해 봄엔 고무신을 통해 전해오는 폭신한 느낌이 짜릿했다. 포근하고 아늑해진 땅을 맨발로 걸어보고 싶어서 고무신도 양말도 다 벗고 두 뼘 남짓 자란 보리 틈새에 발을 디뎠다. 아, 좋다! 참 좋다!

이런 변화는 가을에 심는 녹비식물인 보리와 밀이 가져온 결과다. 3년차까지는 보리를, 4년차는 밀을 파종했는데 밀이 부산물도 풍성하고 냉해를 견디는 힘이 더 좋은 것 같아서 5년차도 밀을 파종했다. 비료와 농약을 투입해 무리하게 갈아엎었던 땅은 자연농법을 적용한다고 당장에 땅심이 살아나는 것은 아니다. 훼손되는 과정이 길고 가혹했던 만큼 회복하는 데도 적지 않은 시간과 노력이 필요하다. 가장 빠르고 건강하게 땅을 살릴 수 있는 방법은 가을에 월동작물을 심어 겨우내 흙속에 작물의 뿌리가 살아있게 하는 것이다. 땅심을 살리기에 좋은 작물은 보리, 밀, 귀리와 같은 맥류다.

토양 환경이 나아질수록 맥류의 생존율이 높아지고, 보리나 밀이 살아나는 만큼 지력은 좋아진다. 결실을 맺지 못해도, 어느 정도 뿌리만 내려줘도 땅은 생기를 찾는다. 해를 거듭할수록 여름작물 성장이 급속도로 좋아지고 있는 것이 그 증거다. 초기 한두 해 성장이 부실하더라도 꾸준히 심어 주면 흙도 살리고 흙과 더불어 살아가는 사람살이도 윤택해진다.

심고 가꾸기

밀

이삭이 패긴 해도 종자용으로는 부족해 수확 시기에 식용 가능한 종자를 구해 놓고, 왕겨는 벼 탈곡 시기에 앞서 인근 정미소에 주문해둔다. 신청하기만 하면 무상으로 지원받을 수 있는 호밀과 보리 종자도 있지만 호밀은 숙기가 늦어 땅을 갈지 않는 무경운 농법에는 맞지 않고, 무상 지원되는 보리는 녹비전용 청보리라고 하는데 이왕이면 맛있게 먹을 수 있는 식용보리나 밀을 심는다.

파종 양은 300평에 25~30kg이면 넉넉하게 채운다. 때 이르게 뿌리면 웃자랄 위험이 있고 늦게 뿌리면 발육이 부진할 수도 있다. 한파가 닥치기 전에 어느 정도 성장해 있어야 겨울나기가 쉬워진다. 산골은 10월 중 · 하순경에 비오는 날을 기다렸다가 비오기 하루 전날이나 직전에, 한곳으로 몰리거나 빈자리가 생기지 않도록 고르게 뿌린다. 낙엽이나 부산물 위로 올라앉은 씨앗은 갈퀴나 막대로 건드려 흙에 잘 닿게 해주고 왕겨를 적당한 두께로 덮어준다. 왕겨는 보온보습 효과가 높아 작물의 발아와 성장을 좋게 하고, 빛을 차단해 자생초가 싹이 틀 기회를 줄인다. 보리 싹이 나기 전에, 가능한 한 빠르게 덮어줘야 발아에 도움이 된다.

맥류는 토양 상태를 가늠해 볼 수 있는 좋은 기회를 제공한다. 전작물이 잘 자란 밭에서 발아가 빠르고 발아율도 높고, 피복물이 충분하고 보습성이 좋은 환경에서 잘 자란다. 강인한 생명력을 지녔음에도 불구하고 싹을 틔우지 못한다면 그 원인은 씨앗에 있지 않다. 싹을 밀어낼 만한 힘이 부족한 흙에 있다고 본다.

산골농사 3년차, 하얀 눈이 수북하게 쌓여도 파릇했던 보리는 소한 무렵 영하 28도에 이르자 겉잎은 말랐지만 속잎은 파릇하게 남아 있었다. 첫해는 소한 이전에 이미 푸석푸석하게 마르고 심하게 마른 잎은 그것으로 끝이었다. 말라 죽는 것은 지온이 낮은 이유도 있지만 그보다는 흙속에 공기순환이 제대로 이루어지지 않아서다. 지표면 온도가 낮을 경우, 심하게 마르거나 갈라지면서 죽은 것처럼 보여도 흙속에 공기순환이 순조로우면 뿌리는 살아서 봄에 새잎을 밀어낸다.

보리

싹이 나지 않았거나 말라죽은 빈자리는 이듬해 봄이 되기 전에 재파종한다. 땅이 척박해 생존율이 낮을 것 같으면 2차 파종을 대비해 종자를 남겨뒀다가 2월 중순경에 파종한다. 지온이 더 올라가기 전에 심어서 추위를 견디게 해야 결실에 이를 수 있다. 맥류뿐만 아니라 가을파종의 시기를 놓친 렌즈콩, 완두, 잠두도 이때 파종한다. 개량 완두야 이른 봄에 심지만 토종 완두는 노지에서 월동하면서 땅을 기름지게 하는 녹비작물이다. 또 그렇게 성장해야 맛과 영양이 실하다. 재파종한 맥류가 싹을 틔우는 시기는 경칩에서 춘분 사이, 월동한 뿌리에서 새잎이 나오는 시기도 그 즈음이다.

4년차는 뒤늦게 밀 종자를 구해 11월 중순이 되어 파종을 마쳤고, 그동안 멀칭해둔 왕겨 잔여물이 많아 새로이 덮지는 않았다. 파종시기에 지온이 낮아 밀은 싹을 틔우지 못한 채 겨울을 났지만 이듬해 우수 무렵 싹이 나기 시작해 맥류를 파종한 이래 가장 좋은 성적을 보여줬다. 그만큼 땅심이 살아난 것이다.

월동작물 중에 녹비 효과가 높은 맥류는 흙을 부드럽게 하고, 뿌리를 깊게 내리며, 뿌리 주위를 통기성이 좋은 상태로 만들어 미생물을 활성화한다. 손가락 길이만큼 자랐다가 잎이 마르고 더는 소생하지 않는 보리를 뽑아보면 뿌리는 이미 흙속으로 상당히 길게 내려가 있다. 그 뿌리가 미생물을 활성화해 토양을 건강하게 만든다.

가을 파종은 위에 열거한 작물 외에도 마늘, 상추, 양파, 시금치, 토종 갓 등 다양하고, 자운영과 갈퀴가 자생하도록 관리해도 충분한 녹비 효과를 볼 수 있다. 그러나 자생종 갈퀴와 비슷하게 생긴 수입종자인 헤어리베치는 숙기가 늦어 땅을 갈지 않는 자연농법에는 맞지 않다.

작물을 거두면 이어 다른 작물이 들어갈 수 있게 미리 대비해서 밭이 비지 않게 한다. 땅을 갈지 않고, 작물의 부산물로 멀칭하고, 농약을 사용하지 않더라도 가을에 아무것도 심지 않아 겨우내 빈 땅으로 남아 있으면 토양을 건강하게 유지하기 어렵다. 밭을 효율적으로 이용할 수 있으니 소득 면에서도 도움이 되고, 월동작물이 자라는 땅은 해마다 같은 작물을 심어도 연작으로 생기는 피해가 없으니 월동작물 재배야말로 밭을 건강하게 관리하는 데 아주 중요한 핵심이다.

거두고 갈무리하기

잘 자란 보리와 밀은 이삭만 거두고 보릿짚, 밀짚은 잘라서 고르게 펼쳐놓는다. 풀은 거의 자라있지 않고 짚이 덮여 촉촉하면 어느 작물이든 살아가기에 좋은 환경이다. 맥류 재배는 부산물도 유용하게 쓰이지만 흙속에 번져나간 뿌리가 미생물이 살아갈 터전을 만들어 땅을 기름지게 하는 것에 더 큰 의미를 둔다.

먹는 방법

보리를 먹는 가장 좋은 방법은 밥이다. 거친 식감이 있는 음식을 좋아하다보니 한겨울은 현미 위주로, 여름이면 보리쌀과 밀쌀을 중심으로 밥을 짓는다. 현미와 구분도미를 약간씩 섞거나 아예 꽁보리밥이나 감자보리밥을 먹는다. 찐 감자는 잘 안 먹지만 보리밥에 든 감자는 꿀맛이다. 보리밥은 여름이 제철이고, 몸을 따뜻하게 하는 찹쌀은 추운 계절에 어울린다. 계절 구분 없는 보리밥집도 있고, 더위를 많이 타는 체질이면서 한여름에도 찹쌀을 섞어야 밥맛이 좋다는 이들도 있지만 밥도 계절에 맞게 먹어야 몸에 더 좋다.

쌀가루나 밀가루에 섞어 떡, 빵, 과자 등을 만들어 구수한 맛과 영양을 즐길 수 있는 보릿가루는 밀가루보다 끈기가 적어 생과자나 케이크 만들기에 적합하다. 시판용 보리쌀을 방앗간에서 빻으면 밀가루처럼 고운 가루가 된다. 이런 가루는 김치양념으로 넣는 풀국에 넣거나 짜장소스에 전분 대신 사용하고, 크림을 끓일 때도 활용할 수 있다. 쌀눈을 살려서 방아에 찧어 가루를 만들면 맛이 한층 구수하고 몸에 좋은 보약이 된다.

몸에 좋다는 건 알아도 약이 아닌 음식을 단번에 실감하기는 어렵다. 그러나 소량의 음식으로도 숙변이 제거된 것마냥 진한 쾌감을 누려본 적이 있다. 실은 숙변이 아니라 배변 양이 많아진 것으로, 이처럼 놀라운 효능을 안겨준 주인공은 겉껍질이 남아있는 보리를 가루내서 막걸리로 발효시킨 빵이었다. 색깔은 거뭇하고 입안이 까칠할 정도로 식감이 거친 보리빵을 꼭꼭 씹어 먹으면 구수하고 포만감도 오래 간다. 적게 먹어도 헛헛하지 않고, 뒷맛이 개운해 군것질에 대한 유혹까지 말끔히 사라진다. 비만이나 변비는 해당사항이 없지만 몸이 묵직할 때나 속이 더부룩할 때 먹으면 약이나 다름이 없을 정도다. 맛있게 먹으면서 건강 다이어트 효과를 확실하게 누릴 수 있는 것이다. 변비는 여성, 어린아이, 노인들에게 많다. 예전의 나를 돌이켜봐도 그렇고, 주변을 둘러봐도 변비의 주된 원인은 잘못된 식습관과 스트레스에 있는 것 같다. 그렇다면 음식과 마음가짐을 조금 달리한다면 누구든지 변비에서 시원하게 벗어날 수도 있다는 말이다.

보리쌀로 떡을 만들면 쌀떡보다 식감이 약간 투박하지만 속은 더 편하다. 물에 불려 빻은 보리쌀가루에 현미가루를 약간 섞어 고슬고

슬하게 설기를 찌거나, 찐 후 메로 치고 매끄럽게 치대서 가래떡과 절편을 만든다. 가래떡보다는 절편 만들기가 더 쉬운데 쪄서 매끄럽게 치댄 후 떡틀로 찍어 맵시를 살려도 좋고, 손으로 동글납작하게 다독이며 빚어도 된다. 설기는 약간 푸석거리지만 절편은 쫀득쫀득 찰진 맛이 난다. 차게 먹어도 좋은 보리절편은 따뜻한 국물음식에도 잘 어울린다. 푹 끓이기보다는 맑은 장국에 살짝 띄워주는 식으로 익혀서 향이 좋은 쑥갓을 곁들이면 보리떡은 부드럽고 국물은 더없이 시원해진다. 구수한 맛과 영양, 소화력을 두루 겸비한 보리떡이나 보리빵을 찰보리로 만들면 더 찰진 맛이 나고 여기에 현미를 적당히 더하면 더 맛있다.

이른 봄에 솎은 보리 싹은 그맘때 속살이 통통해지는 바지락을 넣어 된장국을 끓이거나 맛간장, 들깻가루, 참기름을 넣고 조물조물 무쳐 나물로 먹는다. 입에 착착 달라붙는 보리순나물은 김밥을 말아도 좋고, 칼국수에 얹어 먹으면 국수와 국물이 다 같이 진해진다.

자운 레시피

보리 절편 쑥갓탕

재료

보리절편 5개, 감자 1개, 쑥갓 · 풋고추 · 대파 약간씩, 디포리육수 2½컵, 호박된장 1큰술, 삶은 달걀 1개

보리절편 : 보리쌀가루 1kg, 현미가루 200g, 소금 1⅓큰술, 뜨거운 물 5큰술, 연한 소금물, 참기름

만드는 방법

① 불려서 간 보리쌀가루 · 현미가루 · 소금을 넣고 뜨거운 물을 조금씩 부으며 손바닥으로 비벼서 고루 섞는다. 찜솥에 김이 오르면 면포를 깔고 반죽을 올린 뒤 다시 면포로 덮어 30분가량 찐다.(보리쌀을 불리면 수분을 잔뜩 머금어 잘 갈리지 않는다. 물기를 말리거나 냉동실에 살짝 얼렸다 갈면 쉽다. 보통 쌀가루 반죽은 손으로 쥐어서 손자국이 나는 정도로 하는데 보리쌀가루에 수분이 많으면 그보다 약간 보슬보슬하게 한다.)

② 뜸이 충분히 들면 볼에 쏟아서 소금물을 묻히며 공이로 찧어 약간 식으면 손으로 오래 치대 매끈하게 만든다. 한 주먹 분량으로 덜어내 가래떡처럼 길쭉하게 빚어서 한입 크기로 자른다. 참기름을 바른 떡틀로 누른다.

③ 쑥갓은 줄기 끝에 부드러운 순을 꺾어서 씻어 물기를 뺀다. 감자는 껍질 벗겨 얄팍하게 썰고, 대파와 풋고추는 송송 썬다.

④ 육수에 호박된장을 풀어서 감자를 넣고 끓인다. 감자가 푹 익으면 보리절편을 넣어 살짝 데치는 정도로 끓여 대파, 고추, 삶은 달걀, 쑥갓을 얹어낸다.

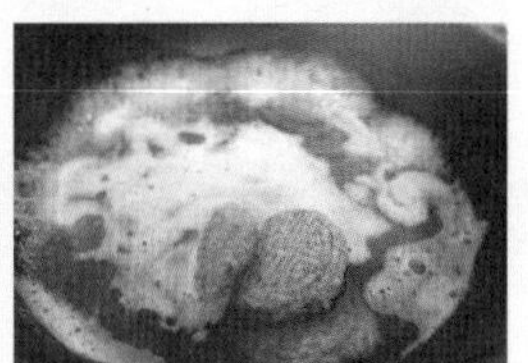

자운 레시피

보리순 바지락 된장국

 재료

보리순 두 줌, 바지락 350g 된장 2큰술, 물 4컵

만드는 방법

① 바지락은 소쿠리에 담아 바닷물과 비슷한 염도의 소금물에 담가서 검은색 비닐봉지를 덮어준다. 한두 시간 지나 이물질이 가라앉으면 바지락을 들어내 씻어서 건진다.

② 보리순은 씻어서 물기를 빼고 손가락 두 마디 길이로 썬다.

③ 해감한 바지락을 끓는 물에 삶아서 살만 분리한다. 국물은 고운체에 걸러 국 끓일 냄비에 붓는다.

④ 바지락 삶은 물에 된장을 풀어 팔팔 끓으면 보리순을 넣고 끓이다가 바지락살을 넣어 좀더 끓인다.

보리순 들깻가루무침

 재료

보리순 수북하게 두 줌, 맛간장 2큰술, 들깻가루 5큰술, 참기름 약간

 만드는 방법

① 보리는 잎이 부드러울 때 밑동을 낮게 잘라서 끓는 물에 데친 뒤, 찬물에 헹궈 물기를 짠다.

② 손가락 두 마디 길이로 썰어 덩어리지지 않게 훌훌 헤쳐 맛간장, 들깻가루, 참기름을 넣어 조물조물 무친다.

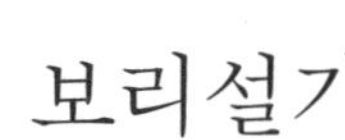

보리설기

재료

불려서 간 보리쌀가루 3½컵, 마른 보릿가루 ⅔컵, 현미가루 2컵, 소금 2작은술, 뜨거운 물 5큰술

검은콩자반 : 콩 2컵, 물 3컵, 맛간장 4큰술, 올리고당 4큰술, 조청 3큰술

만드는 방법

① 보리쌀가루, 보릿가루, 현미가루, 소금을 넣고 뜨거운 물을 조금씩 넣어가며 손으로 비벼서 고루 섞어 체에 내린다.

② 찜틀에 면포를 깔고 떡 반죽 담을 링틀을 올려서 반죽을 채운다. 위쪽을 평평하게 다듬어 콩조림을 고르게 펼쳐놓는다.

③ 뚜껑에 서린 김이 닿지 않게 면포로 덮어 30분 정도 찌고, 이쑤시개로 찔러 묻어나지 않으면 꺼낸다.

* **검은콩자반 만들기** : 콩에 물을 붓고 부드러워지도록 삶아서 맛간장, 올리고당, 조청을 넣고 국물이 자작해지게 조린다.

우리 기후와 토양에 맞는 녹비식물

자운영과 갈퀴

녹비綠肥식물은 토양에 거름이 되는 식물로 콩과식물이 지닌 특징이기도 하다. 콩과식물은 잎에서 만든 공중질소를 뿌리에 혹처럼 돋아난 부분에 저장하고, 뿌리에 기생하는 뿌리혹박테리아는 흙 속에 질소성분을 고정해주는 역할을 한다. 질소를 먹은 박테리아의 배설물이 식물을 잘 자라게 하면서 토양에 질소 성분을 퍼트려주는 것이다. 따라서 콩과식물이 잘 자란 땅은 거름기가 풍성해져 작물 성장에 유익한 환경이 조성된다. 자연에 중심을 둔 농사에서 가장 좋은 거름은 작물이 남겨놓은 부산물이다. 부산물이 풍성한 자운영과 갈퀴가 자생하도록 관리하면 녹비를 목적으로 재배하는 월동작물을 대신할 수 있다.

자운영은 두해살이 콩과식물로 가을에 싹을 틔워 겨울을 나고, 이듬해 4~5월에 자줏빛 꽃이 피고 6월이면 꼬투리가 검게 익는다. 갈퀴도 자운영처럼 월동한 후 이른 봄에 크게 자라 5월 하순에서 6월 초순이면 씨를 맺고 흙으로 돌아간다. 두 식물 모두 촘촘한 군락을 형성해 좀처럼 다른 자생초가 끼어들지 못한다. 다 자랄 때까지 그대로 두었다가 적절한 파종시기가 되었을 때 원하는 작물을 시작하면 된다.

습성은 닮았어도 자라는 환경은 다르다. 토양이 논과 같은 조건이면 자운영이, 밭 상태일 때는 갈퀴가 잘 자란다. 갈퀴 종은 여러 가지이고 각각 잎과 씨앗 크기, 열매 맺는 시기는 조금씩 차이가 있어도 녹비식물로서 쓰임은 같다. 본래 자운영이 잘 자라는 곳은 남부 해안가 지방이지만 기후 변화로 지금은 전국 어디에서나 생육이 가능하다.

3년차 봄에 호박밭과 감자밭에 드문드문 갈퀴가 자라났고 자운영도 몇 포기 살아서 씨앗을 맺었다. 보리 종자에 묻어온 씨앗들인데 자운영은 크게 확산되지 않아도 갈퀴는 5년차 봄엔 몇 군데 군락을 형성해 있었다.

갈퀴 종자는 시중에 유통되지 않아 자생지를 찾아 채종해야 한다. 산골 주변은 아무리 둘러보아도 눈에 뜨이질 않는데 해마다 태평농 교육 참석차 내려가는 경남 곤명에는 길가에 흔하게 돋아난 것이 갈퀴다. 여문 꼬투리는 저절로 벌어지며 씨앗은 사방으로 튀어나간다. 채종하려면 5월 하순경 꼬투리가 벌어지기 전에 거두어 갈무리했다가 가을 채소 심는 시기에 심는다. 반드시 유념해야 할 것은 수입종 헤어리베치와 혼동하지 않기.

갈퀴 어린잎은 생채 또는 데쳐서 나물로 먹고, 자운영은 갈퀴보다 더 부드러워 꽃 피기 직전까지 나물로 먹는다. 자운영 잎을 멥쌀에 섞어 떡을 찌면 색감도 곱고 맛도 일품이라는데 자운영이 흔했던 남녘에 살았을 적엔 생각지도 못했고, 솜씨가 조금 늘어난 지금은 연분이 닿지 않아 그림의 떡이 되고 말았다. 풀 전체는 약재로 쓰임이 있고, 생이 다하면 자신이 뿌리내린 땅에 거름이 되는 자운영紫雲英의 꽃말은 관대한 사랑. 내 이름의 근원이 되는 자운영인지라 더더욱 각별하게 여겨진다.

자연농법에 맞지 않는 헤어리베치

농사 전문 지도기관에서 권장하는 녹비식물 중에 생김새나 쓰임이 우리 자생종 갈퀴와 흡사한 헤어리베치가 있다. 녹비 효과는 높은 반면 생육 조건만 맞으면 아무 때라도 싹을 틔워 왕성하게 살아 있는 게 흠이다. 제초제를 뿌려가며 땅을 갈아엎는 농사라면 감당할 수 있을지 몰라도 무경운 무농약 자연농법에는 맞지 않는다.

몇 해 전 여름 이웃 동네 둑길에 몇 포기 자라 있는 것을 보았다. 당연히 갈퀴인 줄 알고 씨앗 좀 받아보려고 때를 기다렸는데 아쉽게도 갈퀴가 아닌 헤어리베치였다. 얼마나 빠르게 확산되는지 지금은 산방 진입로까지 다가와 있고, 추석을 한참 지나고도 꽃이 만발했다. 꼬투리는 비틀어지며 터져 나가기 때문에 확산되는 범위는 점점 더 넓어진다. 뿌리째 제거한다 해도 이미 흩어진 씨앗이 싹을 틔우고, 겨울에도 완전히 소멸되지 않는다. 게다가 줄기는 반 덩굴형으로 상당히 길게 자라 어지간한 밭작물은 헤어리베치에 묻혀버린다. 헤어리베치와 동시에 작물을 재배할 수는 없는 것이다.

헤어리베치를 녹비용으로 재배하는 경우, 대개는 친환경 농법을 염두에 두어서인 것 같은데 그럼에도 땅을 갈아엎는다. 자연 소멸되지 않으니 작물을 심을 수도 없겠지만 경운을 당연시 여기는 인식이 크게 작용하기 때문일 것이다.

갈퀴나 자운영 같은 녹비식물이 제 기능을 다하려면 땅을 갈지 않아야 한다. 땅을 갈지 않으면 해마다 씨앗을 뿌리지 않아도 때가 되면 스스로 자라고 결실을 맺는다. 앞에서 설명한 것과 같이 박테리아가 만들어낸 성분은 흙 속에 자연스럽게 스며들게 된다. 퍼트려지기 가장 좋은 입자로 변해 있는 것을 깊이 갈아 뒤집게 되면, 점차 시간이 지나면서 흙은 밑으로 가라앉고 양분은 표면으로 드러나거나 유실되어 버릴 수도 있다. 땅을 갈아엎는 것은 그 외에도 작물의 자생력을 떨어뜨려 과다한 약제와 불필요한 자재를 투입하게 하고, 이산화탄소 발생 등 자연생태계에 미치는 폐해도 엄청나다.

갈퀴

자운영

부록 1

채소 말리기

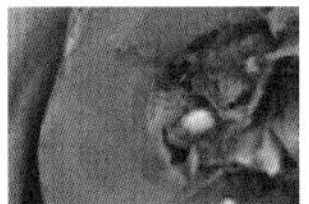

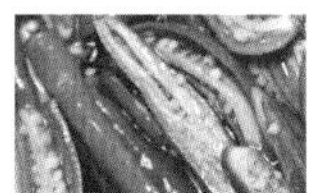

나이를 먹는다고 누구나 철드는 것은 아니다. 나 역시 나이는 중년이지만 철없는 사람 중에 하나인데, 그나마 조금이라도 철들어가고 있다면 제철에 자란 채소를 먹기 때문이 아닐까 생각한다. 시설재배가 늘면서 한겨울에도 애호박, 오이, 가지를 장바구니에 담을 수 있다. 손수 밭을 일구지 않는 다음에야 딱히 계절을 염두에 두지 않으니 이상할 게 없을 것이다. 하지만 우리 몸은 음식과 불가분의 관계에 있고, 체감하든 체감하지 못하든 자연과 밀접하게 닿아 있다. 계절과 어긋난 먹을거리가 일상화되어 사람도 철이 없어진다는 말이 있지 않은가. 자연과 조화로우려면 우선 먹을거리부터 자연에 중심을 둬야 한다.

더운 기후에서 자라는 채소를 추운 계절에 먹으면 몸이 냉해지고 감기에 걸리기도 쉽다. 득보다 실이 더 많을 수 있는 것이다. 여름채소를 겨울에 먹으려면 햇볕에 말리거나 소금물에 삭히거나, 된장이나 간장 등으로 장아찌를 담근다. 특히 햇볕에 말린 채소는 무기질과 비타민 등 각종 영양분이 말리기 전보다 몇 배로 늘어나며, 변비 예방과 치료에 좋은 식이섬유소도 풍부해 생채소가 귀한 겨울철 식단에 꼭 챙겨야 할 먹을거리다.

만들어지는 과정을 모른 채 차려주는 대로 먹던 시절에는 묵나물이라는 나물이 따로 있는 줄 알았다. 제각각 다른 맛이 섞여 있다는 것을 알아챘을 때, 그제야 비로소 묵나물의 정체가 궁금해졌다. 채소를 말려 겨우내 저장했다 삶아서 무친 것으로 묵혀뒀다가 먹는다고 해서 묵힌 나물, 묵나물이라 불린다. 겨우내 일용할 양식인 묵나물이 가장 빛을 발할 때는 정월대보름이다. 대보름에 묵은 나물을 먹으면 여름에 더위를 타지 않는다고 해서 오곡밥과 함께 명절음식으로 먹었다는 이야기를 알고는 있었지만 솔깃해지기는 산골살림이 자리를 잡은 다음이다.

텃밭 작물 중에 말릴 수 있는 채소는 동아, 박, 호박, 가지, 풋고추, 고춧잎, 무, 시래기 등 여러 가지인데 들에서 거두는 나물거리와 합하면 가짓수도 많고 먹는 방법도 다양하다. 엮어서 널기만 하면 되는 시래기 말리기가 제일 간단하고, 수확량이 많은 애호박이 말리는 데 시간이 가장 많이 든다. 습도에 민감한 동아와 박은 뽀얗게 말리는 게 어려워 한껏 공을 들이는 고급나물이다.

습도가 낮고 햇빛이 강하면서 바람이 살랑살랑 불 때 깔끔하게 잘 마르고, 습도가 높으면 시커멓게 변하거나 잘 말린다 해도 보관 도중에 벌레가 나기 쉽다. 어느 채소든지 습도가 높으면 잘 마르지 않는다. 잎채소는 그나마 좀 낫지만 열매채소는 미처 마르기도 전에 색이 변한다. 늦가을에서 초겨울이 말리기에 적당한데, 이슬을 가릴 만한 것으로 덮었다가 아침에 걷어주면 더 빠르게 마른다.

햇볕에 널기만 하면 되니까 간단할 것 같아도 그게 마음대로 되지 않는다. 고온다습한 여름에도 먹고 남으면 말려야 하고, 가을에 일손이 바쁘면 호박이나 동아 같은 열매채소를 겨울에 접어들어서야 말리게 되니 말이다. 살짝 얼었다 녹으면서 마르면 당도가 높아지지만 기온이 너무 낮으면 한낮에도 쉽게 녹지 않는다. 노지에서 말리려면 한겨울은 피하는 게 좋다. 어느 정도 마른 후라면 좀 나은데 수분이 가시기도 전에 비나 눈이 내리면 그것처럼 난감한 일이 없다. 비상시를 대비해 소형 건조기 하나 장만해두면 요모조모 쓸데가 많다.

말린 채소를 보관할 때는 망에 담아 바람이 잘 통하는 처마 밑처럼 그늘에 매달아도 되는데, 자칫 눅눅해질 수 있어서 그다지 권장하지는 않는다. 예전에 섬에서도 그랬고, 산골에서도 바삭하게 말린 채소는 밀폐용기에 담아 보관한다. 채소류는 꺼내기 좋고 알아보기 쉽게 비닐 지퍼백에 넣어 빈 항아리에 차곡차곡 담는다. 장마철이 가까워질 때까지 남아 있으면 한번쯤 햇빛에 널어 말렸다가 담아둔다.

씨앗이나 채소 모두 보송보송할 때 보관 용기에 담는다. 충분히 말렸더라도 최종 갈무리 하는 날 습도가 높고 눅눅하면 맑은 날을 기다렸다가 용기에 담는다. 말린 채소는 말리기 전후의 부피 차이가 확연하다. 다듬고 삶을 때는 저 많은 것을 언제 다 먹나 싶어도 말려놓고 보면 정말 얼마 안 된다. 그런데 막상 먹어보면 결코 적은 양이 아님을 몸이 알아차린다. 씹히는 맛이 진하고 포만감이 크기 때문에 풋풋할 때 데쳐 먹는 나물보다 적게 먹어도 더 든든하다.

묵나물 한 접시가 상에 오르기까지는 봄부터 길고 긴 여정이 동반된다. 바쁘더라도 제철에 준비해둬야 긴긴 시간 심신의 평안함을 약속할 수 있다. 하다보면 요령도 생기고, 텃밭 경력이 더해질수록 나물 종류도 다양해지며, 나물마다 고유의 맛을 살리는 솜씨도 늘어 일손이 가벼워진다. 텃밭을 일구지 않더라도 값이 저렴한 제철에 구입해서 말리면 건강한 삶에 더 가까워질 것이다.

• 동아고지

완전히 성숙한 동아 열매는 맛과 약성이 뛰어나고 말렸을 때 색깔도 곱다. 연회색 껍질에 덮인 하얀 가루가 손이나 옷에 묻지 않게 물로 씻고, 반으로 잘라서 씨앗을 싸고 있는 속을 긁어낸다. 늙은호박이나 박처럼 둥글게 돌려 깎으면 줄에 걸쳐 널기 좋은데, 무겁고 껍질이 두툼해 다루기가 조금 버겁다. 적당한 두께로 썬 다음 한 조각씩 껍질을 벗기면 간편하고, 썰어뒀다가 약간 시들어 말랑말랑해진 후에 껍질을 벗기면 힘이 덜 든다. 기온이 조금이라도 높으면 하루살이가 꼬이고 대기 중에 수분이 많으면 건조되기 전에 시커멓게 변하면서 물러진다. 다른 채소보다 동아가 좀 심한 편이다. 미리 거뒀더라도 상하지 않았으면 늦가을 이후에 말리고 보관 도중에 얼지 않도록 주의한다. 겉만 살짝 얼면 말릴 수 있지만 심하게 얼면 금세 물러진다.

잘 마른 동아고지에선 은은한 향이 풍기는데 입에 넣고 오물거려보면 달착지근한 맛이 배어난다. 생채소일 때는 느낄 수 없는 맛으로, 말리는 과정에서 뭔가 새로운 영양성분이 더해지는 것 같다. 말린 동아로 요리를 하려면 일단 물에 불려야 한다. 덜 불리면 질기고 너무 불리면 물컹해지니 조림이나 국물음식은 살짝 불려주고, 볶음요리는 충분히 불려서 사용한다. 소금물에 삭힌 고춧잎김치에 동아고지를 넣기도 하는데 이런 경우에는 숨만 죽이는 정도로 잠깐만 물에 담갔다 건진다. 볶으면 동아고지 향이 더 진해져 여러 채소를 곁들여 잡채를 만들면 독특한 풍미가 살아난다. 또 두부조림이나 생선조림, 탕에 넣고 약간 칼칼하게 조리하면 깊은 맛이 난다.

동아고지로 만들 수 있는 음식 중에 고추장장아찌를 첫손에 꼽는다. 이 맛을 능가하는 장아찌가 또 있을까 싶을 정도로 처음 맛봤을 때나 지금이나 한결같은 맛이 난다. 사계절 밑반찬으로 손색이 없는 동아장아찌는 달콤 짭조름하면서 꼬들꼬들하게 씹히는 맛이 일품이다. 고추장을 약간 묽게 해서 동아고지를 버무려두면 시간이 지나면서 빳빳했던 동아고지가 부드러워지고 묽었던 고추장은 빽빽해진다. 동아고지가 나긋나긋해지면 먹을 수 있는데 농도를 묽게 할수록 먹을 수 있는 시기는 빠른 대신 장아찌의 감칠맛은 떨어진다. 대략 6개월 정도 숙성시켜서 먹는다. 담가서 먹기까지 오래 걸리지만 해마다 담그면 느긋하게 먹을 수 있고, 고추장이 맛있으면 조청과 매실즙을 약간만 넣어 버무려도 된다. 고추장이 어울리는 비빔밥에 고추장 대신 동아장아찌를 넣으면 새로운 비빔밥으로 거듭나고, 입맛이 없거나 반찬이 시답잖을 때도 동아장아찌가 밥도둑 노릇을 톡톡히 한다.

• 박고지

모양이 둥근 박은 가로로 반을 갈라 속을 긁어내고 껍질을 벗긴 후, 사과를 깎듯이 돌려가며 얄팍하게 칼질을 한다. 박 하나를 반으로 잘라서 끊어지지 않게 오려내면 열매 하나에 기다란 박고지 두 개가 생긴다. 대 토막처럼 생긴 나물박은 세로로 잘라 속을 긁어내고 자른 방향대로 얄팍하게 썰어 채반에 펼쳐서 넌다. 길게 오려낸 호박이나 박은 뻣뻣해서 바로 줄에 널면 끊어지기 쉬우니 약간 시들어진 후에 널어서 말린다.

잘 여문 박을 기후가 적절할 때 말리면 뽀얀 색깔이 나지만 서리 맞고 얼었거나 말리는 동안 날씨가 궂으면 거뭇해진다. 쓴맛이 잔뜩 날 것처럼 흉해 보여도 물에 담가 불리면 말끔해지고 조리를 하면 뽀얗게 잘 마른 것과 별 차이가 없다.

박고지조림을 두고 '환상적이다, 끝내준다, 김밥에 우엉조림은 저리 가라다' 등등 하도 유난스럽게 이야기하는 것을 듣고는 과장이겠지 하면서도 정말 그럴까 갸웃했다. 그런데 처음 맛을 본 박고지조림은 과연 소문 그대로였다. 꼬들꼬들하게 조리면 밥도둑 반열에 오를 만했다. 채소라기보다는 육류에 가까운 맛이 나는 박고지조림은 박고지가 부드러워지게 물에 불렸다가 삶아 건진 뒤, 박고지가 반쯤 잘길 정도로 맛간장 조림장을 만들어 국물이 졸아들게 조리면 끝이다.

조린 박고지를 김밥이나 비빔밥에 넣으면 포만감과 감칠맛을 안겨주고, 잡채에 넣으면 곁들이는 채소가 단순해도 풍성한 맛이 난다. 겨울이면 저장해둔 배추 속잎을 묵나물에 곁들여 잡채를 만들곤 하는데 박고지조림과 짝을 지으면, 씹히는 맛이 진한 박고지와 아삭하고 부드러운 배춧잎이 감칠맛을 제대로 살린다. 겨울에 먹는 묵나물이지만 조리는 마지막 단계에 풋고추를 넣어 살짝 익히면 한여름 밥반찬으로도 그만이다. 나물로 먹을 때도 볶음으로 끝내기보다는 기름에 볶다가 국물이 자작하게 조림으로 마무리하면 간이 잘 배고 식감도 좋아진다.

• 애호박고지

풋풋한 애호박일 때 얇게 썰어 햇빛에 말린다. 처서 지나 아침저녁으로 선선한 기운이 감돌기 시작하면 애호박 수확량이 한여름보다 더 많다. 서리 내릴 때가 가까워지면 미처 크기도 전에 서둘러 씨를 맺는다. 속을 긁어내면 먹을 게 줄어들지만 한여름보다 당도가 높고 말리면 쫄깃한 식감도 더 좋아서 그 맛을 알고 난 후로는 이맘때를 기다린다. 습도가 높을 때 말리면 곰팡이 핀 것처럼 변하고, 널어서 말릴 때 자주 뒤적여도 색깔이 흉하게 변하니 날씨는 어쩔 수 없다 해도 될 수 있으면 처음 널어놓은 그대로 두고 뒤적거리지 않는다.

애호박 종류에 따라 말렸을 때의 색깔과 당도는 제각각이다. 보기 좋은 떡이 먹기도 좋다고, 애호박일 때 맛있는 나물용 호박이 호박고지도 제일 달고 맛있고 색깔도 곱다. 갈무리할 때 구분해 놓으면 요리에 맞게 활용하기 좋다.

호박고지를 볶으면 꼬들꼬들해지면서 단맛이 진해진다. 오래 불리면 싱거워지니 적당히 불리고, 색감을 살리려면 소금으로 간을 해도 되지만 나물 맛은 집간장으로 양념했을 때가 더 낫다. 곱게 채 썰어 볶으면 또 다른 맛이 난다. 기름에 볶으면 말린 채소에 담긴 비타민D의 흡수를 좋게 해준다는데 호박고지를 볶으면 버섯볶음과 거의 비슷한 맛이 난다. 이 맛을 잘 활용하면 여름에 먹는 애호박편수 만두소에 제격이고, 짜장이나 카레요리 · 채소전 · 잡채에 활용하기도 좋다. 생선조림에 넣으면 쫄깃한 호박고지를 골라먹는 재미에 생선은 뒷전이 되기도 한다.

국물음식의 맛을 내는 데도 좋다. 구수한 된장찌개, 칼칼한 전골, 탕류, 애호박이 고명처럼 들어가는 칼국수나 수제비에도 호박고지를 넣어 끓이면 쫄깃하게 씹히는 맛이 좋거니와 국물도 한결 시원하다. 육수 낼 때도 호박고지를 이용하면 자연 단맛을 살릴 수 있어 약간 진하게 우려내 튀김 간장소스, 샐러드소스, 고추장 비빔양념 등을 만들 때 활용할 수 있다.

주로 볶아 먹는 호박고지를 박고지 조리듯 맛간장 양념에 조리면 기름에 볶았을 때보다 느끼하지

않고, 식감도 더 쫄깃하고 달콤하다. 호박고지를 가래떡이나 고구마와 같이 조리면 색이 고와 보기도 좋고, 묵나물과 친하지 않은 아이들의 입맛도 사로잡을 수 있지 않을까. 통밀가루 반죽에 묻혀 바삭하게 튀기거나 호박고지로 전을 부쳐 매콤한 해물볶음에 곁들이면 안줏감으로도 손색이 없다.

불린 호박고지를 넣고 잡곡밥을 지어 겨울철 밑반찬인 무말랭이장아찌, 고춧잎김치, 고들빼기김치와 곁들이면 그 맛 또한 일품이다. 늙은호박고지처럼 쌀가루나 밀가루 반죽에 섞어 떡과 빵을 만들 수 있는데, 볶은 채소를 소로 넣으면 근사한 야채빵이 만들어진다. 떡이나 빵을 만들 때 잘게 썰어 조린 애호박고지를 팥소에 섞으면 촉촉하면서 씹히는 맛이 진하고, 팥소만 먹을 때보다 소화도 잘되고 포만감도 더 크다.

• 늙은호박고지

늙은호박 말리는 시기는 애호박보다 늦다. 애호박은 거두는 대로 말려야 하지만 늙은호박은 시간적인 여유가 많다. 서리 내리기 전에 거뒀더라도 늦가을에서 초겨울에 말린다. 살짝 얼었다 녹으면서 마르면 당도가 더 높아지고, 이 시기에 말리면 해가 바뀌어도 여간해선 벌레가 생기지 않는다.

호박고지를 널어둔 빨래건조대는 저녁이면 비닐을 덮어두는데, 몇 해 전 겨울엔 하룻밤 사이에 눈이 한 뼘 가까이 내린 적이 있었다. 한낮이 되어서야 눈이 녹아 비닐을 걷어내는데 새하얀 들녘을 배경으로 자태를 뽐내는 진주홍빛 호박고지가 어찌나 화려하고 곱던지, 넋이 나갈 지경이었다. 그쯤 되면 먹는 즐거움과 보는 즐거움의 우열을 논하기가 어렵다.

늙은호박은 껍질을 벗기고 속을 긁어내 옆으로 빙빙 돌려가며 길게 깎는다. 잘 마른 늙은호박은 색깔부터 남다르다. 애호박고지와 마찬가지로 늙은호박고지도 나물용 호박이 월등하게 맛이 진하다. 지나치게 수분이 많고 살이 무르면 햇볕에 말려도 단맛이나 쫄깃한 맛이 덜한데, 나물용 호박은 모든 조건을 두루 만족시킨다.

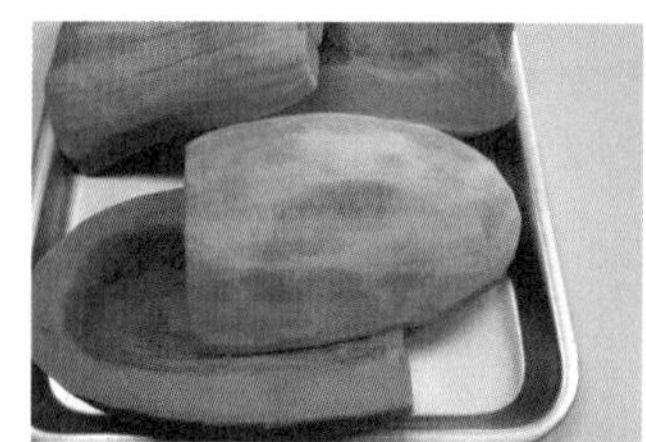
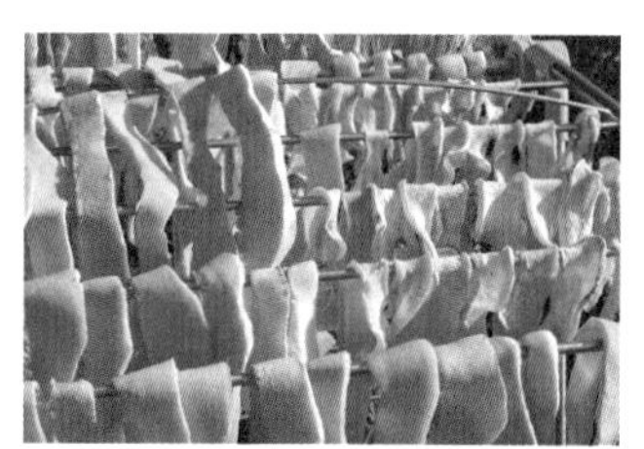

떡으로 많이 먹는 늙은호박고지는 적당히 불려 설기, 찰떡, 시루떡을 만든다. 쌀가루 대신 밀가루에 섞어 찐빵을 만들거나 조청과 꿀에 조려 정과를 만들기도 한다. 특별한 날이 아니어도 겨울이면 약밥을 즐겨 만드는데, 매년 쥐눈이콩으로 만든 약밥의 감칠맛이 더 좋았다. 그런데 지난겨울엔 자연 단맛을 한껏 뽐내는 호박고지 약밥에 더 반했다. 재료가 어느 정도 갖춰져야 하는 약밥보다 더 간단히 검은콩을 약간 섞어 호박고지찰밥을 지어도 맛있다.

잘 늙고 잘 마른 호박고지를 조리면 꼬들꼬들하고 곶감처럼 달다. 늙은호박고지 불린 물을 붓고 약간 달게 조려 떡이나 빵 반죽에 섞거나 웃고명으로 얹거나 콩이나 팥으로 만드는 소에 적당량 섞으면, 호박 향 · 단맛 · 촉촉하면서 쫄깃한 식감이 고루 살아난다. 조린 늙은호박고지는 팥이나 동부 앙금에 섞어 떡이나 빵의 소를 넣기도 하고, 양갱이나 콩물크림을 만들기도 한다.

늙은호박을 말리다가 습도가 높아 곰팡이가 생길 것 같거나, 말렸는데 색깔이 너무 탁하고 단맛이 덜하다면 불려서 잘게 썰든가 분쇄기에 성글게 갈아 조청을 약간 섞어서 조린다. 떡, 과자, 빵에 곁들이면 아삭하게 씹히는 맛이 마냥 부드러운 과일잼보다 훨씬 낫다.

• 말린 가지

가지는 열리는 대로 거둬서 먹고, 남는 건 얇게 썰어 말린다. 습도가 높아도 크게 영향을 받지 않고 햇볕만 좋으면 금방 말라서 갈무리하기가 쉽다.

한겨울에 먹는 말린 가지는 말랑말랑한 여름 가지와 전혀 다른 맛이다. 생채소일 때와 말렸을 때의 맛이 다른 것이야 당연하지만 가지는 더 크게 차이가 나는 것 같다. 가지나물의 물렁한 식감이 달갑지 않다면 말린 가지볶음으로 가지의 차원이 다른 맛을 만나보길 권한다.

어머니의 묵나물 중에 제일 맛있게 먹었던 말린 가지나물은 박고지의 깊은 맛에 잠시 뒤로 밀려났지만 지금도 아껴가며 먹는 묵나물이다. 볶으면 꼬

들꼬들하게 씹히는 맛이 진하고 박고지조림처럼 육류 비슷한 식감을 낸다. 고기는 거북하지만 채소면서 이렇게 진한 맛이 나는 음식은 언제나 내 입맛을 당긴다.

말린 가지는 물에 불렸다 삶아서 물기를 뺀 뒤, 맛간장과 들기름을 넣어 조물조물 무쳐서 달궈진 팬에 볶는다. 말린 가지만 볶아도 맛있고 가래떡을 넣어 조리듯 볶으면 더 맛있고, 당면과 몇 가지 채소를 섞어 잡채를 만들거나 김밥에 활용해도 풍성한 맛을 낸다.

• 무청시래기

산골에서 장만하는 시래기는 무청과 고추밭에서 여름내 자란 열무 잎 두 가지다. 성장 기간이 긴 열무는 무청에 비해 약간 질기지만 삶아서 조리하면 큰 차이가 없다. 시래기로 말리려면 잎이 흐트러지지 않게 밑동을 잘라 끈으로 엮어 바람이 잘 통하면서 비를 가리고 직사광선도 가려지는 곳에 매단다. 처마 밑이 적당한데 산골에서는 지붕이 있는 평상을 이용한다.

애호박고지볶음이 버섯볶음과 비슷한 맛이 난다면 잘 말린 시래기를 나물로 볶으면 고사리나물과 기막히게 닮았다. 시래기를 보는 눈이 달라진 건 그 맛을 알고부터다. 들기름에 시래기만 볶아도 좋고, 들깻가루를 더하면 더 구수하고, 국물멸치와 섞어 고추장양념으로 볶아도 꼬들꼬들한 맛이 잘 살아난다.

한겨울 짜장요리는 시래기나물을 중심재료로 하는데 포만감도 크고 뒷맛이 그렇게 개운할 수가 없다. 생선조림도 무나 감자 대신 시래기를 넉넉하게 넣어 조리면 더없이 푸짐하고 든든한 맛을 안겨준다. 가장 많이 먹는 방법은 된장국으로, 날콩가루에 묻혀 끓이거나 굴이나 바지락 · 들깻가루 등으로 맛을 낸다.

나물볶음보다 부드럽게 먹을 수 있는 시래기밥은 집간장과 들기름으로 밑간을 한 시래기를 쌀과 같이 안쳐 밥을 짓는다. 무채를 적당히 넣고 지으면 좀더 부드럽고, 삭힌 고추를 다져넣은 양념으로 비비면 뒷맛이 개운하다.

산골에서 첫해 겨울에 시래기나물을 한 번에 너무 많이 볶아서 몇 끼를 먹어도 남아도는데 처분할 방법이 막막했다. 버리기 아까워 궁리 끝에 만들게 된 것이 나물밥만두다. 혹시나 하면서 만든 밥만두는 기대를 훌쩍 넘어 깊은 맛을 안겨줬다. 들기름에 볶은 시래기나물을 현미밥과 비벼서 소를 만든다. 나물만 밥에 비비면 약간 퍽퍽한데 무채볶음을 섞으면 잘 엉겨서 만두 빚기도 좋고 자연 단맛이 더해져 식감도 더 낫다. 시래기 외에 다른 묵나물, 찬밥, 먹다 남는 자투리 반찬 또는 시래기밥이나 무밥을 이용해도 된다.

김치만두도 김치볶음밥 또는 김치비빔밥으로 소를 만든다. 사먹는 두부는 속이 거북할 때가 많은데 만두에 넣어도 마찬가지다. 끓는 물에 데쳐서 넣으면 좀 낫지만 그렇게까지 해서 먹어야 할 음식은 아니다 싶어 여간해 가까이 하질 않는데, 두부를 밥으로 대신하면 재료 준비도 간단하고 맛도 더 좋다. 먹는 방법에 따라 군만두는 납작한 사각형으로, 국물만두는 둥글게 빚어 넉넉하게 장만해 냉동 보관하면 생각날 때마다 손쉽게 조리할 수 있다.

바삭하게 마른 시래기는 끓는 물에 푹 삶아 줄기껍질을 살짝 벗겨낸다. 성가신 것 같아도 해보면 잠깐이다. 삶는 데 시간이 많이 걸리니까 한 번에 넉넉하게 삶아 손질해서 적당한 양으로 나눠 냉동실에 보관한다.

• 무말랭이

생으로 먹어도 맛있는 가을무를 말리면 영양이 더 풍부해진다. 햇볕에 말리면 단맛은 진해지고, 매운맛은 먹기 좋게 부드러워지며, 칼슘 함유량이 훨씬 높아진다. 햇볕에 말리는 과정에서 자외선을 통해 만들어지는 비타민D는 살균 효과가 뛰어나 골다공증, 불면증 또는 산소가 부족한 사람에게 꼭 필요한 성분이다. 맵고 질긴 무, 심이 박힌 무, 약간 얼었거나 바람이 든 무도 말리거나 장아찌를 담그면 맛있게 먹을 수 있다.

얄팍하게 썰어 주로 채반에 너는데, 실로 엮어 목걸이처럼 만들어 빨랫줄이나 건조대에 걸쳐서 말리면 자리도 덜 차지하고 갑작스러운 비설거지 하기도 좋다. 이슬 맞지 않도록 저녁에 비닐로 덮었다가 아침에 걷으면 더 빠르게 마른다.

무말랭이만 볶거나 조려도 맛있게 먹을 수 있다. 고추장에 버무려 장아찌도 담그고, 팬에 덖거나 뻥튀겨 차를 끓이기도 한다. 제일 많이 먹는 방법은 고춧잎을 넣어 고춧가루, 액젓, 찹쌀풀국 등으로 간간하게 버무린 무말랭이 고춧잎무침이다. 겨울철 몸에 좋은 밑반찬으로 이만한 게 없다. 물에 오래 불리면 꼬들꼬들한 맛이 사라지므로 약간 불렸다가 소쿠리에 건져 남아있는 물기로 불린다. 간을 좀 강하게 해서 겨울 초입에 담그면 춘분이 지나도록 먹는데 아무리 맛있어도 봄나물 나오기 시작하면 뒷전으로 밀려난다.

즉석반찬으로 만들어 계절 구분 없이 먹으려면 무를 더 얇고 가늘게 썰어 말린다. 말려놓은 모양을 보면 무채 같은 느낌이 나는데 물에 담그면 금방 부드러워지고 양념이 잘 배어 조리하기에 간편하다. 굵은 멸치를 손질해 마른 팬에 살짝 볶아 비린내를 날려주고, 고추장에 육수와 단맛 양념을 약간 섞어 무말랭이가 자작하게 잠길 정도의 양념장을 만들어 보글보글 끓인다. 여기에 무말랭이를 넣고 국물이 졸아들도록 조린 뒤에 멸치를 넣고 볶듯이 뒤적여준다. 불려서 조림을 완성하기까지 걸리는 시간도 짧고, 여러 날 둬도 첫맛과 별 차이가 없다. 재료 준비가 간단하고, 만들기도 쉽고, 느긋하게 먹을 수 있다. 고추장 대신 집간장으로 해도 되고 멸치를 빼고 무말랭이만 조려도 된다. 지난겨울엔 밑반찬과 즉석반찬 두 가지를 나란히 차려놓을 때가 많았다. 똑같은 무말랭이인데도 맛이 달라 골라먹는 재미가 쏠쏠했다.

최근에 무말랭이를 아주 간편하고 맛있게 먹는 방법을 알게 됐다. 팬을 달궈 약불로 줄인 뒤, 무말랭이가 바삭해지게 볶아서 물에 넣고 끓여 차로 마시면 현미숭늉처럼 구수한 맛을 즐길 수 있다.

• 말린 고춧잎, 소금물에 삭힌 고춧잎

고추보다도 영양가가 더 많은 고춧잎은 두 가지 방법으로 저장한다. 김치를 담그려면 소금물에 삭히고, 말리려면 끓는 물에 데친다. 소금물에 삭히는 것은 서리 내릴 즈음이 적당하고, 그 전이라도 가지가 무성하게 자라 순을 치게 되면 데쳐서 말린다. 억센 줄기와 심하게 벌레 먹은 잎만 골라내서 끓는 물에 데쳐 채반에 넌 다음, 마르기 전에 훌훌 흩어놓아 들러붙지 않게 한다. 때를 놓치면 서로 들러붙은 채 말라서 나중에 물에 담가 불려도 낱장으로 떨어지지 않는다. 물기가 많이 남았을 때 헤쳐 놓으면 다시 들러붙으니 별 효과가 없고, 적당히 말라갈 때 손을 봐주면 된다. 장마철

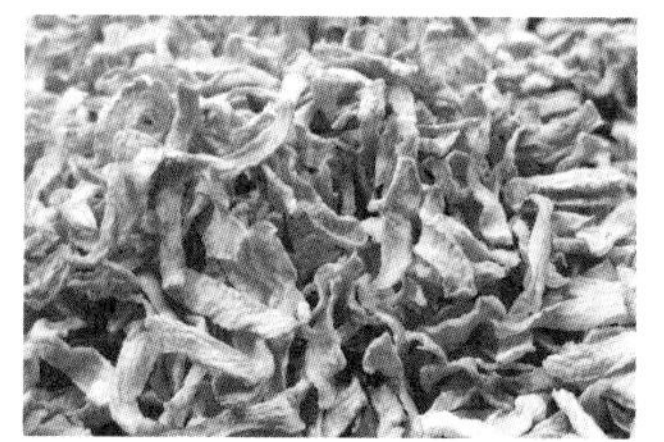

에 말리면 1주일도 더 걸리지만 날씨만 좋으면 금방 마른다.

고춧잎은 풋풋할 때 데쳐 나물로 무치면 특유의 향과 아삭하게 씹히는 맛이 좋고, 말리면 향은 그대로이면서 꼬들꼬들한 맛이 더해진다. 말린 고춧잎은 물에 담가 불려서 부드러워지면 씻어서 물기를 빼고, 들기름과 맛간장을 넣어 간이 배게 조물조물 무친 뒤에 달군 팬에 가볍게 볶는다. 나물로 먹어도 맛있지만 말린 고춧잎이 제 빛을 발할 때는 무말랭이무침에 넣었을 때다. 무말랭이만 무치면 약간 질기고 투박하고 고춧잎만 무쳐도 심심하다. 그런데 무말랭이와 말린 고춧잎이 어우러지면 제대로 감칠맛이 난다.

고춧잎김치는 서리 내릴 때 담근다. 다듬은 고춧잎은 흐트러지지 않게 자루망에 담아 돌로 눌러 소금물에 삭힌다. 무말랭이고춧잎무침처럼 약간 간간하고 걸쭉한 양념으로 버무리는 고춧잎김치는 그맘때 장만할 수 있는 별미다. 양념이 부족하거나 삭힌 고춧잎에 물기가 많으면 양념이 겉돌고 얼마 지나지 않아 시큼해질 수도 있다. 씻어서 그늘에서 꾸덕꾸덕하게 말린 후에 버무리면 꼬들꼬들하다. 간간하게 간을 하면 오래 두고 먹을 수 있고, 깊은 맛이 나게 숙성시키면 겨우내 입맛을 돋우며 몸에 부족하기 쉬운 영양도 챙길 수 있다. 여기에 동아고지를 약간 넣고 버무리면 또 다른 맛이 난다.

• 부각용 말린 고추, 소금물에 삭힌 고추

풋고추는 소금물에 삭히거나, 간장이나 된장으로 장아찌를 담가서 저장한다. 또 밀가루를 묻혀 쪄서 말린 고추를 바삭하게 튀겨 부각을 만들기도 한다. 서리 내릴 시기가 임박하면 밭에 있는 고추를 모두 거둬서 필요에 맞게 갈무리한다.

산골에서 가장 맛있게 먹는 방법은 고추부각이다. 껍질이 너무 질기거나 매워서 먹을 수 없는 고추도 식초를 이용하면 고소한 부각을 만들 수 있다. 아주 가시는 건 아니지만 거북하지 않을 정도로 변한다. 꼭지를 따고 반으로 갈라 고추가 잠길 정도로 물을 붓고 식초를 약간만 넣는다. 하룻밤만 담가둬도 되는데 지독하게 매운 고추는 이틀 정도 뒀다 씻어서 물기를 빼고, 밀가루에 묻혀 김 오른 찜솥에 찐 뒤에 들러붙지 않게 훌훌 헤쳐서 펼쳐 놓는다.

부각을 만들려면 밀가루를 고루 묻혀야 한다. 옷이 벗겨진 고추를 튀기면 매운 맛만 나고, 조려도 양념이 묻지 않아 제맛이 나지 않는다. 비닐봉지에 밀가루와 물기를 적당히 뺀 고추를 넣고 흔들면 밀가루가 고루 묻는다. 쪄서 곧바로 널어야 하니 플라스틱 용기는 피하고, 나무 채반이나 알루미늄 쟁반을 이용한다. 플라스틱 채반에 널려면 두툼하고 반질거리는 종이를 깔고 펼쳐서 식기 전에 한 번 건드려 준다. 그대로 두면 종이에 들러붙어 고추가 말랐을 때 떨어지지 않는다. 말리는 동안 다루기 쉽고 뒷설거지가 간편한 것으로 치면 알루미늄 쟁반이 제일이다.

말린 고추를 기름에 튀길 때는 잠깐 동안 빠르게 튀겨내고, 맛간장에 조청이나 올리고당을 약간 넣어 보글보글 끓으면 불을 끄고 고추를 넣어 가볍게 뒤적인다. 적당히 매콤하면서 고소하고 바삭해 짜지 않게 조리면 과자처럼 먹기도 한다.

소금물에 삭히는 고추는 씻어서 물기를 빼고, 뜨

거운 물을 부어도 되는 유리병에 차곡차곡 담는다. 소금과 물은 1:4 비율로, 팔팔 끓여 뜨거울 때 붓고 뚜껑을 닫아둔다. 개봉하지 않으면 몇 해가 지나도 변질되지 않으므로 필요할 때마다 조금씩 사용하려면 처음부터 적당한 크기의 병에 나눠서 담는다.

삭힌 고추는 동치미에 넣기도 하고 고춧잎김치 양념과 비슷하게 액젓, 찹쌀풀, 파, 마늘, 고춧가루를 섞은 양념으로 무쳐 고추김치를 담근다. 삭힌 고추를 다져 고춧가루, 파, 통깨, 참기름 등을 섞어 만든 양념장은 겨울에 먹는 묵나물밥이나 만두에 곁들여도 좋고 칼국수에 고명으로 올리면 얼큰한 맛이 더해져 국물이 시원해진다. 특히 쌈 다시마에 밥 한 숟갈을 올리고 삭힌 고추양념을 얹어 쌈을 싸면 씹히는 맛과 향과 개운함이 딱 들어맞는다.

고추만 장아찌를 담가도 되고, 무간장장아찌와 같이 담가도 된다. 소금물에 삭히거나 간장에 장아찌를 담글 때, 이쑤시개로 구멍을 내면 간이 강하게 배므로 취향에 따라 선택한다.

동아고지 고추장장아찌

 재료

동아고지 300g, 고추장 3½~4컵, 조청 2/3컵, 매실즙 1½컵

불림물 : 맛간장 1/2컵, 물 3컵, 황설탕 2큰술

만드는 방법

① 동아고지는 망에 받쳐 부스러기를 털어낸다.

② 불림물 재료를 설탕이 녹을 정도로만 끓여서 식히고, 동아고지를 넣어 부드러워지게 잠깐 담갔다 건져 소쿠리에 밭쳐둔다. 오래 담그면 꼬들꼬들한 맛이 사라진다.

③ 고추장에 매실즙, 조청, 동아고지 불림물을 넣어 숟가락으로 떴을 때 주르르 흐를 정도로 묽게 만든다.

④ ③의 양념을 1/3가량 덜어놓고 동아고지를 버무려 밀폐용기에 담고, 동아고지가 보이지 않게 남은 고추장 양념으로 덮는다. 실온이 높으면 냉장 보관하고 겨울철엔 서늘한 곳에 뒀다 이듬해 여름 전에 냉장고로 옮긴다.

* 고추장 양념의 농도와 단맛, 동아고지 불리는 정도는 취향에 맞게 조절한다. 부드럽게 불리면 꼬들꼬들한 맛은 덜한 대신 간이 쉽게 밴다. 동아고지는 덜 불려서 고추장 농도를 묽게 해도 된다. 고추장이 맛있으면 아무것도 섞지 않고 동아고지만 박아도 된다. 대신 숙성기간이 길어 1년이 지나야 먹을 수 있는데, 맛은 가장 좋다.

박고지잡채

 재료

당면 150g, 배추 속잎 150g, 양파 1/2개, 맛간장, 올리고당 1큰술, 육수 2/3~1컵, 소금, 반반 섞은 들기름 · 참기름, 후추, 통깨

박고지조림 : 박고지 40g, 맛간장 조청 2큰술, 올리고당 1큰술, 물 2/3컵

 만드는 방법

① 당면은 30분가량 물에 불려 부드러워지면 건져서 물기를 빼고 적당한 길이로 자른다.

② 박고지는 미지근한 물에 불려서 부드러워지면 푹 잠기게 물을 붓고 삶는다. 박고지가 도톰하면 조금 오래 익힌다.

③ 삶은 박고지는 찬물에 헹궈서 물기를 짜고 손가락 두 마디 길이로 썬다. 조림냄비에 맛간장, 조청, 올리고당, 물을 넣어 보글보글 끓어오르면 불을 줄이고 박고지를 넣어 국물이 졸아들도록 조린다.

④ 배추는 세로로 썰고, 양파는 채 썰어 팬에 들기름을 두르고 살짝 볶아 소금으로 심심하게 간을 한다.

⑤ 냄비에 육수, 맛간장, 올리고당을 넣고 끓으면 당면을 넣고 젓가락으로 뒤적여가며 국물이 졸아들도록 익힌다. 당면에 간이 배면 불을 끄고 ③과 ④를 넣고 섞는다. 간이 부족하면 맛간장으로 맞추고 반반 섞은 들기름 · 참기름, 후추, 통깨를 넣고 훌훌 섞는다.

애호박고지 잡곡밥

재료

애호박고지 50g, 현미 1컵, 보리쌀 ½컵,
냉동 풋동부 ½컵, 밥물 2컵

비빔 양념 : 소금물에 삭힌 고추 5개, 맛간장 1작은술, 고춧가루 2작은술, 대파 · 통깨 · 참기름 약간씩

만드는 방법

① 호박고지는 한 번 씻어 미지근한 물에 불렸다 약간 부드러워지면 건지고, 불린 물은 밥물로 사용한다.

② 보리쌀은 미리 삶는다. 쌀을 씻어 삶은 보리쌀과 같이 솥에 안치고, 동부와 호박고지를 올려 호박고지 불린 물을 붓고 밥을 짓는다.

③ 소금물에 삭힌 고추를 건져 꼭지를 잘라내고 잘게 썬다. 대파도 잘게 썬다. 맛간장은 재료가 비벼질 정도로 약간만 넣어 고춧가루, 통깨, 참기름을 고루 섞는다.

④ 뜸이 잘 든 밥을 훌훌 섞어서 담고, 양념장을 곁들여 낸다.

늙은호박고지 영양떡

재료

현미 4½컵, 찰현미 1½컵, 소금 2작은술,
뜨거운 물 8큰술, 늙은호박고지 80g, 생밤 15~17개,
땅콩 · 삶은 검은콩 1컵씩, 콩고물 · 황설탕 · 소금 약간씩

만드는 방법

① 호박고지는 손가락 한 마디 길이로 잘라 황설탕과 소금 녹인 물에 불려 부드러워지면 체에 밭쳐 물기를 뺀다.

② 밤은 껍질을 벗겨 얄팍하게 3~4등분 하고, 땅콩은 끓는 물에 식용유 한두 방울을 떨어뜨려 한소끔 익혀서 건진다. 호박고지, 검은콩, 땅콩, 밤을 섞는다.

③ 찹쌀가루, 멥쌀가루, 소금에 뜨거운 물을 조금씩 부어가며 손바닥으로 비벼 고루 섞는다. 쥐어봐서 손자국이 날 정도로 뭉쳐지면 체에 내린다.

④ 찜틀에 면포를 깔고 사각틀을 올려 콩고물을 약간만 솔솔 뿌리고, 물 축인 쌀가루와 ②를 반으로 나눠 켜켜이 안친다. 맨 위에 올린 부재료를 가지런히 해서 면포를 덮는다. 찜솥에 김이 오르면 30분 정도 찐다.

⑤ 꺼낼 때는 틀을 들어내고 쟁반이나 접시에 콩고물을 살짝 뿌린 뒤, 떡을 뒤집어엎어 면포를 걷어내고 접시를 포개어 뒤집는다. 식으면 적당한 크기로 썬다.

말린가지 떡볶이

재료

말린 가지 반 줌, 현미가래떡 5cm 4개, 양파 1/2개, 맛간장 1½큰술, 육수 ½컵, 대파, 통깨, 반반 섞은 들기름 · 참기름

만드는 방법

① 말린 가지는 물에 불려 끓는 물에 삶아서 물기를 짠다.

② 가래떡은 가지 굵기와 비슷하게 세로로 4등분 하고, 양파는 채 썬다.

③ 팬에 기름을 두르고 달궈지면 양파와 가지를 볶는다. 가지가 익으면 맛간장으로 간을 하고, 조금 더 볶아서 육수를 붓고 끓이다가 가래떡을 넣는다.

④ 가래떡이 말랑말랑해지면 송송 썬 대파와 통깨를 넣어 뒤적인다.

고추부각 맛간장조림

재료

고추 말린 것 150g, 맛간장 올리고당 2큰술씩, 물 2/3큰술, 통깨, 식용유

만드는 방법

① 말린 고추는 망에 받쳐 부스러기를 털어낸다.

② 170~180℃로 가열한 기름에 말린 고추를 튀겨 튀김망에 밭쳐 기름을 뺀다. 넣자마자 꺼낸다 싶게 재빠르게 튀겨낸다.

③ 조림팬에 맛간장, 올리고당, 물을 넣고 끓이다 부글부글 거품이 일면 불을 끄고, 튀긴 고추를 넣어 가볍게 뒤적이다 통깨를 섞는다.

무말랭이 고춧잎무침

 재료

무말랭이 450g, 말린 고춧잎 100g,
찹쌀풀국(찹쌀가루 6큰술, 물 3컵), 쪽파 250g,
멸치액젓 고춧가루 3/4컵씩, 조청 2/3컵, 올리고당 1/3컵,
다진 마늘 5큰술, 다진 생강 3큰술, 통깨 5큰술

만드는 방법

① 무말랭이와 고춧잎을 각각 물에 불린다. 무말랭이는 약간 통통해질 때 건져 채반에 담아 무말랭이에 배인 물기로 더 불리고, 고춧잎은 낱장으로 떨어지면 헹궈서 물기를 짠다.

② 찹쌀가루로 풀국을 끓여 식히고, 고춧가루는 멸치액젓에 미리 섞어둔다.

③ 쪽파는 손가락 한 마디 길이로 썬다.

④ 무말랭이와 고춧잎에 쪽파, 마늘, 생강, 풀국, 통깨를 넣어 버무린다.

⑤ 밀폐 용기에 담아서 위를 잘 다독여 눌러주고, 덜어 낼 때는 속으로 양념이 잘 밴 것을 꺼내고 다시 잘 다독여 보관한다.

* 오래두고 먹으려면 국물은 약간 자작한 것이 좋은데 무쳤을 때 물기가 부족하면 무말랭이 불린 물을 조금 넣어 버무린다.

고춧잎김치

 재료

소금물에 삭힌 고춧잎 800g, 동아고지 80g,
멸치액젓 1컵, 고춧가루1⅓컵, 풀국(찹쌀가루 6큰술, 물 3컵), 조청 5큰술, 쪽파 200g, 다진 마늘 2/3컵,
생강 3큰술, 통깨 5큰술

만드는 방법

① 줄기째 거둔 고춧잎의 억센 줄기를 떼어내고, 작은 고추는 고춧잎과 함께 추린다. 씻어서 흐트러지지 않게 망에 넣어 고춧잎이 푹 잠기도록 물을 붓는다. 물 양을 가늠해 소금을 풀어서 녹인 뒤 묵직한 돌로 눌러 1주일 정도 삭힌다.(소금과 물의 비율은 1 : 10)

② 삭힌 고춧잎은 맑은 물이 나올 때까지 여러 번 헹궈 물기를 빼고, 채반에 담아 바람이 잘 통하는 그늘에서 꾸덕꾸덕해지게 말린다.

③ 동아고지는 물에 담가 부드러워지는 기색이면 곧바로 건져 물기를 짠다.

④ 풀국을 끓여 식힌다. 다음은 쪽파는 3cm 길이로 썬다. 멸치액젓에 고춧가루를 미리 풀어둔다.

⑤ 고춧잎이 뭉쳐지지 않게 훌훌 헤쳐 놓고 동아고지, 풀국, 양념을 모두 넣어 간간하게 버무린다. 단지나 밀폐 용기에 담아 잘 다독인다.

시래기나물밥 군만두

 재료

현미밥 2½공기, 맛간장 · 통깨 · 들기름 · 참기름 약간씩

시래기 무침 : 시래기 600g, 맛간장 2~3큰술, 참기름 약간

무 볶음 : 무 700g, 소금 · 들기름 약간씩

만두피 : 밀가루 700g, 감자전분 70g, 수숫가루 30g, 소금 2/3큰술, 물 420ml

양념간장 : 초간장, 고춧가루, 다진 대파

만드는 방법

① 시래기는 푹 삶아서 찬물에 헹군다. 줄기 끝부분의 겉껍질을 살짝 벗겨 물기를 짠 뒤, 잘게 썰어 맛간장과 참기름을 넣고 조물조물 무쳐 밑간을 해서 참기름에 달달 볶는다.

② 무는 채 썰어 굵은 소금을 뿌려 15분간 절였다 한 번 헹궈서 소쿠리에 밭쳐 물기를 뺀다. 팬에 참기름을 두르고 달궈지면 무를 볶는다.

③ 넓은 볼에 볶은 채소와 따뜻한 밥을 담아서 참기름, 들기름, 통깨를 넣고 치대듯 비벼 고루 섞는다. 부족한 간은 맛간장으로 맞춘다.

④ 밀가루, 수숫가루, 감자전분, 소금, 물을 섞어 되직하게 반죽해 30분 이상 두었다 한 번 더 치대서 만두피를 만든다.

⑤ 만두소가 식으면 만두를 빚는다. 동그랗고 얇게 민 만두피에 소를 넣고 양쪽 끝을 잡아당겨 소를 가운데로 모으고, 양 끝을 끌어다 덮듯이 잘 여민다. 여민 부분이 아래로 가게 놓고 각이 지게 다독인다. 여며진 부분에 물을 묻히지 않아도 바닥에 닿으면 자연스럽게 밀착된다.

⑥ 김 오른 찜솥에 면포를 깔고 만두를 쪄서 식힌다. 기름 두른 팬을 달궈 바삭하게 구운 만두는 채반에 펼쳐 한 김 나가면 양념간장을 곁들여 낸다.

* 만두소는 질거나 푸석거리면 소를 넣기 어렵고, 밥에 찰기가 적어도 잘 엉기지 않는다. 채소 볶을 때 물기가 생기지 않게 하고, 찬밥은 나물과 같이 볶아 촉촉하게 만든다.

부록 2

빵 만들기

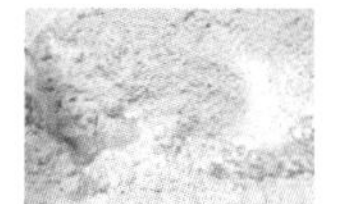

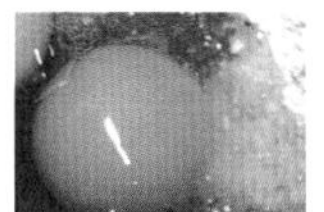
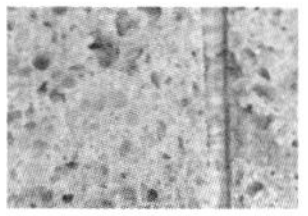

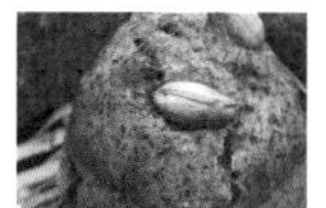

산골에서 만드는 빵은 주로 찌는 빵이다. 오븐을 이용하면 간편하게 구워낼 수 있는데도 시간과 품을 들여가며 찜솥에 찌는 빵을 고집하는 이유는 더 촉촉하고, 더 쫄깃하고, 소화도 잘돼 속이 편안하기 때문이다. 오븐이 없어도 되고, 재료가 간단해 준비하기 쉽고, 응용법도 다양하다.

집에서 빵을 만들 때 제일 어려운 과정은 발효다. 알맞게 부풀어 올라야 식감이 좋고 소화도 잘 된다. 반대로 발효가 충분치 않으면 식었을 때 푸석거려 맛도 없거니와 속도 불편하다. 반죽할 때 미지근한 물을 사용하면 발효시간을 단축할 수 있다. 온도가 높으면 발효균이 상실되니 손으로 만져서 미지근한 정도로 하고, 가늠하기 모호하면 냉수로 반죽해서 발효시간을 더 길게 갖는다.

발효 장소는 햇살이 좋은 날이면 장독대 항아리에 올려두면 좋다. 겨울철에는 저녁에 반죽해서 이물질 들어가지 않게 잘 덮어서 따뜻한 방에 들여

놓고 이불로 덮어둔다. 예전에 어머니가 막걸리빵을 만들 때 사용하던 방법인데, 발효시간이 기니까 팽창제는 평소보다 약간 적게 넣는다. 또는 찜솥에 물을 끓여 불을 끄고, 솥 안에 담긴 열기를 이용해 발효시키기도 한다. 한 번에 여유 있게 반죽해 먹을 만큼만 만들고 냉장보관해도 된다. 충분히 발효시킨 반죽을 냉장고에 넣어두면 발효는 크게 진행되지 않고, 꺼내서 실온에 두면 다시 살아난다.

팽창제로는 발효 과정을 거쳐야 하는 이스트와 즉석에서 조리할 수 있는 베이킹파우더 두 종류가 있다. 단시간에 부풀게 하는 것보다는 시간을 두고 천천히 숙성시킨 반죽이 식감도, 소화력도 더 낫다. 될 수 있으면 장시간 발효 과정을 거쳐야 하는 이스트를 사용한다. 막걸리로 반죽하면 인스턴트 이스트에서 풍기는 냄새가 없어 깔끔하고 뒷맛도 더 개운해서 이스트는 비상시에, 평소엔 주로 막걸리를 이용한다. 막걸리로 반죽하려면 레시피에서 물과 이스트를 빼고 물 분량만큼 막걸리를 넣으면 된다.

반죽 농도는 필요에 따라 조절한다. 질게 하면 흔히 보는 막걸리로 발효시킨 술빵과 같다. 이보다 되직하게 하면 앙금을 넣은 앙금찐빵, 튀기면 앙금도넛, 소를 넣지 않고 작게 둥글려서 쪄내면 모닝빵, 사각형 틀에 쪄내면 식빵, 소를 넣어 납작하게 구워내면 호떡, 소를 넣지 않고 얄팍하게 밀어서 구우면

샌드위치용으로 좋은 밀전병이 만들어진다.

밀가루가 주된 재료인 빵에 현미가루를 섞으면 입에 닿는 느낌이나 소화력, 구수한 맛이 몰라보게 좋아진다. 정제된 백밀가루 빵이라도 보리쌀, 콩, 옥수수, 채소류 등 부재료를 잘 선택하면 맛과 영양을 한층 좋게 할 수 있다. 콩이나 옥수수는 삶아서 알갱이 그대로 넣거나 갈아서 넣고, 잎채소는 잘게 썰거나 가루를 내 섞는다.

통밀가루는 맛이 더 구수하다. 발효는 백밀가루에 비해 약간 떨어지지만 그렇게 심한 것은 아니다. 무설탕 빵도 먹을 만한데 싱거운 느낌이다. 설탕은 단맛을 내는 것 외에 이스트를 활성화하는 역할을 하므로 약간 넣는 거라면 몸에 무리가 가지는 않을 것 같다.

찌는 빵에는 달걀과 우유를 넣지 않는다. 물로 반죽해도 충분하고 더 맛을 내려면 콩물로 반죽한다. 식빵이나 컵케이크 모양을 내려면 정해진 틀을 이용하거나 우유팩을 이용해도 되고, 찜틀에 면포를 깔고 넓적하게 담아서 쪄도 된다.

소를 넣지 않고 단과자빵 크기로 찌면 햄버거빵을 대신할 수 있고, 큼지막하게 찌면 식빵처럼 활용할 수 있다. 식빵 두께로 썰어서 팬을 달궈 기름 없이 노릇노릇 구우면 토스트가 된다. 여기에 달걀이나 채소샐러드, 팥앙금, 잼, 크림 등을 넣으면 맛있는 샌드위치가 된다.

가장 몸에 좋고 맛있는 빵은 화학적인 팽창제를 사용하지 않고 자연 발효한 빵이다. 천연발효제를 이용한 빵은 아직 시도해보지 못해서 맛의 차이는 정확히 모르겠지만 천연이든 화학이든 발효제 없이 만드는 자연 발효빵이 맛도 좋거니와 몸에도 이롭다.

밀가루에 물만 넣어 주르르 흘러내릴 정도로 묽게 반죽해 적절한 온도에서 충분한 시간이 지나면 표면에 기포가 일면서 발효가 되는데, 이렇게 만들어진 1차 반죽이 발효제 구실을 한다. 1차 반죽에 밀가루와 소금 등을 넣어 원하는 반죽으로 마무리해서 다시 한 번 따뜻한 온도와 충분한 시간을 주면, 이스트로 반죽했을 때처럼 부풀어 오른다. 이스트 반죽보다 끈적임이 적고 색이 맑아 눈으로만 봐도 뭔가 다르다는 것을 알 수 있다.

호떡을 구워서 처음 맛을 보는데 깔끔하고 담백한 맛에 너무 놀라 입이 다물어지지 않았다. 무색무취의 아주 좋은 물을 마시는 것 같은 느낌이었다. 음식에서도 그런 맛이 나다니, 난생처음이었으니 놀랄 만도 했다. 정제된 백밀가루 호떡인데도 밀가루 냄새가 전혀 나지 않고, 기름에 구웠어도 기름 냄새라든가 느끼한 맛이 남지 않았다. 이스트를 넣지 않았으니 냄새도 없다. 제과점 빵은 아예 입에도 대지 않고, 집에서 만들어도 기름에 지진 음식은 거들떠보지도 않는 남편이 네댓 개를 눈 깜

짝할 사이에 먹고는 더 없느냐고 해서 또 한 번 놀란 적이 있다.

만드는 방법은 자세히 소개할 수가 없어서 아쉽다. 1차 반죽에서 발효 시간과 온도 가늠이 정확하지가 않아 될 때도 있고 안 될 때도 있어 레시피 공개는 좀더 실습을 거친 후에야 가능할 것 같다. 국수나 과자도 이런 방법으로 자연 숙성시켜 만들면 맛과 영양은 물론 소화력까지 두루 만족스럽다. 발효가 미흡해 빵을 만들 수 없으면 국수나 수제비를 만들면 된다. 자연 발효한 반죽이면 부재료 없이 밀가루 반죽만 넣고 끓여도 허전하지 않고, 포만감이 은근하게 이어져 몸이 가뿐하다. 평범한 수제비 반죽도 오래 뒀다 끓이면 맛도 더 좋고 소화도 잘된다.

먹을거리로 이런 체험을 할 때면 우리는 지금 무엇을 먹고 있는가, 제대로 된 음식을 먹고 있는가, 묻게 된다. 여러 가지 이유로 가공을 하는 동안 정작 몸에 필요한 성분은 술술 빠져나간다. 영양성분이 사라지면 맛도 사라진다. 그 사라진 맛을 채우겠다고 온갖 첨가물을 동원한들 참맛을 대신할 수는 없다.

통밀찐빵

 재료

통밀가루 500g, 황설탕 1큰술, 소금 1/2큰술, 드라이이스트 1/2큰술, 물 450~500ml

만드는 방법

① 재료는 실온과 같게 하고, 겨울철엔 반죽 물을 미지근하게 데운다. 소금과 이스트는 직접 닿지 않게 밀가루에 먼저 섞고, 나머지 재료를 넣어 주걱으로 치대면서 반죽한다.

② 반죽에 랩을 씌워 상온에서 2배 이상 부풀어 오르게 한다. 1차 발효는 실온이 높은 곳에 두거나, 반죽 그릇에 따뜻한 물을 받쳐놓거나, 발효 기능이 있는 전기밥솥을 이용해도 된다.

③ 발효된 반죽을 주걱으로 뒤적여 기포를 빼고, 찜틀에 면포를 깔고 반죽을 평평하게 펼쳐서 담는다. (틀이나 빈 우유팩 등에 담아서 쪄도 된다.)

④ 찜솥에 물을 끓여 김이 오르면 불을 끄고, 찜틀을 올려 뚜껑을 닫은 채 솥의 열기로 20~30분간 2차 발효를 시킨다.

⑤ 알맞게 발효되면 찜틀을 내리고 솥에 열을 가해 김이 오르면 다시 찜틀을 올려 뚜껑에 서린 물기가 닿지 않게 면포로 덮어 30분 정도 찐다. 이쑤시개로 찔러서 묻어나지 않으면 꺼낸다. 바닥에 물기가 생기지 않게 채반에 담아 식힌다.

* 반죽은 약간 질거나 되직해도 된다. 찜솥에 찌는 빵은 반죽이 질고 1차 발효가 충분하면, 2차 발효는 생략해도 된다.

통밀찐빵 계란말이

 재료

통밀찐빵 식빵 2장 분량, 달걀 2개, 쪽파, 소금, 식용유

만드는 방법

① 통밀찐빵은 식빵과 같은 두께에, 크기는 1/2로 썬다.

② 달걀을 풀어 잘게 썬 쪽파와 소금을 약간 섞는다.

③ 팬에 기름을 두르고 달궈지면 빵에 달걀물을 입혀 사면에 고루 색깔이 나도록 부친다. 한 김 나가면 어슷하게 반으로 썰어 담는다.

단호박크림 샌드위치

재료

통밀찐빵 2조각(식빵 크기), 볶은 땅콩, 단호박크림, 반건시

단호박크림 : 우유 170ml, 달걀 1개, 통밀가루 1⅓큰술, 황설탕 40g, 소금 약간, 쪄서 으깬 단호박 180g

만드는 방법

① **단호박크림 만들기** : 냄비나 조림팬에 우유, 달걀, 통밀가루, 설탕, 소금을 넣고 눌어붙지 않게 주걱이나 거품기로 저어가며 끓인다. 걸쭉해지면 마지막에 단호박을 넣고 섞는다.

② 찐빵 한 장에 단호박크림을 넉넉하게 바르고 땅콩을 솔솔 뿌려 나머지 한 장을 포개어 덮는다.

③ 대각선으로 잘라 접시에 담고 빵 위에 단호박크림을 1큰술가량 올린다. 곶감을 얇게 썰어 꽃모양이 나오게 말아 크림 위에 얹는다.

콩잎술찐빵

재료

통밀가루 400g, 콩잎 100g, 막걸리 430ml, 소금 1작은술, 땅콩 20알, 빈 우유팩(200ml) 8~9개

 만드는 방법

① 땅콩은 팔팔 끓는 물에 한소끔 익혀서 건진다. 콩잎은 씻어서 물기를 뺀 뒤 분쇄기에 곱게 간다.

② 밀가루, 콩잎 분말, 소금을 먼저 섞고 중탕으로 미지근하게 데운 막걸리를 넣어 주걱으로 치대 1차 발효를 시킨다.

③ 빈 우유팩의 접히는 윗부분을 잘라내고 2/3쯤 반죽을 담아 땅콩을 두 알씩 올려 김 오른 찜솥에 30분가량 찐다.

④ 찜솥에서 꺼낸 빵은 모서리가 흐트러지지 않게 우유팩을 벗긴다. 잼, 콩물크림, 요구르트와 섞은 케첩, 카레소스 등을 곁들인다.

* 만드는 방법은 이스트로 발효시키는 통밀찐빵과 같고, 재료는 이스트와 물 대신 막걸리를 넣는다.

부록 3

떡 만들기

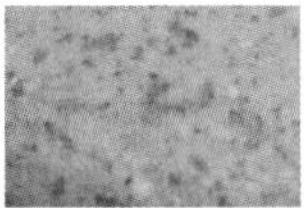

맛있다고 생각했던 방앗간 떡이 입맛에 거슬리기 시작한 것은 직접 농사지은 식재료로 만든 자연식에 길들여지면서부터다. 자연농법으로 재배한 현미인데도 떡집에 맡기면 입에 닿는 느낌부터가 다르다 했는데, 직접 떡을 만들어보고야 거북했던 이유를 알았다. 쌀을 방앗간에서 빻으면 밀가루처럼 고운 가루가 된다. 이렇게 빻은 가루로 떡을 찌면 촉촉하고 부드러워 우선 먹기는 좋을지 몰라도 얼마 지나지 않아 속이 불편해진다. 지나치게 부드러워서 씹히는 맛이 적고, 포만감이 더디 오기 때문에 꼭꼭 씹어 천천히 맛을 음미하며 먹게 되질 않는다. 씹는 동안 침샘을 자극하여 소화액을 분비하고, 소화 과정에서 몸에 충분히 흡수가 되어야 하는데 이런 과정이 생략되니 먹고 나면 속이 쓰렸던 것이다.

똑같은 쌀이라도 물을 적당히 맞춰 고슬고슬하게 지은 밥과 푹 퍼지게 끓인 죽, 미세한 분말로 만들어 풀을 쑨 것에는 분명 차이가 있다. 먹을 때의 식감이나 몸에 흡수되는 정도가 아주 많이 다를 것이다. 성글게 빻은 쌀로 만든 떡은 적게 먹어도 든든하고, 조금 과하게 먹어도 속이 거북해지지 않는다. 급하게 먹는 습관이 있다고 해도 자연스럽게 입안에 머무는 시간이 길기 때문에 충분히 맛을 즐기면서 먹게 된다. 쌀을 빻을 때 곱게 가루로 내느냐 성글게 빻느냐, 그 차이이다.

좀 번거롭더라도 멥쌀 설기를 만들 때 고두밥을 쪄서 말렸다가 가루를 내서 찌면 맛도 더 좋고 소화도 더 잘된다고 한다. 요즘은 인절미도 가루를 내서 찐 다음에 치대서 빚는다는데 고두밥을 쪄서 메로 쳐서 만들어야 진짜 인절미다. 가래떡 역시 예전에는 가루를 찐 것이 아니라 고두밥을 메로 쳐서 만들었다고 한다. 그렇게까지는 못 하더라도 쌀은 현미로, 가루는 성글게 빻아서 손수 만들어 보자.

입맛이란 게 다분히 개인적이므로 고슬고슬하게 지어진 밥보다 물기가 많은 진밥 혹은 푹 퍼진 죽을 더 좋아할 수도 있다. 하지만 맛있는 밥은 너무 질지도 되지도 않은 고슬고슬한 밥이다. 떡도 마찬가지다. 적당한 수분과 공기가 쌀가루에 스며들어야 맛있고 소화도 잘된다.

현미로 떡을 만들어도 빻은 정도에 따라 차이가 있는데, 하물며 쌀눈을 다 깎아낸 백미를 기계로 곱게 빻아서 떡을 만들면 진밥을 넘어 죽에 가까워 떡 고유의 맛은 찾아보기 어렵다. 그러다 보면 설탕이나 부재료 맛으로 먹게 될 것이고, 이렇게 거듭하다 보면 떡은 반드시 설탕이나 부재료가 들어가야만 맛이 나는 줄 알게 되는 것이다. 반찬도 중심 식재료가 부실하면 화학조미료나 불필요한 첨가물에 의지하게 된다. 대표적인 예는 외식업체에서 얼마든지 찾아볼 수 있다.

떡을 만들려면 우선 쌀을 물에 불린다. 현미는

보통 이틀 정도, 실온이 높으면 물을 갈아주면서 불린다. 씻어서 물기를 뺀 뒤, 가정용 분쇄기에 곱게 갈아준다. 수시로 떡을 만드느라 쌀가루 낼 일이 잦은데도 방앗간을 찾기보다는 가정용 분쇄기를 이용한다. 들깻가루나 채소 분말, 떡쌀 등은 가정용 분쇄기로도 충분하다. 아무리 곱게 갈아도 기계로 빻은 것보다는 성글기 때문에 최대한 곱게 갈아준다.

떡쌀에 설탕을 넣는 것은 밥에 설탕을 넣는 것이나 다름이 없다. 부재료는 종류에 따라 설탕을 넣어 삶거나 조리기도 하지만 쌀가루에 단맛 양념을 섞지는 않는다. 그래야 현미의 구수한 맛이 잘 살아난다. 소금으로만 간을 하거나, 콩이나 옥수수 등을 넣는다면 별도로 소금 간을 해서 삶아 넣는다. 간이 맞지 않으면 떡 고유의 맛이 나지 않는다.

준비한 쌀가루는 물을 축여 굵은체에 내린다. 물 내리기라고도 하는데 반죽에 해당한다. 반드시 뜨거운 물을 넣고, 조금씩 넣으며 농도를 맞춘다. 양 손바닥으로 쌀가루를 비벼 고루 섞는다. 손으로 쥐어서 흐트러지지 않고 손자국이 날 정도면 적당하다. 그러고 나서 굵은체에 내린다. 가정용 분쇄기로 간 데다 물이 스며들었기 때문에 고운체는 통과하지 못한다. 굵은체를 이용해도 쌀가루에 물기가 촉촉해서 잘 빠지지 않는데 이럴 때는 그대로 잠시 뒀다 쌀가루가 물을 충분히 흡수하거든 체에 내린다. 콩이나 옥수수 알을 섞는다면 체에 내린 다음에 섞고, 부재료가 분말 상태면 물을 넣기 전에 쌀가루에 섞는다.

시루는 질그릇이 제일이고, 그 다음은 가볍고 다루기 쉬운 양은시루다. 양이 적으면 일반 찜기를 이용해도 되는데 아무래도 시루에 찌면 고루 익고 뜸이 잘 든다. 시루에 찔 때는 물이 담긴 솥과 시루 틈새로 김이 새지 않도록 밀가루에 물을 약간 섞어 수제비 반죽하듯 뭉쳐서 시룻번을 만들어 붙인다. 찜기 종류에 상관없이 뚜껑에 서린 김이 떡에 내려앉지 않도록 면포를 덮어서 찌고, 다 익은 다음에는 불을 끄고 꺼낸다.

물 내리기한 쌀가루를 시루나 찜기에 담아서 찌면 설기, 찐 쌀가루를 꽈리가 일도록 메로 쳐서 매끄럽게 치댄 후 납작하게 눌러 적당한 크기로 잘라 모양을 잡으면 절편, 매끄럽게 치댄 반죽을 둥글고 길쭉하게 굳히면 가래떡이 된다. 가래떡은 절편보다 까다롭지만 떡 반죽이 찰지면 끓여도 풀어지지 않고, 기계로 뽑아낸 떡보다 맛있고 소화도 잘된다. 인절미는 불린 찹쌀을 쪄서 절편과 같은 방법으로 다독여 고물을 묻힌다. 설기 한 가지를 만들어보면 절편, 가래떡, 인절미도 자연스럽게 손에 익숙해진다. 만들다보면 응용력이 생겨 자신의 입맛에 맞는 떡을 만들 수 있다.

특별한 도구가 없는 한 집에서 많은 양을 만들긴 어렵고, 상황에 따라선 전문 떡집의 떡을 이용할 수도 있다. 그런 경우야 어쩔 수 없다 하더라도 맛과 영양으로 먹는 떡이라면 방앗간 방식의 떡은 피했으면 싶다.

맛있는 음식, 몸에도 이롭고 자연의 맛도 살아있는 음식을 맞이하려면 어느 정도 미각이 살아 있어야 한다. 아무리 좋은 음식이라도 이미 몸에 배어 있는 편견이 방해를 하면 진정한 맛을 알아채기가 어렵다. 식습관을 바꾸고 싶다면 음식에 대한 관념도 더불어 바꿔야 한다. 단지 배를 채우고자 먹지는 말자. 조금 더 자연에 가까운 방식으로 바꾼다면 대부분의 가정에서 지금보다 단순한 방법, 간소한 재료, 적은 비용으로 더 맛있고 건강한 밥상을 꾸려갈 수 있을 것이다.

자운 레시피 떡쌀은 미리 물에 담가서 불린다. 현미은 여름에는 24시간, 겨울에는 48시간, 기온이 높으면 물을 갈아주며 불리고 실온이 낮으면 미지근한 물에 불린다. 현미는 백미보다 오래, 찹쌀은 멥쌀보다 짧게 불린다. 불린 쌀은 씻어서 소쿠리에 담아 물기를 뺀 뒤에 분쇄기에 곱게 간다. 뜨거운 물로 익반죽을 하고, 반죽물은 쌀가루와 부재료의 수분 함량에 따라 달라지니 조금씩 넣어가며 되기를 맞춘다.

보리가래떡

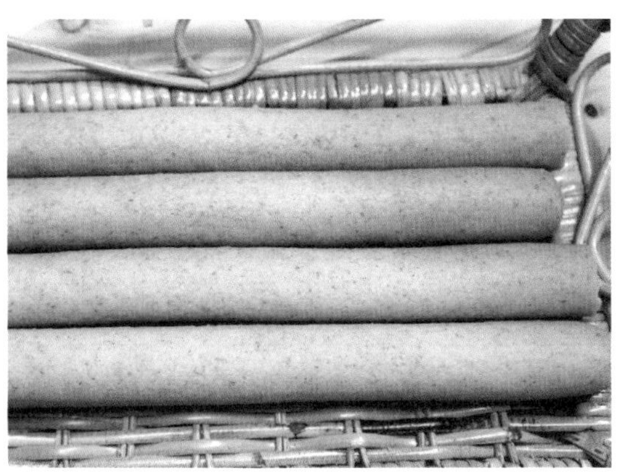

 재료

보리쌀가루 2⅔컵, 현미가루 6컵, 소금 1큰술, 물 12큰술

 만드는 방법

① 불려서 분쇄기에 간 보리쌀가루와 현미가루에 소금을 넣고, 뜨거운 물을 조금씩 넣어가며 손으로 비벼 섞는다.

② 김 오른 찜솥에 면포를 깔고 떡 반죽을 담은 뒤에 다시 면포를 덮어 30분 정도 찐다.

③ 익힌 떡 반죽을 볼에 쏟아 붓고, 연한 소금물을 묻혀가며 공이로 찧어 약간 식으면 손으로 매끄럽게 치댄다. 오래 치대야 떡이 탄력 있고, 끓였을 때 풀어지지 않는다.

④ 4등분 해서 면포로 덮어둔다. 한 개씩 도마에 놓고 둥글려가며 길쭉하게 모양을 잡는다. 처음부터 길이를 늘이지 말고 이음새 부분이 말끔히 사라진 후에 천천히 길이를 늘인다. 이음새 처리가 꼼꼼치 못하면 굳은 후에 벌어진다.

⑤ 완성한 가래떡은 겉이 마르지 않게 면포로 덮어서 굳혀 용도에 맞게 썬다.

고구마설기

 재료

현미가루 8컵, 호박고구마 600g, 소금 1큰술,
뜨거운 물 9큰술, 시룻번(밀가루, 물 약간씩)

* 시루에 찌는 방식

 만드는 방법

① 현미가루에 소금을 넣고 뜨거운 물을 조금씩 넣어가며 손바닥으로 비벼 고루 섞는다. 손으로 쥐어 손자국이 날 정도로 뭉쳐지면 잠시 시간을 둬서 쌀가루에 수분이 충분히 흡수되면 굵은체에 내린다.

② 씻어서 껍질을 벗긴 고구마는 얄팍하게 썰어 시루 바닥의 구멍을 메우고 (또는 무를 썰어 넣거나 면포를 깐다), 나머지는 작게 깍둑썰기 해서 쌀가루에 섞어 시루에 안친다.

③ 물을 적당히 채운 솥에 시루를 올리고, 밀가루를 수제비처럼 말랑말랑하게 반죽해서 시룻번을 만들어 시루와 물솥 틈새를 김이 새지 않게 꼼꼼하게 막아준다.

④ 뚜껑에 서린 김이 떡에 닿지 않게 면포를 덮어 25분가량 찌고, 꼬지로 찔러 묻어나지 않으면 뒤집어서 꺼낸다.

* 시루에 찌면 찜솥보다 빠르고 뜸이 고르게 든다. 찐 고구마를 으깨서 섞어도 된다.

산골농부의 농사 달력

■ 파종 ■ 수확

작물명 \ 월	1	2	3	4	5	6
갓끈동부						
박						
칡콩(제비콩)						
동아						
호박						
오이						
가지						
토마토						
오크라						
열매마						
황궁채						
아욱 (봄 · 가을파종)						
쑥갓 (봄 · 가을파종)						
근대 (봄 · 가을파종)						
참외						
땅콩						
옥수수						
수수						
생강						
팥						
메주콩						
서리태						
쥐눈이콩						
나물콩 · 오리알태						
들깨						

* 산골은 봄이 늦어 파종 · 수확 시기가 늦고, 첫서리는 10월 초순에서 중순경으로 조금 빠른 편입니다.
* 노지 재배를 기준으로 했고, 날짜는 그해 기후에 따라 유동적이니 자세한 내용은 본문을 참조하세요.

7	8	9	10	11	12

산골농부의 농사 달력

작물명 \ 월	1	2	3	4	5	6
당근						
쪽파						
실파 재래종 (봄 · 가을 포기 나눔)						
부추 (봄 · 가을파종)						
대파 (봄 · 가을파종)						
나물배추(채심)						
고추						
열무						
감자						
자색강낭콩						
고구마						
참깨						
배추						
무						
마늘						
상추(개량종)						
양파						
시금치(개량종)						
보리 · 밀						

■ 파종 ■ 수확

7	8	9	10	11	12

산골농부의 자연밥상

초판 1쇄 발행 2015(단기 4348)년 4월 20일
초판 2쇄 발행 2017(단기 4350)년 2월 28일

지은이 · 자운
펴낸이 · 심정숙
펴낸곳 · ㈜한문화멀티미디어
등 록 · 1990. 11. 28. 제21-209호
주 소 · 서울시 강남구 봉은사로 317 논현빌딩 6층(06103)
전 화 · 영업부 2016-3500 편집부 2016-3532
홈페이지 http://www.hanmunhwa.com

편집 · 이미향 강정화 최연실 진정근
디자인 제작 · 이정희 목수정
경영 · 강윤정 권은주 | 홍보 · 박진양 조애리
영업 · 윤정호 조동희 | 물류 · 박경수

만든 사람들
기획 · 진정근 | 책임 편집 · 최연실 | 디자인 · 인수정 | 사진 · 김종현 자운
의상 협찬 · 달맞이
인쇄 · 천일문화사

ISBN 978-89-5699-203-7 03520